熔盐堆热工水力及安全分析

张大林 秋穗正 王成龙 田文喜 苏光辉 著

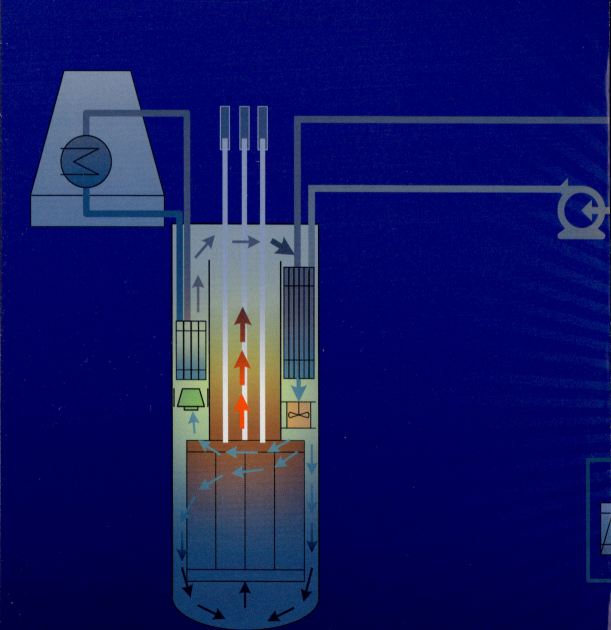

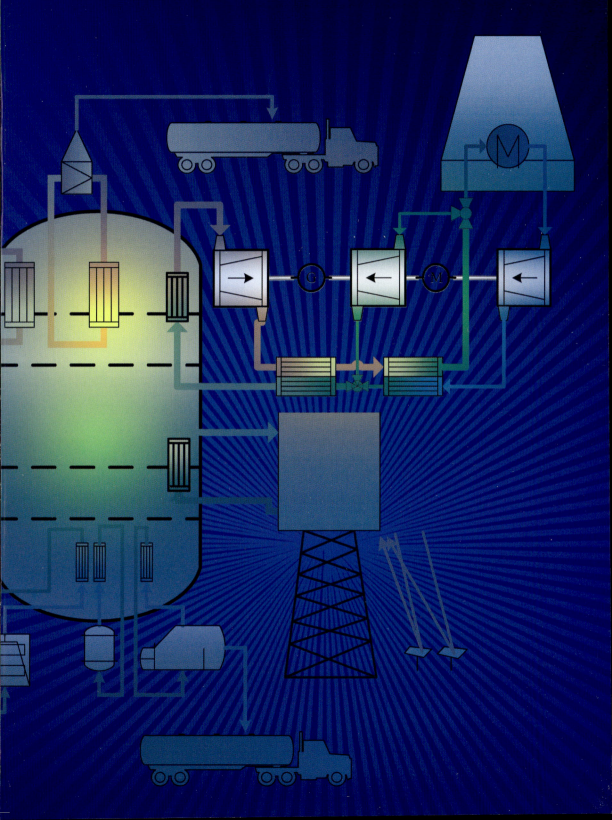

先进核科学技术出版工程

丛书主编 于俊崇

熔盐堆热工水力及安全分析

张大林 秋穗正 王成龙 田文喜 苏光辉 著

图书在版编目(CIP)数据

熔盐堆热工水力及安全分析 / 张大林等著. —西安：西安交通大学出版社，2024.10
先进核科学技术出版工程 / 于俊崇主编
ISBN 978-7-5693-2091-6

Ⅰ.①熔… Ⅱ.①张… Ⅲ.①熔盐堆—热工水力学 Ⅳ.①TL426

中国国家版本馆 CIP 数据核字(2023)第 172192 号

书　　名	熔盐堆热工水力及安全分析
	RONGYANDUI REGONG SHUILI JI ANQUAN FENXI
著　　者	张大林　秋穗正　王成龙　田文喜　苏光辉
丛书策划	田　华　曹　昳
责任编辑	田　华
责任校对	邓　瑞
责任印制	张春荣　刘　攀
责任制图	毛　帆
版式设计	程文卫
装帧设计	伍　胜

出版发行	西安交通大学出版社
	(西安市兴庆南路1号　邮政编码 710048)
网　　址	http://www.xjtupress.com
电　　话	(029)82668357　82667874(市场营销中心)
	(029)82668315(总编办)
传　　真	(029)82668280
印　　刷	中煤地西安地图制印有限公司
开　　本	720mm×1000mm　1/16　印张 31.25　彩页 2　字数 647 千字
版次印次	2024 年 10 月第 1 版　2024 年 10 月第 1 次印刷
书　　号	ISBN 978-7-5693-2091-6
定　　价	390.00 元

如发现印装质量问题，请与本社市场营销中心联系。
订购热线：(029)82665248　(029)82667874
投稿热线：(029)82669097
读者信箱：190293088@qq.com

版权所有　侵权必究

"先进核科学技术出版工程"编委会

丛书主编

于俊崇	中国核动力研究设计院	中国工程院院士

专家委员会

邱爱慈	西安交通大学	中国工程院院士
欧阳晓平	西北核技术研究所	中国工程院院士
江　松	北京应用物理与计算数学研究所	中国科学院院士
罗　琦	中国原子能科学研究院	中国工程院院士
吴宜灿	中国科学院核能安全技术研究所	中国科学院院士

编委会(按姓氏笔画排序)

王　侃	清华大学工程物理系核能所	所　长
王志光	中国科学院近代物理研究所	研究员
邓　力	北京应用物理与计算数学研究所	研究员
石伟群	中国科学院高能物理研究所	研究员
叶民友	中国科学技术大学核科学技术学院	讲席教授
田文喜	西安交通大学核科学与技术学院	院　长
苏光辉	西安交通大学能源与动力工程学院	院　长
李　庆	中国核动力研究设计院设计研究所	副所长
李斌康	西北核技术研究所	研究员
杨红义	中国原子能科学研究院	副院长(主持工作)
杨燕华	上海交通大学核科学与工程学院	教　授
余红星	核反应堆系统设计技术国家重点实验室	主　任
应阳君	北京应用物理与计算数学研究所	研究员
汪小琳	中国工程物理研究院	研究员
宋丹戎	中国核动力研究设计院设计研究所	总设计师
陆道纲	华北电力大学核科学与工程学院	教　授
陈　伟	西北核技术研究所	研究员
陈义学	国家电投集团数字科技有限公司	总经理
陈俊凌	中国科学院等离子体物理研究所	副所长
咸春宇	中国广核集团有限公司"华龙一号"	原总设计师
秋穗正	西安交通大学核科学与技术学院	教　授
段天英	中国原子能科学研究院	研究员
顾汉洋	上海交通大学核科学与工程学院	院　长
阎昌琪	哈尔滨工程大学核科学与技术学院	教　授
戴志敏	中国科学院上海应用物理研究所	所　长

序一 FOREWORD I

习近平总书记指出"核工业是高科技战略产业,是国家安全重要基石",这一重要论断为我国核工业的发展指明了清晰的方向。我国也已明确将积极安全有序发展核能作为能源战略的重要组成部分。在全球积极应对气候变化、努力实现能源可持续发展的当下,能源领域的转型已成为必然趋势。传统能源带来的环境问题以及其有限的储量,使发展清洁能源的需求变得极为迫切,而核能凭借高能量密度、高稳定性和低碳排放等突出优势,在全球能源结构调整中占据着重要地位。

随着AI技术快速发展,算力需求急剧增长,数据中心能耗也大幅攀升,高新技术领域对能源供应提出了更为严苛的要求。在这样的背景下,先进核裂变能备受关注,熔盐堆作为先进核裂变能的典型代表,展现出巨大的发展潜力。熔盐堆属于第四代先进核能系统,具有诸多显著优势。其固有安全性使其在事故工况下能依靠自身物理特性保障安全;良好的经济性有助于降低发电成本;在线换料功能更是大大提升了运行效率。自上世纪起,熔盐堆就引发了国际科研界的广泛关注和持续研究。如今,其应用领域不断拓展,从传统的清洁高效电力供应,延伸到高温制氢、海水淡化、高温工艺热供应等多个重要领域。

我与作者团队同在西安交通大学能源与动力工程学院,虽然分属动力工程及工程热物理与核科学技术两个一级学科,但是因为熔盐储能与熔盐热工水力相关研究而结缘。熔盐具有优良的储热性能,能够将新能源产生的多余热能储存起来,在能源需求高峰时释放,实现能源的高效利用与稳定供应,有效缓解能源供需矛盾。因此熔盐储能与熔盐堆的结合对于储能领域和先进核反应堆领域的研究均具有重要的意义。

本书作者团队长期深耕熔盐堆研究领域,积累了丰富的经验,对熔盐堆有着全面而深入的理解,在国家重点研发计划、国家自然科学基金、中科院战略先导项目等支持下,形成了丰硕的研究成果,本书即是其长期核心研究成果的总结,涵盖了理论研究、实验成果与技术创新等多个方面,不仅为核能研究工作者提供了扎实的熔盐堆基础知识,还为该领域学者的研究工作提供了极具价值的指导,具有较高的科学与学术价值。

  本书在内容编排上也颇有特色。全书以熔盐堆发展历史开篇,清晰地梳理了其发展脉络,让读者对熔盐堆的发展历程有全面的认识。接着,书中详细概述了熔盐堆的特点和优势,为后续深入探讨奠定了坚实基础。全书分为上下两篇:上篇围绕液体燃料熔盐堆展开,着重研究其热工水力和安全特性,并通过非能动余排实验研究结果,有力地论证了熔盐堆的固有安全特性;下篇聚焦固体燃料熔盐堆,重点探讨氟盐堆的球床堆芯和螺旋十字形燃料堆芯及系统,编写团队开展了球床堆芯热工水力实验和螺旋十字形燃料堆芯非能动余排实验,并自主开发了安全分析程序,进行了安全审评研究,创新性提出了固有安全一体化小型氟盐冷却高温堆 FuSTAR 的概念设计,为熔盐堆技术的发展提供了全新的思路。

  我相信,本书的出版将为核科学与技术领域和工程热物理领域的人才培养提供有力帮助,为我国第四代先进核能系统和储能系统的发展注入新动力。

中国科学院院士
西安交通大学教授
2024 年 10 月于西安

序二 FOREWORD II

熔盐堆作为第四代先进核反应堆的重要候选堆型,其独特的高温氟盐冷却、钍基核燃料循环、放射性废物嬗变以及非能动安全特性,不仅为核能更清洁更高效发电提供了新的可能性,也为核能更经济更安保的多场景应用如高温制氢、工业供汽/供热、熔盐储能等提供了广阔的空间。熔盐堆展现出更先进、更安全、更经济、更安保的优点和环境适应性及多功能性,已经成为发展四代堆的"新宠"。

本书作者及其团队长期致力于先进核科学技术的教学与科研工作。自2002年以来,在国家自然科学基金(面上、培育、重点滚动支持)、教育部创新团队项目、科技部创新团队项目、中科院战略先导专项、国家重点研发计划等多项重大课题的支持下,开展了大量熔盐堆相关基础理论和实验研究。作者及其团队在熔盐堆系统概念设计、核数据库、熔盐热物理性质、堆物理特性、热工水力特性及其物理热工耦合、瞬态安全分析等方面取得了丰硕成果。同时,作者还与美国麻省理工学院、加州大学伯克利分校、德国卡尔斯鲁厄核能研究中心等国际顶尖机构保持密切合作,进一步推动了熔盐堆技术的国际化研究。

本书作者首先系统全面地介绍了熔盐堆的研究背景、技术特点、发展历史及多元熔盐体系物理化学特性,之后分上下两篇,依次介绍了作者团队在液体燃料熔盐堆和固体燃料熔盐堆在热工水力、安全分析、非能动余排实验等方面的研究成果,特别是在最后一章,完成了创新型固有安全一体化小型氟盐冷却高温堆FuSTAR概念设计和方案论证,这一研究内容不仅丰富了本书的理论体系,还为熔盐堆小型模块化技术的实际应用提供了具体的范例。

本书内容丰富、结构严谨,而且兼具理论性和实用性,是一部不可多得的科技著作。本书的出版,不仅有助于熔盐堆的核科学与技术普及和人才的培养,更将为我国第四代先进核能系统和小型模块化反应堆的研发工作提供重要支撑,我非常高兴将本书推荐给相关从业人员及高等院校师生。

中国工程院院士
中国核动力研究设计院研究员

2024 年 10 月于成都

前 言 PREFACE

能源与环境是人类赖以生存和发展的基础,大力发展核能是我国能源体系优化结构、提高效能和保障安全的重要保证,发展经济、安全、可持续发展的先进核能系统是促进核能可持续发展的必然选择。熔盐堆由于安全性、燃料循环特性、核废料嬗变和防止核扩散等独特的优点,是被列入第四代先进核能系统中唯一的液态燃料反应堆,在发电、嬗变核废料、空间核动力等方面具有非常广阔的应用前景。

作者及其课题组自2002年开始,就针对熔盐堆物理、热工水力与安全等相关关键问题展开了广泛而深入的研究,经过长期持续探索和不懈努力,在熔盐堆概念设计、熔盐热物理性质、堆物理、堆热工水力及物理热工耦合、瞬态特性分析和安全分析等方面,取得了较为丰硕的成果。为了更好地服务于先进核能研发工作和核教育事业,作者在归纳、整理和总结课题组前期研究成果的基础上,完成了这部国内第一部熔盐堆学术专著。同时,为了尽可能全面地反映当前国际熔盐堆研究动态,书中也介绍了其他研究者的成果。

本书共分9章。作者的分工如下:秋穗正教授撰写第1—2章,张大林教授撰写第3—5章,田文喜教授撰写第6—7章,王成龙副教授撰写第8章,苏光辉教授撰写第9章。全书由张大林教授策划和统稿。

本书第1章介绍了熔盐堆的研究背景、发展历史、技术特点以及典型的设计方案;第2章就熔盐堆多元熔盐体系的热物性进行了理论研究,综述了氟盐体系的传热性能、核物理特性以及化学腐蚀特性。上篇是针对液体燃料熔盐堆的研究,其中,第3章建立了液体燃料熔盐堆的热工水力模型,并对典型设计进行了稳态和瞬态工况分析;第4章提出了液体燃料反应堆的精确点堆动力学模型和近似点堆动力学模型,并对熔盐堆MOSART开展了典型事故分析;第5章针对核反应堆安全性要求,基于高温热管独特的运行特性,提出了熔盐堆新型非能动余热排出系统概念设计,并进行理论及实验研究,验证了设计的合理性和可行性。下篇是针对固体燃料熔盐堆的研究,其中,第6章是针对固体燃料熔盐堆球床堆芯的热工水力实验研究;第7章针对球床式固体堆编制了热工水力分析程序FANCY,可以准确模拟堆内熔盐的流动换热特性;第8章基于不确定性方法计算了固体燃料熔盐堆安全系数整定值,并对安全系数进行了敏感性分析,为固体燃料熔盐堆安全评审奠定理论基础。第9章针对固体燃料熔盐堆的能量综合利用,提出固有安全一体化小型氟盐冷却高温堆FuSTAR概念设计,分别对堆本体、动力转换系统、非能动余热排出系统进行了详细设计,此外,进行了热工水力实验和热工安全分析。

本书的工作先后得到了国家重点研发计划项目(2020YFB1902000)、国家自然科学基金重大研究计划重点项目(91326201)和培育项目(91026023)、国家自然科学基金面上项目(10575079和11475132)和青年项目(11705138)、教育部创新团队项目(IRT1280)、人社部博士后创新人才支持项目(BX201600124)、中国博士后科学基金博士后面上项目(2016M600796)、高等学校博士学科点专项科研基金(博导类)(20130201110040)、中国科学院TMSR战略先导科技专项(XDA02010100)、生态环境部核与辐射安全中心专项、中科院上海应用物理研究所等熔盐堆相关研究项目的持续支持。

需要特别说明的是,自从2002年作者及其课题组从事熔盐堆技术研究以来,作者所在课题组的钱立波博士、肖瑶博士、周建军博士、郭张鹏博士、刘明皓博士、刘利民博士、陈勇征博士、颜琪琦博士、秦浩博士、刘长亮硕士、李林峰硕士、周健成硕士、闵鑫硕士等毕业的历届博士和硕士研究生,对本书的顺利完成做了大量细致的工作。由于人员众多,在此不列出具体名单,谨向他们表示由衷的谢意。在书稿排版、整理及校对方面,课题组博士研究生姜殿强、李新宇、周星光、吕鑫狄、负世昌、武文强、冯振宇,硕士研究生李昊洋、何轩昂、林悦、陈凯龙等,以及西安交通大学出版社田华编辑付出了艰辛的劳动,在此一并表示衷心的感谢。

中国科学院陶文铨院士和中国工程院于俊崇院士在百忙中热情地为本书作序,哈尔滨工程大学曾和义教授在百忙之中审阅了书稿,在此一并表示衷心的感谢!

熔盐堆涉及多学科的交叉与融合,限于我们的学识水平,书中不足之处在所难免,由衷希望广大读者、专家和学者批评指正。

作　者
2024年10月于西安交通大学

符号表

表 0-1 拉丁字母

拉丁字母	所表示的物理量/单位
A	面积/m^2
B	变形因子
C	缓发中子先驱核浓度/$(n \cdot m^{-3})$
	体积热容/$(J \cdot m^{-3} \cdot K^{-1})$
D	物质扩散系数/$(m^2 \cdot s^{-1})$
	中子扩散系数/cm
	管径/m
D_e	当量直径/m
E	中子能量/eV
	能量因子,见式(9-57)
E_s	杨氏模量/Pa
E_μ	黏性流动活化能/$(J \cdot mol^{-1})$,见式(2-36)
F	流量
	表面摩擦因子
	总工程因子
F_f	堆芯冷却剂流量因子
G	吉布斯(Gibbs)函数
	质量流密度/$(kg \cdot m^{-2} \cdot s^{-1})$
Gr	格拉斯霍夫数
H	焓/J
ΔH_s	溶解热/$(kJ \cdot mol^{-1})$
J	中子流密度/中子$(cm^{-2} \cdot s^{-1})$
K	平衡常数
	溶解度(西弗常数)/$(mol \cdot m^{-3} \cdot MPa^{-0.5})$

续表

拉丁字母	所表示的物理量/单位
Kn	克努森数
L	长度/m
m	摩尔质量/(g·mol^{-1})
	质量/kg
M_f	动量因子
N	燃料球个数
	堆芯裂变功率/W
	每分子原子数,见式(2-34)
Nu	努塞特数
P	压力/Pa
	功率/W
	润湿周长/m
Pe	佩克莱数
Pr	普朗特数
Q	发热功率/W
$Q_{c,max}$	毛细极限/W
$Q_{e,max}$	携带极限/W
Q_s	声速极限/W
R	气体常数/(J·mol^{-1}·K^{-1})
	半径/m
Ra	瑞利数
Re	雷诺数
R_g	热阻/(K·W^{-1})
S	广义源项
	轴向坐标/m
	溶解度
Sc	施密特数
Sh	舍伍德数
T	温度/K
$\dot{T}$	产氚率/(T·cm^{-3}·s^{-1})

续表

拉丁字母	所表示的物理量/单位
T_m	熔点/K
U	速度矢量
V	体积/m^3
W	权重函数
	质量流量/(kg·s^{-1})
	热管蒸气空间的宽度/m
X	含气率
	摩尔分数
Z	压缩因子
a	亥姆霍兹(Helmholtz)自由能/(J·mol^{-1})
	冷凝或蒸发系数
c	物质浓度/(mol·m^{-3})
$c_i(t)$	缓发中子先驱核浓度的时间幅函数
c_p	定压比热容/(J·kg^{-1}·K^{-1})或(J·mol^{-1}·K^{-1})
d	直径/m
	彭-罗宾逊(Peng-Robinson)方程的参数,见式(2-1)
d_f	堆芯流量分配因子
f	摩擦阻力系数
	子工程因子
$\hat{f}_i$	逸度
g	吉布斯(Gibbs)自由能/(J·mol^{-1})
$g_i(r)$	缓发中子先驱核浓度的空间形状函数
h	焓/(J·mol^{-1})
	换热系数/(W·m^{-2}·K^{-1})
h_{fg}	汽化潜热/(J·mol^{-1})
j	物质的量流密度/(mol·m^{-2}·s^{-1})
k	脉动能/(m^2·s^{-2})
	形阻系数
k_B	玻尔兹曼常数/(J·K^{-1})
k_{eff}	有效中子增殖因数

续表

拉丁字母	所表示的物理量/单位
k_x	粒子 x 在介质中的传质系数/(m·s^{-1})
m	单元数目
	物质的量/mol
$\dot{m}$	冷凝或蒸发速率/(kg·m^{-2}·s^{-1})
	质量流速/(kg·s^{-1})
n	中子密度/(个·cm^{-3})
p	压力/Pa
$p_r(t)$	中子通量密度的时间幅函数，见5.4节
q_V	体积释热率/(W·m^{-3})
q_w	热流密度/(W·m^{-2})
r	径向坐标、空间坐标
s	熵/(J·mol^{-1}·K^{-1})
t	时间/s
u	热力学能/(J·mol^{-1})
	速度/(m·s^{-1})
v	摩尔体积/(m^3·mol^{-1})
	中子速度/(m·s^{-1})
	速度/(m·s^{-1})
	比体积/(m^3·kg^{-1})
x	摩尔百分比
(x,y,z)	直角坐标系中的坐标分量
z	轴向坐标

表 0-2 希腊字母

希腊字母	所表示的物理量/单位
Γ	广义扩散系数
Λ	中子寿命/s
	等效热导率
Σ_a	宏观吸收截面/cm^{-1}
Σ_f	宏观裂变截面/cm^{-1}

续表

拉丁字母	所表示的物理量/单位
T_m	熔点/K
U	速度矢量
V	体积/m^3
W	权重函数
	质量流量/(kg·s^{-1})
	热管蒸气空间的宽度/m
X	含气率
	摩尔分数
Z	压缩因子
a	亥姆霍兹(Helmholtz)自由能/(J·mol^{-1})
	冷凝或蒸发系数
c	物质浓度/(mol·m^{-3})
$c_i(t)$	缓发中子先驱核浓度的时间幅函数
c_p	定压比热容/(J·kg^{-1}·K^{-1})或(J·mol^{-1}·K^{-1})
d	直径/m
	彭-罗宾逊(Peng-Robinson)方程的参数,见式(2-1)
d_f	堆芯流量分配因子
f	摩擦阻力系数
	子工程因子
$\hat{f}_i$	逸度
g	吉布斯(Gibbs)自由能/(J·mol^{-1})
$g_i(r)$	缓发中子先驱核浓度的空间形状函数
h	焓/(J·mol^{-1})
	换热系数/(W·m^{-2}·K^{-1})
h_{fg}	汽化潜热/(J·mol^{-1})
j	物质的量流密度/(mol·m^{-2}·s^{-1})
k	脉动动能/(m^2·s^{-2})
	形阻系数
k_B	玻尔兹曼常数/(J·K^{-1})
k_{eff}	有效中子增殖因数

续表

拉丁字母	所表示的物理量/单位
k_x	粒子 x 在介质中的传质系数 $/(m \cdot s^{-1})$
m	单元数目
	物质的量/mol
$\dot{m}$	冷凝或蒸发速率 $/(kg \cdot m^{-2} \cdot s^{-1})$
	质量流速 $/(kg \cdot s^{-1})$
n	中子密度 $/(个 \cdot cm^{-3})$
p	压力/Pa
$p_r(t)$	中子通量密度的时间幅函数，见 5.4 节
q_V	体积释热率 $/(W \cdot m^{-3})$
q_w	热流密度 $/(W \cdot m^{-2})$
r	径向坐标、空间坐标
s	熵 $/(J \cdot mol^{-1} \cdot K^{-1})$
t	时间/s
u	热力学能 $/(J \cdot mol^{-1})$
	速度 $/(m \cdot s^{-1})$
v	摩尔体积 $/(m^3 \cdot mol^{-1})$
	中子速度 $/(m \cdot s^{-1})$
	速度 $/(m \cdot s^{-1})$
	比体积 $/(m^3 \cdot kg^{-1})$
x	摩尔百分比
(x,y,z)	直角坐标系中的坐标分量
z	轴向坐标

表 0-2　希腊字母

希腊字母	所表示的物理量/单位
Γ	广义扩散系数
Λ	中子寿命/s
	等效热导率
Σ_a	宏观吸收截面 $/cm^{-1}$
Σ_f	宏观裂变截面 $/cm^{-1}$

续表

希腊字母	所表示的物理量/单位
$\Sigma_{g'\to g}$	g' 群到 g 群的宏观迁移截面/cm^{-1}
Σ_r	宏观移出截面/cm^{-1}
Σ_s	宏观散射截面/cm^{-1}
Σ_t	宏观总截面/cm^{-1}
Φ	任意求解变量
Ω	方向角
α_T	温度反馈系数/$10^{-5}K^{-1}$
α_{void}	空泡反馈系数/$10^{-5}K^{-1}$
β,β_i	缓发中子份额
γ	比热容比
ε	湍流耗散率/$(m^2 \cdot s^{-3})$
	孔隙率
	表面黑度
ε_r	燃料元件发射率
η	黏性系数/$(kg \cdot m^{-1} \cdot s^{-1})$
θ	夹角/rad
κ	电导率/$(S \cdot m^{-1})$
λ	缓发中子衰变常数/s^{-1}
	热导率/$(W \cdot m^{-1} \cdot K^{-1})$
	分子平均自由程
μ	黏度/$(Pa \cdot s)$
	参数的标称值,见式(8-1)
μ_p	横向变形系数
ν	有效裂变中子数
ρ	密度/$(kg \cdot m^{-3})$
	反应性/10^{-5}
σ	标准差
	表面张力/$(N \cdot m^{-1})$
	斯特藩-玻尔兹曼常数/$(W \cdot m^{-2} \cdot K^{-4})$
	微观截面/b

续表

希腊字母	所表示的物理量/单位
τ	时间常数/s
	时间/s
φ	中子通量密度/$(cm^{-2} \cdot s^{-1})$
φ_s	管道几何因子
φ^+	中子价值
$\hat{\varphi}$	逸度系数
$\varphi(r)$	中子通量密度的空间形状函数,见5.4节
χ	中子能谱
ψ	中子通量密度的形状因子
	热管倾斜角度/rad
ω	彭-罗宾逊(Peng-Robinson)方程中的偏心因子

表0-3 上标

上标	意义
n	迭代次数
r	时层
0	初始时刻

表0-4 下标

下标	意义
E,W,N,S	东、西、北、南节点
L	层流
	自然对流
TRISO	TRISO燃料颗粒
c	临界值
	固体燃料反应堆
	燃料涂层
	冷却剂
	热管冷凝段
core	堆芯

续表

下标	意义
d	缓发中子
e,w,n,s	东、西、北、南界面
f	裂变反应
	燃料
	交界面
g	中子能群
	石墨反射层
	蒸汽
i	组分
	缓发中子先驱核族群
in	入口边界
j	组分
l	液态堆
local	当地
loop	环路
loss	损失项
m	组分
n	中子能群
n	迭代次数
out	出口边界
p	瞬发中子
pebble	球床
r	余函数
shell	包壳
static	静态
t	湍流
u	燃料核心
w	燃料元件表面
	管壁

缩略词

缩写	英文	中文
AECL	Atomic Energy of Canada Limited	加拿大原子能公司
AHTR	Advanced High Temperature Reactor	先进高温堆
ALISIA	Assessment of Liquid Salts for Innovative Applications	液态熔盐应用项目
AMSB	Accelerator Molten Salt Breeder	加速器熔盐增殖堆
AMSR	Advanced Molten Salt Reactor	先进熔盐堆
ANP	Aircraft Nuclear Propulsion	飞行器核动力计划
ANS	American Nuclear Society	美国核学会
ARE	Aircraft Reactor Experiment	飞行器核动力实验
BDBA	Beyond Design Basis Accident	超设计基准事故
CEA	Commissariat à l'énergie atomique et aux énergies alternatives	法国原子能署
CFD	Computational Fluid Dynamics	计算流体动力学
CIET	Compact Integral Experiment Test	整体性能实验台架
CNRS	Centre National de la Recherche Scientifique	法国国家科学研究中心
CRP	Coordinated Research Projects	联合研究计划
DHX	DRACS Heat Exchanger	DRACS 换热器
DMSR	Denatured Molten Salt Reactor	改性熔盐堆
DRACS	Direct Reactor Auxiliary Cooling System	直接反应堆辅助冷却系统
EOS	Equation of State	状态方程
EVOL	Evaluation and Viability of Liquid Fuel Fast Reactor System	液体燃料熔盐快堆系统评估和验证
FHR	Fluoride Salt Cooled High Temperature Reactor	氟盐冷却高温堆
FuSTAR	Fluoride-Salt-Cooled high-Temperature Advanced Reactor	福星

缩写	英文	中文
GFR	Gas-cooled Fast Reactor	气体冷却快堆
GIF	Generation Ⅳ International Forum	第四代核能系统国际论坛
IAEA	International Atomic Energy Agency	国际原子能机构
INL	Idaho National Laboratory	美国爱达荷国家实验室
ITHMSF	International Thorium Molten-Salt Forum	国际钍基熔盐论坛
JAEA	Japan Atomic Energy Agency	日本原子能研究院
JNC	Japan Nuclear Cycle Development Institute	日本核燃料循环开发机构
LFR	Lead-cooled Fast Reactor	铅冷快堆
LOHS	Loss of Heat Sink	热阱丧失事故
LPSC	Laboratoire de Physique Subatomique et de Cosmologie de Grenoble	亚原子物理和宇宙学实验室
LSSS	Limiting Safety System Settings	安全系统整定值
MA	Minor Actinides	次锕系核素
MIT	Massachusetts Institute of Technology	麻省理工学院
MITR	MIT Research Reactor	麻省理工学院研究堆
MOSART	Molten Salt Advanced Reactor Transmuter	先进嬗变熔盐堆
MOST	Molten Salt Reactor Technology	熔盐堆技术
MPB-AHTR	Modular PB-AHTR	模块化球床高温堆
MSBR	Molten Salt Breeder Reactor	熔盐增殖堆
MSFR	Molten Salt Fast Reactor	熔盐快堆
MSR	Molten Salt Reactor	熔盐堆
MSRE	Molten Salt Reactor Experiment	熔盐实验堆
MSR-FUJI	Molten Salt Reactor-FUJI	FUJI(富士)熔盐堆
NACC	Nuclear Air-Brayton Combined Cycle	核空气-布雷顿联合循环
NEPA	Nuclear Energy for the Propulsion of Aircraft	核能飞行器推进工程
NIST	National Institute of Standards and Technology	美国国家标准与技术研究所
NRC	Nuclear Regulatory Commission	美国核管会
ORNL	Oak Ridge National Laboratory	橡树岭国家实验室
PB-AHTR	Pebble Bed Advanced High Temperature Reactors	球床先进高温堆

缩写	英文	中文
RRC-KI	Russian Research Center-Kurchatov Institute	俄罗斯研究中心-库尔恰托夫研究所
RTDP	Revised Thermal Design Procedure	修正的热工水力设计方法
SCWR	Super Critical-Water-cooled Reactor	超临界水冷堆
SFR	Sodium-cooled Fast Reactor	钠冷快堆
SL	Safety Limits	安全限值
SNL	Sandia National Laboratory	桑迪亚国家实验室
STDP	Standard Thermal Design Procedure	标准热工水力设计方法
TCHX	Thermosyphon-Cooled Heat Exchanger	热虹吸管换热器
TFHR	Transportable Fluorid-salt-cooled High-temperature Reactor	移动式氟盐冷却高温堆
THORIMS-NES	Thorium Molten Salt Nuclear Energy Synergetic System	钍基熔盐堆核能协作系统
TMSR	Thorium Molten Salt Reactor	钍基熔盐堆
TMSR-LF	Thorium Molten Salt Reactor-Liquid Fuel	液态钍基熔盐堆
TMSR-SF	Thorium Molten Salt Reactor-Solid Fuel	固体燃料钍基熔盐堆
TOP	Transient Over Power	超功率事故
TRISO	Tristructural-ISO tropic	TRISO 燃料
UCB	University of California, Berkeley	加州大学伯克利分校
ULOF	Unprotected Loss of Flow	无保护失流（事故）
ULOHS	Unprotected Loss of Heat Sink	无保护热阱丧失（事故）
UOC	Unprotected Over Cooled	无保护过冷（事故）
UTOP	Unprotected Transient Over Power	无保护反应性注入/超功率（事故）
VHTR	Very High Temperature Reactor	超高温反应堆

目 录 CONTENTS

第1章　熔盐堆概述 ··· 001
1.1　背景及意义 ··· 001
1.2　液体燃料熔盐堆概述 ··· 003
1.2.1　发展历史 ··· 003
1.2.2　技术特点 ··· 006
1.2.3　典型反应堆 ··· 008
1.3　固体燃料熔盐堆概述 ··· 016
1.3.1　发展历史 ··· 017
1.3.2　技术特点 ··· 018
1.3.3　典型反应堆 ··· 019
1.4　熔盐堆的应用 ··· 026
1.4.1　钍铀燃料增殖 ··· 026
1.4.2　核废料嬗变 ··· 027
1.4.3　高温制氢 ··· 028
1.4.4　海水淡化 ··· 029
1.4.5　发电及其他应用 ··· 030
1.5　本书的主要内容 ··· 033
参考文献 ··· 033

第2章　多元熔盐体系物理化学特性 ··· 037
2.1　多元熔盐体系静态热物性模型 ··· 037
2.1.1　密度 ··· 037
2.1.2　焓、熵、定压比热容 ··· 038
2.2　三元熔盐体系的静态热物性分析 ··· 041
2.2.1　状态方程参数 ··· 041
2.2.2　密度 ··· 042

2.2.3　焓、熵、定压比热容 …………………………………………… 043
2.3　FLiBe 热物理性质评估 …………………………………………………… 044
　　2.3.1　密度 ………………………………………………………………… 045
　　2.3.2　比热容 ……………………………………………………………… 047
　　2.3.3　黏度 ………………………………………………………………… 049
　　2.3.4　热导率 ……………………………………………………………… 052
　　2.3.5　其他物理性质 ……………………………………………………… 054
　　2.3.6　推荐使用的物性关系式 …………………………………………… 055
2.4　核物理特性 ………………………………………………………………… 056
　　2.4.1　中子俘获与慢化 …………………………………………………… 056
　　2.4.2　反应性系数 ………………………………………………………… 057
　　2.4.3　短期效应 …………………………………………………………… 059
　　2.4.4　长期效应 …………………………………………………………… 060
2.5　化学腐蚀特性 ……………………………………………………………… 062
　　2.5.1　化学特性 …………………………………………………………… 062
　　2.5.2　腐蚀特性 …………………………………………………………… 064
参考文献 …………………………………………………………………………… 066

上篇　液体燃料熔盐堆

第3章　液体燃料熔盐堆热工水力分析 ……………………………………… 075

3.1　液体燃料熔盐堆热工水力模型 …………………………………………… 075
3.2　液体燃料熔盐堆的中子物理模型 ………………………………………… 077
　　3.2.1　连续能量的中子通量密度模型 …………………………………… 077
　　3.2.2　缓发中子先驱核浓度模型 ………………………………………… 079
3.3　数值计算方法 ……………………………………………………………… 080
3.4　热工分析模型的校核和验证 ……………………………………………… 081
　　3.4.1　稳态计算验证 ……………………………………………………… 081
　　3.4.2　瞬态计算验证 ……………………………………………………… 082
3.5　典型液体燃料熔盐堆 MOSART 热工水力分析 ………………………… 083
　　3.5.1　稳态计算 …………………………………………………………… 083
　　3.5.2　瞬态计算 …………………………………………………………… 096

参考文献 …………………………………………………………………………… 104

第4章　液体燃料熔盐堆安全特性分析 ······ 107
4.1　液体燃料反应堆的精确点堆动力学模型推导 ······ 107
4.1.1　通量幅函数方程 ······ 108
4.1.2　有效缓发中子先驱核方程 ······ 110
4.1.3　固体燃料反应堆点堆动力学模型的拓展 ······ 111
4.1.4　权重函数与中子价值 ······ 112
4.2　液体燃料反应堆的近似点堆动力学模型 ······ 113
4.3　堆芯热传输模型 ······ 114
4.4　不同点堆动力学模型的比较 ······ 115
4.5　MOSART 安全分析 ······ 118
4.5.1　中子价值和有效缓发中子份额 ······ 118
4.5.2　可能的初因事故 ······ 120
4.5.3　模型的验证 ······ 120
4.5.4　典型事故分析 ······ 121
参考文献 ······ 127

第5章　液体燃料熔盐堆非能动余排实验研究 ······ 129
5.1　液体燃料熔盐堆热管型非能动余排系统简介 ······ 129
5.2　热管型非能动余排实验系统设计 ······ 130
5.2.1　实验系统概述 ······ 131
5.2.2　主要系统及部件 ······ 133
5.2.3　高温热管设计与检验校核 ······ 139
5.3　卸料罐内氟盐自然对流换热特性实验研究 ······ 144
5.3.1　氟盐与单根热管自然对流换热特性实验研究 ······ 145
5.3.2　氟盐与单列竖列管束自然对流换热特性实验研究 ······ 156
5.4　热管型非能动余排系统瞬态特性实验研究 ······ 165
5.4.1　实验工况 ······ 165
5.4.2　系统瞬态散热特性分析 ······ 166
5.4.3　系统敏感参数响应特性分析 ······ 170
参考文献 ······ 176

下篇 固体燃料熔盐堆

第6章 固体燃料熔盐堆球床堆芯热工水力实验研究 …………………… 183
  6.1 实验概述 …………………………………………………………… 183
    6.1.1 研究对象 ……………………………………………………… 184
    6.1.2 研究工质 ……………………………………………………… 189
  6.2 实验系统 …………………………………………………………… 191
    6.2.1 实验回路 ……………………………………………………… 191
    6.2.2 实验段 ………………………………………………………… 196
    6.2.3 数据采集系统 ………………………………………………… 201
    6.2.4 实验内容及方法 ……………………………………………… 204
  6.3 球床通道内阻力特性实验研究 …………………………………… 206
    6.3.1 阻力特性处理方法 …………………………………………… 206
    6.3.2 单相水流动特性结果分析 …………………………………… 207
    6.3.3 导热油流动特性结果分析 …………………………………… 210
    6.3.4 经验关系式与实验结果对比 ………………………………… 213
  6.4 球床通道内对流传热特性实验研究 ……………………………… 216
    6.4.1 对流传热特性数据处理方法 ………………………………… 216
    6.4.2 单相水对流传热特性结果分析 ……………………………… 217
    6.4.3 导热油对流传热特性结果分析 ……………………………… 223
    6.4.4 经验关系式预测值与实验结果对比 ………………………… 228
  参考文献 ………………………………………………………………… 231

第7章 固体燃料熔盐堆热工水力分析 ……………………………………… 238
  7.1 系统分析主要数学物理模型 ……………………………………… 238
    7.1.1 流体动力学模型 ……………………………………………… 238
    7.1.2 热构件模型 …………………………………………………… 239
    7.1.3 堆芯功率模型 ………………………………………………… 243
  7.2 封闭辅助模型 ……………………………………………………… 244
    7.2.1 管道流动换热模型 …………………………………………… 244
    7.2.2 堆芯多孔介质换热模型 ……………………………………… 245
    7.2.3 堆芯多孔介质流动阻力模型 ………………………………… 246

7.3 模型校核与验证 ··· 249
　　7.3.1 流体动力学模型校核 ·· 249
　　7.3.2 热构件模型校核 ·· 251
　　7.3.3 程序模型实验验证 ·· 255
7.4 典型固体燃料熔盐堆安全分析 ··· 264
　　7.4.1 TMSR-SF ·· 264
　　7.4.2 MK1 PB-FHR ·· 271
参考文献 ··· 283

第8章 固体燃料熔盐堆安全审评及不确定性分析 ··············· 287
8.1 安全审评热工水力限值 ··· 287
8.2 安全限值计算 ··· 290
　　8.2.1 强迫循环安全限值计算 ··· 290
　　8.2.2 自然循环安全限值计算 ··· 294
8.3 安全系统整定值计算 ··· 295
　　8.3.1 强迫循环安全系统整定值计算 ····································· 295
　　8.3.2 自然循环安全系统整定值计算 ····································· 298
8.4 安全系统敏感性分析 ··· 300
　　8.4.1 冷却剂热物性 ··· 300
　　8.4.2 流量分配 ·· 308
　　8.4.3 换热系数 ·· 310
　　8.4.4 流动阻力 ·· 313
8.5 基于不确定性方法的安全系统整定值计算 ··························· 314
　　8.5.1 不确定性方法 ··· 314
　　8.5.2 输入参数的概率分布 ·· 314
　　8.5.3 随机数生成程序与验证 ··· 317
　　8.5.4 蒙特卡罗方法 ··· 318
　　8.5.5 响应曲面法 ·· 320
参考文献 ··· 327

第9章 固有安全一体化小型氟盐冷却高温堆 FuSTAR 设计及分析 ········· 329
9.1 FuSTAR 概念设计及应用场景 ··· 329
　　9.1.1 概念设计 ·· 330

  9.1.2 应用场景 ································ 334
9.2 FuSTAR 堆本体设计 ······························ 336
  9.2.1 设计软件及验证 ························ 336
  9.2.2 设计要求与材料选型 ···················· 340
  9.2.3 中子物理与热工水力计算 ················ 346
  9.2.4 均匀化少群常数制作与堆芯核热耦合分析 ···· 360
  9.2.5 屏蔽计算 ······························ 389
  9.2.6 热工水力分析及实验 ···················· 396
  9.2.7 非能动余热排出系统设计优化 ············ 411
9.3 FuSTAR 动力转换系统设计 ························ 429
  9.3.1 热力学设计 ···························· 430
  9.3.2 设备设计 ······························ 442
  9.3.3 变工况特性研究 ························ 446
9.4 FuSTAR 系统热工安全分析 ························ 448
  9.4.1 运行工况与事故分类 ···················· 448
  9.4.2 瞬态热工水力限值 ······················ 450
  9.4.3 系统回路建模 ·························· 451
  9.4.4 瞬态安全特性分析 ······················ 453

参考文献 ·· 462

索引 ·· 470

第 1 章 熔盐堆概述

1.1 背景及意义

能源是人类社会赖以生存和发展的强劲动力,随着全球经济的发展和人口的增长,人们对能源的需求,尤其是对电力的需求越来越大,但是从环境、经济和社会等方面来看,目前全球能源供应和消费是不可持续的。如何保证能源供应的可靠、廉价,实现向低碳、高效的能源供应体系转变是摆在世界各国面前的两大能源挑战。过去的数十年中,核电作为安全、清洁、高效和唯一现实可行的工业化替代能源,在满足人类的电力需求和缓解温室气体带来的环境压力方面发挥了重要的作用。

21世纪初,美国牵头会同英国、法国、日本等10国及欧洲原子能共同体共同成立了第四代核能系统国际论坛(Generation Ⅳ International Forum,GIF)[1-2]。其宗旨是研究和发展第四代核能系统,进一步有效解决核能在经济竞争力、公众安全信任度、核燃料利用率、环境保护以及核不扩散和放射性废物处理等方面所面临的严峻考验[3],最终在2030年开发出更为安全可靠、经济环保的新一代先进核能系统,从而在当前运行的反应堆达到运行寿期末或运行期结束的时候能够替代现有的反应堆系统。论坛提出的反应堆系统发展时间简图如图1-1所示。

第四代核能系统包括反应堆及其燃料循环,其应满足如下要求。

(1)可持续性。系统应促进长期有效利用核燃料及其他资源;改善核电对环境的影响,保护公众健康和环境;尽可能减少核废物的产生,大幅度减轻未来长期核废物监管的负担。

(2)经济性。系统应采用低成本、短周期建设,可与不同的电力市场竞争,投资风险应与其他能源项目相当。全寿期发电成本较其他能源具有优势,可以通过对电站核燃料循环的简化和创新设计达到成本目标。除发电外,还应能满足制氢等

熔盐堆热工水力及安全分析

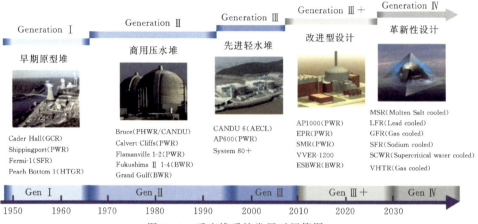

图 1-1 反应堆系统发展时间简图

多种用途。

(3)安全性。系统应具有高度的内在安全性和可靠性,并得到安全管理部门和公众的认可;增强内在安全性和鲁棒性,使反应堆具有较小的堆芯损坏概率,改进事故管理并缓解事故后果,满足厂区外应急的需要。

(4)防止核扩散和增强实体防护。系统应为防止核燃料扩散提供更高的保障,通过内在的障碍和外部监督提供持续的防扩散措施;通过增强设计防范恐怖主义的袭击和破坏。

第四代核能系统国际论坛(Generation Ⅳ International Forum,GIF)对第四代核能系统(Gen Ⅳ)研发目标及上百个概念设计进行多次探讨,最终选定 6 种堆型作为第四代核能系统的优先研发对象,具体包括:超临界水冷反应堆(Super Critical-Water-cooled Reactor,SCWR)、钠冷快堆(Sodium-cooled Fast Reactor,SFR)、铅冷快堆(Lead-cooled Fast Reactor,LFR)、气冷快堆(Gas-cooled Fast Reactor,GFR)、超高温反应堆(Very High Temperature Reactor,VHTR)和熔盐反应堆(Molten Salt Reactor,MSR)。

熔盐反应堆简称熔盐堆,是 GIF 选定的 6 种先进反应堆中唯一的液体燃料反应堆,最早的研究始于 20 世纪 50 年代[4-5],利用熔盐作为冷却剂。熔盐堆的固有安全性、高温低压运行、简单的燃料后处理以及适合钍燃料等特点,都是其他堆型所不具备的[6],其优异的系统性能正越来越多地受到工业界的青睐。近年来,熔盐堆的研究再度加速,传统熔盐堆和超高温气冷堆都被视作可能的设计方案,并纳入到第四代堆初步研究框架下。GIF 的熔盐堆有如下两种基本设计路线[7]。

(1)传统意义的液体燃料熔盐堆:将裂变材料、可转换材料和裂变产物溶解在高温熔盐(^{7}LiF - BeF$_2$)中,氟盐既作为裂变燃料,又作为冷却剂。

(2)近十年美国提出的氟盐冷却高温堆(Fluoride Salt cooled High Temperature Reactor,FHR),即固体燃料熔盐堆,采用与高温气冷堆类似的包覆燃料,熔盐仅作为冷却剂。

熔盐堆的概念,由原来仅限于使用液体燃料的反应堆,扩展到了以氟化盐为冷却剂、燃料可以是液体也可以是固体的反应堆堆型。本书针对国内外已有和正在设计中的熔盐堆进行调研和梳理,对其系统设计及安全功能特性展开研究。

1.2 液体燃料熔盐堆概述

熔盐堆将可裂变和易裂变材料溶于高沸点氟化盐熔盐载体作为燃料,堆芯熔融态的混合盐既作为裂变燃料,也作为主冷却剂,改变了堆芯物理设计的思路。熔融态的混合盐在高温下工作,可获得更高的热效率,同时保持低蒸气压,从而降低机械应力,提高安全性,并且熔盐的化学性质相比于液态钠更稳定,带来安全性的提升。

熔盐堆的核燃料溶于主冷却剂中形成熔融态的混合燃料盐,从而无需制造燃料棒,简化了反应堆结构,使燃耗均匀化,在固有安全性、经济性、核资源可持续发展及防核扩散等方面具有其他反应堆无法比拟的优点,特别是它的闭式燃料循环和突出的核废料嬗变和焚化特性,是所有反应堆中可持续发展等级最高的。在许多设计方案中,核燃料溶于熔融的氟盐冷却剂中,形成如四氟化铀(UF_4)等化合物。堆芯用石墨做慢化剂,液态熔盐在其中达到临界。液体燃料反应堆设计有着与固体燃料反应堆明显不同的安全重点:主反应堆事故可能性减小,操作事故可能性增大。

1.2.1 发展历史

熔盐堆最早于20世纪40年代由美国橡树岭国家实验室(Oak Ridge National Laboratory, ORNL)提出,已有超过70年的研究历史[8]。

1954年,ORNL建成了第一座2.5 MW的用于军用空间的飞行器核动力实验(Aircraft Reactor Experiment,ARE)熔盐堆,该反应堆用熔融氟盐 $NaF-ZrF_4-UF_4$(摩尔分数53%NaF-41%ZrF_4-6%UF_4)作为燃料,用氧化铍(BeO)作为慢化剂,用液态钠作为二次冷却剂,峰值温度为860℃,连续运行了1000 h。

1965年,采用 $LiF-BeF_2-ZrF_4-UF_4$ 燃料熔盐的8 MW熔盐实验堆(Molten Salt Reactor Experiment,MSRE)达到临界。1965—1968年,MSRE累计运行了13000 h,测试了各种类型的燃料和材料,积累了熔盐堆运行和维护的经验。

这两座原型堆的成功运行,从理论和实践上证明了熔盐堆的可行性和良好的运行性能,并验证了以下结论:

(1) $^7LiF-BeF_2$ 可用于熔盐堆;

(2)石墨作慢化剂与熔盐具有相容性；
(3)中子的经济性和熔盐堆固有的安全性；
(4)燃料循环的连续或批量处理特性；
(5)裂变产物氪和氙可从熔盐中分离；
(6)熔盐堆可使用不同的燃料,包括^{235}U、^{233}U 和^{239}Pu。

1970—1976 年,ORNL 提出并完成了采用^{232}Th –^{233}U 燃料循环的熔盐增殖堆(Molten Salt Breeder Reactor,MSBR)概念设计[9]。

1980 年,提出了采用一次通过燃料循环,不采用燃料在线处理,具有 30 年长寿命的改性熔盐堆(Denatured Molten Salt Reactor,DMSR)的概念设计。之后,美国的熔盐堆研究主要集中于核不扩散及钚处理,提出了先进熔盐堆(Advanced Molten Salt Reactor,AMSR)、棱柱型熔盐堆(Prism Molten Salt Reactor,PR-MSR)和先进高温堆(Advanced High Temperature Reactor,AHTR)三种新概念堆。但到 20 世纪 80 年代,由于当时技术、经济及核电发展大环境的影响,美国决定集中精力研究钠冷快堆,熔盐堆的相关研究计划被迫终止。

俄罗斯的熔盐堆研究始于 20 世纪 70 年代,研究方向集中于钍铀循环的概念设计。由于当时整个政治、经济的大环境及 1986 年的切尔诺贝利事故,研究几乎停滞。目前,用于燃烧 Pu 和次锕系核素 MA 的先进嬗变熔盐堆(Molten Salt Advanced Reactor Transmuter,MOSART)正在研究中[10]。

日本于 20 世纪 80 年代开始熔盐堆研究,以 MSBR 为参考堆型设计了 FUJI-I 系列熔盐堆,之后又设计了其改进型 FUJI-II,该研究一直持续至今[11]。目前,日本原子能研究院(Japan Atomic Energy Agency,JAEA)和德国卡尔斯鲁厄研究中心(Forschungs Zentrum Karlsruhe,FZK)正在将用于快堆安全分析计算的 SIMMER 程序扩展到对熔盐堆的物理热工分析中。

2001 年,为解决核不扩散及次锕系元素处理问题,欧盟开展了熔盐堆技术(Molten Salt Reactor Technology,MOST)计划,试图用熔盐堆对长寿命的核废料及 MA 进行嬗变,开展液态熔盐应用项目(Assessment of Liquid Salts for Innovative Applications,ALISIA)研究。熔盐堆以其独特的钍增殖特性、核废料处理等方面优势,引起了世界各国高校及研究机构对其一直持续进行深入的研究,如表 1-1 所示。

表 1-1 液体燃料熔盐堆发展简史

研发时间	反应堆名称	类型	用途	研究机构
1954—1957	ARE	热谱反应堆	实验研究(军用)	美国 ORNL
1962—1969	MSRE	热谱反应堆	实验研究(民用)	美国 ORNL
1970—1976	MSBR	热谱增殖堆	发电、钍增殖	美国 ORNL

续表

研发时间	反应堆名称	类型	用途	研究机构
1973—2002	AMSTER	热谱增殖堆	锕系元素嬗变	法国电力集团
20世纪80年代—	DMSR	热谱增殖堆	核不扩散研究	美国ORNL
1980—1983	AMSB	次临界反应堆	锕系元素嬗变	日本钍基能源联盟
1985—2008	FUJI	热谱增殖堆	钍增殖	日本钍基能源联盟
1999—	TIER	次临界反应堆	锕系元素嬗变	美国洛斯阿拉莫斯实验室 法国国家科学研究中心
2003—2007	MOSART	快谱反应堆	锕系元素嬗变	俄罗斯研究中心 欧盟MOST计划
2004—2008	SPHINX	快谱增殖堆	钍增殖	捷克
2005—	CSMSR	次临界反应堆	锕系元素嬗变	俄罗斯研究中心
2007—	TMSR/MSFR	快谱增殖堆	钍增殖	法国国家科学研究中心 欧盟液体燃料快速反应堆系统评估和验证计划
2011—	TMSR-LF	热谱增殖堆	商用发电、制氢、钍增殖等	中国科学院上海应用物理研究所

熔盐堆具有闭式燃料循环及突出的核废料嬗变和焚化特性,是所有反应堆中可持续发展等级最高的,这一点恰好契合了我国核电可持续发展目标和"分离-嬗变"燃料循环发展的技术路线。开展熔盐堆基础理论的研究,对于提高我国先进核能系统研究水平具有重要的学术意义,对于提升我国核大国的国际地位,保持我国核电事业的可持续发展具有重要的现实意义。

中国于1970年开始研究设计熔盐堆[12]。1971年9月,中国科学院上海应用物理研究所(原原子核研究所)熔盐堆零功率物理实验装置首次达到临界状态。由于各种原因,1973—1979年,经国家批准,"728工程"放弃熔盐堆方案,而改为300 MW压水堆。2002年7月,第四代核能系统国际论坛将熔盐堆作为6种第四代反应堆候选堆型之一,熔盐堆重新引起国内核能界广泛的关注。

2011年1月11日,"未来先进核裂变能——钍基熔盐堆(Thorium Molten Salt Reactor,TMSR)核能系统"战略先导专项经中国科学院院长办公会议审议批准实施。2011年1月25日,在中国科学院2011年度工作会议期间举行的中国科学院"创新2020"新闻发布会上,中国科学院正式宣布由中国科学院上海应用物理研究所为主承担的TMSR等首批战略性先导科技专项启动实施。2011年5月25

日,TMSR 项目启动实施动员大会在上海应用物理研究所召开,中国科学院钍基熔盐堆核能系统研究中心揭牌成立,这标志着中国重新启动了钍基熔盐堆核能系统研发项目。TMSR 核能系统项目是中国科学院 8 个首批战略先导专项之一,其主要目标确定为研发第四代钍基裂变反应堆核能系统。

2015 年是世界第一座液态熔盐实验堆运行 50 周年,10 月 15—16 日在熔盐堆诞生地——美国橡树岭国家实验室召开了熔盐堆技术研讨会,各国专家再次明确将投入大量人力和财力进行熔盐堆及其衍生堆型的研究和开发,并以美国为首开展反应堆安全审评工作。前景虽然美好,但还有很多难题需要攻克。从世界上第一座反应堆试验成功,到核电站的商业推广,经历了近 20 年的时间,而到目前主流核电站技术的成熟,又经过了 20 多年的发展。新一代熔盐堆真正实现推广使用,可能还需要 20～30 年的时间。

1.2.2 技术特点

1. 技术优势

1)安全优势

熔盐堆的固有安全性主要体现在负反应性系数和液体燃料带来的特性,熔盐堆有很强的负温度系数和空泡系数,在过热的情况下能够降低能量的产生,允许自动负荷跟踪运行。燃料盐温度的升高会引起熔盐膨胀溢出堆芯,降低反应性。大多熔盐堆容器的底部都有一个能够快速冷却的冷冻塞。如果冷却失败,燃料会排空到下部的存储设备中。由于燃料可以用来冷却堆芯,冷却剂以及管道不需要进入高中子通量区,燃料在堆芯外的低中子通量区冷却进行热交换。

熔盐堆的燃料本身是液体,兼做载热剂,不需专门制作燃料组件,不存在堆芯熔化的可能性,从设计上避免了严重事故的发生。即使堆芯丧失冷却剂,也不会造成严重后果。熔盐堆的主冷却剂是一种熔融态的混合盐,它可以在高温下工作(可获得更高的热效率),同时保持低蒸气压。在堆芯区域没有高压蒸气,只有低压的熔融盐,意味着熔盐堆的堆芯不会发生蒸气爆炸,降低了破口事故的发生概率,不会出现因一回路破口以至断裂而产生的严重后果。如果发生反应堆容器、泵或管道断裂事故,高温的熔盐会溢出,并在环境温度下迅速凝固而停止反应,防止事故进一步扩展。同时,熔盐的低蒸气压还能降低设备的机械应力,提高安全性。

2)结构优势

熔盐堆的设计结构更适合钍燃料,可以设计为小型堆,小堆芯吸收中子的材料更少,更好的中子经济性使得更多的中子可用,进而使 ^{232}Th 可以增殖为铀 ^{233}U。因此,小堆芯的熔盐设计方案特别适用于钍燃料循环。早期的"飞行器反应堆实验"的主要动因在于其所能提供的小尺寸设计方案,而"熔盐堆实验"是钍燃料增殖反应堆核电站的原型。

3）在线后处理优势

熔盐堆燃料的后处理可以在相邻的小型化工厂中连续进行。美国橡树岭国家实验室 Weinberg 小组发现，一个非常小的后处理设施就可以为一个大型的 1 GW 发电站服务，反应堆燃料循环所产生的昂贵、有毒或放射性的产物总量要少于必须储存乏燃料棒的轻水堆，并且，除燃料和废弃物之外，所有的放射性产物都保持在后处理厂之内。

4）钍循环的优势

与轻水堆类似，钍增殖反应堆使用低能量的热中子。钍燃料循环集合了反应堆安全性、燃料长期充裕以及无需昂贵的燃料浓缩设施等优点。钍循环与铀钚循环相比，其产生的重锕系元素要少得多。这是因为大多钍燃料初始的质量数比较低，因而大质量数产物在产生前就容易因裂变而毁坏。

5）经济性优势

熔盐堆可在接近大气压下运行，不需要采用高压容器和管道，使设备安装制造和焊接变得容易，成本降低。堆芯区域保持低压，堆芯设计并不需要轻水堆中最昂贵的元件——高压容器。取而代之的是用金属板材建成的低压容器和低压管道（熔融盐管道）。所用的金属材料是一种稀有的抗高温、抗腐蚀镍合金——哈斯特洛伊合金（Hastelloy N），但这种材料的用量相比于压水堆钢制压力容器大幅度减少，并且薄金属的成型与焊接都不昂贵；高温运行带来的效率将燃料消耗、废弃物排放与辅助设备的主要费用减少 50% 以上。

2. 技术不足

在核反应堆的发展历史中，液体燃料反应堆不属于主流概念，其经验并不成熟，也存在一定的缺点和不足。

(1) 熔盐堆的运行温度高，存在高放射性，对于容器材料的要求很高，这给熔盐堆的运行带来了较大的核安全风险。

(2) 针对钍铀增殖熔盐堆，钍增殖要求在线后处理，从增殖层中移出镤 ^{233}Pa，使 ^{233}Pa 通过 β 衰变成为铀 ^{233}U，而不是通过中子俘获变成铀 ^{234}U，这有可能将核燃料转换成核武器材料。

(3) ^{233}U 包含示踪级的铀 ^{232}U，在衰变链上，^{232}U 会产生具有强 γ 放射性的衰变产物 ^{208}Tl。

(4) 一些慢性腐蚀甚至发生在特殊的镍合金哈斯特洛伊（Hastelloy）合金中。如果反应堆暴露在氢中（形成 HF 腐蚀性气体），腐蚀会更快。暴露于管道中的水蒸气导致其吸收大量的腐蚀性氢。

(5) 堆芯冷却后，燃料盐放射性地产生化学性质活泼的腐蚀性气体——氟。尽管过程缓慢，但是仍需在关闭前移除燃料盐和废料，以避免氟气的产生。

1.2.3 典型反应堆

1. 美国 ARE 反应堆

对熔盐堆的集中研究始于 1946 年 5 月 28 日,美国空军启动核能飞行器推进工程(Nuclear Energy for the Propulsion of Aircraft,NEPA)。1951 年 5 月以飞行器核动力(Aircraft Nuclear Propulsion,ANP)计划取而代之,该计划旨在使核反应堆达到可推动核动力轰炸机的高功率密度。研究人员对核动力轰炸机的熔盐堆进行了设计(见图 1-2),使反应堆的热能取代喷气发动机内的燃料燃烧。显而易见,反应堆越小、越简单越好。就像美国海军核潜艇选定压水堆,空军的研究计划发展了自己的反应堆堆型——熔盐堆,这种技术可以促成一个新的核动力工业系统。

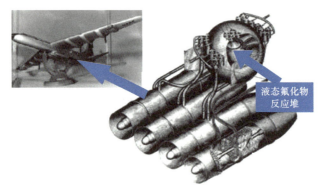

图 1-2 核动力轰炸机熔盐堆示意图

1954 年,ORNL 建成了第一座 2.5 MW 的用于军用飞行器核动力实验(Aircraft Reactor Experiment,ARE)的熔盐堆。ARE 熔盐堆用熔融氟盐 NaF-ZrF$_4$-UF$_4$(摩尔分数为 53%NaF-41%ZrF$_4$-6%UF$_4$)作为燃料,用氧化铍(BeO)作为慢化剂,用液态钠作为二次冷却剂,峰值温度为 860 ℃。ORNL 承担了 ANP 计划中核能引擎反应堆的研发任务,设计功率为 2.5 MW,堆芯高度为 90.93 cm,直径为 84.60 cm,热功率为 2.5 MW,燃料熔盐的出口温度为 815.56 ℃。原型堆如图 1-3 所示,其堆芯结构及系统布置分别如图 1-4 和图 1-5 所示。

由于该项目是在没有完全掌握熔盐腐蚀机理的背景下建造的,核飞机的论据遭淘汰,反应堆的运行只维持了较短的时间,随着洲际弹道导弹的出现,核飞机计划取消了。两个实验反应堆在 40 年前被封存,飞行反应堆研究期间所提出的设计方案也从未被充分试验。

2. 美国 MSRE 反应堆

在 20 世纪 60 年代,ORNL 在熔盐堆研究中居于领先地位,他们的大部分工作

图1-3 ARE熔盐堆

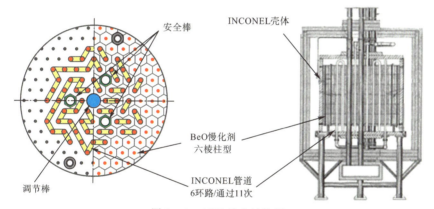

图1-4 ARE堆芯结构图

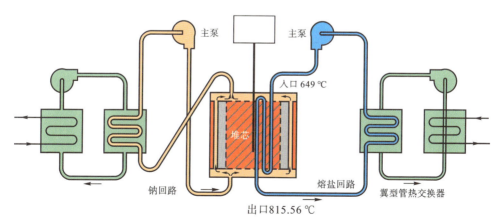

图1-5 ARE系统布置图

熔盐堆热工水力及安全分析

集中在熔盐实验堆(Molten Salt Reactor Experiment,MSRE)[13-15]。MSRE 是一个热功率为 7.4 MW 的试验堆,用以模拟固有安全增殖堆的中子堆芯。它测试了铀和钍的熔盐燃料,被测试的 UF_4 液体燃料可将废料降至最低,且废料同位素的半衰期在 50 年以下。反应堆 650 ℃的炽热温度可以驱动高效热机,例如燃气轮机。

MSRE 的完整系统布局及主要设备分别如图 1-6 及图 1-7 所示。在石墨反射层构成的熔盐堆芯内,氟化铍、氟化锂和氟化锆及溶解在其中的铀或钍的氟化物组成的燃料盐既是慢化剂又是冷却剂,无专门制作的固体燃料元件。含有裂变和可转换材料的熔盐以约 600 ℃从堆芯入口流入,在堆芯活性区发生裂变放出热量,流出堆芯出口时温度可达 800~1000 ℃。堆芯流出的高温熔盐通过一次侧换热器将热量传给二次侧冷却剂熔盐,二回路熔盐冷却剂的热量通过一个风冷式散热器散发到大气之中。

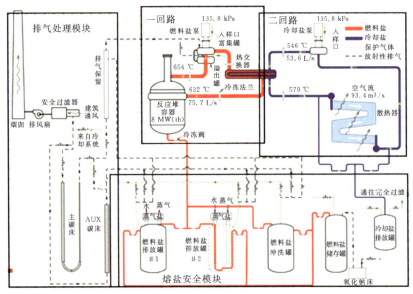

图 1-6 MSRE 完整系统示意图

3. 美国 MSBR 反应堆

针对 MSRE 功率太小、无增殖功能及无在线处理功能等不足,ORNL 在 1970—1976 年提出并完成了采用 $^{232}Th-^{233}U$ 燃料循环并能实现实时连续燃料处理的熔盐增殖堆(Molten Salt Breeder Reactor,MSBR)概念设计,设计电功率为 1000 MW,热效率达到 45%[16-18]。

熔盐增殖堆可以带来许多潜在的好处:固有安全设计(由被动组件带来的安全性以及很大的负反应温度系数),使用供应充足的钍来增殖 ^{233}U 燃料;更加清洁,每百万千瓦时的裂变产物废料减至 1/100,掩埋处置时间缩短至 1/100,可以"燃烧掉"一些难处理的放射性废料(传统的固体燃料反应堆的超铀元素),在小尺寸、2~

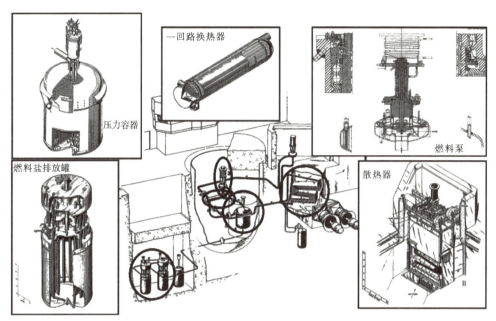

图 1-7 MSRE 基本结构和部分关键设备

8 MW 热功率或 1~3 MW 电功率时依然可行;可以设计成潜艇或飞行器所需要的尺寸;可以在 60 s 内对负载变化作出响应,与"传统的"固体燃料核电站不同。

4. 日本 FUJI 反应堆

日本于 20 世纪 80 年代开始,以 MSBR 为参考堆型设计了 FUJI 系列熔盐堆,同时提出名为钍基熔盐堆核能协作系统(Thorium Molten Salt Nuclear Energy Synergetic System,THORIMS-NES)的概念。THORIMS-NES 采用钍铀燃料循环,液态氟盐 ThF_4 - LiF - NaF 作为燃料,以及 FUJI 熔盐堆电厂(MSR-FUJI)和加速器熔盐增殖堆(Accelerator Molten Salt Breeder,AMSB)分离的方案,堆的电功率为 800 MW。THORIMS-NES 一般由 FUJI 熔盐堆电厂、加速器熔盐增殖设施和化学处理工厂三部分组成。近年来,日本建立了以研究钍铀燃料循环为目标的国际钍基熔盐论坛(International Thorium Molten-Salt Forum,ITHMSF),给出了具有发展战略意义的 THORIMS-NES 计划,同时日本的京都大学(Kyoto University)、丰桥技术科学大学(Toyohashi University of Technology)、北海道大学(Hokkaido University)等研究机构都开展了 FUJI 系列熔盐堆的概念研究。

FUJI 熔盐堆是由日本、美国和俄罗斯联合开发的以熔盐作为燃料并采用钍燃料循环的热增殖堆,电功率为 100~200 MW。FUJI 熔盐堆采用与美国橡树岭国家实验室反应堆相类似的技术,以 LiF - BeF_2 - ThF_4 - UF_4 为燃料熔盐、石墨为慢化剂以及 $NaBeF_3$ - NaF 为二回路冷却熔盐,同时堆芯周围还布置了石墨作为反射层,以提高功率水平,其系统布局如图 1-8 所示。

熔盐堆热工水力及安全分析

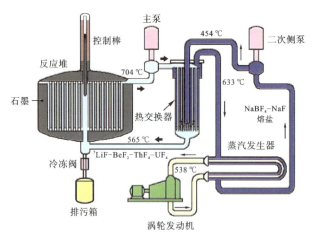

图1-8 FUJI熔盐堆系统布局示意图

FUJI熔盐堆与ORNL的MSBR相比较,简化了反应堆结构设计,运行和维护简单易行。它将钍转换为核燃料,是一个钍基热谱增殖反应堆,它的中子调节是固有安全的。与所有熔盐堆一样,它的堆芯是化学惰性的,工作在低压条件下,可以防止爆炸和有毒物质释放。系列熔盐堆包括:电功率为7~10 MW的miniFUJI、100~300 MW的FUJI-Pu(用于焚烧Pu)、150 MW的FUJI-Ⅱ、200 MW的FUJI-U3(采用^{233}U燃料)和1 GW的Super-FUJI。

5. 俄罗斯MOSART反应堆

俄罗斯的熔盐堆研究始于20世纪70年代,研究方向集中于钍铀循环堆的概念设计,后由于当时整个政治、经济的大环境及1986年的切尔诺贝利事故,研究几乎停滞[19]。目前,用于燃烧Pu和MA的先进嬗变熔盐堆(Molten Salt Advanced Reactor Transmuter,MOSART)正在研究中,MOSART的概念最早由俄罗斯国家研究中心库尔恰托夫研究所(Russian Research Centre-Kurchatov Institute,RRC-KI)提出[20]。2003年,国际原子能机构(International Atomic Energy Agency,IAEA)启动了由12个会员国的16个研究所参加的合作研究计划(Coordinated Research Projects,CRP),研究放射性废物有效焚化的先进核能技术,其中一个重要的内容就是通过MOSART技术的研究,检验和论证熔盐堆降解长寿命废料毒性和在闭式循环中更有效地产生电力的可行性[21]。

MOSART的热功率为2400 MW,采用布雷顿循环,燃料盐是摩尔比为58%:15%:27%、熔点为479℃的NaF-LiF-BeF$_2$三元熔盐以及锕、锕系核素的混合物,二回路熔盐冷却剂则采用NaF-NaBF$_4$,堆芯布局如图1-9所示。

MOSART采用圆柱形堆芯结构,如图1-10所示,熔盐在堆芯入口处温度假设为873 K,在该温度下(TRUF$_3$+LnF$_3$)的溶解度约为2%(摩尔分数)。燃料盐在堆芯内的体积为32.67 m³,在堆芯外部回路的体积为18.4 m³。堆芯质量流量

第1章 熔盐堆概述

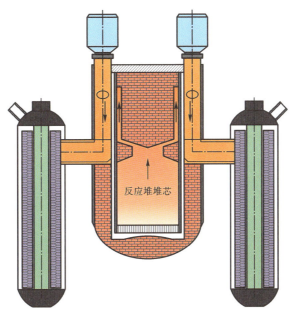

图1-9 MOSART熔盐堆堆芯布局示意图

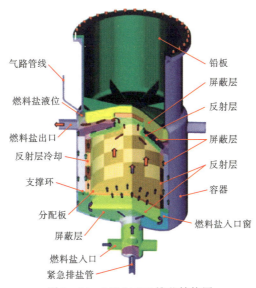

图1-10 MOSART堆芯结构图

为10000 kg/s，堆芯内轴向平均速度约为0.5 m/s。燃料盐在堆芯外部回路的滞留时间约为3.94 s。主回路材料采用Hastelloy N，其熔点为1644 K，其设计的运行温度为1023 K，运行压力为500000 Pa。MOSART燃料回路的主要设计参数如表1-2所示。

表 1-2　MOSART 燃料回路主要设计参数

参数名	参数值
反应堆热功率/MW	2400
反应堆容器半径/m	6.77
压力容器壁厚/cm	5.5
压力容器设计压力/Pa	5.2×10^5
堆芯高度/m	3.8
径向反射层厚度/cm	20
堆芯内燃料盐体积份额/%	1
堆芯内平均功率密度/(MW·m^{-3})	75.0
石墨最高破坏温度/K	1084
预计石墨有用寿命/a	3~4
堆芯内石墨总重量/t	20
熔盐在堆芯内的平均速度/(m·s^{-1})	0.5
熔盐在堆芯内的总体积/m^3	40.4

MOSART 堆芯不布置任何固体材料作慢化材料,仅在堆芯外围布置 20 cm 厚的石墨反射层,属于熔盐快谱反应堆,燃料盐和石墨反射层的温度反馈系数均为负,燃料盐的流动引入负的反应性,具有稳定的固有安全性。MOSART 与 FUJI 的特性参数比较如表 1-3 所示。

表 1-3　MOSART 与 FUJI 特性参数

特性参数	堆型	
	FUJI	MOSART
用途	动力	动力(嬗变)
中子通量	热谱	快谱
堆芯设计	石墨慢化	罐式无内部构件
熔盐组分/摩尔比	71.75%LiF - 16%BeF$_2$ - 12%ThF$_4$ - 0.25%UF$_4$	58%NaF - 15%LiF - 27%BeF$_2$
热功率/MW	450	2400
电功率/MW	200	1000
入口温度/℃	567	600
出口温度/℃	707	715
活性区半径/m	1.5	1.7
活性区高度/m	2.1	3.6

6. 法国 MSFR 反应堆

1997年，法国国家科学研究中心（Centre National de la Recherche Scientifique，CNRS）一直支持其下属亚原子物理与宇宙学实验室（Laboratoire de Physique Subatomique et de Cosmologie de Grenoble，LPSC）进行熔盐堆研究。在不同时期，LPSC 给出了不同的快谱熔盐堆概念设计。初期，研究主要集中在类 MSBR 多通道型钍基熔盐堆，提出了热功率为 2500 MW 多通道型钍基熔盐堆概念设计。2006 年提出一个热功率为 2500 MW 的堆芯无慢化剂的快谱熔盐堆概念设计，该堆既能用于嬗变核废料，也可用于燃料增殖。2008 年，LPSC 将之前的快谱熔盐堆概念，改称为熔盐快堆（Molten Salt Fast Reactor，MSFR）[22]。同年，GIF 选择 MSFR 作为 GIF 液体燃料熔盐堆技术研发路线的参考设计。欧盟于 2010 年 12 月 1 日，启动了为期 3 年，欧洲 5 国 12 个研究单位共同参与的欧洲液体燃料熔盐快堆系统评估和验证（Evaluation and Viability of Liquid Fuel Fast Reactor System，EVOL）项目。MSFR 参考堆芯设计如图 1-11 所示。MSFR 系统示意图如图 1-12 所示。

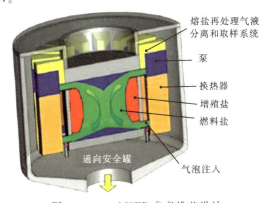

图 1-11　MSFR 参考堆芯设计

经过多年的探索和发展，大部分熔盐堆已经确立利用 FLiBe（其中 LiF 与 BeF_2 的摩尔比是 2∶1）作为主回路冷却剂，液态熔盐堆系统设计趋于完善，其设计优势也明显突出。

（1）更安全。因为燃料已经熔融在主回路冷却剂中，就不会发生燃料元件熔化的现象，在反应堆进行紧急停堆时，由于熔盐熔点高达 780 K，包含了燃料和裂变产物的主回路熔盐很容易就会凝结，熔盐会被排出到能使燃料保持次临界的容器中。

（2）更高的燃耗。由于没有固体核燃料，不用考虑固体燃料辐照从而影响整个燃料的燃耗。

（3）更高的效率。在主回路中冷却剂为 FLiBe，熔点为 780 K，沸点在 1670 K

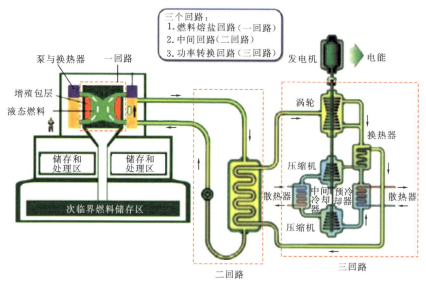

图 1-12 MSFR 系统示意图

左右。高的沸点可以使反应堆达到较高的运行温度,也就更容易获得更高的热效率。而且它跟水相比有相似的体积热容量,也有相似的热导率,但是低的蒸气压能够使熔盐运行在低压下。

(4)主回路的液体燃料在线处理系统可以实现不停堆换料,提升了核反应堆的运行效率。

当然熔盐堆与传统压水堆的差距很大,实现起来也有很大的挑战。

(1)熔盐堆的建立和运行需要先进的材料来支撑,相比压水堆的材料,熔盐堆的材料所处的环境更苛刻,要经受更高的温度,更强的辐射强度,而且与熔盐直接接触的材料需要较强的耐蚀性能。

(2)Be 是一种有毒的化学物质,加大了熔盐储存运输的难度。

(3)冷却剂熔盐 FLiBe 中的 Li 有两种同位素 ^{6}Li 和 ^{7}Li,由于 FLiBe 拥有很大的中子吸收截面,在核反应进行的时候会有相当大的毒性,所以使用 FLiBe 做冷却剂的时候,其中 ^{7}Li 的纯度必须达到 99.99% 以上。但是 ^{7}Li 和 ^{6}Li 的分离是相当昂贵的,这无疑提高了熔盐反应堆的运行费用。

(4)主回路的高运行温度可能增大整个系统的散热量,这有可能增加反应堆控制运行的难度。例如在换热器表面和一些细的管道处,热量损失会很快,所以熔盐堆运行方案的设计一定要保持这些部位的熔盐不会在运行状态下凝固。

1.3　固体燃料熔盐堆概述

熔盐堆的另一种形式是熔盐冷却固体燃料反应堆,又名氟盐冷却高温堆(Fluoride salt-cooled High-temperature Reactor，FHR）。FHR 使用高温气冷堆中的包覆颗粒作为燃料，FLiBe 熔盐作为冷却剂，同时研究加入 ^{232}Th 后的燃料增殖性能，以期达到良好的经济性、安全性、可持续性和防核扩散性。

1.3.1 发展历史

2003 年，基于液体燃料熔盐堆技术并结合其他先进堆型设计理念，Charles W. Forsberg、Per F. Peterson 和 Paul S. Pickard 提出固体燃料熔盐堆概念，即 FHR。ORNL、桑迪亚国家实验室（Sandia National Laboratory，SNL）及加州大学伯克利分校（University of California，Berkeley，UCB）初步提出先进高温堆（Advanced High-Temperature Reactor，AHTR）概念设计。AHTR 是第一个氟盐冷却高温堆具体设计，其设计完全满足美国能源部提出的下一代核电站（Next Generation Nuclear Plant，NGNP）设计要求，并可安全经济地发电，提供高温工艺用热。AHTR 使用 FLiBe 做冷却剂，TRISO 包覆颗粒做燃料，设计热功率为 2400 MW。由于熔盐具有较大的体积比热容和良好的传热性能，在保持同样的功率及出口温度下，AHTR 相比于高温气冷堆具有更高的体积功率密度，能有效缩小堆芯体积，提高工程经济性。

UCB 和 ORNL 一直持续着 FHR 的研究工作，2008 年 UCB 提出 900 MW 氟盐冷却球床（pebble bed）高温堆（PB-AHTR）概念设计。该反应堆采用球形燃料元件，燃料球靠浮力漂浮在 FLiBe 冷却剂中，整个堆芯由多个燃料元件管道组件构成，可实现在运行过程中连续装卸燃料。2010 年，ORNL 根据熔盐高载热特性以及对棱柱形和板状燃料元件的深入研究，提出一种小型模块化（small modular）氟盐冷却高温堆（Sm-AHTR），设计热功率为 125 MW，采用 TRISO 燃料颗粒，FLiBe 为冷却剂，反应堆最大亮点就是能使用卡车、飞机或轮船快速运送到偏远地区，进行离网发电或用作军事用途。2012 年，在第一代 AHTR 基础上，ORNL 对其进行改进和细化设计，改用 TRISO 颗粒制成板状燃料元件插入蜂窝状石墨堆芯，反应堆热功率上升至 3600 MW。2014 年，由 UCB 主导，联合西屋电气、ORNL、MIT（麻省理工学院）等知名研究机构共同提出 236 MW（热功率）模块化商用 MK1 PB-FHR 反应堆系统。该堆是目前较为完整的 FHR 商业概念设计，包括堆芯设计、一回路系统设计、在线换料设计、二回路热力循环发电设计、非能动余热排出系统设计。先进的设计理念是国内外商用 FHR 设计的重要参考，为我国进一步设计商用 FHR 提供了很好的借鉴。图 1-13 所示为 AHTR 概念设计发展历程。

2011 年，中国启动了 TMSR 首批战略性先导科技专项。该项目以中国科学院上海应用物理研究所为承担主体，最终解决了钍铀燃料循环和钍基熔盐堆相关重大技术挑战，研制出工业示范级 TMSR，实现了钍资源的有效使用和核能的综合利用。

2008年900 MW(热功率)PB-AHTR　　2010年125 MW(热功率)Sm-AHTR

 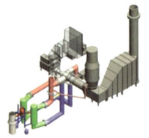

2012年3600 MW(热功率)AHTR　　2014年236 MW(热功率)MK1 PB-FHR

图1-13　AHTR概念设计发展历程

1.3.2　技术特点

采用包覆颗粒燃料和使用高温氟化盐进行冷却是FHR的两大核心技术,分别源自高温气冷堆与熔盐堆。FHR作为一种十分新颖的反应堆堆型,它利用了气冷堆石墨矩阵型燃料,TRISO包覆颗粒燃料填充于石墨基体中,而熔盐仅作堆芯冷却剂。图1-14给出了一个典型的FHR系统布置示意图,高温熔盐以500 ℃以上的温度流入堆芯,吸收TRISO燃料颗粒产生的热量,流出堆芯时温度升至700~800 ℃。堆芯流出的高温燃料熔盐通过一次侧热交换器将热量传给二次侧冷却剂熔盐,再通过二次侧热交换器传给三回路的氦气进行发电或提供高温工艺用热。在上面两个核心技术基础之上,氟盐冷却高温堆又继承和发展出了一系列的新概念,例如:设计非能动的冷却与安全系统,提高反应堆固有安全性;利用布雷顿循环,提高了电热转换效率,也提高了堆的固有安全性质;利用超临界水能量循环系统(超临界水堆、先进火电厂)提高热电转换效率等。

正是由于利用了多项现有的技术,FHR继承了众多优点和技术基础,主要特点如下。

(1)固有安全性。氟盐冷却高温堆采用TRISO颗粒燃料,失效温度高于1600 ℃,几乎不会发生大规模破损,即使发生少量颗粒破损,具有极高热稳定性的石墨基体也可固定住放射性核素。熔盐堆运行时保持熔盐温度在600~800 ℃,低于沸点温度1400 ℃,并且熔盐在低蒸气压下运行(接近大气压力),降低了一回路破口事故发生的概率,即使发生一回路破口事故,高温熔盐也会在环境温度下迅速凝固,从

第1章 熔盐堆概述

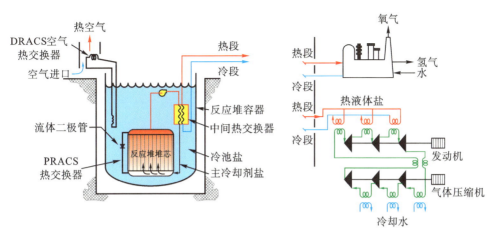

图1-14 FHR系统布置示意图
(DRACS：直接反应堆辅助冷却系统，Direct Reactor Auxiliary Cooling System)

而可以防止事故的进一步扩展。

(2) 灵活的燃料循环。球床型氟盐冷却高温堆可不停堆连续更换燃料，也可在改进的开环模式实现钍铀燃料循环，因而可以提高核燃料的利用率。

(3) 高的经济性。采用布雷顿循环，热电转换效率为40%～50%，出口温度很高，可以为规模化生物制氢提供足够的热量。

1.3.3 典型反应堆

1. 美国 AHTR 反应堆

AHTR 是 2003 年由 ORNL、SNL 和 UCB 等机构在熔盐堆、高温气冷堆及钠冷快堆的相关研究基础上提出的先进高温堆概念堆型。AHTR 为第一个氟盐冷却高温堆概念设计，其将源自高温气冷堆的 TRISO 燃料颗粒填充于石墨基体，制成燃料元件，熔盐仅作冷却剂使用，从而降低熔盐放射水平及对一回路结构材料的腐蚀，并极大简化了熔盐化学处理过程[23-25]。

2004 年，SNL、ORNL 和 UCB 给出了棱柱形先进高温堆 (Prism-AHTR-2004) 的具体概念设计，AHTR 是采用包覆颗粒石墨基体作为燃料、熔盐作为冷却剂的一款第四代反应堆，燃料的类型与高温气冷堆中的设计相同。最初的 AHTR 的概念设计为棱柱形 AHTR。图 1-15 是棱柱形 AHTR 概念设计的一个垂直截面图，反应堆容器直径为 9.2 m，辅助衰变热冷却系统位于地下，类似于钠冷反应堆的大功率堆固有安全模块，反应堆衰变热由熔盐自然循环从堆芯传递到石墨反射层，从石墨反射层传到堆容器壁，穿过氩气间隙到保护容器，通过保护容器，然后由环境空气的自然循环，把衰变热从保护容器外侧排出。棱柱形 AHTR 的燃料组件采用正六边形的棱柱石墨燃料块设计，如图 1-16 所示。堆芯设计参照高温气冷堆设计,采用的是环形燃料布局设计,其水平剖面图如图 1-17 所示。

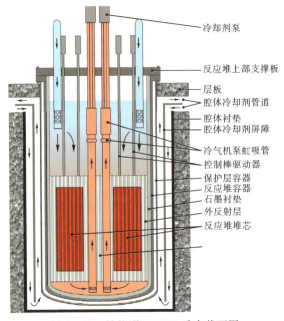

图 1-15 棱柱形 AHTR 垂直截面图

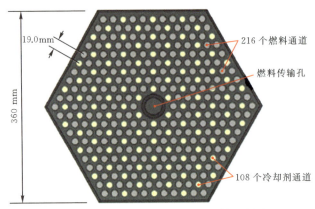

图 1-16 棱柱形 AHTR 燃料组件示意图

2. 美国 PB-AHTR 反应堆

2006 年设计团队又对 AHTR 的方案进行了重大改进,给出了球床型 AHTR,即 PB-AHTR 的初步概念设计,该设计分为一体化设计和模块化设计两种,在这两种设计方案中均采用了含有包覆燃料颗粒的石墨球作为堆芯燃料形式。表 1-4 给出了一体化 PB-AHTR 设计和模块化的 PB-AHTR 设计主要参数的对比。

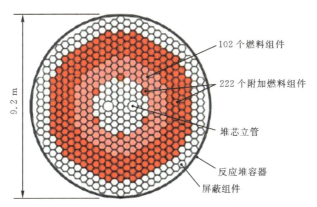

图 1-17 棱柱形 AHTR 堆芯水平剖面图

表 1-4 PB-AHTR 两种设计的主要参数对比

参数	一体化	模块化
燃料球直径/cm	6.0	3.0
热功率/MW	2400	900
堆芯平均功率密度/(MW·m^{-3})	10.3	30
流道数目	1	127
流道直径/m	6.70	0.198
堆芯平均高度/m	6.61	3.20
堆芯进、出口温度/℃	600/704	600/704
冷却剂质量流速/(kg·s^{-1})	9670	3630
冷却剂堆芯旁流系数	0.2	0.2
冷却剂平均流速/(m·s^{-1})	0.14	0.38
堆芯压降/kPa	73	440
堆芯泵送功率/kW	514	1200
堆芯泵送功率比/(kW·(MW)$^{-1}$)	0.21	1.30

1) 一体化 PB-AHTR

一体化 PB-AHTR 是一个结合液态盐冷却和 TRISO 颗粒燃料技术的球床堆,采用包覆颗粒技术的燃料球作为堆芯燃料元件,TRISO 燃料球的直径为 6 cm,石墨壳厚度为 0.5 cm,随机分布在堆芯中形成球床,如图 1-18 所示。在 PB-AHTR 中,燃料球从堆芯的底部进入,从堆芯顶部排出。燃料球密度必须合理设计使其能够浮在液态盐上,这样,浮力和冷却剂向上的流体动力一起拖拽着燃料球向上。在正常的运行条件下,设计要求燃料球与溶盐的密度比为 0.84[26]。

熔盐堆热工水力及安全分析

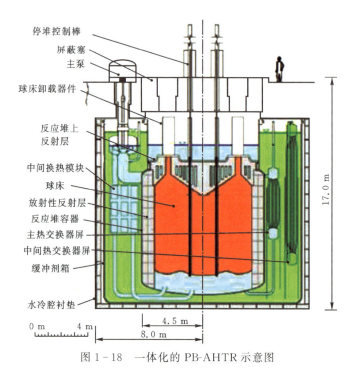

图 1-18 一体化的 PB-AHTR 示意图

图 1-19 为一体化 PB-AHTR 垂直截面图,在堆芯出口处,燃料球堆积通过一个圆锥区域进入狭长的通道,这些通道叫作卸料槽。在卸料槽的末端,通过卸料机械设备把燃料球移走,为了估计每个移走的燃料球的燃耗深度,可测量它们的 ^{137}Cs 含量。如果某个燃料球达到了已预设的燃耗深度阈值,则作为乏燃料处理,

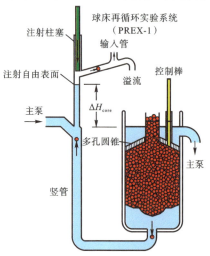

图 1-19 一体化 PB-AHTR 垂直截面图

并用一个新鲜的球替代它,否则,把它再循环进堆芯。燃耗深度阈值不是固定的,以便使反应堆在100%的运行功率下,有足够的剩余反应性调节氙的瞬变。在正常运行时,可用外径向反射层中的控制棒调节反应堆功率。

2) 模块化 PB-AHTR

UCB 于 2008 年独立提出模块化球床高温堆(Modular PB-AHTR,MPB-AHTR)的完整概念设计。MPB-AHTR 总体结构如图 1-20 所示,设计功率为 900 MW,发电功率为 410 MW,堆芯入口温度为 600 ℃,出口温度为 704 ℃。图 1-21 为该堆芯水平剖面图。

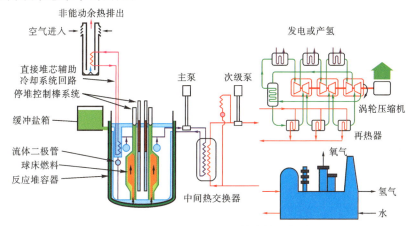

图 1-20 MPB-AHTR 总体结构示意图

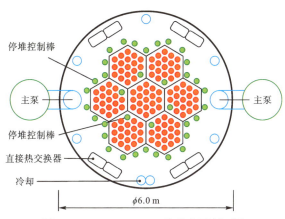

图 1-21 MPB-AHTR 堆芯水平剖面图

模块化熔盐冷却球床堆使用环形设计的燃料球,燃料球采用 TRISO 包覆燃料颗粒弥散在球形石墨基体中压结而成,环形燃料球如图 1-22 右侧所示,其直径为 3 cm,由三部分构成:中心区域和最外层区域分别为直径(厚度)1.6 cm 和 1 cm 的纯石墨层,TRISO 包覆燃料颗粒分布在环形区域中。图 1-22 左侧为标准燃料球示意图,中心是直径为 5 cm 的包覆燃料颗粒区域,外层是厚度为 0.5 cm 的石墨层。MPB-AHTR 采用环形燃料球,可有效减少包覆颗粒燃料区域的直径,降低燃料区域温度梯度,拓宽堆芯功率密度范围,同时易于调节燃料元件密度以满足熔盐冷却球床堆的燃料球装卸功能。

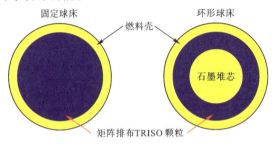

图 1-22 标准燃料球与环形燃料球示意图

3. 美国 Sm-AHTR 反应堆

小型模块化堆具有多种燃料形态,各种形态设计如图 1-23 所示。2010 年,ORNL 完成热功率为 125 MW 的 Sm-AHTR 设计,堆芯如图 1-24 所示,功率密度为 9.4 MW/m³,有效直径为 2.2 m、高度为 4 m,堆直径为 3.5 m、高度为 9 m,燃料为 $UC_{0.5}O_{1.5}$,富集度为 19.75%。Sm-AHTR 堆芯和所有的主要组件均包含在完整的反应堆容器内,因此,容易组装和运输,适合多种公共设施使用。

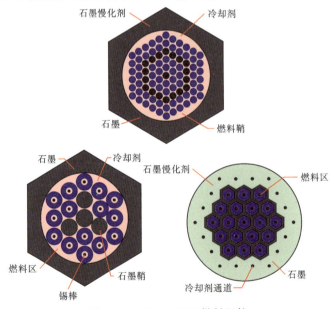

图 1-23 Sm-AHTR 燃料组件

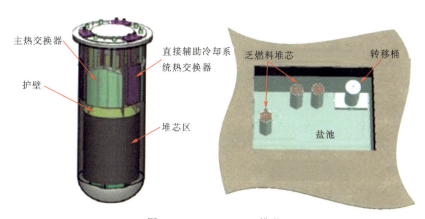

图 1-24 Sm-AHTR 堆芯

4. 中国 TMSR-SF 反应堆

2 MW 固体燃料钍基熔盐堆(Thorium Molten Salt Reactor-Solid Fuel,TMSR-SF)作为钍基实验堆的先启堆型,其目标是在改进的开式模式下实现钍铀燃料循环,为之后的液态钍基熔盐堆(Thorium Molten Salt Reactor-Liquid Fuel,TMSR-LF)的建设提供工程上的验证与参考[27]。TMSR-SF 与美国的 MPB-FHR 概念设计类似,相关的设计工作目前正在进行中,该反应堆将成为世界上第一个球床型氟盐冷却实验堆[28]。如图 1-25 所示,该堆芯设计采用高温气冷堆中的球形燃料,反射层为石墨,堆芯采用球床设计,而且堆芯有流动和固定两种设计方案。一回路冷却剂为二元熔盐体系 ^{7}LiF - BeF$_2$(摩尔比为 66.7∶33.3,FLiBe),二回路冷却剂为 FLiNaK。一回路系统由主冷却剂管道、反应堆堆芯、中间换热器和主循环泵组成,散热器采用风冷散热器。压力边界及结构材料使用 Hastelloy-N 合金制作。

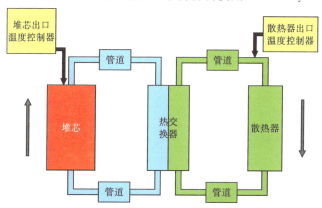

图 1-25 2 MW TMSR-SF 实验堆模型整体结构示意图

TMSR-SF 氟盐冷却高温堆概念设计示意图如图 1-26 所示。该高温堆使用熔盐作冷却剂,熔盐流经含 TRISO 燃料的石墨球床,再通过二次侧熔盐回路将热量传递给外界。TMSR-SF 的堆芯外径为 242.0 cm,高为 240.6 cm。堆芯结构主要由石墨块堆砌而成,由内而外主要分为以下几个区域:①堆芯中央石墨通道组,含 2 个控制棒通道和 2 个硼吸收球通道;②活性区,位于中央石墨通道组以外石墨反射层以内,该区域为燃料球和堆芯冷却剂所在区域,燃料球为规则堆积,其外围边界由反射层内边界构成;③石墨反射层区,包括侧面反射层和上、下反射层,另外在反射层中有如控制棒通道、硼吸收球通道、实验通道、冷却剂管路等其他部件[29-31];④堆芯容器,FLiBe 熔盐作为冷却剂从堆芯底部向上流动,穿过堆芯并移除 TRISO 颗粒释放的裂变热。

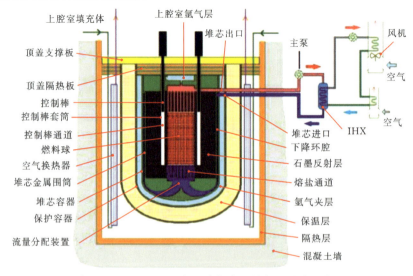

图 1-26　TMSR-SF 氟盐冷却高温堆概念设计示意图

固体燃料氟盐冷却高温堆近十年的研究已经取得了不少成果,但目前全世界范围内氟盐冷却高温堆的研究还处于最初的概念提出及基础理论与实验研究阶段,很多关键的基础理论问题还有待研究探索,系统安全性能及系统安全事故分析工作亟需提上日程。

1.4　熔盐堆的应用

1.4.1　钍铀燃料增殖

钍(^{232}Th)是潜在的核资源,它吸收中子后可以通过两次 β 衰变转换成易裂变核素^{233}U。公开资料表明,地球上钍资源的储量是铀资源的 3~4 倍,除了储量优势外,相比于铀钚燃料循环,钍铀循环还具有转换率高、放射性废物量少、有利于防止核扩散等优点。但是在钍铀循环中，^{232}Th 转换成^{233}U 要经过中间元素^{233}Pa，后者的半衰期为 27.0 d，比铀钚循环的中间核素^{239}Np 的 2.355 d 要长。较长的半衰期延缓了^{233}Pa 向^{233}U 的转化，而增加了^{233}Pa 在反应堆内的积累。另外，^{233}Pa 的中子俘获截面(41b)比^{232}Th(7.4b)高数倍，这两种效应的叠加引起^{233}Pa 的大量损失，最终导致^{233}U 增殖系数的下降。熔盐堆的优势在于熔盐燃料的及时处理和分离，将^{233}Pa 从反应堆中转移到堆外，待其衰变为^{233}U 再回堆利用，从而降低了由于堆内^{233}Pa 的累积导致的中子和^{233}Pa 自身的损失，提高了钍铀燃料增殖系数。

表 1-5 给出了对于不同堆型和不同燃料循环方式单位热功率产生的锕系废物经过不同放置时间后剩余的年放射性剂量。总体而言，相对于快堆和压水堆，利用钍铀循环的熔盐堆产生的锕系废物量最少，放置 10 a 后，其剩余年放射性剂量为钍铀循环快增殖堆的 1/2，是通常压水堆的 1/1000。以上表明，从减少锕系废物量的角度看，熔盐堆更有优势。

表 1-5 单位热功率产生的锕系元素放射性剂量对比表

堆型	燃料循环方式	锕系废物年放射性剂量(Sv/GW·a)		
		10 a	100 a	1000 a
熔盐堆(MSR)	钍铀循环(Th/U)	5.7×10^5	2.7×10^5	1.0×10^4
快增殖堆(FBR)	钍铀循环(Th/U)	1.2×10^6	5.7×10^5	7.6×10^4
	铀钚循环(U/Pu)	2.6×10^7	8.9×10^6	2.4×10^6
压水堆(PWR)	无	7.0×10^8	5.1×10^8	1.6×10^8

1.4.2 核废料嬗变

核燃料在反应堆内辐照产出能量的同时，会造成两个方面的后果：一方面会形成新的裂变材料 Pu；另一方面，由于锕系核素和裂变产物(Fission Product，FP)会使乏燃料具有极强的放射性。这两方面的后果造成了社会公众对核扩散和废物安全处置问题的担忧，使核燃料循环的后端成为备受瞩目的核能发展的关键。目前，世界上使用核电的国家正在实施两种不同的核燃料循环策略，差别就在于核燃料循环的后端，集中表现在是否对乏燃料进行后处理这一问题上，也即一次通过方案和再循环方案。美国、加拿大和瑞典等国家主张采用一次通过方案，即经过较长时间贮存冷却后把乏燃料直接作为高放废物进行深地层埋藏。这种方案操作简单，不会增加短期风险，也易于防止核扩散。但由于地质库长期稳定性难以保证，存在人为破坏和自然灾难的可能，故远期风险很大。另外，乏燃料中 U、Pu 等资源都作为废物处置，浪费了资源。日本、法国、英国、俄罗斯、德国等国家主张采用闭式燃料循环，即经过短期冷却后对乏燃料进行后处理，回收 U 和 Pu，把回收中丢失的 U 和 Pu 以及全部其他锕系核素和全部裂变产物作为高放废物固化后进行最终处置。目前,这种后处理—固化—深地层埋藏的方案被认为在技术上是比较可行的,但是高放废物中仍有大量次锕系核素(MA),仍有远期风险问题。因此提出了在后处理时除回收 U 和 Pu 外进一步地将 MA 回收,以减少最终处置废物中 MA 的含量,而回收的 MA 通过嬗变的方式消耗掉,这便是分离-嬗变的方法。

目前熔盐堆在核废料嬗变方面应用的主要思路是将熔盐堆做成快堆形式,本质属于快堆嬗变。从世界范围来看,欧盟、法国和俄罗斯都致力于熔盐快堆的发展,试图开发出一种能够兼顾燃料增殖和核废料嬗变的熔盐快堆。

加工含有大量锕系核素的嬗变组件是一件极其复杂的任务,而熔盐堆的运行恰恰不需要特别加工的燃料元件,这一特点使得熔盐堆在嬗变压水堆乏燃料方面具有独特的优势。此外,熔盐堆运行过程中可以抽出熔盐在线处理提取的裂变产物,净化熔盐,对提高中子经济性也大有裨益,富余的中子可以提高锕系核素的嬗变率,从而有效提高熔盐堆的嬗变性能。为此,国际上也开展过不少相关的先进熔盐堆概念设计和基础研究,如欧洲原子能共同体第五、第六和第七框架项目(MOST、ALISIA 和 EVOL projects),都对这些先进的熔盐堆的设计参数和性能进行过反复的研究评价。基于上述项目,大量的研究结果充分肯定了熔盐堆作为增殖堆和嬗变堆的潜力,尤其是熔盐快堆在增殖和嬗变方面的巨大应用潜力。快谱形式的熔盐堆无论是作为增殖堆还是嬗变堆,都具有很大的负的温度以及空泡反应性系数,这一优良的固有安全特性是所有固体燃料快中子反应堆所不具备的。

1.4.3 高温制氢

氢能的开发和大规模利用首先需要解决其生产成本高的问题。目前,大规模制氢的方式主要有电解制氢技术、化石原料制氢技术、生物制氢技术、太阳能制氢技术和其他制氢技术。下面主要介绍与熔盐堆应用相关的固体氧化物电解制氢、热化学制氢和甲烷蒸气重整制氢。与传统制氢方法相比,利用核能制氢的优点包括:可以显著提高效率;降低环境污染;具有可拓展性和可持续性,可以满足不断增长的能源需求;在经济上具有竞争性。

C. Forsberg 在其对高温熔盐堆的设想中提出核能制氢所需要的温度限制,如图 1-27 所示。图中显示了一些已经建成和提出设想的堆型的入口和出口温度,同时,将制氢的温度设定在 750 ℃以上。从图中可以看出,传统的压水堆、气冷堆以及法国的凤凰快堆等都无法达到要求,高温气冷堆和熔盐堆则可以达到此温度。然而,C. Forsberg 指出,高温气冷堆由于采用气体冷却剂,其入口出口温差大,使得效率具有先天劣势。因此,熔盐堆成为高温制氢的最佳选择。

熔盐堆与高温制氢结合的方法有固体氧化物电解池制氢、热化学循环(如碘硫循环)制氢和甲烷蒸气重整制氢等,熔盐堆在制氢过程中提供高温热源。这些方法中,甲烷蒸气重整有较为充足的实践经验,利用的原料包括天然气、油田气等多种

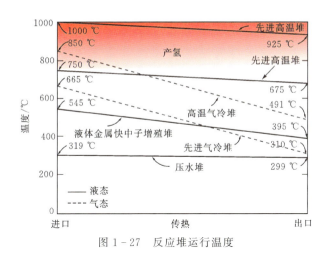

图 1-27　反应堆运行温度

化石原料；固体氧化物电解池制氧作为一种电解制氢方法，由于增加了热-电转换过程，效率低于化学制氢；热化学循环制氢运行难度较大，碘硫循环被认为是最有可能实现核能制氢的循环，然而其反应体系是强腐蚀过程，设备材料的腐蚀问题是碘硫循环发展的一个难题。

1.4.4　海水淡化

大规模的海水淡化装置需要大量的廉价能源，在众多的能源解决方案中，核能是理想的能源之一。利用核能进行海水淡化将一举多得。首先，核能可为海水淡化提供大量的廉价能源，可降低海水淡化的成本；其次，利用核能可缓解能源供求矛盾，优化能源结构；同时，利用核能可解决大量燃烧化石燃料造成的环境污染问题。

利用熔盐堆进行海水淡化是以核反应堆释放出的热能或者转化后的电能作为驱动能量进行的。目前世界上已经有13个核电站安装了海水淡化装置，提供饮水和核电站补给水。在反应堆技术成熟的条件下，核能海水淡化在技术上已经不存在障碍。

核能在海水淡化中的应用主要是以核电站或低温核反应堆与海水淡化厂耦合的形式实现的，包括利用反应堆直接产生的蒸汽和核电站汽轮机抽汽进行的蒸馏淡化，以及利用核电所进行的膜法等。组成核能海水淡化的三项技术——核反应堆、淡化装置和它们的耦合系统都已成熟，可以应用到工程中。这三项技术还在继续创新和发展，以谋求更好的安全性和经济性。核电站与海水淡化厂的耦合方式比较灵活。核电站可以为海水淡化工程提供淡化需要的廉价能源，如蒸汽与电力；另外，海水淡化装置可以使用核电站的海水取水、排水设施及其他公用设施，从而降低海水淡化厂的工程造价。由于核电站同时能提供电能和蒸汽，将蒸馏法与反渗透海水淡化结合起来,将更加降低造水成本。基于上述优点,全世界现有13座核电站和海水淡化装置联合建设,而且有逐渐增加的趋势。

1.4.5 发电及其他应用

1. 高效能发电

20世纪50年代,美国启动了核航空推进计划,旨在建造核动力火箭推进装置,该装置将反应堆冷却剂与火箭推进器耦合。限于当时火箭推进装置不完善,该项计划没有实现,但是却促进了熔盐堆的发展。现今燃气轮机的发展,让FHR与核空气-布雷顿联合循环(Nuclear Air-Brayton Combined Cycle,NACC)耦合具有潜在的可行性,使得FHR成为极具吸引力的新型核电厂。燃气轮机技术的革命性发展使得耦合NACC的FHR能够在稳定功率输出情况下,向电网提供可变电量,参与电网调峰。

MK1 PB-FHR为基于模块化FHR概念,采用改进的GE 7FB空气布雷顿联合循环的新型核电厂。通过耦合不同数量的燃气轮机,MK1 PB-FHR的规模可以有很大不同。FHR核电厂的运行模式有以下三种。

(1)基荷发电模式。基荷电功率为100 MW。

(2)峰荷发电模式。该模式下的电厂可以向电网输出242 MW电功率。该模式通过引入天然气、氢气、其他燃料或者储热的方式向经过核能加热的功率循环增加热量的方式产生峰荷功率输出。

(3)储热。该模式最多可以储存342 MW电功率。功率循环包括一储能系统,最多可储存从电网购买的242 MW电功率以及100 MW基荷功率。储能系统可以在电价低于天然气发电成本时从电网购买电量储存。

不同于传统的MSR,FHR采用弥散TRISO燃料的固态石墨基体燃料,该燃料与熔盐兼容性强,能够使一回路的冷却剂保持洁净,降低技术不确定性。

图1-28给出了NACC的功率转换流程。NACC功率循环中,外部空气经过过滤与压缩,进入初级盘管空气换热器(Coiled Tube Air Heater,CTAH)中,与FHR的高温熔盐发生热交换而升温,然后进入初级涡轮机发电;从汽轮机出来的空气经过次级CTAH再热至同样温度,进入次级涡轮机继续发电。两级CTAH一次侧氟盐进口温度均为700 ℃。低压热空气从汽轮机进入余热回收蒸汽发生器(HRSG)中,用于生产高温蒸汽。高温蒸汽可进入用热行业,或者进行朗肯循环进一步发电。除此之外,还可以通过引入天然气、氢气或者通过储存的热能对次级CTAH经氟盐加热的空气进一步加热,使得压缩空气以更高的温度进入次级涡轮机,从而增加发电量。

在核电厂基荷运行下,进入涡轮机的压缩空气温度可达670 ℃,其热电转换效率为42.5%。NACC可以将经过氟盐加热的压缩空气在进入涡轮机前的温度进一

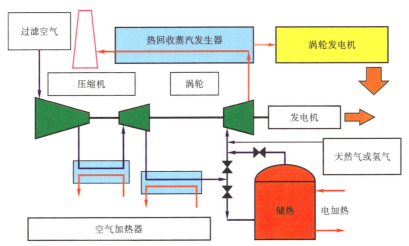

图 1-28　核空气-布雷顿联合循环功率转换流程图

步提高。增加的天然气或者储热热-电转换效率可达 66.4%,远高于天然气电厂。作为对比,同样的采用天然气的 GE 7FB 联合循环电厂热电转换效率为 56.9%。对于基荷为 100 MW 电功率、与一个 GE 7FB 改进燃气轮机耦合的 FHR,引入的天然气或者储热可以增加 142 MW 的峰荷电功率。

2. 反应堆小型模块化

自 20 世纪开始采用核能发电后,核电站的容量以及规模越做越大,经济性得到很大程度的提高,随之而来的是核电站在整个建设周期内的投资成本也迅速提高,这极大地限制了核电在偏远地区和某些特殊领域的发展。小型模块化是未来反应堆发展的重要研究方向。小型模块化反应堆(Small Modular Reactor,SMR),作为一种新型核能利用形式,其规模为现有商用核电站的 1/3 或更小,具有灵活性高、安全性高和投资小等特点,适用于电力需求规模小、电网基础设施薄弱的国家和地区,也可用于偏远地区供电、居民和工业供热供暖、海上石油开采、海水淡化等领域,具有广阔市场前景。

小型模块化反应堆最初是美国能源部在国际原子能机构中小型反应堆基础上提出融入模块思路的一种反应堆设计建造概念。其特点为电功率小于 300 MW,并包含两层模块化设计内涵:①反应堆设备及系统的模块化设计、制造和建造。通过合理的设计及制造工艺,使得反应堆绝大部分系统在工厂内实现预制,反应堆以近乎成品形态出厂,运输到厂址进行极少量的剩余模块组装和现场安装施工,即可开始调试运行。如此可极大提高生产效率,降低电站的建造周期和成本。②以反应堆本身作为模块,要求其结构可扩展性强,既可以单堆发电,也可以通过增加反应堆模块数量来扩容,提高总的功率输出。因此相对于大型核电站一次性投资成本高、建造周期长,小型模块化堆显得较为经济和灵活。更为重要的是小型模块化堆可以连续满功率运行数年无需更换燃料,其制造和装料过程均在工厂内完成,密封后运输到安装地点,退役后运回工厂卸料,这一方式可最大程度保证安全,减小核燃料运输和处理过程中的扩散风险。小型模块化堆单堆可广泛用于能源需求规模小、电网基础设施薄弱、环境恶劣的国家和地区,如偏远山区、科考基地、军事基地的供电和供热以及海上油气开采、舰船动力等。多堆的组合扩容则可以在同一厂址完成,实现大型商业堆的总功率输出。

鉴于小型模块化反应堆的独特优点,世界各国都提出了研究和发展计划。美国能源部制定了专门研发计划,加速发展基于轻水堆技术的成熟小型模块化堆设计,并进行必要的研究、发展与示范活动。其目前正在开发 6 个 SMR,其中以 NuScale、mPower 为代表的 2 个轻水反应堆较为成熟,另外有 1 个铅铋堆、3 个 STAR 系列的铅冷堆。2016 年 1 月 27 日,美国各能源巨头成立了"小型模块化反应堆联盟",旨在通过创造一个实体加速基于轻水堆的 SMR 的商业化应用。其中 NuScale 计划于 2016 年正式向美国核管会提交设计认证,在 2023 年艾皇瓦州运行首台 SMR,2025 年在英国建设一座电功率为 50 MW 的堆。俄罗斯正在开发 10 个 SMR,其中 6 个轻水堆、2 个钠冷堆、1 个铅铋冷却堆、1 个非常规反应堆。日本目前正在开发 10 个 SMR,其中有 3 个轻水冷却反应堆、3 个钠冷小型反应堆、3 个液态金属冷却小型反应堆,还有 1 个参照美国橡树岭国家实验室的 MSRE 设计的 FUJI 熔盐冷却反应堆。韩国原子能研究院正在开发的 SMART 一体化模块式先进压水堆,其设计目标是既可用于发电,也可兼作海水淡化应用。此外,阿根廷、巴西和印度等国家都提出了自主研发的小型反应堆构想。我国小型模块化堆的研发也有一定的成果,如基于清华大学 HTR-10 设计建造的华能山东石岛湾核电厂的模块式高温气冷堆示范电站 HTR-PM。中核集团的多用途模块式小型反应堆 ACP100 的设计研发,已获国家发改委批复,以及纳入能源科技创新"十三五"规划的中广核集团的 ACPR50S 海洋核动力平台。目前的小型模块化堆多数以成熟的轻水堆为基础进行开发,各方面技术已在轻水堆中得到验证,确保反应堆设计安全性和经济性。

如上所述,目前 SMR 的开发主要集中在轻水堆、极少量的气冷堆和金属冷却快堆的研究上。使用氟盐冷却的仅见于日本的 FUJI 液态熔盐堆。氟盐冷却高温堆的研究也大都基于大型堆的研究或考虑。实际上,由于氟盐冷却高温堆采用高体积热容的熔盐冷却剂和高富集度的包覆颗粒燃料,可以实现较高的堆芯功率密度和良好的核热导出,理论上应当更加具有模块化、小型化的发展空间。图 1-29 为几种典型的小型模块化反应堆的体积对比,可见同等功率下,氟盐冷却的模块化 Sm-AHTR 可以具有更小的体积。基于以上考虑,熔盐反应堆逐步小型化、模块化是未来的发展趋势。随着先进反应堆概念(第四代堆型)的提出,融合先进冷却剂技术的小型模块化反应堆方兴未艾。

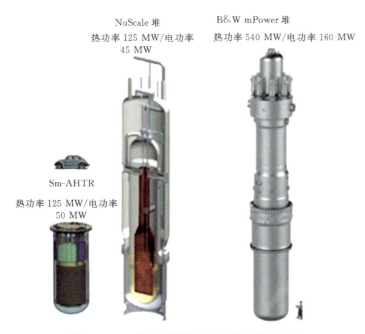

图 1-29 三种小型模块化反应堆的体积对比

1.5 本书的主要内容

本书的主要内容：首先，详细地回顾了熔盐堆的发展现状，包括液体燃料和固体燃料熔盐堆及相关典型代表堆型；其次，对多元熔盐体系静态热物性进行了理论研究和系统梳理；然后，分上、下两篇介绍了熔盐堆的热工水力、安全分析及小型堆概念设计工作。上篇针对液体燃料熔盐堆，开展了热工水力数值分析、安全特性分析和非能动余热排出系统的设计和实验研究。下篇针对固体燃料熔盐堆，开展了球床堆芯热工水力实验研究、热工水力分析、安全审评及不确定性分析，并介绍了固有安全一体化小型氟盐冷却高温堆福星（Fluoride-Salt-cooled high-Temperature Advanced Reactor，FuSTAR）的设计分析，针对设计对象完成了物理热工安全特性分析和设计优化，证明了设计的可行性。

参考文献

[1] Generation Ⅳ Forum. Technology Roadmap Update for Generation Ⅳ Nuclear Energy Systems[R]. Paris：GIF，2014.

[2] U. S. Departement of Energy Nuclear Energy Research Advisory Committee.

A Technology Roadmap for Generation IV Nuclear Energy Systems[R]. Washington DC:U. S. DOE,2002.

[3] ANHEIER N C. Technical Readiness and Gaps Analysis of Commercial Optical Materials and Measurement Systems for Advanced Small Modular Reactors:Rev. 1(PNNL-22622)[R]. Richland,WA.:Pacific Northwest National Laboratory,2013.

[4] The Generation IV International Forum [EB/OL]. [2017 − 12 − 30]. https://www. gen-4. org/gif/jcms/c_9260/public.

[5] BRIGGS R B. Molten Salt Reactor Program Semiannual Progress Report:ORNL-3936[R]. Tennessee:ORNL,1966.

[6] MACPHERSON G H. The molten salt reactor adventure [J]. Nuclear Science and Engineering,1985,90(4):374 − 380.

[7] BETTIS E S,SCHROEDER R W,CRISTY G A,et al. The Aircraft Reactor Experiment-Design and Construction[J]. Nuclear Sci & Eng,1957,2(6):804 − 825.

[8] CLEMENT WONG B M. Relevant MSRE and MSR Experience[C]. Los Angeles:ITER TBM Project Meeting at UCLA,2004.

[9] PAUL R K. Safety program for molten-salt breed reactors:ORNL-TM-1858 [R]. Tennessee:Oak Ridge National Laboratory,1967.

[10] RINEISKI A,MASCHEK W. THERMAL HYDRAULIC INVESTIGATIONS OF A MOLTEN SALT BURNER REACTOR[C]//13th International Conference on Nuclear Engineering, Beijing,2005.

[11] FURUKAWA K,KATO Y,KAMEI T. Developmental strategy of THORIMS-NES consisted of Th-MSR "FUJI" and AMSB[C]. International work shop on Thorium utilization for sustainable development of nuclear energy, Beijing, China,2007.

[12] ROSENTHAL M W,KASTEN P R,BRIGGS R B. Molten-salt reactors-history, status, and potential[J]. Nuclear Applications and Technology,1970,8(2):107 − 117.

[13] ROBERTSON R C. MSRE design and operations report. Part I. Description of reactor design[R]. Oak Ridge National Lab. , Tenn. ,1965.

[14] HAUBENREICH P N, ENGEL J R, PRINCE B E, et al. MSRE Design and Operations Report. Part III. Nuclear Analysis[R]. Oak Ridge National Lab. , Tenn. ,1964.

[15] GUYMON R H. MSRE design and operations report. Part VIII. Operating

procedures[R]. Oak Ridge National Lab. (ORNL), Oak Ridge, TN(United States),1966.

[16] ROSENTHAL M W, HAUBENREICH P N, BRIGGS R B. The development status of molten-salt breeder reactors, ORNL-4812[R]. Oak Ridge, Tennessee, USA,1972.

[17] ROSENTHAL M W, BRIGGS R B, KASTEN P R. Molten salt reactor program semiannual progress report:ORNL-4396 [R]. Oak Ridge National Lab. (ORNL), Oak Ridge, TN(United States),1969.

[18] PAUL R K, ROY C R. Molten-salt reactor program, design studies of 1000 MWe molten-salt breeder reactors:ORNL-3996[R]. Oak Ridge National Laboratory, Oak Ridge, TN(United States),1966.

[19] YOSHIOKA R, MITACHI K, KINOSHITA M. Thorium Molten Salt Nuclear Energy Synergetic System(THORIMS-NES) [C]//Proceedings of the conference on molten salts in nuclear technology,2013.

[20] IGNATIEV V. Critical issues of nuclear energy systems employing molten salt fluorides[C]//ACSEPT Int. Workshop,2010.

[21] SERP J, BOUSSIER H. Molten Salt Reactor system 2009－2012 Status [R]. Shanghai:Molten Salt Reactor System Steering Committee,2014.

[22] BROVCHENKO M. Études préliminaires de sûreté du réacteur à sels fondus MSFR[D]. Grenoble:Université de Grenoble,2013.

[23] FORSBERG C W, PETERSON P F, KOCHENDARFER R A. Design options for the advanced high-temperature reactor [C]//Proceedings of ICAPP. 2008,8:8－12.

[24] FORSBERG C W, PETERSON P F, OTT L. The advanced high-temperature reactor(AHTR) for producing hydrogen to manufacture liquid fuels [R]. Oak Ridge National Lab., Oak Ridge, TN; University of California, Berkeley, CA(US),2004.

[25] VARMA V K, HOLCOMB D E, PERETZ F J, et al. AHTR mechanical, structural, and neutronic preconceptual design[R]. Oak Ridge National Lab. (ORNL), Oak Ridge, TN(United States),2012.

[26] SCARLAT R. Pebble bed heat transfer particle-to-fluid heat convection [D]. Berkeley:University of California, 2009.

[27] 江绵恒,徐洪杰,戴志敏. 未来先进核裂变能:TMSR 核能系统[J]. 中国科学院院刊,2012,27(003):366－374.

[28] 徐洪杰. 我国钍基熔盐堆计划[C]// 2013 年核物理大会,2013.

[29] SINAP. Pre-conceptual design of 2MW pebble-bed fluoride salts coolant high temperature test reactor[R]. Shanghai:SINAP,2012.

[30] SINAP. Some design considerations of SINAP's 2MW fluoride salt cooled test reactor[R]. Shanghai:SINAP,2012.

[31] SINAP. TMSR internal technical report:XDA02010200-TL－2012－09[R]. Shanghai:SINAP,2012.

第2章 多元熔盐体系物理化学特性

熔盐堆中熔盐体系(混合物)的选择及其特性研究是熔盐堆研究中最基础和重要的研究之一,对于采用不同燃料循环方式或具有不同功能的熔盐堆,熔盐体系的选择也有不同的要求。譬如,选用连续循环焚化锕系元素燃料循环方式的熔盐堆要求熔盐对锕系元素具有较高的溶解度;用于制氢的熔盐堆要求熔盐具有较低的产氚能力;如果熔盐堆为了实现较高的增殖比,氟化锂和氟化铍将是较好的选择。但是,所有的熔盐堆都要求其熔盐体系具有如下共有的特性:良好的中子特性,包括低中子截面、辐照稳定性和负的温度系数;良好的热物理和输运特性,包括低熔点、热稳定性、低蒸气压、较好的传热特性和黏性;良好的化学性质,包括高燃料溶解度、与结构材料和慢化剂的相容性、便于燃料再处理;另外还要具有与乏燃料的相容性特性及相对低的燃料和后处理费用。

目前对于熔盐体系热物性的研究主要集中在实验研究,在公开发表的文献中关于多元熔盐体系热物性的理论研究还比较少见,尤其是对其输运性质的研究几乎没有。本章首先介绍了针对多元熔盐体系静态热物性建立的理论模型,并将其应用到 MOSART 的熔盐体系,计算了它的三元熔盐体系的密度、焓、熵及定压比热容,并将计算的密度与俄罗斯 RRC-KI 研究中心的实验结果进行了比较。其次,针对氟盐冷却高温堆一回路冷却剂 FLiBe 进行了物性评估,推荐其使用关系式。最后,针对氟盐体系从传热性能、核物理特性以及化学腐蚀特性三方面进行综述。

2.1 多元熔盐体系静态热物性模型

2.1.1 密度

用于描述气体和液体的热力学状态方程(Equation of State,EOS)得到了很大的发展并为人们所熟悉[1-2],尤其是彭-罗宾逊(Peng-Robinson,PR)方程,由于它与大量的实验数据符合较好而得到了广泛的应用,但是将其用于强极性的熔盐液体还未见报道,我们首次将 PR 方程引进熔盐体系的热物性计算。

对于单一物质,PR 方程可以描述如下:

$$p = \frac{RT}{v-b} - \frac{d}{v(v+b)+b(v-b)} \quad (2-1)$$

式中:

$$d = [0.45724R^2 T_c^2/p_c] \cdot \alpha(T/T_c, \omega), \quad b = 0.07780 RT_c/p_c \quad (2-2)$$

状态方程也可以用压缩因子 Z 表达如下:

$$Z^3 - (1-B)Z^2 + (A - 3B^2 - 2B)Z - (AB - B^2 - B^3) = 0 \quad (2-3)$$

式中:

$$Z = pv/(RT), \quad A = dp/(R^2 T^2), \quad B = bp/(RT) \quad (2-4)$$

用牛顿迭代法求解方程(2-3),可求得压缩因子 Z,从而通过式(2-4)的变换可求得物质的摩尔体积:

$$v = Z \cdot \frac{RT}{p}$$

然后用密度和摩尔体积的关系式即可求得物质的密度:

$$\rho = \frac{M}{v} \quad (2-5)$$

由式(2-2)可以看出,PR 方程中的参数 d 和 b 与物质的临界温度 T_c、临界压力 P_c 及偏心因子 ω 有关,这些数据一般通过实验获得,从而求得状态方程参数 d 和 b,这两个参数也可以通过实验数据拟合获得。

对于多元熔盐体系状态方程的建立,首先要对其每一组分物质应用单一物质状态方程,在此基础上,采用合适的混合法则,即可用 PR 方程描述多元熔盐体系的状态方程,下面是多元熔盐体系的状态方程及建立的混合法则:

$$p = \frac{RT}{v_m - b_m} - \frac{d_m}{v_m(v_m + b_m) + b_m(v_m - b_m)} \quad (2-6)$$

$$d_m = \sum_{i=1}^{} \sum_{j=1}^{} x_i x_j d_{ij}, \quad b_m = \sum_{i=1}^{} x_i b_i, \quad d_{ij} = (1 - k_{ij})\sqrt{d_i d_j} \quad (2-7)$$

式中:k_{ij} 为二元相互作用因子。

在建立了多元熔盐体系的状态方程后,方程(2-3)和式(2-4)、式(2-5)及相应的密度计算方法亦适用于多元熔盐体系,只是式(2-5)中的摩尔质量应该采用多元熔盐体系的当量摩尔质量:

$$M = \sum_{i=1}^{} x_i M_i \quad (2-8)$$

2.1.2 焓、熵、定压比热容

在建立了多元熔盐体系的状态方程之后,可以采用余函数方法和逸度系数方

第 2 章　多元熔盐体系物理化学特性

法两种方法计算熔盐体系的其他静态热力学性质,如焓、熵和定压比热容等。下面分别采用这两种理论推导相应的计算方程。

1. 余函数方法

恒温下的亥姆霍兹(Helmholtz)自由能表示为

$$da = -pdv \tag{2-9}$$

将其从理想状态到实际状态对比容进行积分得

$$a^* - a = \int_\infty^v pdv - \int_\infty^{v^*} pdv$$

$$= \int_\infty^v \left(p - \frac{RT}{v}\right)dv - \int_\infty^{v^*} pdv + \int_v^{v^*} \left(\frac{RT}{v}\right)dv \quad \sqrt{b^2-4ac} \tag{2-10}$$

将方程(2-6)带入式(2-10),积分得 Helmholtz 自由能的余函数为

$$a_r = a^* - a = RT\ln\frac{|v-b|}{v} - \frac{a(T)}{2\sqrt{2}b}\ln\frac{|v-0.414b|}{v+2.414b} + RT\ln\frac{v}{v^*} \tag{2-11}$$

熵的余函数可以从式(2-11)推得

$$s_r = s^* - s = -\frac{\partial}{\partial T}(a^* - a)_v = -\int_\infty^v \left[\left(\frac{\partial p}{\partial T}\right)_v - \frac{R}{v}\right]dv - R\ln\frac{v}{v^*}$$

$$= -R\ln\frac{|v-b|}{v} - R\ln\frac{v}{v^*} \tag{2-12}$$

焓和定压比热容的余函数可以由式(2-11)、式(2-12)及基本热力学关系式 $a=u-Ts$ 和 $u=h-pv$ 推得

$$h_r = h^* - h = f^* - f + T(s^* - s) + pv^* - pv$$
$$= a_r + Ts_r + pv^* - pv \tag{2-13}$$

$$(c_p)_r = c_p^* - c_p = \left(\frac{\partial h_r}{\partial T}\right)_p \tag{2-14}$$

从而,多元熔盐体系的热物理性质可以通过余函数及其理想状态的性质计算得到

$$s = s^* - s_r, h = h^* - h_r, c_p = c_p^* - c_{p_r} \tag{2-15}$$

2. 逸度系数方法

熔盐体系中组分 i 的逸度 $\hat{f}_i$ 可以通过其偏摩尔吉布斯(Gibbs)函数 $\overline{G_i}$ 表示为

$$d\overline{G_i} = RTd(\ln\hat{f}_i)_T \tag{2-16}$$

在恒温下,对方程(2-16)从理想状态到实际状态积分得

$$\Delta g = \overline{G_i} - g_i^* = RT\ln\frac{\hat{f}_i}{x_i p} = RT\ln\hat{\phi}_i \tag{2-17}$$

式中:g_i^* 和 $\hat{\phi}_i$ 分别为组分 i 理想状态下的吉布斯自由能和逸度系数。逸度系数可以从状态方程出发由下式推得

$$RT\ln\hat{\phi}_i = \int_v^\infty \left[\left(\frac{\partial p}{\partial n_i}\right)_{T,v,n_j} - \frac{RT}{v}\right]dv - RT\ln Z \qquad (2-18)$$

将状态方程(2-6)带入上式积分得

$$\ln\hat{\phi}_i = \frac{b_i}{b}(Z-1) - \ln\frac{p(v-b)}{RT} - \frac{d}{2\sqrt{2}bRT}\left(\frac{2\sum_{j=1}x_j d_{ij}}{d} - \frac{b_i}{b}\right)\ln\frac{v+2.414b}{v-0.414b}$$

$$(2-19)$$

从而偏摩尔焓、熵和定压比热容与逸度系数的关系可以表示为

$$\Delta h = \overline{H_i} - h_i^* = -RT\left[\frac{\partial(\overline{G_i} - g_i^*)/(RT)}{\partial \ln T}\right]_{p,x} = -RT^2\left[\frac{\partial(\ln\hat{\phi}_i)}{\partial T}\right]_{p,x}$$

$$(2-20)$$

$$\Delta s = \overline{S_i} - s_i^* = -R\ln\hat{\phi}_i - RT\left[\frac{\partial(\ln\hat{\phi}_i)}{\partial T}\right]_{p,x} \qquad (2-21)$$

$$\Delta c_p = \overline{c_{p_i}} - c_{p_{m,i}}^* = \left[\frac{\partial(\overline{H_i} - h_i^*)}{\partial T}\right]_{p,x} = -2RT\left[\frac{\partial(\ln\hat{\phi}_i)}{\partial T}\right]_{p,x} - RT^2\left[\frac{\partial^2(\ln\hat{\phi}_i)}{\partial T^2}\right]_{p,x}$$

$$(2-22)$$

因此,多元熔盐体系的热物理性质可以由式(2-20)~式(2-22)及组分的理想状态热力学性质求得,方程如下:

$$s = \sum_{i=1} x_i \cdot (s_i^* + \Delta s) = s^* + \sum_{i=1} x_i \cdot \Delta s \qquad (2-23)$$

$$h = \sum_{i=1} x_i \cdot (h_i^* + \Delta h) = h^* + \sum_{i=1} x_i \cdot \Delta h \qquad (2-24)$$

$$c_p = \sum_{i=1} x_i \cdot (c_{p_i}^* + \Delta c_p) = c_p^* + \sum_{i=1} x_i \cdot \Delta c_p \qquad (2-25)$$

3. 理想状态下熔盐焓、熵和定压比热容的计算

在式(2-15)及式(2-23)~式(2-25)中,h^*、s^* 和 c_p^* 表示理想状态下的焓、熵和定压比热容,它们可以由以下各式计算得到

$$h^* = \sum_{i=1} x_i \cdot h_{i,p_0,T_0} + \int_{T_0}^T \left[\sum_{i=1} x_i \cdot c_{p_i}^0\right] \cdot dT \qquad (2-26)$$

$$s^* = \sum_{i=1} x_i \cdot s_{i,p_0,T_0} + \int_{T_0}^T \left[\sum_{i=1} x_i \cdot c_{p_i}^0\right] \cdot \frac{dT}{T} - R\ln\frac{p}{p_0} \qquad (2-27)$$

$$c_p^* = \sum_{i=1} x_i \cdot c_{p_i}^0 \qquad (2-28)$$

式中:h_{i,p_0,T_0}、s_{i,p_0,T_0} 和 $c_{p_i}^0$ 表示组分 i 在参考点 p_0 和 T_0 处的焓、熵和定压比热容,研究中可根据需要选择,通常选取压力 1 atm(1 atm $= 1.01325 \times 10^5$ Pa)、温度

298.15 K 为参考点,它们的数值可从美国国家标准与技术研究所(National Institute of Standards and Technology,NIST)查取。

2.2 三元熔盐体系的静态热物性分析

针对 MOSART 的燃料循环特性,其液体燃料的运行工况要求采用的熔盐必须完全满足以下物理和技术条件:①构成燃料溶剂的元素不可过强地吸收中子;②在充分溶解裂变或增殖材料时,燃料盐各成分的熔点温度不可过高(<773~833 K);③在运行温度下具有低的蒸气压;④在运行温度和辐照条件下保持化学稳定性;⑤在与水、空气或其他反应堆内的物质接触时不会发生爆炸反应;⑥与结构材料和慢化剂具有兼容性;⑦在运行温度下,燃料盐成分的输运性质应具备充分移除反应热的能力。

研究表明,满足以上条件的熔盐主要是包含 ^{7}Li、Be、Na、Rb 和 Zr 的氟化物。Ignatiev 在进行 MOSART 研究中提出了新的三元熔盐系统 Na、Li、Be/F。研究发现,在 823 K 时该熔盐系统在非常小的 LiF(17%~15%)和 BeF_2(27%~25%)组分下,可以取得很高的核素的溶解度(如 2%~3% 的 PuF_3 溶解度),可以维持充分低的熔点(<773 K)和非常低的蒸气压,具有很好的核特性、低活性、合适的输运特性,可以很好地与系统中的材料兼容(<1023 K),而且费用适度(25 美元/千克)。

将建立的多元熔盐体系静态热物性模型应用于 MOSART 的三元熔盐体系 15%LiF-58%NaF-27%BeF_2(摩尔比),其熔点为 723 K,沸点为 1673 K,计算该三元熔盐体系的组分及混合物的密度、焓、熵和定压比热容。

2.2.1 状态方程参数

式(2-2)表明,PR 方程中的参数 a 和 b 与物质的临界温度 T_c、临界压力 P_c 及偏心因子 ω 有关,LiF 和 NaF 的临界参数可以从文献[3]中查到,但是对于 BeF_2,所需的参数无法得到。为了解决这个问题,我们采用了 Cantor 的两组假拟($p-v-T$)数据[4,5],如表 2-1 所示。

表 2-1 熔盐组分的假拟实验数据

熔盐	摩尔体积/(cm³·mol⁻¹)		摩尔质量 /(g·mol⁻¹)
	873.15 K	1073.15 K	
LiF	14.0	14.7	26.01
NaF	19.37	20.43	41.99
BeF_2	23.6	24.4	47.01

将这两组实验数据带入方程(2-1)中进行计算,式(2-1)表明 d 是与 T 相关的量,但是由于实验数据少而假设其为常数,即可直接求得三个组分的状态方程常数 d 和 b,采用式(2-7)的混合法则即可求得缓发三元熔盐体系的状态方程常数 d 和 b,计算结果列于表 2-2 中。

表 2-2 三元熔盐体系及其组分的 PR 方程常数 d 和 b

熔盐	d	b
LiF	0.09933196	4.1785308×10^{-5}
NaF	0.1477248	5.8758294×10^{-5}
BeF_2	0.1218432	6.6399618×10^{-5}
三元熔盐体系	0.1328199	5.8275506×10^{-5}

2.2.2 密 度

图 2-1~图 2-3 所示为三元熔盐体系及其组分的密度随温度的变化关系[6]。

由图 2-1 可以看出,计算得到的 LiF 密度随温度变化趋势与实验结果近似平行但稍小,随着温度的升高,密度降低,计算结果与实验值存在大约 5% 的误差,这是因为 Li 存在两个同位素 ^{6}Li 和 ^{7}Li,计算中仅考虑了 ^{7}Li,而实验通常不会进行 Li 同位素的分离。图 2-2 显示,计算得到的 NaF 密度与实验值符合相对较好,随着温度的升高,NaF 的密度同样是降低的趋势。BeF_2 的特殊性使得可获得的实验数据很少,图 2-3 上所给实验值为 BeF_2 在 1073 K 下的密度,计算结果与实验值差别较大,这是因为 BeF_2 很容易同额外的 F^- 离子配位生成四氟合铍酸根配离子 $[BeF_4]^-$,则 BeF_2 熔盐相当于一个二元熔盐,而在计算中并未作此考虑。

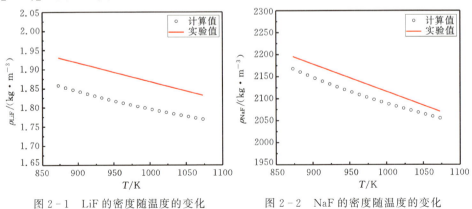

图 2-1 LiF 的密度随温度的变化　　图 2-2 NaF 的密度随温度的变化

图 2-4 为三元熔盐体系的密度随温度的变化。由图可以看出,计算结果与实验值符合得较好,三元熔盐系的密度随着温度的升高而降低,同时也可以发现在熔

盐堆运行温度范围内,从 873 K 到 1073 K,密度变化仅 4%。由此可见,采用适当的混合法则,则 PR 方程可用于多元熔盐体系的密度计算。

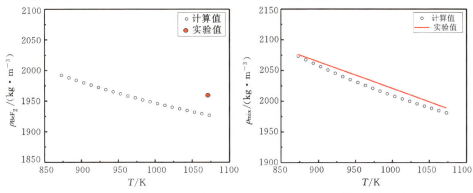

图 2-3　BeF_2 的密度随温度的变化　　图 2-4　三元熔盐体系的密度随温度的变化

2.2.3　焓、熵、定压比热容

从美国国家标准与技术研究所(National Intitute of Standards and Technology,NIST)查取三元熔盐体系各组分在参考点处的静态热物性焓、熵和定压比热容的关系式和数值,列于表 2-3 中。

表 2-3　熔盐组分的参考点热物性

熔盐	$c_p^0/(J \cdot mol^{-1} \cdot K^{-1})$	$h_{p_0,T_0}/(kJ \cdot mol^{-1})$	$s_{p_0,T_0}/(J \cdot mol^{-1} \cdot K^{-1})$
LiF	$35.08832+2.50667TT-0.517258(TT)^2$ $+0.04375(TT)^3-0.427308/(TT)^2$	−340.891	200.272
NaF	$36.9556+1.073858TT-0.105601(TT)^2$ $+0.009001(TT)^3-0.277921/(TT)^2$	−290.453	217.606
BeF_2	$61.51108+0.469968TT-0.094569(TT)^2$ $+0.006520(TT)^3-3.228179/(TT)^2$	−796.006	227.556

注:表中,$TT=T(K)/1000$。

两种方法计算得到的三元熔盐体系的焓、熵和定压比热容随温度的变化关系如图 2-5～图 2-7 所示,其中空心点代表余函数方法的计算结果,实心点则代表逸度系数方法的计算结果。

从图 2-5～图 2-7 可以看出,三元熔盐体系的焓、熵均随温度的增加而增加,但是定压比热容随温度的变化幅度不大,近似为一个常数。从两种方法计算的结果比较可以看出,二者之间的偏差较小,符合得较好,这是因为两种计算方法的基础都是三元熔盐体系的状态方程和最基本的热力学关系式。

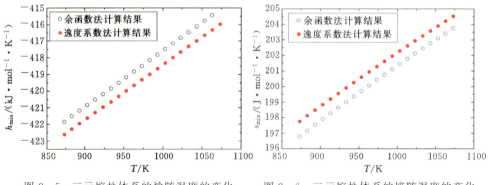

图 2-5 三元熔盐体系的焓随温度的变化　　图 2-6 三元熔盐体系的熵随温度的变化

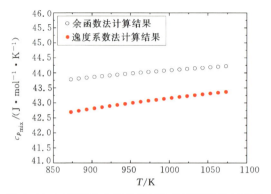

图 2-7 三元熔盐体系的定压比热容随温度的变化

2.3　FLiBe 热物理性质评估

TMSR-SF 的参考设计使用 LiF-BeF$_4$ 二元熔盐混合物(摩尔比为 66.7∶33.3，FLiBe)作为冷却剂，工作温度范围在 600~700 ℃。20 世纪 60 年代 ORNL 的熔盐堆计划极大地促进了对 FLiBe 热物理性质的研究，但由于 FLiBe 熔点较高，对其物性进行准确的测量十分困难，相关实验数据的精确度及覆盖范围依然非常有限。目前，大多数有关 FLiBe 热物理性质的实验数据都是在 20 世纪 80 年代前获得的，其中 FLiBe 的密度实验数据较为完善，但其余热物性参数，特别是黏度、热导率等实验数据均比较稀少，且所覆盖的温度范围也较为狭窄。现今物性测量实验技术水平相比 20 世纪已有了较大进步，中国科学院应用物理研究所正计划使用新的仪器和测量方法对 FLiBe 的热物理性质进行更全面、准确的实验研究，该工作预计将给出一套更准确的 FLiBe 物性数据。本节对 FLiBe 物性数据进行了整理与讨论，对相关关系式及部分原始实验数据也进行了汇总，并给出本研究所推荐的关系式及不确定度。

2.3.1 密　度

密度是一个非常重要的热物性参数,在各类热物性测量中,密度测量较为直观,估算特定成分熔盐密度也较为容易,因此 FLiBe 密度的实验数据比其他热物理性质都要更丰富和准确。熔盐的密度测量通常采用阿基米德法或最大气泡压力法。已公开发表的文献中归纳总结了一系列 LiF-BeF$_4$ 盐密度计算关系式,这些关系式主要是基于 Blanke 等、Cantor 等和 Janz 等三个团队的实验数据拟合而得的。Blanke 等测量了 BeF$_2$ 摩尔分数为 0~55% 的 LiF-BeF$_4$ 盐密度[7],Cantor 等测量了 BeF$_2$ 摩尔分数为 50.2%、74.9%、89.2% 和 33.3% 的 LiF-BeF$_4$ 盐密度[8-10],Janz 等测量了 BeF$_2$ 摩尔分数为 33.3% 的 LiF-BeF$_4$ 盐密度[11],上述密度实验数据汇总后列于表 2-4 中。由于 TMSR-SF 参考设计使用摩尔比为 66.7∶33.3 的 LiF-BeF$_4$ 盐作冷却剂,下文中若无特殊说明,FLiBe 均代指摩尔比为 66.7∶33.3 的 LiF-BeF$_4$ 二元熔盐体系。

表 2-4　FLiBe 密度实验测量数据

Blanke 等[7]		Cantor 等[8-10]		Janz 等[11]	
温度/K	密度/(kg·m^{-3})	温度/K	密度/(kg·m^{-3})	温度/K	密度/(kg·m^{-3})
643	2018	787.7	2029	800	2023
713	1996	813.7	2015	820	2013
748	1983	838.1	2003	840	2003
801	1966	863.7	1991	860	1993
850	1948	887.8	1979	880	1984
879	1938	889.2	1978	900	1974
923	1920	940.3	1954	920	1964
1001	1894	992.7	1928	940	1954
1078	1864	1045.4	1902	960	1945
1108	1855	1067.9	1891	980	1935
1162	1828	1093.5	1879	1000	1925
1173	1821	—	—	1020	1915
—	—	—	—	1040	1905
—	—	—	—	1060	1896
—	—	—	—	1080	1886

Janz 等在 20 世纪 60 年代至 80 年代针对熔盐的热物理性质做了大量研究工作,1974 年,Janz 等基于其实验数据拟合了如下 FLiBe 密度关系式[11]:

$$\rho = 2413 - 0.488T \quad (2-29)$$

式中：ρ 为密度，kg/m³；T 为温度，K。该式的适用范围为 800～1080 K，标准差为 0.00046。Janz 等的实验数据是基于 Cantor 等的工作，使用阿基米德法和膨胀测定法得到[11-12]。

1980 年 Grierszewski 等[13]给出了如下密度计算关系式：

$$\rho = 2330 - 0.42T \quad (2-30)$$

式中：ρ 为密度，kg/m³；T 为温度，K。该式适用范围为 600～1200 K，不确定度为 4%[13]。该式只参考了 Cantor 等在 1968 年[10]和 Janz 等在 1967 年[14]发表的实验数据，没有考虑 Janz 等在 1974 年[11]发表的数据。Zaghloul 等[15]在 2003 年基于 Janz 等的数据[11-12]进行了扩展，提出了如下公式：

$$\rho = 2415.6 - 0.49072T \quad (2-31)$$

式中：ρ 为密度，kg/m³；T 为温度，K。该式覆盖了 FLiBe 从熔点到临界点的全部温度范围（732.0～4498.8 K），可计算 FLiBe 整个液相范围内的密度。

Williams 等在 2006 年[16]基于熔盐手册[14]的数据提出了如下针对 FLiBe 的密度关系式

$$\rho = 2146.7 - 0.488T \quad (2-32)$$

式中：ρ 为密度，kg/m³；T 为温度，K。该式是基于熔盐手册中单相熔盐的实验数据，参考 Lane 等人关于摩尔比为 69∶31 的 $LiF-BeF_4$ 盐的密度关系式进行外推得出的。

Benes[17,18]基于 Cantor 在 1973 年的工作[8]推荐了如下关系式：

$$\rho = 2413.1 - 0.4884T \quad (2-33)$$

式中：ρ 为密度，kg/m³；T 为温度，K。需要注意的是，Benes 在文献[18]中给出的公式按其参考文献应与文献[8]中保持一致。

Van der Meer 等提出由于熔盐密度的实验测量数据所导出的摩尔体积结果非常理想，多元熔盐体系的密度可由单相熔盐组分的摩尔体积直接插值得出[19]，但由于目前已知的液相 BeF_2 摩尔体积仅有在温度为 1073 K 下的数据，不足以用来对 FLiBe 密度进行插值[17]。

表 2-5 列出了上述已公开发表的针对 FLiBe 盐的密度关系式及参考文献，不确定度以 Cantor 的实验数据[8]为基准。图 2-8 给出了表 2-4 和表 2-5 中所有实验数据及关系式的对比，可见 Cantor、Janz 的实验数据及 Cantor 关系式、Zaghloul 关系式、Janz 关系式几乎完全重合。本研究推荐使用 Benes 建议的关系式（即 Cantor 等在 1973 年的工作[8]）来计算 FLiBe 的密度，该式由实验测量数据直接拟合得出，在其覆盖范围内具有较好的可信度和最高的引用率，该式对实验数据的拟合精度达到了 0.025%，实验测量的不确定度为 2.15%[8,18]。

表 2-5 FLiBe 密度关系式

密度/(kg·m⁻³)	温度范围/K	不确定度	参考文献
$\rho = 2413.1 - 0.4884T$(推荐)	787.65~1093.45	±2.15%	Cantor 等,1973[8] Benes 等,2009[17],2012[18]
$\rho = 2330 - 0.42T$	600~1200	±4%	Gierszewski 等,1980[13]
$\rho = 2413 - 0.488T$	800~1080	—	Janz 等,1974[11],1988[12] Sohal 等,2010[20]
$\rho = 2415.6 - 0.49072T$	732.2~4498.8	±2.2%	Zaghloul 等,2003[15] Sohal 等,2010[20]
$\rho = 2326 - 0.422T$	873~1073	±3.5%	Williams 等,2006[16]

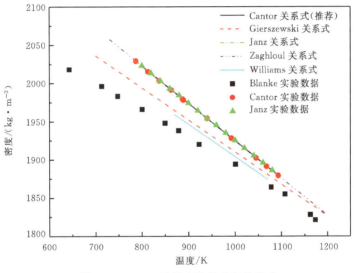

图 2-8 FLiBe 密度实验数据与关系式

2.3.2 比热容

熔盐的体积比热容与水相当,远高于其他常见冷却剂,因此具有较好的载热能力。目前,还没有理论方法能准确的计算特定组分熔盐的比热容,但若是进行初步估算,可使用 Dulong-Petit 经验公式。该公式假定混合盐中的每摩尔各类原子对热容的贡献量均为 6 cal/K（1 cal＝4.1840 J）,对熔盐则推荐修正为 8 cal/K[21]。对于熔盐修正后的 Dulong-Petit 经验公式具体形式为

$$c_p(T) = 8 \frac{\sum X_i N_i}{\sum X_i M_i} \tag{2-34}$$

式中：c_p 为比热容，cal/K；X_i 为组元 i 的摩尔分数；N_i 为组元 i 的每分子原子数；M_i 为组元 i 的摩尔质量，g/mol。相关实验数据表明该公式对多元熔盐组分的热容计算误差较大，不确定度可达±20%[16]。对于摩尔比为 66.7∶33.3 的 FLiBe 盐，该公式的估算结果为 2369.73 J/(kg·K)。

表 2-6 列出了不同文献给出的液相 FLiBe 比热容数据，其中只有 Hofman 等[27] 及 Douglas 等[24] 对其进行了实验测量，其余数值均是根据 Dulong-Petit 经验公式或相关实验数据二次处理所得。这些数据具有高度的一致性，最大偏差在 1% 以内。相关实验数据及评估亦均显示 FLiBe 热容随温度变化非常微小，可视为与温度无关的常数。本研究使用 Hoffman 等[10,22] 及 Douglas 等（1969 年）[24] 分别发表的实验数据，0.577 cal/(g·K)（Hoffman）及 55.47 cal/(mol·K)（Douglas），取平均值来进行计算，即 2380.6 J/(kg·K)，参考 Cantor 的分析，该平均值不确定度应小于 3%[10]。需要指出的是原始文献中比热容单位为 cal/(mol·K)，由于卡路里单位(cal)在历史上经过多次定义，在不同背景下与焦耳(J)有多种不同的换算关系[28]，后续引文对其进行单位转换时偶有分歧。本研究推荐使用 Douglas 在文献[24]中指明的热力学卡路里(cal)换算关系式进行换算，即取 1 cal=4.1840 J。

表 2-6 液相 FLiBe 比热容数据

原始文献数值	比热容/(J·kg^{-1}·K^{-1})	温度范围/K	不确定度	参考文献	数据来源
0.577 cal·g·℃$^{-1}$	2414.2	—	—	Hoffman, 1959[22]	作者实验
0.56 cal·g·℃$^{-1}$	2343.0	—	—	Douglas NBSR[23]	作者实验
0.57 cal·g·℃$^{-1}$	2384.9	—	±3%	Cantor, 1968[10]	平均文献[22]和[23]的实验数据
55.47 cal·mol·K^{-1}	2347.1	745.2～900	±3%	Douglas, 1969[24]	作者实验
0.577±0.008 cal·g·℃$^{-1}$	2414.2 ±33.47	773～993	±1.4%	Rosenthal, 1969[25]；Willimas, 2006[16]	引用文献[26]实验数据
2380 J·kg^{-1}·K^{-1}	2380	600～1200	±20%	Gierszewski, 1980[13]	由相关数据修正
2.39 J·g^{-1}·K^{-1}	2390	—	—	Benes, 2009[17]	平均文献[22]和[23]的实验数据
0.569 cal·g·℃$^{-1}$	2380.6	—	±3%	本研究	平均文献[22]和[23]的实验数据

对固相 FLiBe，仅有 Douglas 等对其比热容进行了测量[10,24]。Douglas 使用落滴量热法对 50～600 ℃ 的固相 FLiBe 焓值进行了测量，进而推定出其比热容。对温度范围为 273.15～745.2 K 的固相 FLiBe 其热容关系式为

$$c_p = 918.217 + 1.508T \tag{2-35}$$

式中:c_p 为比热容,J/(kg·K);T 为温度,K。参考 Cantor 的文献[10],该式的整体不确定度为 3%,本研究推荐使用该式计算固相 FLiBe 的比热容。

2.3.3 黏度

熔盐是典型的牛顿流体,并且服从 Arrhenius 方程,其黏度随温度的倒数呈指数变化,即满足如下关系式:

$$\mu = A \cdot \exp\left(\frac{-E_\mu}{RT}\right) = A \cdot \exp\left(\frac{-B}{T}\right) \tag{2-36}$$

式中:E_μ 为黏性流动活化能,J/mol;R 为气体常数,J/(K·mol);T 为温度,K。由于这种特性,熔盐黏度随温度的变化相对其余热物性是最剧烈的。对于 FLiBe 的组分盐 LiF 和 BeF_2,LiF 的黏度相对较低,为 10^{-3} Pa·s 量级,而 BeF_2 的黏度则可达 10^5 Pa·s 量级。

已有五个独立的研究团队对不同组分的液相 LiF-BeF_2 盐的黏度进行了实验测量。Blanke 等[7]、Cantor 等[29] 和 Desyatnik 等[30] 分别在较宽的温度和组分范围内了测量了液相 LiF-BeF_2 盐的黏度,Cohen 等[31] 和 Abe 等[32] 分别测量了 BeF_2 摩尔分数为 31% 和 32.8% 的液相 LiF-BeF_2 的黏度。

Blanke 在 1956 年对摩尔比为 69:31 和 62.67:37.33 的 LiF-BeF_2 二元熔盐体系的黏度进行了实验测量,温度范围分别为 760~1156 K 及 732~1073 K,相关实验数据如表 2-7 所示[7]。Cohen 在 1957 年发表的对摩尔比为 69:31 的 LiF-

表 2-7 Blanke 等测量的 LiF-BeF_2 盐黏度实验数据[7]

LiF-BeF_2(69:31,摩尔比)		LiF-BeF_2(62.67:37.33,摩尔比)	
温度/K	黏度/(mPa·s)	温度/K	黏度/(mPa·s)
760.456	11.75	732.601	20.28
833.333	9.05	793.651	10.5
873	7.25	853.242	10.02
881.057	6.6	873	7.98
938.967	5.22	925.926	6.49
973	4.54	973	5.29
990.099	4.1	992.063	4.8
1041.667	3.56	1058.201	3.9
1073	3.1	1073	3.46
1096.491	3.25	—	—
1156.069	2.45	—	—

BeF$_2$盐黏度在873～1073K的范围内进行测量的相关数据列于表2-8[31]中。

表2-8 Cohen等测量的LiF-BeF$_2$盐(69:31,摩尔比)黏度实验数据[31]

参数	数值		
温度/K	873	973	1073
黏度/(mPa·s)	7.5	4.9	3.45

Janz等在其1974年的报告中基于Cantor等在1969年发表的实验数据[29]给出了LiF摩尔分数为0～64%的LiF-BeF$_2$盐的黏度数据表,表2-9列出了最接近FLiBe的LiF摩尔分数在64%时的数据。

表2-9 Cantor等测量的LiF-BeF$_2$盐(64:36,摩尔比)黏度实验数据[9]

参数	数值						
温度/K	740	760	780	800	820	840	860
黏度/(mPa·s)	29.9	25.4	21.8	18.8	16.3	14.3	12.6

Gierszewski等于1980年报告了如下LiF-BeF$_2$盐(FLiBe)的黏度关系式[13]:

$$\mu = 0.000116 \cdot \exp\left(\frac{3760}{T}\right) \tag{2-37}$$

式中:μ为黏度,Pa·s;T为温度,K,范围为600～1200 K。该文献中没有给出关系式不确定度及具体推导方法。按其描述,该式在LiF摩尔分数在47%～66%范围内不确定度小于10%,66%～69%范围内不确定度在40%以内。

Abe等于1981年基于震荡杯法给出了BeF$_2$摩尔分数为32.8%的LiF-BeF$_2$盐的黏度测量数据,温度范围为812.5～1573 K,试验点温度间隔为20～50 K[32]。Abe的实验数据列于表2-10中,其实验数据在等温线上的分布不大于±0.9%,计算熔盐密度时引用了密度关系式(2-30),整个黏度测量的精确度在±1.3%左右。同时,Abe基于Arrhenius方程的形式,使用最小平方立方拟合给出了如下关系式:

$$\mu = 0.00007803 \cdot \exp\left(\frac{33443}{RT}\right) = 0.00007803 \cdot \exp\left(\frac{4022.3}{T}\right) \tag{2-38}$$

式中:μ为黏度,Pa·s;R为气体常数,J/(K·mol);T为温度,K;标准差为1.0%。

目前,对于BeF$_2$摩尔分数为33.3%的FLiBe盐还没有直接测量的实验数据被发表。基于Cohen[31]、Abe[32]、Blanke[7]、Cantor[9]及Desyatnik[30]发表的BeF$_2$摩尔分数接近33.3%的LiF-BeF$_2$盐黏度实验数据,Benes等[17]在2009年通过插值给出了如下针对摩尔比为66.7:33.3的FLiBe盐黏度关系式:

$$\mu = 0.000116 \cdot \exp\left(\frac{3755}{T}\right) \tag{2-39}$$

式中：μ 为黏度，Pa·s；T 为温度，K。本研究推荐使用该式计算 FLiBe 盐黏度，该关系式没有给出其不确定度。图 2-9 给出了相关实验数据及 Benes 推荐关系式的汇总，可见 BeF_2 含量对 $LiF-BeF_2$ 盐的黏度影响巨大，在低温下不同组分黏度差别很大，随温度升高逐渐趋于一致。

表 2-10 Abe 等测量的 $LiF-BeF_2$ 盐(67.2∶32.8，摩尔比)黏度实验数据[32]

温度/K	黏度/(mPa·s)	试验点数量
812.5	11.010	3
832.5	9.728	3
852	8.735	3
873	7.914	3
898	6.922	3
923	6.055	3
947	5.412	3
973	4.885	4
998	4.346	5
1023	4.019	5
1048	3.641	3
1073	3.295	3
1098	2.995	3
1123	2.819	4
1148	2.588	3
1173	2.405	5
1198	2.261	3
1223	2.107	5
1248	1.987	3
1273	1.856	6
1323	1.645	3
1373	1.455	4
1423	1.32	3
1473	1.92	8
1523	1.102	3
1573	0.984	2

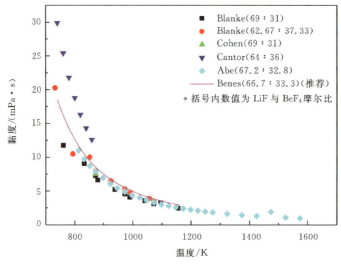

图 2-9 LiF-BeF₂ 盐黏度实验数据与关系式汇总

2.3.4 热导率

热导率是比较难以准确测量的物性参数，测量中需要仔细考虑自然对流对实验测量的影响，通常情况下，工质热导率的不确定性是其传热计算中最主要的误差来源之一。ORNL 在其早期研究中采用一个可变间隙的装置来测定熔盐的热导率，其实际测量结果几乎是目前被广泛接受的数据的 4 倍。随后，ORNL 改进了该装置，降低了对流和热流引起的误差，新的数据与后期用热线法及环形柱体法测得的结果基本一致。

目前用于预测熔盐热导率较为成功的模型是由 Rao 提出的，其公式最初只针对单组分熔盐，随后被扩展到熔盐混合物，具体形式如下[19]：

$$\lambda = 0.119 \cdot T_m^{0.5} \cdot v_m^{2/3} \cdot (M/n)^{-7/6} \qquad (2-40)$$

式中：λ 为热导率，W/(m·K)；T_m 为熔点，K；v_m 为摩尔体积，cm³/mol；M 为平均分子摩尔质量，g/mol；n 为每化学式独立离子数。该公式由于忽略了震动机制（vibrational mechanism）对导热率的贡献，具有较大的不确定度。

Ignatiev 等于 2002 年提出了一个用于预测熔盐热导率的经验关系式[33]，其热导率是温度与熔盐摩尔质量的一个简单函数，具体表达式如下：

$$\lambda = -0.34 + 0.0005T + 32.0/M \qquad (2-41)$$

式中：λ 为热导率，W/(m·K)；T 为温度，K；M 为平均分子摩尔质量，g/mol。通过与部分盐的实验结果的对比，该公式对大部分盐的预测值较实验值偏高[16]。对于摩尔比为 67:33 的 FLiBe 盐，该公式形式为[20]

$$\lambda = 0.629697 + 0.0005T \qquad (2-42)$$

式中：λ 为热导率，W/(m·K)；T 为温度，K。在 600 ℃ 时该公式给出的值为 1.066 W/(m·)。

关于 FLiBe 的热导率实验数据较少，但实验结果非常集中。Cooke 等于 1968 年报告了其对 FLiBe 热导率实验的结果为 1.0 W/(m·K)，不确定度为 10%[25]。其后，更详细的数据分别于 1968 年及 1969 年被发表，相关原始实验数据如表 2-11 所示，实验的温度范围为 773~1173 K(500~900 ℃)[25]。1968 年的数据显示其热导率基本不随温度变化，1969 年更精确的测量结果显示其热导率随温度变化略微增大。Kato 等对熔盐的热扩散系数进行了测量[34]，Benes 等基于这些数据间接推导出 FLiBe 熔盐在 673~873 K 的温度范围内的热导率为定值 1.1 W/(m·K)[18]，与 Cooke 等的实验结果较为吻合。Williams 等于 2001 年发表了温度为 873 K 时的测量结果为 1.0 W/(m·K)[20,35]。

表 2-11 Cooke 等测量的 FLiBe 盐热导率实验数据

1968 年		1969 年	
温度/K	热导率/(W·m^{-1}·K^{-1})	温度/K	热导率/(W·m^{-1}·K^{-1})
773	1.0	821	1.03125
873	1.1	825	1.0750
973	1.1	929	1.1875
1073	1.1	1025	1.1625
1173	1.1	1135	1.13125

表 2-12 汇总列出了 FLiBe 热导率的实验结果与相关关系式。按 Cantor 的分析，尽管实验结果表明 FLiBe 热导率随温度略有上升，但实验不确定度带来的影响更大[10]，此外 Kato 等也在其报告中指出 FLiBe 的热扩散率可以视为不随温度变化的常数[34]，因此可以认为 FLiBe 热导率随温度的变化是可以忽略的。图 2-10 给出了表 2-12 中所有实验数据及关系式的对比。基于 Cooke 等[25,36]、Kato 等[34] 及 Williams 等[35] 的实验结果，本研究推荐取 1.1 W/(m·K) 计算 FLiBe 的热导率，不确定度为 10%，可以覆盖所有实验点。

表 2-12 FLiBe 盐热导率实验结果与关系式

热导率/(W·m^{-1}·K^{-1})	温度范围/K	不确定度	参考文献	结果来源
1.0~1.1(表 2-11)	773~1173	—	Cooke，1968[25]	作者实验
1.031~1.131(表 2-11)	821~1135	—	Cooke，1969[36]	作者实验
1.1	673~873	—	Benes，2009[17]	引用[34]实验
1.0	873	—	Sohal，2010[20]	引用[35]实验

续表

热导率/(W·m⁻¹·K⁻¹)	温度范围/K	不确定度	参考文献	结果来源
1.0	—	±10%	Cantor, 1968[10]	引用[37]实验
$\lambda=0.629697+0.0005T$	—	—	Sohal, 2010[20]	引用[33]公式
$\lambda=0.119 \cdot T_m^{0.5} \cdot v_m^{2/3} \cdot (M/n)^{-7/6}$	—	—	Rao[19]	分析
1.0	600~1200	±20%	Gierszewski, 1980[13]	分析
1.1	—	±10%	本研究	引用[25,34-36]实验

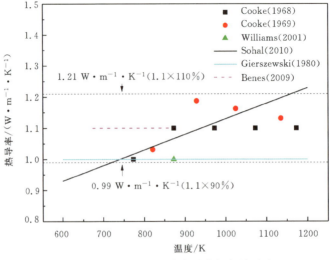

图 2-10 FLiBe 热导率实验数据与关系式

2.3.5 其他物理性质

除前述四种重要的热物理性质,本节简要讨论 FLiBe 熔盐的饱和蒸气压、表面张力、电导率及相变潜热。FLiBe 熔盐的饱和蒸气压目前没有公开发表的实验测量值,Benes 等[17]基于其热力学数据库计算了 FLiBe 熔盐在 823~1473 K 温度区间的饱和蒸气压,其拟合关系式为

$$\lg p = 11.914 - \frac{13003}{T} \tag{2-43}$$

式中:p 为饱和蒸气压,Pa;T 为温度,K。该公式覆盖了 FLiBe 熔盐在反应堆中的主要工作温度范围。

熔盐的表面张力主要影响熔盐与其相接触的电极或结构材料发生的界面反应。文献中对 FLiBe 盐的表面张力数据报道较少,Yajima 等[38]采用最大气泡压力技术进行了相关测定,并将所获数据与 Janz 等[11]和 Cantor 等[29]的推荐值进行比较,提出了如下表面张力计算公式:

$$\sigma = 0.295778 - 0.12 \times 10^{-3} T \tag{2-44}$$

式中:σ 为表面张力,N/m;T 为温度,K。该公式的不确定度为±3%。

熔盐的电导率主要使用交流电桥技术进行测量,文献[10,39-42]给出了电导率的部分实验测量值,其中 Robbins 等[40]的数据被广泛接受,其关系式为

$$\kappa = -3.9067 + 7.499 \times 10^{-3} T - 0.5702 \times 10^{-6} T^2 \tag{2-45}$$

式中:κ 为电导率,$\Omega^{-1} \cdot cm^{-1}$(1 S·m^{-1} = 0.01 $\Omega^{-1} \cdot cm^{-1}$);$T$ 为温度,K。该公式的不确定度为±2%,温度适用范围为 642~920 K。

2.3.6 推荐使用的物性关系式

基于上述内容,本研究推荐密度使用 Benes 的推荐关系式,即 Cantor 等 1973 年给出的关系式[8]来计算摩尔比为 66:34 的 FLiBe 盐密度:

$$\rho = 2413 - 0.4884 T \tag{2-46}$$

式中:ρ 为密度,kg/m^3;T 为温度,K。

对液相比热容,本研究使用 Hoffman 等[10,22]及 Douglas 等(1969年)[24]发表的实验数据取平均值来进行计算,即 2380.6 J/(kg·K),不确定度为 3%。对固相比热容,本研究使用 Douglas 等[10,24]使用落滴量热法得到的关系式,即

$$c_p = 918.217 + 1.508 T \tag{2-47}$$

式中:c_p 为比热容,J/(kg·K);T 为温度,K。温度范围为 273.15~745.2 K,不确定度为 3%。

黏度使用 Benes 通过插值给出的公式[17]进行计算:

$$\mu = 0.000116 \cdot \exp\left(\frac{3755}{T}\right) \tag{2-48}$$

式中:μ 为黏度,Pa·s;T 为温度,K。该关系式没有给出其不确定度。

对于热导率,大量文献[10,34]均认为 FLiBe 盐热导率随温度的变化是可以忽略的,基于 Cooke[36]、Kato[34]及 Williams[35]的实验结果,本研究取 1.1 W/(m·K) 来计算 FLiBe 的热导率,不确定度为 10%。本研究将所推荐使用的物性关系式汇总于表 2-13 中,当计算超过关系式的温度范围时采用外推法计算相应的物性。

表 2-13 本研究推荐使用的 FLiBe 物理性质关系式

物性	关系式(T/K)	适用范围	不确定度
密度/(kg·m^{-3})	$\rho = 2413.1 - 0.4884 \cdot T$	800~1080 K	±2.15%
液相比热容/(J·kg^{-1}·K^{-1})	2380.6	液相	±3%
固相比热容/(J·kg^{-1}·K^{-1})	$c_p = 918.217 + 1.508 \cdot T$	273.15~745.2 K	±3%

续表

物性	关系式（T/K）	适用范围	不确定度
黏度/(Pa·s)	$\mu=0.000116\exp(3755/T)$	—	—
热导率/(W·m^{-1}·K^{-1})	1.1	—	±10%
饱和蒸气压/Pa	$\lg p=11.914-13003/T$	823~1473 K	—
表面张力/(N·m^{-1})	$\sigma=0.295778-0.12\times10^{-3}T$	—	±3%
电导率/(Ω^{-1}·cm^{-1})	$\kappa=-3.9067+7.499\times10^{-3}T-0.5702\times10^{-6}T^2$	642~920 K	±2%
熔化相变潜热/(kJ·mol^{-1})	43.955	733 K	—

2.4 核物理特性

本节对几种熔盐进行中子物理特性的分析，以评估各种熔盐在反应堆的正常运行条件下的影响以及主回路熔盐中子活化的长期和短期效应。

2.4.1 中子俘获与慢化

反应堆中加入慢化剂的目的是降低中子的能量，使其易于与核燃料发生裂变反应。被俘获但没有发生裂变反应的中子称作堆芯中的链式裂变反应的寄生。石墨的中子俘获截面非常小，因此，寄生中子俘获的主要成分是液态熔盐冷却剂。寄生中子俘获率与燃料利用效率直接相关，增加的寄生中子俘获需要额外的燃料来维持系统临界。如果冷却剂也慢化中子，则可以抵消寄生俘获的影响。

在假设的反应堆事故期间，如冷却剂通道阻塞、破口事故等，可能会引起冷却剂的沸腾，此时俘获和慢化之间的关系尤其重要。在超设计基准事故（Beyond Design Basis Accident，BDBA）情况下，当冷却剂中产生气泡时，反应性的增加应当最小化（最理想的情况是反应性减小）。

表 2-14 给出了几种材料的寄生中子俘获率（基于每单位体积的纯石墨）。表中的结果是采用 238 群的 ENDF/B-VI 截面数据库，使用 SCALE5.1 的 CENTRM 共振处理工具，采用 TRITON/NEWT 耗尽序列在栅格单元中计算产生的。LiF 成分中 ^{7}Li 的富集度为 99.995%。该表还给出了慢化比，即给定的能量范围下的材料的慢化能力与寄生中子俘获之比：

$$\text{慢化比} = \frac{\xi\Sigma_s\phi(\Delta E)}{\Sigma_c\phi(\Delta E)} \quad (2-49)$$

式中：$\xi\Sigma_s\phi(\Delta E)$ 为给定能量范围中子散射引起的能量损失；$\Sigma_c\phi(\Delta E)$ 为同样能量范围下寄生中子俘获；ΔE 为中子能量，为 0.1~10 eV。

第 2 章 多元熔盐体系物理化学特性

表 2-14 材料的寄生中子俘获率

材料	单位体积中子俘获率(以石墨为1)	慢化比(中子能量为 0.1~10 eV)
重水	0.2	11449
轻水	75	246
石墨	1	863
钠	47	2
UCO	285	2
UO_2	3583	0.1
$LiF-BeF_2$	8	60
$LiF-BeF_2-ZrF_4$	8	54
$NaF-BeF_2$	28	15
$LiF-BeF_2-NaF$	20	22
$LiF-ZrF_4$	9	29
$NaF-ZrF_4$	24	10

由表可知,轻水(H_2O)的总中子俘获非常大,远大于其他传统冷却剂,然而轻水具有优良的慢化能力,比任何熔盐冷却剂有更大的慢化比。熔盐的中子捕获率比石墨的中子捕获率大得多。因此,从中子学角度来看,将堆芯中冷却剂的体积最小化将有效提高燃料利用率。BeF_2 盐具有最好的中子特性(慢化比大而俘获率小),而碱性氟化物最差。当冷却剂中出现空泡时,具有低慢化比的盐具有较大的反应性增量。

2.4.2 反应性系数

熔盐冷却剂是固体燃料熔盐堆主要的中子俘获源和慢化剂之一。俘获和慢化之间的关系在瞬态或事故条件下尤其重要,如温度驱动的密度变化导致冷却剂从堆芯被移出时,冷却剂中产生空泡时,以及主回路发生破口时等。对于这些情况,由于冷却剂密度减小而引起的反应性的增量应当最小化。

本节选用棱柱形 VHTR 反应堆系统来评估各种熔盐在事故工况下的反应性系数变化。标准的六边形燃料组件包括 TRISO 颗粒燃料(25%填充因子、15%铀富集度),直径为 1.27 cm 的燃料通道,108 个冷却剂通道和 216 个燃料通道。由于熔盐的导热性能优于氦气,因此冷却剂通道的直径减小到 0.935 cm(体积占燃料组件的 7%)。该研究的结果是采用 238 群的 ENDF/B-VI 截面数据库,使用 SCALE5.1 的 CENTRM 共振处理工具,采用 TRITON/NEWT 耗尽序列在栅格单元中计算产生的。AHTR 熔盐冷却剂用 SCALE 内的 TRITON 晶格物理序列

熔盐堆热工水力及安全分析

分析,锂冷却剂中 ^{7}Li 的富集度为 99.995%。

表 2-15 显示了 AHTR 设计中的含有 Er_2O_3 毒物的各种熔盐冷却剂的密度反应性系数(冷却剂受热膨胀引起的反应性变化)和空泡反应性系数(熔盐 100% 排空情况引起的反应性变化)。由表可知,除了 $LiF-BeF_2$ 之外的所有熔盐造成正的密度系数和空泡系数。通常情况下,正的反应性系数在反应堆中是不允许的。

表 2-15 熔盐的密度反应性系数及空泡反应性系数

熔盐	组成(摩尔比)	密度系数($/100℃)	空泡系数($)
$LiF-BeF_2$	67∶33	−0.01	−0.11
$LiF-ZrF_4$	51∶49	0.04	1.40
$NaF-BeF_2$	57∶43	0.06	2.45
$LiF-NaF-ZrF_4$	42∶29∶29	0.06	2.04
$LiF-NaF-ZrF_4$	26∶37∶37	0.09	2.89
$NaF-ZrF_4$	59.5∶40.5	0.11	3.44
$NaF-RbF-ZrF_4$	33∶23.5∶43.5	0.15	4.91
$RbF-ZrF_4$	58∶42	0.18	6.10
$KF-ZrF_4$	58∶42	0.27	7.92

AHTR 是池式反应堆,运行压力接近大气压,所以反应堆不存在冷却剂突然丧失的降压过程。导致堆芯中的冷却剂丧失的事故工况均由温度变化引起,或者伴随有温度的变化,因此,在选择熔盐冷却剂时也应考虑系统总的温度系数。强迫循环丧失(例如主冷却剂管道破裂)将导致冷却剂温度升高,同时燃料温度也将更快地上升。反应性的阶跃引入将导致冷却剂温度升高,但是这种上升滞后于燃料温度的快速上升。因此,在计算系统总的温度系数时,应考虑冷却剂温度系数、密度系数(或总冷却剂温度系数)以及非冷却剂(燃料和石墨)的温度系数。

如果不考虑冷却剂完全排空但温度没有变化的可能性(如液态金属快堆中所假设的),则必须考虑冷却剂密度变化对于所有其他温度系数的影响。对于由快速反应性引入引起的任何工况,表现出小的负温度系数的冷却剂不能控制整个系统的响应,因为总响应受到与燃料紧密耦合的负反应性反馈的支配。对于具有正的总冷却剂温度系数的熔盐冷却剂,必须进行物理热工耦合分析(例如,与 RELAP 耦合的 PARCS 或 NESTLE)来获得净反应性反馈。所以有必要定义新参数"冷却剂安全比",即总冷却剂温度系数与总非冷却剂温度系数之比。例如,1.9% 的冷却剂安全比意味着燃料和石墨必须仅增加 1.9℃ 以抵消冷却剂温度 100℃ 的增加量。

2.4.3 短期效应

熔盐中的寄生中子俘获会活化冷却剂材料,这造成整个冷却剂回路中都会含有放射性同位素。α 和 β 辐射无法通过冷却剂管道,因此,活化产物主要关注高能 γ 发射体。许多寿命非常短的活化产物($T_{1/2}<1$ s)从反应堆容器中出来之前就会衰变殆尽,因此可以不予考虑。在反应堆运行期间,许多这些同位素将从冷却剂中滤出。惰性气体(氪、氙和大部分氚)将会自发在冷却剂中逸出,不需要人为去除。冷却剂中剩余少量的氚可以在还原条件下以气体形式逸出。因此在进行中子活化产物分析时,上述元素可以忽略不计。图 2-11 和图 2-12 分别示出了在照射停止后(由于冷却剂离开堆芯或者由于反应堆停堆)三个时间段内熔盐冷却剂及其组分的活化水平。水中的主要活化产物是 ^{16}N($T_{1/2}=7$ s)。与 ^{16}N 一样,在氟化盐中具有类似半衰期和高能量伽马放射性的两种同位素是 ^{20}F($T_{1/2}=11$ s) 和 ^{19}O($T_{1/2}=27$ s)。这两种同位素是活化水平最低的熔盐(LiF-BeF$_2$)中的主要放射源。因为在该盐中没有中间的活化产物,所以在一天后活化水平几乎为零,类似于水的放射性水平。然而,由于初始一分钟内熔盐的活化水平比水大 5 个量级(每单位质量),系统的在线维护仍可能受到限制。

与钠冷却剂类似,具有钠组分的盐在经受辐照后,含有较高浓度的 ^{24}Na($T_{1/2}=15$ h)。这将妨碍堆芯的换料操作,因为该熔盐在衰变几天之后放射性水平依然很高。钾由于有同位素 ^{40}K,所以是具有天然放射性的,其活化后又产生了大量的 ^{42}K($T_{1/2}=12$ h)(以及几种其他同位素),这导致在照射后的几天内熔盐的活化水平仍旧非常高。

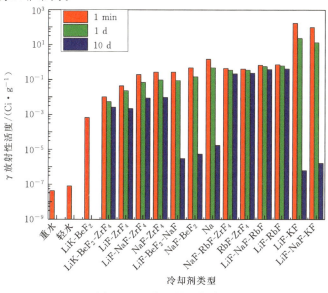

图 2-11 熔盐的活化水平

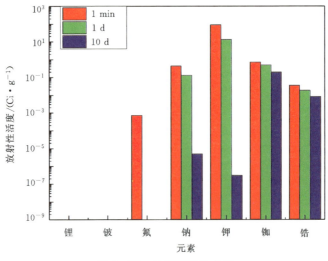

图 2-12 元素的活化水平

具有铷组分的冷却剂会产生几种具有较长半衰期(分别为 1 min、18 min 和 18 d)及较高能量(>0.3 MeV)γ 辐射的活化产物(^{86m}Rb、^{88}Rb 和 ^{86}Rb)。如图 2-11 和图 2-12 所示,由 ^{86}Rb 引起的铷盐的活化水平在 10 d 后仍显著高于没有铷的冷却剂。锆含有更多数量的具有不同半衰期(1 min、1 h、17 h、35 d 和 64 d)的活化产物(^{97m}Nb、^{97}Nb、^{97}Zr、^{95}Nb、^{95}Zr),但辐照后经过 10 天的衰变,放射性活度比铷小一个量级。

从放射性的角度看,应优先考虑 LiF-BeF$_2$ 盐;然而,没有铷或锆组分的盐将在几天后衰减到可接受的水平,从而可以对反应堆进行维护和换料。对于含有锆或铷的盐,可以有计划地停堆,将活化的冷却剂从堆芯泵出并用纯净的盐代替;或使用机器人进行换料,以及反应堆的维护和检查等操作。

2.4.4 长期效应

由于长期辐照产生了大量的不稳定同位素,反应堆寿期末的冷却剂处理面临很大的技术挑战。因此,还应考虑同位素的转化以及长寿命活化产物。所有类型的辐射(α、β 和 γ 辐射)对熔盐的长期处置都很重要。

表 2-16 和表 2-17 示出了经过 60 年照射且冷却 1 或 10 年后冷却剂熔盐的放射性水平。如表 2-16 所示,每种冷却剂组分的活性低于 300 pCi/g,而不含锆的熔盐冷却剂的活性较之低两个量级。经过 10 年的冷却后(见表 2-17),放射性活度由长寿命同位素决定,其中 ^{40}K(天然存在的同位素)是唯一的高能量 γ 放射源。^{36}Cl 由 ^{39}K 的(n,D)反应生成,是放射性活度最大的同位素。因此,在适度的冷却后,非钾盐的放射性在可接受的范围内。^{22}Na 在冷却 10 年后的放射性活度很小

(2 nCi/g)，并具有相对短的半衰期(3 a)。因此，钠像锂一样，不会对乏燃料处理产生长期风险。

表 2-16 熔盐冷却 1 年后的放射性水平

放射性同位素	辐射衰变类型	γ辐射能/MeV	半衰期	放射性水平/(μCi·g^{-1})，冷却				
				Be	Na	K	Rb	Zr
^{10}Be	β^-		1.5×10^6 a	0.2				
^{22}Na	β^+,γ	1.3	3 a		0.02			
^{36}Cl	β^-		3×10^5 a			1		
^{40}K	β^-,γ	1.5	1×10^9 a			0.04		
^{84}Rb	β^-,γ		33 d				0.006	
^{86}Rb	β^-,γ		19 d				0.1	
^{87}Rb	β^-		5×10^{10} a				0.02	
^{89}Sr	β^-,γ	0.91	51 d				0.02	
^{91}Y	β^-,γ		59 d					0.001
^{93}Zr	β^-,γ	0.03	1.5×10^6 a					0.4
^{95}Zr	β^-,γ	0.8	64 d					60
^{93m}Nb	β^-,γ	0.03	1.5×10^6 a					0.3
^{95}Nb	β^-,γ	0.8	64 d					100
^{95m}Nb	β^-,γ	0.2	64 d					0.7
熔盐放射性				0.2	0.02	1.04	0.15	161
总放射性水平/(μCi·g^{-1})，冷却				162				

表 2-17(^{10}Be、^{36}Cl、^{93m}Nb)中列出的三种同位素在 10CFR61 关于低放射性乏燃料控制的规定中没有具体阐述[43]。^{36}Cl 在钾盐中的浓度相对较高，并且具有高的摄入剂量转换因子和环境迁移率。因此它对低放射性水平废物(Low-Level Waste，LLW)处理设施的长期迁移构成潜在风险。同时，^{36}Cl 易于从熔盐中分离出来并进行单独处理。^{10}Be 是长寿命 β 放射源，但其环境迁移性尚未明确。^{93}Zr 是^{93m}Nb 的母体，它具有非常长的寿命(150 万年)，并且不容易从组成熔盐中去除。虽然^{93m}Nb 对所考虑的熔盐具有最大的长期处置风险，但在反应堆使用 60 年后其放射性水平已经足够低。

表 2-17 熔盐冷却 10 年后的放射性水平

放射性同位素	辐射			放射性水平/($\mu Ci \cdot g^{-1}$),冷却				
	衰变类型	γ辐射能/MeV	半衰期	Be	Na	K	Rb	Zr
^{10}Be	β^-		1.5×10^6 a	0.2				
^{22}Na	β^+,γ	1.3	3 a		0.002			
^{36}Cl	β^-		3×10^5 a			1		
^{40}K	β^-,γ	1.5	1×10^9 a			0.04		
^{87}Rb	β^-		5×10^{10} a				0.02	
^{93}Zr	β^-,γ	0.03	1.5×10^6 a					0.4
^{93m}Nb	β^-,γ	0.03	1.5×10^6 a					0.3
熔盐放射性				0.2	0.002	1.04	0.02	0.7
总放射性水平/($\mu Ci \cdot g^{-1}$),冷却				2				

2.5 化学腐蚀特性

2.5.1 化学特性

作为高温堆的冷却剂,熔盐的选择及其有效使用取决于对其化学性质的了解。主要包括:①熔盐提纯;②熔盐混合物的相图;③酸碱效应;④熔盐的氧化还原势。

1. 熔盐纯度

熔盐是将原始组分搭配组合并熔化以产生具有所期望的物化性质的混合物。然而,大多数卤化物盐的供应商不提供可直接使用的材料,所以首先必须除去其中的水及氧化物等杂质,以防止容器的腐蚀。除杂后的熔盐必须经过处理并储存在密封容器中,以避免来自大气的污染。在 ANP 及 MSRE 运行期间,通常采用 HF/H_2 鼓泡法来净化熔盐[44-48]。除了去除水和氧化物等杂质,还要去除其他卤化物,例如氯化物和硫。硫通常以硫酸盐的形式存在,并可以被还原成硫化物离子,其可以在鼓泡操作中作为 H_2S 被清除。

在鼓泡操作之后可以在熔盐中引入活性金属,如碱金属、铍或锆盐。虽然这些活性金属将除去氧化性杂质,如 HF、水分或氢氧化物,但它们不会影响其他的卤化物杂质。因此,无论是否向熔盐中引入活性金属,HF/H_2 鼓泡处理在熔盐净化中都是必要的。

第2章 多元熔盐体系物理化学特性

2. 相图行为

熔盐的熔点及其他性质都会影响其应用。例如,碱金属氟化物具有超过 800 ℃ 的熔点,这使得它们难以单独用作冷却剂。然而,两种或更多种熔盐的组合可以产生满足系统熔点要求的低熔点混合物。此外,通过与其他盐组合除了所得到的混合物熔点降低,单个组分的一些性质,例如黏度(纯 BeF_2)或蒸气压(纯 ZrF_4)也会降低。基于上述原因,已经对氟化盐的各种混合物的相图做了大量的研究工作。尽管许多熔盐组合在各种文献[49-50]中有记载,但用于高温冷却剂的一些盐混合物的相图尚未确定。

3. 酸碱化学

酸碱度的控制在熔盐化学中是极为重要的,因为如果不能有效控制熔盐的酸碱性质,很多化学反应就不能发生。理解酸碱性效应的关键在于理解路易斯酸碱性质,其中,酸被定义为电子对受体,碱被定义为电子对供体。熔融氟化物中路易斯酸的实例包括 ZrF_4、UF_4 和 BeF_2 等。这些酸将以下列方式与路易斯碱 F^- 发生作用:

$$ZrF_4 + 2F^- \longrightarrow ZrF_6^{2-} \quad (2-50)$$

易失去氟离子的盐——碱金属氟化物,与接受它们的酸性盐相互作用形成络合物,如式(2-50)所示。这种络合作用使酸性组分稳定化,并使熔盐的化学(热力学)活性降低。研究表明[51],三元碱金属氟化物(碱性盐溶液)对 Inconel 的共晶腐蚀比含有 UF_4 的 $NaF-ZrF_4$(酸性盐溶液)对 Inconel 的腐蚀更严重。这是因为碱性盐溶液中腐蚀产物通过与混合物中活性较高的氟离子络合而增加了稳定性。这种酸碱性质也表现为向酸性 BeF_2 溶液(通过 Be-F-Be 的交联而黏稠)中添加碱性组分 F^- 会使其黏度降低,因为溶液中形成了黏度较低的单体 BeF_4^{2-} 离子:

$$BeF_2 + 2F^- \longrightarrow BeF_4^{2-} \quad (2-51)$$

在易挥发的 ZrF_4 形成非挥发性 ZrF_6^{2-} 的过程中,也能看到酸碱效应:

$$ZrF_4 + 2F^- \longrightarrow ZrF_6^{2-} \quad (2-52)$$

通过多种光谱学手段可以研究离子的配位行为,以明确溶液系统中更微观的配位化学过程,从而可以定性或定量地预测化学平衡移动。因此,酸碱效应已经成为选择高温冷却剂时必须考虑的关键因素。

4. 腐蚀化学

腐蚀长期以来一直是金属使用特别是其用作容器材料时需要关注的主要问题。因此,多年来大量的研究均致力于各种介质,特别是水溶液中的腐蚀化学。实际上,熔盐对金属的腐蚀也引起了高度关注并且得到了充分的研究。

与常规的氧化介质不同,金属的氧化产物可以完全溶解在腐蚀介质中[52];金属并不会被钝化,腐蚀过程只依赖于腐蚀反应的热力学驱动力[53]。因此,要形成稳定的熔融氟化盐的化学体系,需要选择对结构金属没有明显腐蚀作用的盐,并且需要容器的材料组成与盐介质接近热力学平衡。

对 Inconel 或 Hastelloy N 中各组分自由能的研究表明,铬是金属组分中最活泼的元素。因此,这些镍基合金的腐蚀主要表现为熔盐对铬的选择性氧化。这种燃料盐中的氧化和选择性反应如式(2-53)~式(2-56)所示:

熔融物中的杂质

$$Cr+NiF_2 \longrightarrow CrF_2+Ni \quad (2-53)$$

$$Cr+2HF \longrightarrow CrF_2+H_2 \quad (2-54)$$

金属上的氧化膜

$$2NiO+ZrF_4 \longrightarrow 2NiF_2+ZrO_2 \quad (2-55)$$

这些反应之后就是 NiF_2 与 Cr 的反应。

将 UF_4 还原为 UF_3:

$$Cr+2UF_4 \longrightarrow 2UF_3+CrF_2 \quad (2-56)$$

当然,在冷却剂盐中没有燃料成分的情况下,式(2-56)表示的反应将不予考虑。

这些合金与熔融氟化混合物发生的氧化还原反应导致了铬的选择性腐蚀。这种从合金中腐蚀掉铬的过程主要发生在高温区域,并会使合金中出现离散的空隙[54]。这些空隙通常不限于金属中的晶界,而是相对均匀地分布在与熔融物接触的合金表面中,此时铬的腐蚀速率取决于铬向熔盐接触面的扩散速率[45]。

2.5.2 腐蚀特性

高温冷却剂熔盐对金属合金没有固有腐蚀性,这是因为氟化物组分相对于合金金属具有热力学稳定性。金属的腐蚀均由熔盐中的杂质引起,Grimes[55]对此进行了深入研究。然而,目前基于腐蚀反应选择冷却剂的研究仍是不够的。以前的研究集中在含铀熔盐的腐蚀,其中铀是决定合金腐蚀性质和强度的关键因素(参见方程(2-56))。现已很好掌握了对燃料盐的腐蚀机理,但是冷却剂熔盐对镍基合金的长期腐蚀的精确机理尚不明确。

1. 腐蚀产物的氧化状态[56]

20 世纪的美国 ANP 计划持续研究了不同盐中腐蚀产物(如 Cr、Fe 和 Ni)的氧化状态。虽然这些研究按今天的标准看来是粗糙的,但是表 2-18 所示的氧化态稳定性的基本趋势是显而易见的,这有助于解释在燃料盐中观察到的腐蚀现象。

表 2-18 熔盐中金属元素的价态

熔盐	Cr	Fe	Ni
FLiNaK	Ⅲ	Ⅱ/Ⅲ	Ⅱ
NaF/ZrF_4	Ⅱ	Ⅱ	Ⅱ
FLiBe	Ⅱ	Ⅱ	Ⅱ

第 2 章　多元熔盐体系物理化学特性

2. 熔盐中铬浓度的温度依赖性[57-59]

燃料盐中溶解铬的平衡浓度已知,然而并不能直接用于冷却剂熔盐,但可以预计,腐蚀作用最小的熔盐也将是较好的冷却剂。表 2-19 对各种燃料盐溶解的铬含量进行了总结,结果表明,FLiNaK 与其他盐相比会导致更大程度的腐蚀。由表中所示的温度敏感性可以看出,避免强酸性熔盐体系(ZrF_4 或 BeF_2 含量高的体系),选择具有相近配位壳(Zr 或 Be 的碱卤化物和较重碱性盐的比例为 2∶1)的熔盐组成混合物会减少金属的腐蚀。表 2-19 对于铬平衡浓度的预估有一定的指导意义。

表 2-19　燃料盐溶解的铬含量

熔盐	ZrF_4 或 BeF_2/%	[UF_4]/%	[Cr](600 ℃)/10^{-6}	[Cr](800 ℃)/10^{-6}
FLiNaK	0	2.5	1100	2700
LiF - ZrF_4	48	4.0	2900	3900
NaF - ZrF_4	50	4.1	2300	2550
NaF - ZrF_4	47	4.0	1700	2100
NaF - ZrF_4	41	3.7	975	1050
KF - ZrF_4	48	3.9	1080	1160
NaF - LiF - ZrF_4 (22∶55∶23)	23	2.5	550	750
LiF - BeF_2	48	1.5	1470	2260

3. 冷却剂盐的高温腐蚀实验

尽管不含铀的熔盐腐蚀实验不到腐蚀实验总数的 10%,但由于实验范围广泛,这部分的工作仍具有重要意义。不含铀盐的腐蚀实验结果表明,Hastelloy N(INOR - 8)不仅是燃料盐压力边界的最优材料,也是冷却剂熔盐压力边界的最优材料。对于大多数 Inconel 回路来说,腐蚀作用非常强,腐蚀持续时间很短,因此很难判断哪种盐导致的腐蚀程度最轻。由表易知 FLiNaK 的腐蚀最严重。INOR - 8 回路的腐蚀非常小,难以判断是熔盐的何种组分造成的腐蚀效应。对于 Inconel 回路,还用不同熔盐组成做了其他实验[60,61],这些熔盐中的 ZrF_4 和 BeF_2 浓度各不相同,以探索最佳的熔盐配比。然而,由于实验时间短(500 h)以及杂质的影响,这些测试并未得到确切的结论。这些实验验证了表 2-19 中所示的趋势:酸碱性强的熔盐(如 LiF - ZrF_4 和 FLiNaK)均具有较强的腐蚀能力。

4. 氧化还原控制因素

ORNL 在控制熔盐的氧化还原状态方面做了大量研究,以使结构材料腐蚀最小化。在 ANP 计划期间，上述方法的有效性得到了证实。然而该方法是难以实现的，因为强还原剂会将熔盐中的锆或铀还原成金属并镀在合金壁面上，或者会导致其他一些不期望发生的相的分离。在 MSRE 运行期间，U(Ⅲ)/U(Ⅳ) 的周期性调节可以有效限制燃料盐回路中的腐蚀。Keizer 还探讨了使用金属铍减少 LiF-BeF$_2$ 对不锈钢腐蚀的可能性[62]。只有将固体铍浸入熔盐中这种处理才有效，然而该方法几乎没有保证熔盐的氧化还原环境平稳变化的缓冲能力。G. D. Del 等人选定并测试了可用作氧化还原缓冲液的候选试剂，以维持冷却回路中的氧化还原环境[63]。

仅凭氧化还原控制策略尚不能决定熔盐的选择，但是可以提供一定的借鉴。对于温度较低的系统（<750 ℃），Hastelloy N 完全能够用作容器合金，甚至对于碱性氟化物（如 FLiNaK）也是合适的，而不需要复杂的氧化还原策略。

在超过 750 ℃的温度条件下，对于铬含量更高的合金（即大多数高温合金），欲使金属腐蚀最小化，有必要采用还原性熔盐。Inconel 合金如果不是在还原性熔盐中则不适于长期使用。含有 ZrF$_4$ 的熔盐只需要轻微的还原环境以防止自身被还原。在较高温度下使用还原性较强的熔盐，必须探讨材料的相容性问题，以避免合金中碳化物的形成以及渗碳/脱碳等反应，减少对材料性能的威胁。

如果熔盐的压力边界材料选用低铬或无铬合金，或者采用合适的表面包覆设计，就可以很大程度上避免熔盐选择的问题。然而，在没有该解决方案的情况下，有两种熔盐类型可供选择：①在还原性不强的条件下腐蚀最小的熔盐（某些 ZrF$_4$ 盐、BeF$_2$ 盐）；②可以保持较强还原性的盐（FLiNaK、BeF$_2$ 盐）。考虑到含铍盐的开发成本和难度，可以探索没有强还原剂的 ZrF$_4$ 盐，以及具有强还原剂和/或氧化还原缓冲剂的 FLiNaK。

参考文献

[1] HAN X, CHEN G, WANG Q, et al. A review on equations of state[J]. Natural Gas Chemical Industry, 2005, 30(5):52.

[2] CISMONDI M, MOLLERUP J. Development and application of a three-parameter RK-PR equation of state[J]. Fluid Phase Equilibria, 2005, 232(1-2):74-89.

[3] CARL L Y. Chemical Properties Handbook[M]. New York: McGraw-Hill Book Co., 1999, 27-29.

[4] CANTOR S. Calculation of Densities of Fluorides: ORNL-3262 [R]. Oak Ridge National Laboratory, Oak Ridge, TN, 1962.

[5] CANTOR S. Physical Properties of Molten-Salt Reactor Fuel, Coolant, and

Flush Salts[R]. Oak Ridge National Lab., Tenn.,1968.

[6] TONG J G, WU M Y, WANG P Y. Advanced Engineering Thermodynamics[M]. Beijing:Science Press,2006,100 – 109.

[7] BLANKE B C, BOUSQUET E N, CURTIS M L, et al. Density and Viscosity of Fused Mixtures of Lithium, Beryllium, and Uranium Fluorides[R]. Mound Lab., Miamisburg, Ohio,1956.

[8] CANTOR S. Density and Viscosity of Several Molten Fluoride Mixtures [R]. Oak Ridge National Lab., Tenn.(USA),1973.

[9] CANTOR S, WARD W T, MOYNIHAN C T. Viscosity and density in molten BeF2-LiF solutions[J]. The Journal of Chemical Physics,1969,50(7): 2874 – 2879.

[10] CANTOR S. Physical Propertiesof Molten-Salt Reactor Fuel, Coolant, and Flush Salts[R]. Oak Ridge National Lab., Tenn.,1968.

[11] JANZ G J, GARDNER G L, KREBS U, et al. Fluorides and Mixtures:Electrical Conductance, Density, Viscosity, and Surface Tension Data[M]. Washington, DC, USA:American Chemical Society and the American Institute of Physics for the National Bureau of Standards,1974.

[12] JANZ G J. Thermodynamic and Transport Properties for Molten Salts:Correlation Equations for Critically Evaluated Density, Surface Tension, Electrical Conductance, and Viscosity Data[M]. New York:American Chemical Society and the American Institute of Physics for the National Bureau of Standards,1988.

[13] GIERSZEWSKI P, MIKIC B, TODREAS N. Property correlations for lithium, sodium, helium, FLiBe and water in fusion reactor applications(PFC-RR-80-12)[R]. Cambridge, MA, USA:Massachusetts Institute of Technology, Plasma Fusion Center,1980.

[14] JANZ G J. Molten Salts Handbook[M]. New York:Academic Press,1967.

[15] ZAGHLOUL M R, SZE D K, RAFFRAY A R. Thermo-physical properties and equilibrium vapor-composition of lithium fluoride-beryllium fluoride (2LiF/BeF_2) molten salt[J]. Fusion Science and Technology,2003,44(2): 344 – 350.

[16] WILLIAMS D F, TOTH L M, CLARNO K T. Assessment of Candidate Molten Salt Coolants for the Advanced High-Temperature Reactor (AHTR):ORNL-TM-2006-12 [R]. Oak Ridge National Lab., Tenn.,2006.

[17] BENES O, KONINGS RJM. Thermodynamic properties and phase diagrams of fluoride salts for nuclear applications[J]. Journal of Fluorine Chemistry,2009,130(1):22-29.

[18] BENES O, KONINGS R J M. Molten Salt Reactor Fuel and Coolant[M]. Karlsruhe, Germany:European Commission, Joint Research Centre, Institute for Transuranium Elements,2012.

[19] VAN DER MEER J P M, KONINGS R J M. Thermal and Physical Properties of Molten Fluorides for Nuclear Applications[J]. Journal of Nuclear Materials,2007,360(1):16-24.

[20] SOHAL M S, EBNER M A, SABHARWALL P, et al. Engineering Database of Liquid Salt Thermophysical and Thermochemical Properties:Technical Report INL/EXT-10-18297[R]. Idaho Falls:Idaho National Laboratory,2010.

[21] GRIMES W R, BOHLMANN E G, MCDUFFIE H F, et al. Reactor Chemistry Division Annual Progress Report:ORNL-3913[R]. Oak Ridge:Oak Ridge National Laboratory,1966.

[22] HOFFMAN H W, COOKES J W. Unpublished Measurements:Mentioned in ORNL-TM-2316[R]. Oak Ridge:Oak Ridge National Laboratory,1968:24.

[23] DOUGLAS T B, PAYNE W H. National Bureau of Standards Report No.8186[R]. Washington, DC:National Bureau of Standards,1969:75-82.

[24] DOUGLAS T B, PAYNE W H. Measured Enthalpy and Derived Thermodynamic Properties of Solid and Liquid Lithium Tetrafluoroberyllate, Li_2BeF_4, from 273 to 900 K[J]. JOURNAL OF RESEARCH,1969,73A(5):479-485.

[25] ROSENTHAL M W, BRIGGS R B, KOSTEN P R. Molten-Salt Reactor Program Semiannual Progress Report:ORNL-4344[R]. Oak Ridge:Oak Ridge National Laboratory,1969.

[26] POWERS W D, BLALOCK G C. Enthalpies and Heat Capacities of Solid and Molten Fluoride Mixture:ORNL-1956[R]. Oak Ridge:Oak Ridge National Laboratory,1956.

[27] HOFFMAN H W, COOKES J W. Physical Properties of Molten-Salt Reactor Fuel, Coolant, and Flush Salts[R]. Oak Ridge National Laboratory, Tenn.,1968

[28] Wikipedia. Calorie[EB/OL]. [2018-01-31]. http://en.wikipedia.org/

wiki/calorie.

[29] CANTOR S, WARD W T, MOYNTHAN C T. Viscosity and Density in Molten BeF_2-LiF Solutions[J]. Journal of Chemical Physics, 1969, 50(7): 2874.

[30] DESYATNIK V N, NECHAEV A I, CHERVINSKII Y F. Viscosity of fused mixtures of beryllium fluoride with lithium and sodium fluorides[J]. Journal of Applied Chemistry of the Ussr, 1981, 54(10): 2035-2037.

[31] COHEN S I, JONES T N. Viscosity Measurements on Molter Fluoride Mixtures: ORNL-2278 [R]. Oak Ridge: Oak Ridge National Laboratory, 1957.

[32] ABE Y, KOSUGIYAMA O, NAGASHIMA A. Viscosity of LiF-BeF_2 eutectic mixture($XBeF_2$=0.328) and LiF single salt at elevated-temperatures [J]. Journal of Nuclear Materials, 1981, 99(2-3): 173-183.

[33] IGNATIEV V, MERZLYAKOV A, AFONICHKIN V, et al. Transport properties of molten-salt reactor fuel mixtures: The case of Na, Li, Be/F and Li, Be, Th/F salts[C]//Seventh Information Exchange Meeting on Actinide and Fission Product Partitioning and Transmutation, 14th-16th October, Jeju, Republic of Korea. 2002.

[34] KATO Y, FURUKAWA K, ARAKI N, et al. Thermal diffusivity measurement of molten salts by use of a simple ceramic cell[J]. High Temperatures-High Pressures, 1982, 15(2): 191-198.

[35] WILLIAMS D F, DEL CUL G D, TOTH L M, et al. The influence of lewis acid/base chemistry on the removal of gallium by volatility from weapons-grade plutonium dissolved in molten chlorides[J]. Nuclear Technology, 2001, 136(3): 367-370.

[36] COOKE J W, HOFFMAN H W, KEYES J J. Thermophysical Properties in Molten-Salt Reactor Program Semiannual Progress Report: For Period Ending February 28, 1969: ORNL-4396 [R]. Oak Ridge: Oak Ridge National Laboratory, 1969.

[37] COOKE J M. Unpublished Experimental Result. [R]. The method of measurement is given on p 15 in Proceedings of the Sixth Conference on Thermal Conductivity, Dayton, Ohio, Oct. 19-21, 1966.

[38] YAJIMA K, MORIYAMA H, OISHI J, et al. Surface-tension of lithium-fluoride and beryllium fluoride binary melt[J]. Journal of Physical Chemistry, 1982, 86(21): 4193-4196.

[39] ROSENTHAL M W, BRIGGS R B, KASTEN P R. Molten-Salt Reactor Program Seminnual Progress Report: ORNL-4449 [R]. Oak Ridge: Oak Ridge National Laboratory, 1970.

[40] ROSENTHAL M W, BRIGGS R B, KASTEN P R. Molten-Salt Reactor Program Seminnual Progress Report: ORNL-4548 [R]. Oak Ridge: Oak Ridge National Laboratory, 1970.

[41] GRIMES W R. Usaec Annual Progress Report: ORNL-4229 [R]. Oak Ridge: Oak Ridge National Laboratory, 1968.

[42] GRIMES W R. Usaec Annual Progress Report: ORNL-1970 [R]. Oak Ridge: Oak Ridge National Laboratory, 1970.

[43] ROBERTSON D E, THOMAS C W, PRATT S L, et al. Low-Level Radioactive Waste Classification, Characterization, and Assessment: Waste Streams and Neutron-Activated Metals: NUREG/CR-6567 [R] Richland: Pacific Northwest National Laboratory, 2000.

[44] GRIMES W R, CUNEO D R. Molten salts as reactor fuels[M]//TIPTON C R. Reactor Handbook. Vol. 1: Materials. 2nd ed., New York: Interscience Publishers, Inc., 1960.

[45] DEVAN J H. Effect of alloying additions on corrosion behavior of nickel-molybdenum alloys in fused fluoride mixtures[R]. Oak Ridge National Lab. (ORNL), Oak Ridge, TN(United States), 1969.

[46] SHAFFER J H. Preparation and Handling of Salt Mixtures for the Molten Salt Reactor Experiment: ORNL-4616[R]. Oak Ridge: Oak Ridge National Laboratory, 1971.

[47] BRIGGS R B. Molten Salt Reactor Program Semiannual Progress Report for Period Ending Feb 28, 1962: ORNL-3282[R]. Oak Ridge: Oak Ridge National Laboratory, 1962.

[48] GRIMES W R. Materials Problems in Molten Salt Reactors[C]//SIMNAD M T, ZUMWALT L R. Materials and Fuels for High-Temperature Nuclear Energy Applications. Proceedings of the National Topical Meeting on the American Nuclear Society. Cambridge, MA: MIT Press, 1962.

[49] MCMURDIE H F. Phase Diagrams for Ceramists[R]. Westerville, Ohio: American Ceramic Society. National Bureau of Standards multivolume compilation starting in 1964 and continuing to the present.

[50] THOMA R E. Phase diagrams of binary and ternary fluoride systems [M]//BRAUNSTEIN J. Advances in Molten Salt Chemistry. New York:

Plenum Press,1975.

[51] GRIMES W R. Aircraft Nuclear Propulsion Project Quarterly Progress Report for Period Ending June 10:ORNL-2106[R]. Oak Ridge:Oak Ridge National Laboratory,1956.

[52] MANLY W D, COOBS J H, DEVAN J H, et al. Metallurgical Problems in Molten Fluoride Systems [R]. Oak Ridge National Laboratory, Tenn.,1958.

[53] EVANS III R B, DEVAN J H, WATSON G M. Self-diffusion of chromium in nickel-base alloys[R]. Oak Ridge National Laboratory, Oak Ridge, TN (United States),1961.

[54] RICHARDSON L S, VREELAND D E, MANLY W D. Corrosion by Molten Fluorides:ORNL-1491 [R]. Oak Ridge National Laboratory, Oak Ridge, TN,1953.

[55] GRIMES W R. Chemical Researchand Development for Molten-Salt Breeder Reactors[R]. Oak Ridge National Lab.,Tenn.,1967.

[56] ORNL. Chemical Reactions in Molten Salts:Stability of Structural Metal Fluorides[R]// ORNL. Aircraft Nuclear Propulsion Project Quarterly Progress Reports:ORNL-1816. Oak Ridge, TN:Oak Ridge National Laboratory,1955.

[57] JORDAN W H, CROMER S, MILLER A, et al. Aircraft Nuclear Propulsion Project Quarterly Progress Report for Period Ending June 10,1956: ORNL-2106 [R]. Oak Ridge National Laboratory, Oak Ridge, TN, 1956:95.

[58] JORDAN W H, CROMER S, MILLER A, et al. Aircraft Nuclear Propulsion Project Quarterly Progress Report for Period Ending Sept. 10,1956: ORNL-2157 [R]. Oak Ridge National Laboratory, Oak Ridge, TN, 1956:107.

[59] JORDAN W H, CROMER S, MILLER A, et al. Aircraft Nuclear Propulsion Project Quarterly Progress Report for Period Ending December 31, 1956:ORNL-2221[R]. Oak Ridge National Laboratory, Oak Ridge, TN, 1957:125.

[60] JORDAN W H, CROMER S, MILLER A, et al. Aircraft Nuclear Propulsion Project Quarterly Progress Report for Period Ending September 10, 1956:ORNL-2157[R]. Oak Ridge National Laboratory, Oak Ridge, TN, 1956:145.

[61] JORDAN W H, CROMER S, MILLER A, et al. Aircraft Nuclear Propulsion Project Quarterly Progress Report for Period Ending December, 31, 1956:ORNL-2221[R]. Oak Ridge National Laboratory, Oak Ridge, TN, 1957:182.

[62] KEISER J R, DEVAN J H, MANNING D L. Corrosion resistance of type 316 stainless steel to Li 2BeF 4[R]. Oak Ridge: Oak Ridge National Lab., 1977.

[63] DEL CUL G D, WILLIAMS D F, TOTH L M, et al. Redox potential of novel electrochemical buffers useful for corrosion prevention in molten Fluorides[C]//ECS Proceedings. 2002:431-436.

上篇

液体燃料熔盐堆

>>> 第 3 章
液体燃料熔盐堆热工水力分析

3.1 液体燃料熔盐堆热工水力模型

美国橡树岭国家实验室的早期研究及 RRC-KI 的研究表明,液体燃料熔盐堆使用的熔融氟化盐从流动和传热的观点来看与水没有本质区别[1,2],因此,在用熔盐物性程序替代水物性之后,常规固体燃料反应堆的热工水力程序可以方便地推广到熔盐堆的热工水力分析,如 Krepel 等将轻水堆的热工水力程序 DYN 推广到 MSRE 的计算[3-6],Wang 等将 FZK、日本核燃料循环开发机构(Japan Nuclear Cycle Development Institute,JNC)和 CEA 联合开发的用于钠冷快堆的分析程序 SIMMER-Ⅲ 应用到 MOSART 的分析[7,8],Mandin 等则采用多通道模型对 TMSR 和 CSMSR 的热工水力进行分析[9,10]。

本研究采用目前得到广泛发展的 CFD 方法对熔盐堆堆芯的热工水力特性进行计算研究,需要特别指出的是,液体燃料熔盐堆燃料盐在堆芯的流动换热是有内热源的换热,其内热源为中子的裂变能,由堆芯的中子物理计算提供。基本的 CFD 计算模型包括质量守恒方程、动量守恒方程和能量守恒方程,圆柱坐标下的各守恒方程如下。

质量守恒方程:

$$\frac{\partial \rho}{\partial t}+\frac{\partial(\rho u)}{\partial x}+\frac{\partial(\rho v)}{\partial y}+\frac{\partial(\rho w)}{\partial z}=0 \tag{3-1}$$

动量守恒方程:

$$\frac{\partial(\rho u)}{\partial t}+\frac{\partial(\rho u u)}{\partial x}+\frac{\partial(\rho u v)}{\partial y}+\frac{\partial(\rho u w)}{\partial z}=-\frac{\partial p}{\partial x}+\frac{\partial}{\partial x}\left(\eta \frac{\partial u}{\partial x}\right)+\frac{\partial}{\partial y}\left(\eta \frac{\partial u}{\partial y}\right)+\frac{\partial}{\partial z}\left(\eta \frac{\partial u}{\partial z}\right)+S_u \tag{3-2}$$

$$\frac{\partial(\rho v)}{\partial t}+\frac{\partial(\rho u v)}{\partial x}+\frac{\partial(\rho v v)}{\partial y}+\frac{\partial(\rho v w)}{\partial z}=-\frac{\partial p}{\partial r}+\frac{\partial}{\partial x}\left(\eta\frac{\partial v}{\partial x}\right)+\frac{\partial}{\partial y}\left(\eta\frac{\partial v}{\partial y}\right)+\frac{\partial}{\partial z}\left(\eta\frac{\partial v}{\partial z}\right)+S_v$$
(3-3)

$$\frac{\partial(\rho w)}{\partial t}+\frac{\partial(\rho w u)}{\partial x}+\frac{\partial(\rho w v)}{\partial y}+\frac{\partial(\rho w w)}{\partial z}=-\frac{\partial p}{\partial z}+\frac{\partial}{\partial x}\left(\eta\frac{\partial w}{\partial x}\right)+\frac{\partial}{\partial y}\left(\eta\frac{\partial w}{\partial y}\right)+\frac{\partial}{\partial z}\left(\eta\frac{\partial w}{\partial z}\right)+S_w$$
(3-4)

能量守恒方程:

$$\frac{\partial(\rho T)}{\partial t}+\frac{\partial(\rho u T)}{\partial x}+\frac{\partial(\rho v T)}{\partial y}+\frac{\partial(\rho w T)}{\partial z}=\frac{\partial}{\partial x}\left(\frac{\lambda}{c_p}\frac{\partial T}{\partial x}\right)+\frac{\partial}{\partial y}\left(\frac{\lambda}{c_p}\frac{\partial T}{\partial y}\right)+\frac{\partial}{\partial z}\left(\frac{\lambda}{c_p}\frac{\partial T}{\partial z}\right)+S_T$$
(3-5)

以上方程为CFD计算的通用方程,其中式(3-2)、式(3-3)和式(3-4)是N-S方程,S为守恒方程的广义源项。层流与湍流转换的判断标准为入口$Re=3448$[11]。关于湍流运动与传热的数值计算方法主要有三类[12]:直接模拟方法、大涡模拟方法和应用Reynolds时均方程的模拟方法。目前Reynolds时均方程方法得到了广泛的应用,本研究采用标准k-ε模型和壁面函数法进行熔盐堆堆芯内流动换热模拟[12]。标准k-ε模型描述如下:

$$\frac{\partial(\rho\Phi)}{\partial t}+\frac{\partial(\rho u\Phi)}{\partial x}+\frac{\partial(\rho v\Phi)}{\partial y}+\frac{\partial(\rho w\Phi)}{\partial z}=\frac{\partial}{\partial x}\left(\Gamma\frac{\partial\Phi}{\partial x}\right)+\frac{\partial}{\partial y}\left(\Gamma\frac{\partial\Phi}{\partial y}\right)+\frac{\partial}{\partial z}\left(\Gamma\frac{\partial\Phi}{\partial z}\right)+S_\Phi$$
(3-6)

式中:Γ和S_Φ表示广义扩散系数和广义源项,各变量与方程(3-6)对应的这两项列于表3-1中。

表3-1 k-ε模型各变量对应方程(3-6)中的Γ和S_Φ

变量	Γ	S_Φ
k	$\Gamma=\eta+\eta_t/\sigma_k$	$S_k=\rho G_k-\rho\varepsilon$, $G_k=\frac{\eta_t}{\rho}\left\{2\left[\left(\frac{\partial u}{\partial z}\right)^2+\left(\frac{\partial v}{\partial r}\right)^2\right]+\left(\frac{\partial u}{\partial r}+\frac{\partial v}{\partial z}\right)^2\right\}$
ε	$\Gamma=\eta+\eta_t/\sigma_\varepsilon$	$S_\varepsilon=\frac{\varepsilon}{k}(c_1\rho G_k-c_2\rho\varepsilon)$

表3-1中,η_t称为湍流黏性系数,ρG_k称为湍动能生成率,二者通常由下式计算得到:

$$\eta_t=\frac{c_\mu\rho k^2}{\varepsilon}$$
(3-7)

$$\rho G_k=\eta_t\left\{2\left[\left(\frac{\partial u}{\partial x}\right)^2+\left(\frac{\partial v}{\partial y}\right)^2+\left(\frac{\partial w}{\partial z}\right)^2\right]+\left(\frac{\partial u}{\partial y}+\frac{\partial v}{\partial x}\right)^2+\left(\frac{\partial u}{\partial z}+\frac{\partial w}{\partial x}\right)^2+\left(\frac{\partial v}{\partial z}+\frac{\partial w}{\partial y}\right)^2\right\}$$
(3-8)

3.2 液体燃料熔盐堆的中子物理模型

与传热学、流体动力学或空气动力学中的守恒定律类似,反应堆内的链式反应遵循"粒子守恒"的基本原理,即在一定的体积 ΔV 内,粒子总数对时间的变化率应等于该体积内粒子产生率减去该体积内的粒子消失率。采用中子输运理论可以得到反应堆内精确的中子平衡方程,即玻尔兹曼方程。但是该方程在求解和实际应用中均存在很大的困难,通常采用近似的方法将其简化,在此基础上形成了很多理论,最普遍的是中子扩散理论。中子扩散方程可以从对玻尔兹曼方程在全空间方向角 Ω 上积分获得,也可由"粒子守恒"原理直接推得[13]。下面简要介绍根据中子扩散理论建立的适用于液体燃料反应堆的通用中子扩散模型。

3.2.1 连续能量的中子通量密度模型

在如图 3-1 所示的三维直角坐标系中推导液体燃料反应堆的中子扩散模型,假设空间 r 处一微元体 $\Delta V = \Delta x \Delta y \Delta z$,如果 $n(r,E,t)$ 表示 t 时刻在 r 处能量为 E 的中子密度,则在 ΔV 内中子数守恒的方程可写为

$$\frac{\partial}{\partial t}[n(r,E,t)\Delta x \Delta y \Delta z] = 中子产生率 - 中子消失率 \tag{3-9}$$

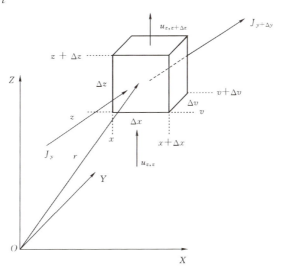

图 3-1 液体燃料反应堆中子扩散理论模型推导示意图

中子的产生主要来自外中子源项 $S(r,E,t)$、裂变产生项(包括瞬发裂变和缓发裂变)和散射源项,分别表示为

$$S(r,E,t)\Delta x \Delta y \Delta z \tag{3-10}$$

$$\chi_p(E)\int_{E'}(1-\beta)\nu\Sigma_f(r,E')\cdot\phi(r,E',t)\mathrm{d}E'\Delta x\Delta y\Delta z + \sum_{i=1}^{I}\chi_{d,i}(E)\lambda_i C_i(r,t)\Delta x\Delta y\Delta z \tag{3-11}$$

$$\int_{E'}\Sigma_s(r,E'\to E)\phi(r,E',t)\mathrm{d}E'\Delta x\Delta y\Delta z \tag{3-12}$$

式中：$C_i(r,t)$ 表示 t 时刻在 r 处第 i 组缓发中子先驱核浓度。

中子消失主要由于吸收、散射、泄漏和流动的作用，其中流动作用是液体燃料反应堆不同于固体燃料反应堆而特有的，这四项可分别表示如下

$$\Sigma_a(r,E)\phi(r,E,t)\Delta x\Delta y\Delta z \tag{3-13}$$

$$\Sigma_s(r,E)\phi(r,E,t)\Delta x\Delta y\Delta z \tag{3-14}$$

$$[J_{x+\Delta x}(r,E,t)-J_x(r,E,t)]\Delta y\Delta z + [J_{y+\Delta y}(r,E,t)-J_y(r,E,t)]\Delta x\Delta z + [J_{z+\Delta z}(r,E,t)-J_z(r,E,t)]\Delta x\Delta y \tag{3-15}$$

$$\{[u_x n(r,E,t)]_{x+\Delta x}-[u_x n(r,E,t)]_x\}\Delta y\Delta z + \{[u_y n(r,E,t)]_{y+\Delta y}-[u_y n(r,E,t)]_y\}\Delta x\Delta z + \{[u_z n(r,E,t)]_{z+\Delta z}-[u_z n(r,E,t)]_z\}\Delta x\Delta y \tag{3-16}$$

将式(3-10)~式(3-16)代入方程(3-9)中，左右两边同时除以 $\Delta x\Delta y\Delta z$ 可得以下方程式

$$\frac{\partial n(r,E,t)}{\partial t}=S(r,E,t)+\chi_p(E)\int_{E'}(1-\beta)\nu\Sigma_f(r,E')\cdot\phi(r,E',t)\mathrm{d}E'+\sum_{i=1}^{I}\chi_{d,i}(E)\lambda_i C_i(r,t)+\int_{E'}\Sigma_s(r,E'\to E)\phi(r,E',t)\mathrm{d}E'-\Sigma_a(r,E)\phi(r,E,t)-\Sigma_s(r,E)\phi(r,E,t)-\nabla\cdot J(r,E,t)-\nabla\cdot[Un(r,E,t)] \tag{3-17}$$

假设界面上的中子流密度满足 Fick 定律，则

$$J(r,E,t)=-D(r,E)\nabla\phi(r,E,t) \tag{3-18}$$

同时由于

$$\Sigma_t(r,E)=\Sigma_a(r,E)+\Sigma_s(r,E) \tag{3-19}$$

$$n(r,E,t)=\frac{\phi(r,E,t)}{v(E)} \tag{3-20}$$

因此，连续能量中子通量密度方程最终可写为

$$\frac{1}{v(E)}\frac{\partial\phi(r,E,t)}{\partial t}=S(r,E,t)+\chi_p(E)\int_{E'}(1-\beta)\nu\Sigma_f(r,E')\cdot\phi(r,E',t)\mathrm{d}E'+\sum_{i=1}^{I}\chi_{d,i}(E)\lambda_i C_i(r,t)+\int_{E'}\Sigma_s(r,E'\to E)\phi(r,E',t)\mathrm{d}E'-\Sigma_t(r,E)\phi(r,E,t)+\nabla\cdot D(r,E)\nabla\phi(r,E,t)-\frac{1}{v(E)}\nabla\cdot[U\phi(r,E,t)] \tag{3-21}$$

第 3 章 液体燃料熔盐堆热工水力分析

在稳态和无源情况下,方程(3-21)就变为

$$\frac{1}{v(E)} \nabla \cdot [U\phi(r,E)] = \nabla \cdot D(r,E) \nabla \phi(r,E) - \Sigma_t(r,E)\phi(r,E) + \\ \chi_p(E) \int_{E'} (1-\beta) \nu \Sigma_f(r,E') \cdot \phi(r,E') dE' + \\ \sum_{i=1}^{I} \chi_{d,i}(E) \lambda_i C_i(r) + \int_{E'} \Sigma_s(r,E' \to E) \phi(r,E') dE' \tag{3-22}$$

需要指出的是,上式只有对临界系统才是成立的,对任意给定系统大小和材料成分情况下,上式并不一定成立,即反应堆并不自动处于稳态。通常采用在方程裂变源项中除以有效增殖系数 k_{eff} 的方法,从而人为地使其达到临界平衡状态,这样对于任意系统都可以写出与能量相关的稳态中子扩散方程如下

$$\frac{1}{v(E)} \nabla \cdot [U\phi(r,E)] = \nabla \cdot D(r,E) \nabla \phi(r,E) - \Sigma_t(r,E)\phi(r,E) + \\ \frac{\chi_p(E)}{k_{\text{eff}}} \int_{E'} (1-\beta) \nu \Sigma_f(r,E') \cdot \phi(r,E') dE' + \\ \sum_{i=1}^{I} \chi_{d,i}(E) \lambda_i C_i(r) + \int_{E'} \Sigma_s(r,E' \to E) \phi(r,E') dE' \tag{3-23}$$

其中:

$$k_{\text{eff}}^{(n)} = \frac{\int_V \int_E \nu \Sigma_f(r,E) \cdot \phi^{(n)}(r,E) dE dV}{1/k_{\text{eff}}^{(n-1)} \int_V \int_E \nu \Sigma_f(r,E) \cdot \phi^{(n-1)}(r,E) dE dV} \tag{3-24}$$

3.2.2 缓发中子先驱核浓度模型

对于任意 i 族缓发中子先驱核浓度,满足粒子守恒原理,采用与中子通量密度类似的方法推导缓发中子先驱核浓度方程。同样在如图 3-1 所示的三维笛卡儿坐标系中空间 r 处的微元体 $\Delta V = \Delta x \Delta y \Delta z$,在 ΔV 内缓发中子先驱核数的守恒方程可写为

$$\frac{\partial}{\partial t}(C_i(r,t)\Delta x \Delta y \Delta z) = 产生率 - 消失率 \tag{3-25}$$

缓发中子先驱核的产生率可表示为

$$\beta_i \int_E \nu \Sigma_f(r,E) \cdot \phi(r,E,t) dE \, \Delta x \Delta y \Delta z \tag{3-26}$$

而消失率则包括缓发中子先驱核的衰变和液体燃料盐的流动作用带出微元控制体的部分,其中流动作用是液体燃料反应堆不同于固体燃料反应堆所特有的,分别表示如下

$$-\lambda_i \cdot C_i(r,t)\ \Delta x \Delta y \Delta z \qquad (3-27)$$

$$\{[u_iC_i(r,t)]_{x+\Delta x} - [u_iC_in(r,t)]_x\}\Delta y \Delta z + \{[u_jC_i(r,t)]_{y+\Delta y} -$$
$$[u_jC_i(r,t)]_y\}\Delta x \Delta z + \{[u_kC_i(r,t)]_{z+\Delta z} - [u_kC_i(r,t)]_z\}\Delta x \Delta y \quad (3-28)$$

将表达式(3-26)~式(3-28)代入方程(3-25),方程两边同时除以 $\Delta x \Delta y \Delta z$ 可得缓发中子先驱核控制方程如下

$$\frac{\partial C_i(r,t)}{\partial t} = \beta_i \int_E \nu\Sigma_f(r,E) \cdot \phi(r,E,t)\mathrm{d}E - \lambda_i C_i(r,t) - \nabla \cdot [UC_i(r,t)]$$
$$(3-29)$$

在稳态情况下,与稳态下的中子通量密度的处理方法相同,在右端裂变项中除以有效增殖系数 k_{eff},则方程变为

$$\nabla \cdot [UC_i(r)] = \frac{\beta_i}{k_{\text{eff}}}\int_E \nu\Sigma_f(r,E) \cdot \phi(r,E)\mathrm{d}E - \lambda_i C_i(r) \qquad (3-30)$$

3.3 数值计算方法

中子物理模型和热工模型的求解都是采用迭代的方法进行的,即在给定初场的情况下,计算得到一个新的场分布,然后将其作为新的初场,计算下一次的场分布,如此反复迭代计算,最后得到收敛的计算结果。因此,在进行物理热工的稳态耦合时,可以先给定一个均匀的温度场和流场,进行初始的物理计算,得到堆芯的功率分布,将其传给堆芯热工计算,得到新的堆芯的温度场和流场,并将这个新的温度场和流场用于下一次的中子物理计算,如此反复,最终可得到相恰的堆芯中子物理计算和热工计算结果。稳态物理热工耦合计算的流程如图3-2所示。

对于反应堆堆芯物理热工计算的瞬态耦合,通常来说,可以采用两种方法[14-15]:显式耦合方法和隐式耦合方法。显式耦合方法假定 t_n 时刻的堆芯功率分布和热工状态已经求出,采用一次通过的过程来得到 t_{n+1} 时刻的结果。即对 t_{n+1} 时刻,首先利用瞬态条件和反馈计算模型计算出 t_{n+1} 时刻的宏观截面,其中反馈计算所需的热工条件来自 t_n 时刻,然后用堆芯物理程序计算 t_{n+1} 时刻堆芯功率分布,最后把计算得到的 t_{n+1} 时刻堆芯功率分布传给热工计算程序,计算出 t_{n+1} 时刻的热工状态,至此认为 t_{n+1} 时刻的计算完成。整个过程只作了一次中子物理计算和一次热工计算,没有进行迭代,当时间步长非常小时,这种方法的精度是可以接受的。

与显式耦合不同,对 t_{n+1} 时刻采用隐式耦合方法时,须在中子物理计算和热工计算之间进行迭代,即用上次迭代计算出来的热工状态重新计算 t_{n+1} 时刻的宏观截面,然后用这些截面重新计算 t_{n+1} 时刻的堆芯功率分布,所求出的堆芯功率分布再传给热工计算程序,计算出 t_{n+1} 时刻本次迭代的热工状态,如此反复迭代,直到满足给定的收敛判据为止,常采用的收敛判据是堆芯功率分布收敛。由此可见,在

瞬态耦合的隐式方法中,实质上是在每个时刻均进行一次准稳态的耦合计算。隐式瞬态物理热工耦合计算的流程如图 3-3 所示。

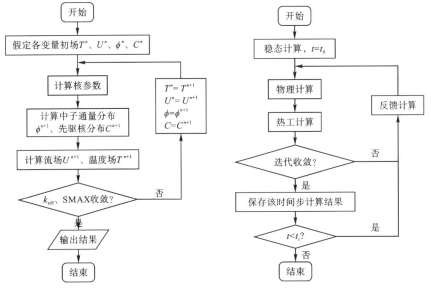

图 3-2 稳态物理热工耦合计算流程　　图 3-3 隐式瞬态物理热工耦合计算流程

3.4 热工分析模型的校核和验证

3.4.1 稳态计算验证

顶盖驱动流是最常见的检验流动换热计算程序正确与否的基准题,本研究选用 Ghia 在 20 世纪 80 年代末期用密网格计算所得的结果作为基准解,相应的问题描述见文献[16]。定义无量纲量 $Re=\rho UL/\mu$,计算了三种不同 Re 情况下的流场分布,下面首先给出 $Re=100$ 时的计算结果。取 $x=0.5$ m 处和 $y=0.5$ m 处计算所得的速度 u、v 分布,分别与 Ghia 的基准解进行比较,结果如图 3-4 所示。图 3-5 同样采用 Ghia 的计算结果作为基准解,计算了 $Re=5000$ 时的顶盖驱动流的流场分布。取 $x=0.5$ m 处和 $y=0.5$ m 处计算所得的速度 u、v 分布,分别与 Ghia 的基准解进行了比较。

由图 3-4 和图 3-5 可以看出:计算结果与基准解符合得很好,从而证明了模型和程序的正确性。

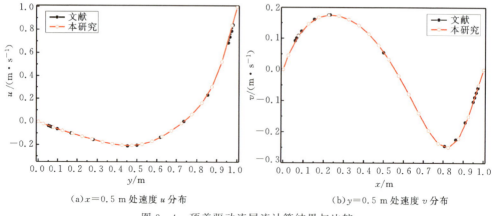

(a) $x=0.5$ m 处速度 u 分布 (b) $y=0.5$ m 处速度 v 分布

图 3-4　顶盖驱动流层流计算结果与比较

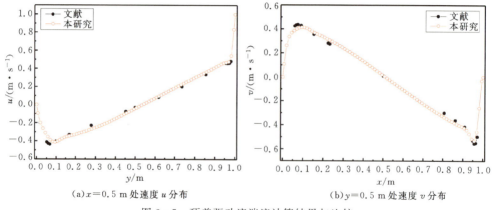

(a) $x=0.5$ m 处速度 u 分布 (b) $y=0.5$ m 处速度 v 分布

图 3-5　顶盖驱动流湍流计算结果与比较

3.4.2　瞬态计算验证

采用方腔内的瞬态自然对流作为基准题对瞬态计算程序进行验证，其问题和几何描述见文献[15]。计算壁面和横向中心线上的努塞特数（Nu 数）随时间的变化，将计算结果与基准解比较，如图 3-6 所示。由图可以看出，计算的壁面处 Nu 数与基准解符合很好，而横向中心线处 Nu 数在瞬态的初始阶段与基准解稍有差别，而在后期符合较好。因此，此基准题的计算可以证明瞬态计算模型和程序的正确性。

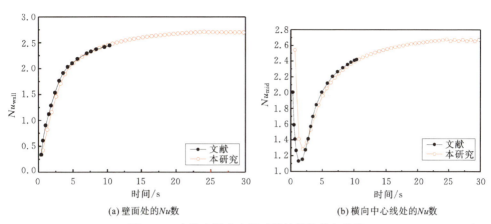

(a) 壁面处的 Nu 数　　　　　　(b) 横向中心线处的 Nu 数

图 3-6　方腔内瞬态自然对流计算结果与比较

3.5　典型液体燃料熔盐堆 MOSART 热工水力分析

3.5.1　稳态计算

MOSART 堆芯近似为图 3-7 所示结构。稳态计算中,对于堆芯入口边界,速度、温度取第一类边界条件,设置为固定值;中子通量设置为真空边界条件;缓发中子先驱核浓度可表示为

$$C_{i,\text{in}} = C_{i,\text{out}} e^{-\lambda_i \tau_{\text{loop}}} \tag{3-31}$$

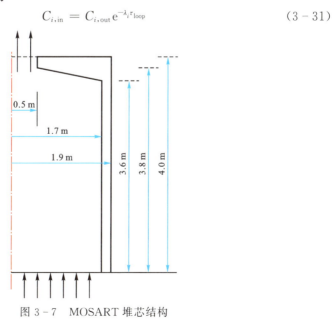

图 3-7　MOSART 堆芯结构

对于堆芯出口边界,除中子通量设置为真空边界条件外,其余均取第二类边界条件,设置为零梯度。对于壁面边界,内壁面的温度取第一类边界条件,设置为 680 K;速度设为无滑移边界,应用壁面函数;外壁面的中子通量设置为真空边界条件。

堆内缓发中子先驱核参数如表 3-2 所示。

表 3-2 缓发中子先驱核参数

组 i	参数			
	$\beta_i/10^{-5}$	$\lambda_i/\mathrm{s}^{-1}$	β_i/λ_i	t_i/s
1	7.786	0.0129	603.57	77.5194
2	77.248	0.0301	2566.38	33.2226
3	54.944	0.1216	451.84	8.2237
4	118.150	0.3350	352.69	2.9851
5	61.030	1.2930	47.20	0.7734
6	20.842	3.2070	6.50	0.3118

稳态物理热工耦合计算得到的快、热中子通量密度分布、速度场和温度场分布以及六组缓发中子先驱核浓度分布如图 3-8 至图 3-10 所示。由图 3-8 可以看出,快、热中子通量密度的分布与一般固体燃料反应堆的分布类似,即峰值出现在堆芯的中心部位。对于热中子通量密度,在靠近石墨反射层处会有突起,这是因为石墨对快中子的慢化作用。

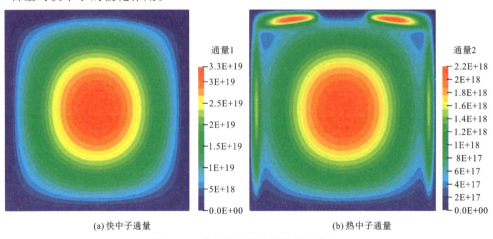

(a) 快中子通量　　　　　　　　(b) 热中子通量

图 3-8　堆芯燃料组件径向通量分布

图 3-9(a)、(c)和(d)的流场表明,燃料盐的流动在堆芯大部分区域内是比较均匀的,在出口处由于突缩作用,速度会显著升高,并且因为出口处堆芯壁面的锥形设计,在堆芯拐角处出现了涡流。图 3-9(b)的温度分布与堆芯的速度分布相

适应,堆芯温度从入口到出口逐渐升高,最高温度为 983 K,并且在堆芯拐角处由于存在涡流导致局部温度偏高。因此在稳态工况下,堆芯流动可以充分带出堆芯的热量,保证堆芯的安全。

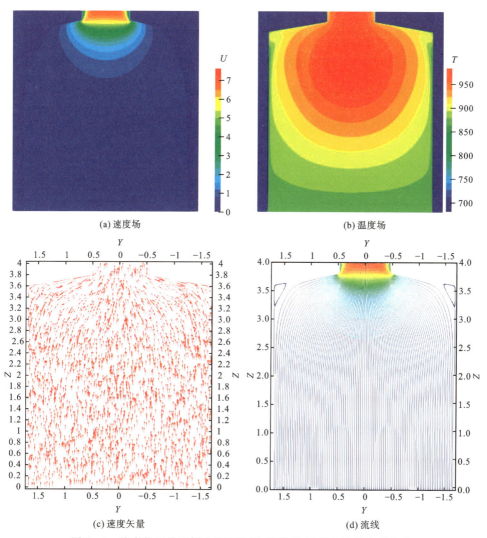

图 3-9 稳态物理热工耦合时速度场、温度场、速度矢量及流线分布

图 3-10 六组缓发中子先驱核分布表明,燃料盐的流动作用使得缓发中子先驱核沿流动方向整体向下游移动,峰值不像固体燃料反应堆会出现在堆芯的中心。缓发中子先驱核向下游移动的程度反映了流动对其影响程度,比较六组缓发中子先驱核浓度的分布可以看出,缓发中子先驱核的衰变常数越小,流动对其影响越大。

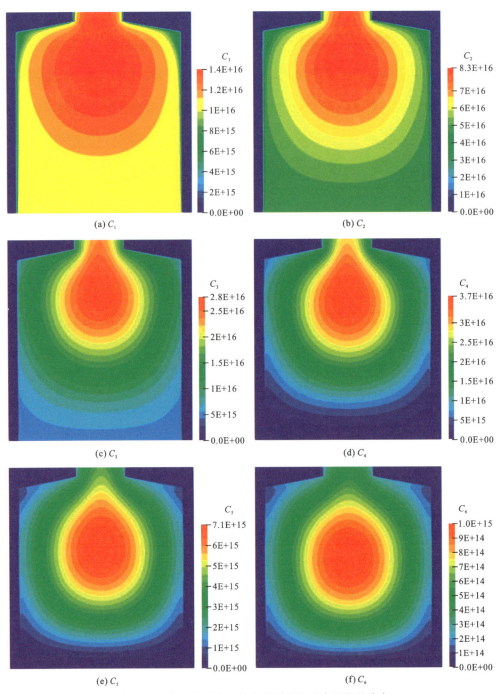

图 3-10 稳态物理热工耦合时缓发中子先驱核的分布

堆芯稳态物理热工耦合计算时，需要特别考察堆芯入口温度、堆芯入口速度和燃料盐在堆芯外的滞留时间这三个宏观参数对堆芯特性的影响。在计算某个参数的影响效应时，采用仅仅改变该参数，而保持其他所有参数和计算条件不变的方法，进行稳态耦合计算，获得堆芯有效增殖系数随该参数的变化。

1. 入口温度效应

在反应堆失热阱事故中，由于堆芯热量无法顺利传出堆芯，可能导致堆芯入口温度升高。不同入口温度下的有效增殖系数变化如图 3-11 所示。由图可以看出，在计算的温度范围内，有效增殖系数随着入口温度的增加近似线性减小，表明入口温度对于反应堆的反应性会产生负反馈效应。入口温度负反应性反馈效应对反应堆安全是有利的，当堆芯入口温度升高时，其负反馈效应会使得堆芯功率降低，缓解和降低事故的危害。

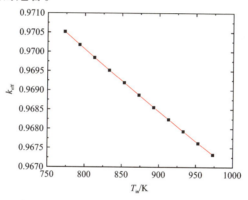

图 3-11 有效增殖系数随入口温度的变化

图 3-12 给出了入口温度分别为 793 K 和 893 K 时，快、热中子通量沿轴向（纵截面 $r=0.05$ m）和径向（横截面 $z=2.1$ m）的分布，其中虚线表示入口温度为 893 K 的计算结果，实线为入口温度为 793 K 的计算结果。由图可以看出，两种工况下的快、热中子通量分布几乎是重合的，这是因为在这两种工况下堆芯的总功率

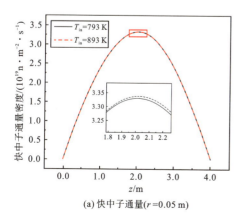

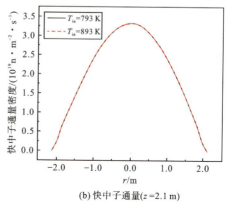

(a) 快中子通量($r=0.05$ m)　　　　　　(b) 快中子通量($z=2.1$ m)

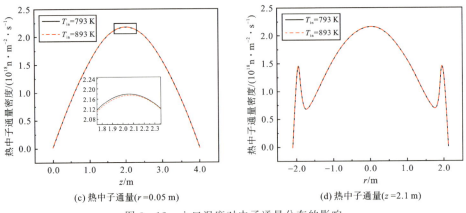

(c) 热中子通量($r=0.05$ m)　　(d) 热中子通量($z=2.1$ m)

图 3-12　入口温度对中子通量分布的影响

是相同的。局部放大发现，较高入口温度下的快中子通量稍微高一点，这是因为燃料盐的快中子裂变截面随着温度的升高而降低，而热中子通量的趋势相反。

图 3-13 给出了不同入口温度下缓发中子先驱核浓度沿轴向($r=0.05$ m)和径向($z=2.1$ m)的变化。结果表明，两种工况下计算得到的缓发中子先驱核是重

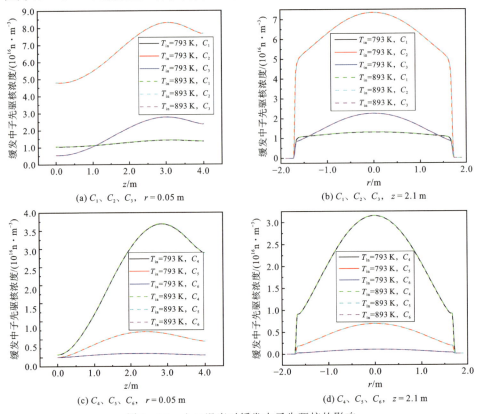

(a) C_1、C_2、C_3，$r=0.05$ m　　(b) C_1、C_2、C_3，$z=2.1$ m

(c) C_4、C_5、C_6，$r=0.05$ m　　(d) C_4、C_5、C_6，$z=2.1$ m

图 3-13　入口温度对缓发中子先驱核的影响

合的。由中子先驱核的控制方程可知，中子先驱核浓度取决于快、热中子通量的分布。入口温度效应对缓发中子先驱核的影响是通过中子通量传递的，由于入口温度对中子通量的影响很小，因此对缓发中子先驱核的影响更小。

图 3-14 和图 3-15 是不同入口温度工况下，堆芯温度和速度沿轴向（$r=0.05$ m）和径向（$z=2.1$ m）的变化。

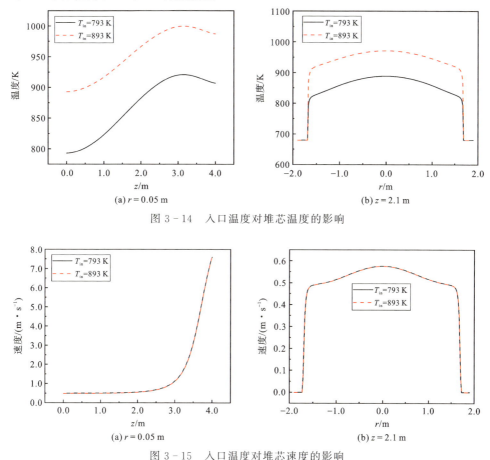

图 3-14　入口温度对堆芯温度的影响

图 3-15　入口温度对堆芯速度的影响

由图 3-14 可以看出两种入口温度下计算得到的堆芯温度变化趋势是相同的，堆芯温度沿轴向先逐渐升高，在 $z=3.1$ m 高度左右达到最大值，然后略有下降直至流出堆芯。结合图 3-9 的流场分布和图 3-15 可以看出，堆芯的温度分布与堆芯速度场紧密相关，接近堆芯出口的区域由于锥形设计，流速显著提升，较热和较冷的燃料盐相互混合，从而导致堆芯出口温度略有下降。从堆芯的传热模型可以看出，堆芯温度的幅值主要取决于热源和边界条件。图 3-12 表明入口温度对中子通量影响很小，即堆芯的热源几乎没有变化，所以堆芯温度的幅值只受边界条件的影响。图 3-15 表明堆芯速度的分布受入口温度变化的影响非常小，这是因为速度场的变化受密度变化的影响,密度在反应堆运行工况下受温度的影响很小,对于高雷诺数的强制对流换热来说,其影响很小,因此速度不会大幅变化。

2. 入口速度效应

在泵启动和泵停转等瞬态工况中都会出现堆芯流量的变化,通过计算堆芯入口速度的变化来研究流量变化对堆芯安全的影响,在此计算中保持堆芯其他参数不变,仅改变堆芯的入口速度。

入口速度对有效增殖系数的影响如图3-16所示,由图可见有效增殖系数随着入口速度的升高迅速升高,然后逐渐平缓,而后缓慢下降。当入口速度升高时,堆芯内整个流动加快,缓发中子先驱核随燃料盐流出堆芯的份额增大,这会导致有效增殖系数降低,将这一效应定义为流动效应。另一方面,入口速度升高,带出堆芯的热量增加,必然导致堆芯温度降低,这会使得有效增殖系数升高(温度负反馈效应),将这一效应定义为扩散效应。由图3-16可以判断,当入口速度低于某一速度时,扩散效应远强于流动效应,使得入口速度升高,有效增殖系数也随之升高;但是随着入口速度的进一步升高,流动效应逐渐增强,逐渐平衡扩散效应引起的有效增殖系数升高,直至强于扩散效应使有效增殖系数略有下降。

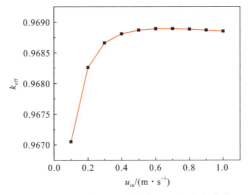

图3-16 有效增殖系数随入口速度的变化

在泵启动过程中,入口速度逐渐升高,有效增殖系数逐渐升高,堆芯反应性也将随之升高,但是当入口速度达到某一数值时,反应性变化平缓,因此不会引起非常迅速的反应性升高,这对于反应堆安全和控制是非常有利的。

在泵停转事故中,有效增殖系数随着入口速度的降低而降低,反应性也随之降低,使得堆芯功率降低,从而保证堆芯的安全。

入口速度对中子通量的影响如图3-17所示,由图可以看出,两种入口速度下的快、热中子通量几乎是重合的,这表明入口速度对中子通量的影响非常小。另外,入口速度为0.8 m/s时的中子通量比0.4 m/s时的中子通量稍微向下游移动,这是因为,当入口速度升高时,更多的缓发中子先驱核向下游移动并在下游衰变。

根据以上的结果,0.8 m/s 时的流动效应强于 0.4 m/s 时的流动效应。

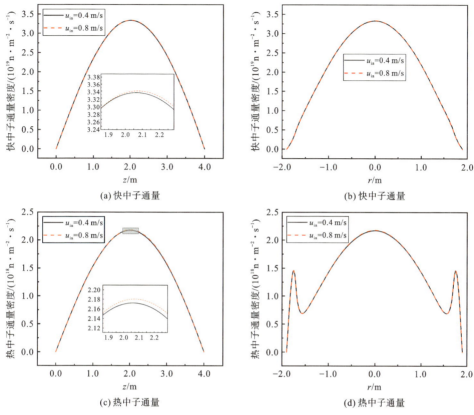

图 3-17　入口速度对中子通量的影响

图 3-18 给出了入口速度效应对缓发中子先驱核的影响,由图可以看出,两种入口速度下的缓发中子先驱核浓度差别很大,较高速度下得到的缓发中子先驱核浓度较小,这是因为高的流动速度使得燃料盐带出堆芯的缓发中子先驱核增多。比较六组缓发中子先驱核还可以发现,入口速度对具有较大 β_i/λ_i 的缓发中子先驱核的影响较大,其中 β_i 为第 i 组缓发中子的份额,而 λ_i 反映了缓发中子先驱核的衰变快慢。

图 3-19 和图 3-20 给出了入口速度对堆芯温度和速度分布的影响。由图 3-19 可以看出 0.4 m/s 入口速度下的最高温度远远高于 0.8 m/s 入口速度下的温度。但是两个入口速度下的最高温度都小于燃料盐的沸腾温度。温升随着入口速度的升高而降低,燃料盐的流动具有足够的能力移出堆芯的裂变热,保证堆芯的安全。图 3-20 表明入口速度改变后,堆芯内速度会随之改变,但是分布形式比较近似,这是因为堆芯内的流动受堆芯形状和边界条件的影响,在此计算中仅有入口边界的改变。

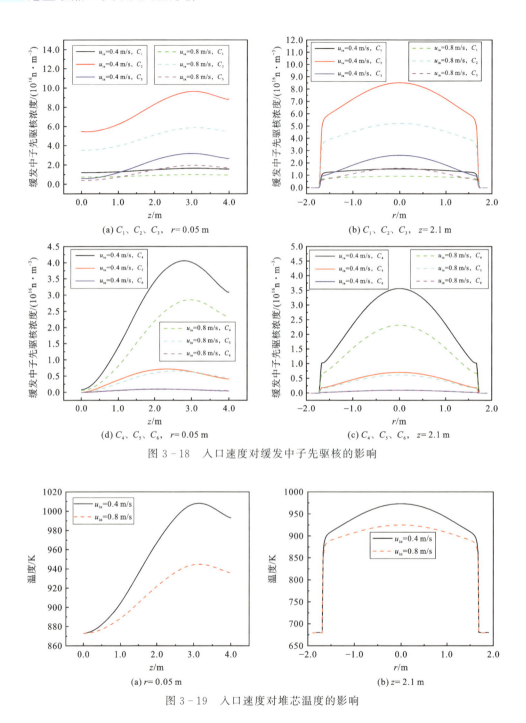

图 3-18 入口速度对缓发中子先驱核的影响

图 3-19 入口速度对堆芯温度的影响

第 3 章 液体燃料熔盐堆热工水力分析

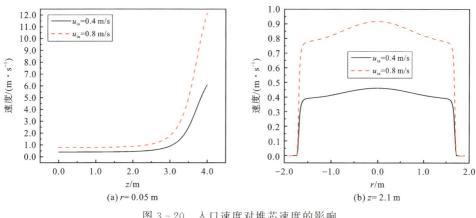

图 3-20 入口速度对堆芯速度的影响

3. 燃料盐在堆外滞留时间的影响

缓发中子先驱核可以随燃料盐的流动进入堆芯外部回路，并在回路中衰变，从而影响堆芯的中子物理特性。燃料盐的堆外运行时间可以反映外部回路的长短和一回路的流量，在计算中保持其他所有参数不变，仅改变燃料盐在堆外的滞留时间，研究其对堆芯特性的影响。

图 3-21 给出了有效增殖系数随燃料盐在堆外滞留时间的变化，由图可以看出，有效增殖系数开始迅速降低，在大概 80 s 后就基本保持不变。这是因为六组缓发中子先驱核中最长寿命($t_i = 1.0/\lambda_i$)为 77.5 s，当燃料盐在堆芯外滞留的时间超过这一时间时，流出堆芯的所有缓发中子先驱核将全部衰变，没有流回堆芯的部分，从而使得有效增殖系数保持不变。

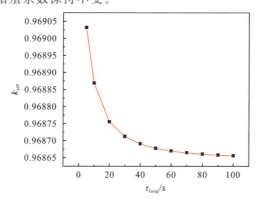

图 3-21 有效增殖系数随燃料盐在堆外滞留时间的变化

燃料盐在堆外的滞留时间对快、热中子通量的影响如图 3-22 所示，两个工况下的滞留时间分别为 10 s 和 40 s。由图可以看出，当燃料盐在堆外滞留时间为 40 s 时，快、热中子通量密度略大于燃料盐在堆外滞留时间为 10 s 时的值，这是因为燃料盐在堆外滞留时间越长,缓发中子先驱核在堆外衰变越多,从而对堆芯内通量的贡献越小,为了维持堆芯的功率不变,中子通量密度会稍微升高,但是又因为缓发中子先驱核的份额非常小,因此燃料盐在堆外不同滞留时间下的通量相差不大。

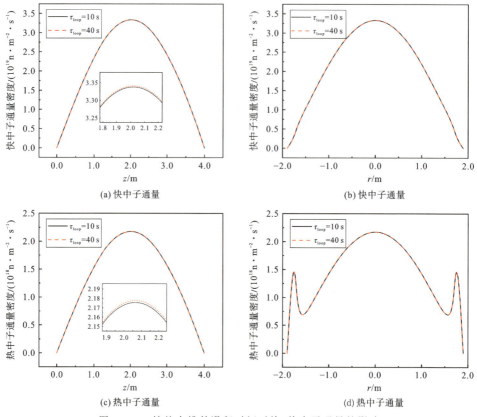

图3-22 熔盐在堆外滞留时间对快、热中子通量的影响

图3-23给出了熔盐在堆外滞留时间对缓发中子先驱核的影响,图3-23(a)和(b)表明40 s工况下的1~3组缓发中子先驱核的浓度远远小于10 s工况下的先驱核和浓度,但是4~6组缓发中子先驱核的浓度在两种工况下相差不大。这是因为4~6组缓发中子先驱核的寿命很短,意味着当其流出堆芯后会在很短的时间内衰变完,而它们在堆外的滞留时间相对于它们的寿命长得多。也正是这个原因,燃料盐在堆芯外运行的时间对具有长寿命的缓发中子先驱核的影响较大,但是对短寿命的先驱核的影响很小。

图3-24和图3-25给出了燃料盐在堆芯外部回路的滞留时间对堆芯温度和速度分布的影响,由图可以看出两种工况下的温度分布、速度分布都是重合的。对于温度分布,这是因为堆芯温度分布受中子通量和入口边界条件的影响。由以上的分析可知,这两种工况下,中子通量密度变化非常微小,而边界条件没有改变,因

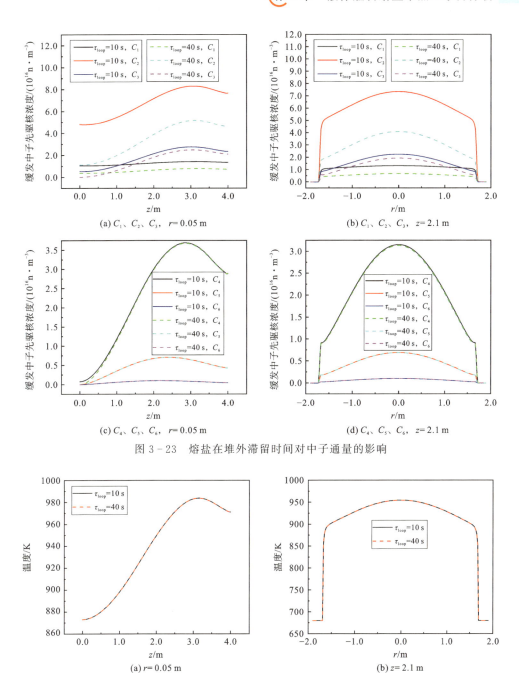

图 3-23 熔盐在堆外滞留时间对中子通量的影响

图 3-24 熔盐在堆外滞留时间对温度分布的影响

此堆芯温度的分布不会变化。而对于速度分布,其受堆芯结构和边界条件影响,在此工况下,这两个影响因素都没有改变。

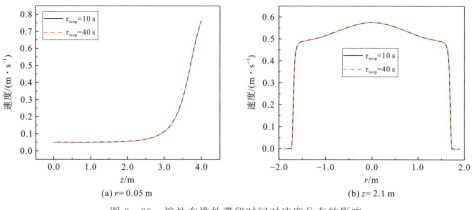

图 3-25 熔盐在堆外滞留时间对速度分布的影响

3.5.2 瞬态计算

1. 反应性升高事故

在该事故工况中,假设反应性在 $t=0$ s 时阶跃升高 $95×10^{-5}$,反应堆相对功率随时间变化如图 3-26 中实线所示,作为对比,图 3-26 中同时用虚线给出了堆芯中子物理计算反应性阶跃升高但无热工反馈时的相对功率随时间的变化。由图可以看出,反应性阶跃升高 $95×10^{-5}$ 时,在瞬态工况的初始阶段,单纯的无反馈物理计算下的堆芯功率在非常短时间内迅速升高,并会以一个稳定的速度一直升高下去;物理热工耦合计算下的堆芯功率也会在短时间升高,但由于热工的反馈作用,变化速率相对低,并且随着堆芯响应,功率又逐渐降低,最终会趋于平稳(稳态功率的 1.8 倍左右)。由此可见,热工对物理的强反馈作用,可以促进堆芯功率的稳定,有利于反应堆的安全。

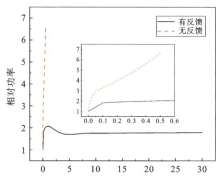

图 3-26 反应性阶跃升高 $95×10^{-5}$ 时相对功率随时间变化

下面给出瞬态过程中 $t=0$ s、$t=1$ s 和 $t=3$ s 时刻各计算变量在堆芯纵截面 $r=0.05$ m 上沿轴向的分布。图 3-27 为三个时刻快、热中子通量密度的轴向分布,由图可以看出,从 $t=0$ s 到 $t=1$ s 二者均非常快速地升高,而从 $t=1$ s 到 $t=2$ s 呈下降趋势,这与堆芯的功率随时间的变化是对应的,即在瞬态初始阶段快、热中子通量密度会快速升高,而之后会逐渐下降,直至平稳。

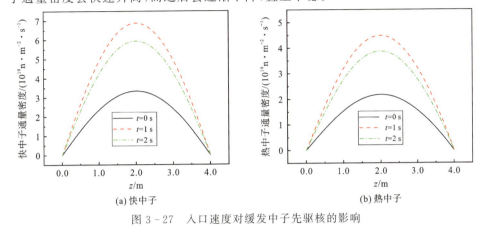

图 3-27 入口速度对缓发中子先驱核的影响

三个时刻六组缓发中子先驱核浓度在纵截面 $r=0.05$ m 上沿轴向的分布如图 3-28 所示,可以发现六组缓发中子先驱核的分布以及随时间变化的规律是不同的。第 1～5 组缓发中子先驱核浓度从 $t=0$ s 到 $t=1$ s 和从 $t=1$ s 到 $t=3$ s 均上升,第 6 组缓发中子先驱核浓度则在 $t=0$ s 到 $t=1$ s 时上升,$t=1$ s 到 $t=3$ s 时下降。影响堆芯缓发中子先驱核浓度及其分布的因素有三种,其一是回路中未衰变完的缓发中子先驱核,其二是堆芯各处因裂变产生的缓发中子先驱核,其三是缓发中子先驱核自身衰变的影响。对于第 1、2 组缓发中子先驱核,其寿命比燃料盐堆外滞留时间($\tau_{loop}=10$ s)大很多,因此有一定浓度的缓发中子先驱核返回堆芯,也正因为较长的寿命使得原本在堆芯中心产生的大量缓发中子先驱核还未来得及衰变而向下游移动,而堆芯底部功率较低,缓发中子先驱核主要受入口边界影响,通过不断衰变,使分布曲线在堆芯底部存在下降趋势。此外,堆芯功率从 0～3 s 的变化是先升高再降低,因寿命较长,即使功率降低的时刻仍然不断积累缓发中子先驱核,所以缓发中子先驱核的浓度在 0～3 s 内始终升高。对于第 3、4 组缓发中子先驱核,其寿命与燃料盐堆外滞留时间相差不多,因此有少量的缓发中子先驱核返回堆芯,整体趋势与 1、2 组相似,但入口效应显著减小。对于第 5、6 组缓发中子先驱核,其寿命比燃料盐堆外滞留时间小很多,因此几乎没有缓发中子先驱核返回堆芯,可以忽略入口效应,因此堆芯底部的缓发中子先驱核浓度呈上升趋势,也因为寿命较短,缓发中子先驱核向下游的移动距离大大减小,其分布与中子通量分布十分相近。同时,1～3 s 的缓发中子先驱核浓度变化比前四组小很多,这是因为缓发中子先驱核衰变较快,这也使得第 6 组缓发中子先驱核的浓度随时间的变化与功率变化相一致。

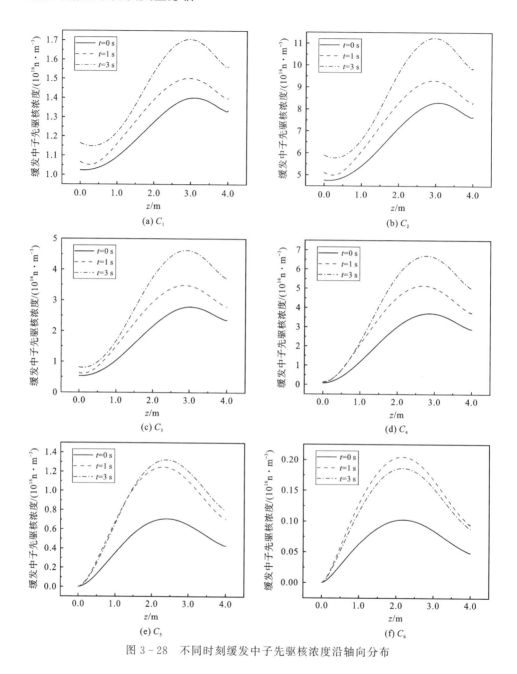

图 3-28 不同时刻缓发中子先驱核浓度沿轴向分布

图 3-29 所示为纵截面 $r=0.05$ m 上三个时刻的温度和速度分布,由图(a)可以看出随着时间的推进,温度逐渐升高。在引入反应性后,堆芯功率迅速升高,相应地堆芯温度也逐渐升高,在燃料盐的温度反馈作用下,功率会在升高到最大值后逐渐下降,这一过程中,通过不断升高的堆芯温度来容纳反应性的引入,最终堆芯

温度达到新的稳定分布。因此,由于燃料盐较高的温度负反馈系数,可以保证堆芯功率不致升得太高。由图(b)可以看出,反应性阶跃升高,而流动边界条件未变,三个时刻的速度分布几乎是重合的。

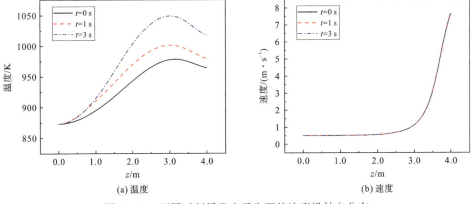

图 3-29 不同时刻缓发中子先驱核浓度沿轴向分布

2. 泵停转事故

在 MOSART 泵停转假想事故中,RRC-KI 研究所在其全系统设计中设计了在泵停转后,一回路存在着相当于初始流量5%的自然循环能力,由于本研究进行的仅为 MOSART 堆芯的研究,无法进行回路的自然循环计算,因此在该事故中假设泵的转速先按指数衰减到初始流量的5%之后保持不变,对应的入口速度与时间的关系式如下:

$$u_{in}(t) = \begin{cases} u_{in}(0) e^{-\tau_{pump} \cdot t} & (t < 3 \text{ s}) \\ 0.05 u_{in}(0) & (t \geqslant 3 \text{ s}) \end{cases} \quad (3-32)$$

图 3-30 中虚线表示相对流量(与初始流量比较)随时间的变化,实线为相应的堆芯相对功率随时间的变化。由图可以看出堆芯流量在进入瞬态 3 s 时降低到初始流量的5%,而功率随之在瞬态初期非常迅速地降低到初始功率的10%左右,

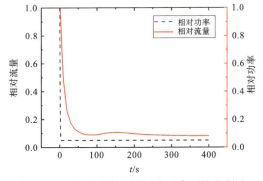

图 3-30 入口速度对缓发中子先驱核的影响

熔盐堆热工水力及安全分析

而后相对功率会略有回升,最后缓慢降低,经过较长时间的衰减,达到与堆芯相对流量相近的水平。出现功率回升的原因在于,瞬态初期流量的迅速降低导致堆芯温度显著升高,而随着持续保持低流量状态,堆芯响应功率的变化,堆芯温度会逐渐降低,因燃料盐的温度负反馈使得功率略有回升。

为了显示瞬态过程中各物理量的变化,图3-31和图3-32分别给出了瞬态工况开始后10 s和20 s时,快、热中子通量密度、速度和温度以及六组缓发中子先驱核的全场分布情况。将进入瞬态工况10 s和20 s后的快、热中子通量密度与初始稳态时的快、热中子通量密度(图3-8)比较,可以看出,从$t=0$ s到$t=10$ s快中子通量密度的峰值从3.3E+19迅速下降到1.6E+19,热中子通量密度的峰值从2.2E+18下降到1.0E+18,而在$t=20$ s时,快、热中子通量密度的峰值分别为1.6E+19和5.5E+17。很明显,从$t=0$ s到$t=10$ s快、热中子通量的降低比从$t=10$ s到$t=20$ s的降低快得多,这与功率的变化是对应的。

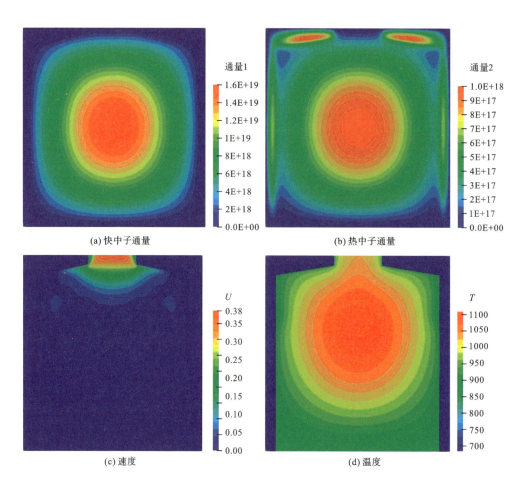

(a) 快中子通量　　(b) 热中子通量　　(c) 速度　　(d) 温度

第3章 液体燃料熔盐堆热工水力分析

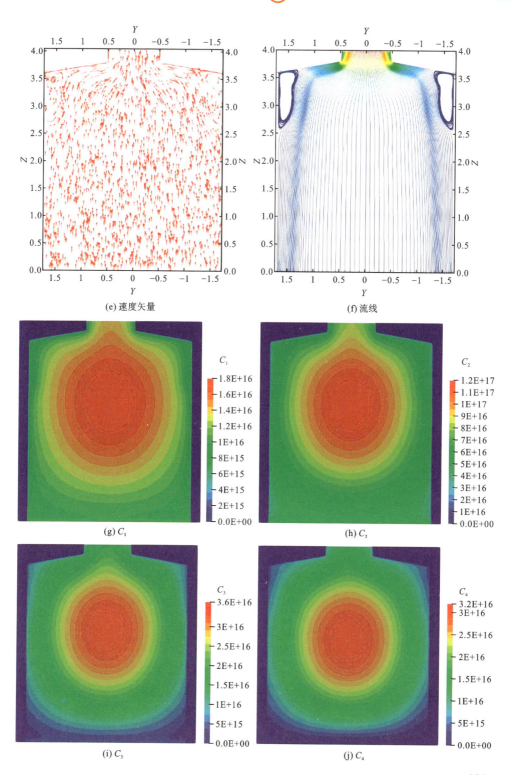

(e) 速度矢量　　(f) 流线　　(g) C_1　　(h) C_2　　(i) C_3　　(j) C_4

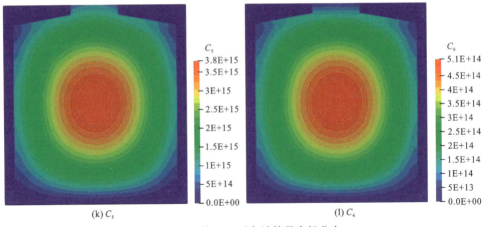

图3-31 第10 s时各计算量全场分布

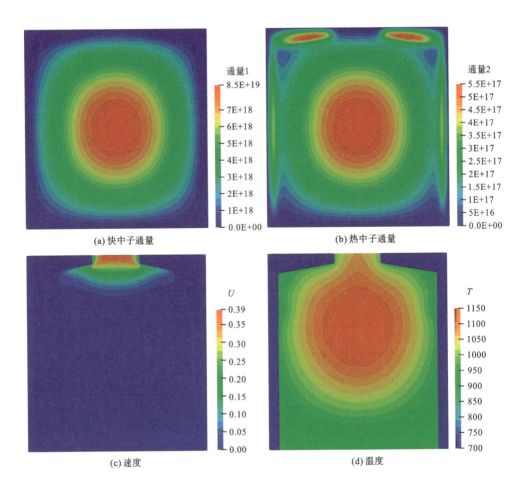

第 3 章 液体燃料熔盐堆热工水力分析

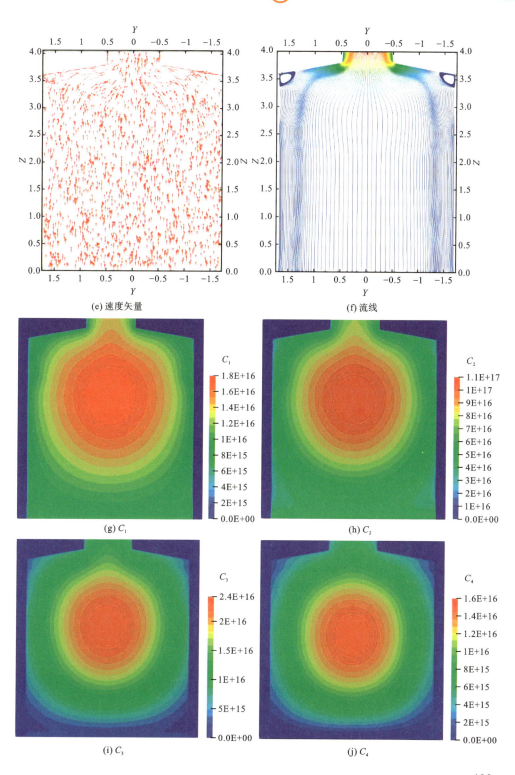

(e) 速度矢量 (f) 流线
(g) C_1 (h) C_2
(i) C_3 (j) C_4

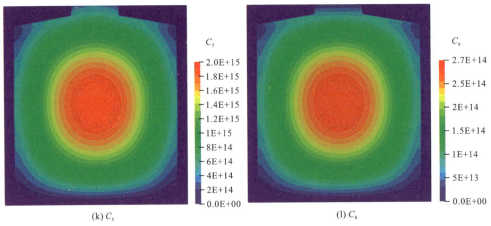

图 3-32 第 20 s 时各计算量全场分布

初始 $t=0$ s 时刻堆芯的最高温度为 978 K,10 s 后,堆芯最高温度迅速升高到 1108 K,20 s 后达到 1157 K,由此可见,在第一个 10 s 时间间隔内,温度升高非常快,达到 130 K,而在第二个 10 s 时间间隔内,温度升高的速度明显减慢,仅有 49 K。堆芯温度的变化受流场和功率分布的影响,在该瞬态工况下,入口速度的降低导致堆芯流量的降低,带出堆芯的热量减少,使得堆芯温度快速升高。由于燃料盐温度的负反馈效应,使得中子通量密度快速降低,从而使得堆芯功率降低,堆芯功率的降低又反馈到温度的分布,随着这两个反馈作用的进行,温度的升高变缓,功率的降低变缓,最后达到与速度场平衡的功率分布和温度分布。

初始时刻堆芯的入口速度为 0.5 m/s,3 s 后,入口速度达到初始速度的 5% 后不再变化,在 10 s 和 20 s 后的入口速度均为 0.025 m/s,因此这两个时刻的速度分布非常接近,但在这两个时刻,在堆芯上壁面和侧壁面的拐角处出现的涡流大小不同。

由于受速度和功率分布的影响,在第 10 s 和第 20 s,六组缓发中子先驱核的分布变化存在差异,呈现与速度场和功率相恰的分布情况,由于速度的降低,缓发中子先驱核向下游移动的趋势减小。同时由于快、热中子通量密度的减小,缓发中子先驱核浓度亦相应减小。

参考文献

[1] HOSNEDL P, IGNATIEV V, MATAL O. Material for MSR[C]// ALISIA final meeting, Paris, March 04,2008.

[2] BRIANT R C, WEINBERG A M. Molten Fluorides as Power Reactor Fuels [J]. NUCLEAR SCIENCE AND ENGINEERING,1957,2:797-803.

第3章 液体燃料熔盐堆热工水力分析

[3] KREPEL J, GRUNDMANN U, ROHDE U. DYN1D-MSR dynamics code for molten salt reactors[J]. Annals of Nuclear Energy, 2005, 32:1799 – 1824.

[4] KREPEL J, GRUNDMANN U, ROHDE U. DYN3D-MSR spatial dynamics code for molten salt reactors[J]. Annals of Nuclear Energy, 2007, 34:449 – 462.

[5] KREPEL J, ROHDE U, GRUNDMANN U. Simulation of molten salt reactor dynamics[C]// International Coference Nuclear Energy for New Europe'05, Bled, Slovenia, September 5 – 8, 2005.

[6] KREPEL J, ROHDE U, GRUNDMANN, et al. Dynamics of molten salt reactors[J]. Nuclear Technology, 2008, 164:34 – 44.

[7] WANG S, FLAD M, RINEISKI A, et al. Extension of the SIMMER-III code for analysing molten salt reactors[C]//In: Proceedings of the Jahrestagung Kerntechnik'03, Berlin, Germany, May 20 – 22, 2003.

[8] WANG S, RINEISKI A, MASCHEK W. Molten salt related extensions of the SIMMER-III code and its application for a burner reactor[J]. Nuclear Engineering and Design, 2006, 236:1580 – 1588.

[9] AYSEN E M, SEDOVL A, SUBBOTIN A S. Studies of Thermal Hydraulics and Heat Transfer in Cascade Subcritical Molten Salt Reactor[C]//The 11th International Topical Meeting on Nuclear Reactor Thermal-Hydraulics (NURETH-11), Log Number:027, Popes Palace Conference Center, Avignon, France, October 2 – 6, 2005.

[10] MANDIN P, BELACHGAR H, PICARD G. Hydrothermal Modeling for The Molten Salt[C]//The 11th International Topical Meeting on Nuclear Reactor Thermal-Hydraulics(NURETH-11), Log Number:227, Popes Palace Conference Center, Avignon, France, October 2 – 6, 2005.

[11] YAMAMOTO T, MITACHI K, NISHIO M. REACTOR CONTROLLABILITY OF 3-REGION-CORE MOLTEN SALT REACTOR SYSTEM- A STUDY ON LOAD FOLLOWING CAPABILITY[C]//Proceeding of International Coference on Nuclear Engineering 14, July 17 – 20, Miami, Florida, USA, Paper No. ICONE14 – 89440.

[12] 陶文铨. 数值传热学[M]. 2版. 西安:西安交通大学出版社, 2001.

[13] OTT K O, BEZELLA W A. Introductory nuclear reactor statics[M]. Rev. ed. Illinois: American Nuclear Society, 1989.

[14] BANDINI B R. A three–dimensional transient neutronics routine for the

TRAC—PF1 reactor thermal hydraulic computer code[D]. Pennsylvania: The Pennsylvania State University ,1990.

[15] CLESS C M, PRESCOTT P J. Effect of time marching schemes on predictions of oscillatory natural convection in fluid of low prandtl number[J]. Numerical heat transfer, Part A, Applications,1996,29(6):575-597.

[16] GHIA U, GHIA K N, SHIN C T. High-Re Solutions for incompressible flow using the Navier-Stokes equations and a multigrid method[J]. Journal of Computer Physics,1982, 48:387-410.

>>> 第 4 章
液体燃料熔盐堆安全特性分析

　　液体燃料熔盐堆的燃料盐既是反应堆热源又是冷却剂,液体燃料在流动换热的过程中,会将裂变产物及其缓发中子先驱核带出堆芯,并在堆外衰变。液体熔盐堆的这一特征,使得传统反应堆安全分析中普遍采用的点堆动力学模型不再适用,必须针对液体燃料熔盐堆的燃料流动特性,建立适应的中子动力学模型,并在此基础上,开展液体燃料熔盐堆的安全特性分析。

　　本章在液体燃料熔盐堆中子扩散模型的基础上,考虑液态燃料带来的缓发中子先驱核的流动性,推导了液体燃料熔盐堆的精确点堆中子动力学模型,并在此基础上通过构建液体燃料与固体燃料的关联性,建立了液体燃料熔盐堆近似点堆中子动力学模型。同时,建立液体燃料熔盐堆堆芯流动换热基础模型,并基于裂变热源以及反应性温度反馈效应,实现了中子动力学及热工分析的耦合计算。采用不同的点堆模型考察了液体燃料熔盐堆无保护失流事故下的系统响应,最后,计算了反应性升高事故、泵停转事故、无保护堆芯入口过冷事故三个液体燃料熔盐堆的假想事故,揭示了液体燃料熔盐堆在不同事故下的堆芯温度、反应性、功率以及缓发中子先驱核的变化规律,为熔盐堆的设计研发提供理论参考。

4.1 液体燃料反应堆的精确点堆动力学模型推导

　　熔盐堆的核安全准则与所有反应堆的通用核安全准则相同,即在所有情况下,包括正常运行或反应堆停闭状态、故障工况或事故状态,均可有效地控制反应性、确保堆芯冷却和包容放射性产物。反应堆安全分析的核心问题是如何快速求解瞬态过程中的功率变化。固体燃料反应堆的实践表明点堆动力学模型是一种比较简单有效的近似处理方法,但是液体燃料反应堆燃料盐的流动特性,使得适用于固体燃料反应堆的点堆动力学模型不再适用于液体燃料反应堆,因此,必须从液体燃料反应堆最基本的中子动力学方程开始重新推导其点堆动力学模型。

点堆动力学模型最简单的推导方法是从核反应堆的单群时空动力学方程出发,假定中子通量密度 $\phi(r,t)$ 和先驱核浓度 $C_i(r,t)$ 可以直接分解成空间形状函数或形状因子 $\varphi(r)$、$g_i(r)$ 与时间相关的幅函数 $p_r(t)$ 和 $c_i(t)$ 的乘积的形式,同时假设先驱核的浓度分布具有与中子通量密度分布相同的分布函数,即 $g_i(r)/\varphi(r)=1$[1]。其中第二条假设对于固体燃料反应堆是适用的,而对于液体燃料反应堆是不可行的。Henry 首次从固体燃料反应堆的能量、时间、空间相关的中子动力学模型出发,无任何假设的条件下,推导了精确的点堆动力学模型[2],之后这个方法得到了很大的发展[1,3,4]。本研究采用类似的方法,通过微扰理论,从液体燃料反应堆的能量、时间、空间相关的中子扩散方程出发(Henry 使用的是中子输运方程),推导适用于液体燃料反应堆的精确点堆动力学模型。

液体燃料反应堆的通量控制方程中的对流项由于燃料流动速度远远小于中子运动速度,可以忽略不计,采用算子形式将其描述如下

$$\frac{1}{v(E)}\frac{\partial \phi(r,E,t)}{\partial t} = (1-\beta)\chi_p(E)\mathbf{F}\phi(r,E,t) - \mathbf{M}\phi(r,E,t) + \sum_i \chi_{d,i}(E)\lambda_i C_i(r,t) \quad (4-1)$$

缓发中子先驱核浓度方程亦采用算子形式表达

$$\frac{\partial C_i(r,t)}{\partial t} + \nabla \cdot [UC_i(r,t)] = -\lambda_i C_i(r,t) + \beta_i \mathbf{F}\phi(r,E,t) \quad (4-2)$$

式中:

$$\mathbf{F}\phi(r,E,t) = \int_{E'} \nu\Sigma_f(r,E',t)\phi(r,E',t)\mathrm{d}E' \quad (4-3)$$

$$\mathbf{M}\phi(r,E,t) = -\nabla \cdot D(r,E,t)\nabla\phi(r,E,t) + \Sigma_t(r,E,t)\phi(r,E,t) - \int_{E'} \Sigma_s(r,E'\to E,t)\phi(r,E',t)\mathrm{d}E' \quad (4-4)$$

4.1.1 通量幅函数方程

首先推导通量幅函数的精确动力学方程。在方程(4-1)的右边加、减缓发中子项 $\beta\chi_d(E)\mathbf{F}\phi(r,E,t)$ 可得

$$\frac{1}{v(E)}\frac{\partial \phi(r,E,t)}{\partial t} = \chi(E)\mathbf{F}\phi(r,E,t) - \mathbf{M}\phi(r,E,t) - \beta\chi_d(E)\mathbf{F}\phi(r,E,t) + \sum_i \chi_{d,i}(E)\lambda_i C_i(r,t) \quad (4-5)$$

其中:

$$\chi(E) = (1-\beta)\chi_p(E) + \beta\chi_d(E) \quad (4-6)$$

在方程(4-5)左右两边同时乘以权重函数 W，并对能量和空间积分得

$$\frac{\partial}{\partial t}\left(W, \frac{\phi}{v(E)}\right) = (W, \chi(E)\boldsymbol{F}\phi) - (W, \boldsymbol{M}\phi) - (W, \beta\chi_d(E)\boldsymbol{F}\phi) +$$

$$\left(W, \sum_i \chi_{d,i}(E)\lambda_i C_i(r,t)\right) \quad (4-7)$$

式中：$(,)$ 表示内积。

在式(4-8)所示的约束条件下，可将中子通量 $\phi(r,E,t)$ 分解成时间相关的幅函数 $p_r(t)$ 和能量、时间、空间相关的形状函数 $\psi(r,E,t)$ 的乘积的形式，如式(4-9)所示。

$$\left(W, \frac{\psi(r,E,t)}{v(E)}\right) = \text{const} = K_0 \quad (4-8)$$

$$\phi(r,E,t) \equiv p_r(t) \cdot \psi(r,E,t) \quad (4-9)$$

将式(4-9)代入方程(4-7)可得

$$\frac{\partial}{\partial t}\left(W, \frac{p_r(t)\psi(r,E,t)}{v(E)}\right) = (W, \chi(E)\boldsymbol{F}\psi(r,E,t)p_r(t)) - (W, \boldsymbol{M}\psi(r,E,t)p_r(t)) -$$

$$(W, \beta\chi_d(E)\boldsymbol{F}\psi(r,E,t)p_r(t)) +$$

$$\left(W, \sum_i \chi_{d,i}(E)\lambda_i C_i(r,t)\right) \quad (4-10)$$

将方程(4-10)中的各项展开可得

$$\left(W, \frac{\psi(r,E,t)}{v(E)}\right)\frac{\mathrm{d}p_r(t)}{\mathrm{d}t} + p_r(t)\frac{\partial}{\partial t}\left(W, \frac{\psi(r,E,t)}{v(E)}\right)$$

$$= (W, \chi(E)\boldsymbol{F}\psi(r,E,t))p_r(t) - (W, \boldsymbol{M}\psi(r,E,t))p_r(t) -$$

$$(W, \beta\chi_d(E)\boldsymbol{F}\psi(r,E,t))p_r(t) + \left(W, \sum_i \chi_{d,i}(E)\lambda_i C_i(r,t)\right) \quad (4-11)$$

由约束条件(4-8)可知

$$\frac{\partial}{\partial t}\left(W, \frac{\psi(r,E,t)}{v(E)}\right) = 0 \quad (4-12)$$

将此约束条件应用于方程(4-11)，同时在方程两边同除以权重函数加权了的裂变中子准稳态源项(见式(4-13))，可将其化为方程(4-14)。

$$Y = (W, \chi(E)\boldsymbol{F}\psi(r,E,t)) \quad (4-13)$$

$$\frac{\left(W, \frac{\psi}{v(E)}\right)}{Y}\frac{\mathrm{d}p_r(t)}{\mathrm{d}t} = \frac{[(W, \chi(E)\boldsymbol{F}\psi) - (W, \boldsymbol{M}\psi)]}{Y}p_r(t) -$$

$$\frac{(W, \beta\chi_d(E)\boldsymbol{F}\psi(r,E,t))}{Y}p_r(t) +$$

$$\frac{\left(W, \sum_i \chi_{d,i}(E)\lambda_i C_i(r,t)\right)}{Y} \quad (4-14)$$

定义如下参数

$$\Lambda(t) = \frac{\left(W, \dfrac{\psi}{v(E)}\right)}{Y} \tag{4-15}$$

$$\rho(t) = \frac{[(W, \chi(E)\boldsymbol{F}\psi) - (W, \boldsymbol{M}\psi)]}{Y} \tag{4-16}$$

$$\tilde{\beta}(t) = \frac{(W, \beta\chi_d(E)\boldsymbol{F}\psi(r,E,t))}{Y} = \sum_{i=1}\tilde{\beta}_i \tag{4-17}$$

$$s_d(t) = \frac{(W, \sum_i \chi_{d,i}(E)\lambda_i C_i(r,t))}{Y} = \sum_{i=1}\lambda_i \frac{(W, \chi_{d,i}(E)C_i(r,t))}{Y}$$

$$= \Lambda(t)\sum_{i=1}\lambda_i c_i(t) \tag{4-18}$$

$$c_i(t) = \frac{(W, \chi_{d,i}(E)C_i(r,t))}{K_0} = \frac{(W, \chi_{d,i}(E)C_i(r,t))}{\Lambda(t)\cdot Y} \tag{4-19}$$

将式(4-15)~式(4-19)代入方程(4-14),两边同时除以 $\Lambda(t)$ 即得通量幅函数的点堆动力学方程如下

$$\frac{\mathrm{d}p_r(t)}{\mathrm{d}t} = \frac{\rho(t)-\tilde{\beta}(t)}{\Lambda(t)}p_r(t) + \sum_{i=1}\lambda_i c_i(t) \tag{4-20}$$

方程(4-20)表明液体燃料反应堆通量幅函数的点堆动力学方程的形式与固体燃料反应堆的点堆动力学方程形式相同,这是因为液体燃料反应堆中子时空动力学方程忽略了对流项后,与固体燃料反应堆的中子时空动力学方程完全相同。

4.1.2 有效缓发中子先驱核方程

采用类似的方法推导有效缓发中子先驱核浓度 $c_i(t)$ 的控制方程。首先在方程(4-2)两边同时乘以 $\chi_{d,i}(E)$ 和权重函数 W,引入中子通量的分解式(4-9),再将方程对空间和能量积分得

$$\frac{\partial}{\partial t}(W, \chi_{d,i}(E)C_i(r,t)) = -\lambda_i(W, \chi_{d,i}(E)C_i(r,t)) + (W, \chi_{d,i}(E)\beta_i \boldsymbol{F}\psi(r,E,t))p_r(t)$$

$$- (W, \chi_{d,i}(E)\nabla\cdot[\vec{U}C_i(r,t)]) \tag{4-21}$$

方程(4-21)左右两边同时除以 $\left(W, \dfrac{\psi(r,E,t)}{v(E)}\right)$(即 K_0)得

$$\frac{\partial}{\partial t}\frac{(W, \chi_{d,i}(E)C_i(r,t))}{K_0} = -\lambda_i \frac{(W, \chi_{d,i}(E)C_i(r,t))}{K_0} +$$

$$\frac{(W, \beta_i \chi_{d,i}(E)\boldsymbol{F}\psi(r,E,t))}{K_0}p_r(t) -$$

$$\frac{(W, \chi_{d,i}(E)\nabla\cdot[\boldsymbol{U}C_i(r,t)])}{K_0} \tag{4-22}$$

定义第 i 组缓发中子先驱核的有效份额 $\tilde{\beta}_i$ 为

$$\tilde{\beta}_i = \frac{(W, \beta_i \chi_{d,i}(E) F\psi)}{Y} \quad (4-23)$$

同时将有效缓发中子先驱核浓度 $c_i(t)$ 的定义式(4-19)和式(4-23)代入方程(4-22),即可得有效缓发中子先驱核浓度方程为

$$\frac{\mathrm{d}}{\mathrm{d}t}c_i(t) = -\lambda_i c_i(t) + \frac{\tilde{\beta}_i}{\Lambda(t)}p_r(t) - \frac{(W, \chi_{d,i}(E)\nabla \cdot [UC_i(r,t)])}{K_0} \quad (4-24)$$

方程(4-24)表明,有效缓发中子先驱核浓度依然与空间相关的缓发中子先驱核浓度 $C_i(r,t)$ 有关,方程(4-19)和方程(4-24)构成的点堆动力学模型并不闭合,需要同时求解 $C_i(r,t)$ 的控制方程,即方程(4-2),这是一个含有空间变量的方程,计算时需要考虑其边界条件。如果缓发中子先驱核在反应堆外部回路中运行衰变的时间为 τ_l,则入口边界条件为

$$C_i(r=\text{inlet},t) = C_i(r=\text{outlet},t-\tau_l)\mathrm{e}^{-\lambda_i \tau_l} \quad (4-25)$$

而出口边界条件可采用

$$\left.\frac{\partial C_i(r,t)}{\partial n}\right|_{r=\text{outlet}} = 0 \quad (4-26)$$

由上可得方程(4-19)、(4-24)、(4-2)及其相应边界条件即构成了液体燃料反应堆的精确点堆动力学模型。

在这里需要特别指出的是,采用式(4-23)计算有效缓发中子份额,需要将缓发中子先驱核的组群划分得非常细密方可。由于 $\lambda_i C_i = \beta_i F\psi$,因此可以采用下式计算有效缓发中子份额

$$\tilde{\beta}_i = \frac{(W, \chi_{d,i}(E)\lambda_i C_i)}{Y} \quad (4-27)$$

4.1.3 固体燃料反应堆点堆动力学模型的拓展

目前常用的反应堆安全分析软件中的点堆动力学模型都是只适用于固体反应堆的,如何使其方便地拓展到液体燃料反应堆,是一个有意义的研究点。Rineiski 在将准静态方法拓展到嬗变概念反应堆时,首次提出了将缓发中子先驱核 $C_i(r,t)$ 纯粹从数学意义上分成标准项 $C_{s,i}(r,t)$ 和可移动项 $C_{m,i}(r,t)$[5,6]。本小节在此基础上寻找液体燃料反应堆点堆动力学模型与固体燃料反应堆点堆动力学模型的联系。首先分离 $C_i(r,t)$ 如下

$$C_i(r,t) = C_{s,i}(r,t) + C_{m,i}(r,t) \quad (4-28)$$

则 $C_i(r,t)$ 的控制方程(4-2)可以分解成关于 $C_{s,i}(r,t)$ 和 $C_{m,i}(r,t)$ 两个变量的方程,如下

$$\frac{\partial C_{s,i}(r,t)}{\partial t} = -\lambda_i C_{s,i}(r,t) + \beta_i F\phi(r,E,t) \quad (4-29)$$

$$\frac{\partial C_{m,i}(r,t)}{\partial t} = -\lambda_i C_{m,i}(r,t) - \nabla \cdot [UC_{m,i}(r,t)] \qquad (4-30)$$

采用 4.1.1 节及 4.1.2 节中相同的推导方法,同时定义有效缓发中子先驱核浓度的标准项和可移动项如下

$$c_{s,i}(t) = \frac{(W, \chi_{d,i}(E)C_{s,i}(r,t))}{K_0} = \frac{(W, \chi_{d,i}(E)C_{s,i}(r,t))}{\Lambda(t) \cdot Y} \qquad (4-31)$$

$$c_{m,i}(t) = \frac{(W, \chi_{d,i}(E)C_{m,i}(r,t))}{K_0} = \frac{(W, \chi_{d,i}(E)C_{m,i}(r,t))}{\Lambda(t) \cdot Y} \qquad (4-32)$$

则最后可得分离后的点堆动力学方程组如下

$$\frac{dp_r(t)}{dt} = \frac{\rho(t) - \widetilde{\beta}(t)}{\Lambda(t)} p_r(t) + \sum_{i=1} \lambda_i c_{s,i}(t) + \sum_{i=1} \lambda_i c_{m,i}(t) \qquad (4-33)$$

$$\frac{d}{dt} c_{s,i}(t) = -\lambda_i c_{s,i}(t) + \frac{\widetilde{\beta}_i}{\Lambda(t)} p_r(t) \qquad (4-34)$$

$$\frac{dc_{m,i}(t)}{dt} = -\lambda_i c_{m,i}(t) - \frac{(W, \chi_{d,i}(E) \nabla \cdot [UC_{m,i}(r,t)])}{K_0} \qquad (4-35)$$

定义:

$$\beta_{loss} = \frac{\Lambda(t)}{p_r(t)} \sum_{i=1} \lambda_i c_{m,i}(t) \qquad (4-36)$$

则方程(4-33)可写成

$$\frac{dp_r(t)}{dt} = \frac{\rho(t) - (\widetilde{\beta}(t) - \beta_{loss})}{\Lambda(t)} p_r(t) + \sum_{i=1} \lambda_i c_{s,i}(t) \qquad (4-37)$$

对比方程(4-37)、(4-34)与固体燃料反应堆的点堆动力学方程组,可以看出它们具有相同的形式。故在求解时,只需要在固体燃料反应堆的点堆动力学方程基础上,将先驱核浓度可移动项引入的 β_{loss} 作为反应性反馈,而不需要改变方程的求解过程。而移动项控制方程的求解可与热工水力计算配合求解。

4.1.4 权重函数与中子价值

前面三小节精确点堆动力学模型的推导中有一个很重要的变量——权重函数,在反应堆物理中,通常采用中子价值作为权重函数。中子价值反映了不同位置的中子对链式反应或反应堆功率的贡献或"重要程度"。理论研究表明,中子价值方程是稳态中子物理方程的共轭方程,也就是共轭通量密度,即中子价值。由于缓发中子的份额很小,对反应堆功率的影响不大,因此,可以忽略缓发中子的价值,得到任意 g 群中子价值 ϕ_g^+ 的控制方程如下

$$\nabla \cdot D_g \nabla \phi_g^+ - \Sigma_{r,g} \phi_g^+ + (\nu \Sigma_r)_g \sum_{g'=1}^{G} \chi_{g'} \phi_{g'}^+ + \sum_{g'=1, g' \neq g}^{G} \chi_{g \to g'} \phi_{g'}^+ = 0 \qquad (4-38)$$

中子价值方程的边界条件为在入口、出口和堆芯外壁面处中子价值为零,即

$$\phi_g^+(z=\text{inlet})=\phi_g^+(z=\text{outlet})=\phi_g^+(r=\text{out surface})=0 \qquad (4-39)$$

观察方程(4-38),可以看出它也可以化成第3章方程(3-30)的统一形式,因此对中子价值的计算可以采用与第3章介绍的求解中子通量密度相同的方法。

4.2 液体燃料反应堆的近似点堆动力学模型

上一节推导了液体燃料反应堆的精确点堆动力学模型,由于使用与空间相关的有效缓发中子先驱核控制方程,需要耦合求解,从而增加了计算时间。以上的精确点堆动力学模型可以进一步简化,最简单的简化方法是直接采用固体燃料反应堆的点堆动力学模型,而将其中的缓发中子先驱核份额采用液体燃料反应堆的有效值[7]。Shimazu等考虑了缓发中子先驱核在外部回路中衰变后回到堆芯和从堆芯流出的这两个液体燃料反应堆特有的过程,采用如下方程修正了有效缓发中子先驱核浓度的控制方程[8-11]

$$\frac{\mathrm{d}c_i}{\mathrm{d}t}=\frac{\beta_i}{\Lambda}n(t)-\lambda_i c_i-\frac{1}{\tau_c}c_i+\frac{\exp(-\lambda_i \tau_l)}{\tau_c}c_i(t-\tau_l) \qquad (4-40)$$

式中:右边第三项表示流出堆芯的先驱核,最后一项表示经过回路衰变重新回到堆芯的先驱核。

在精确模型的基础上通过适当的简化,推导一种适用于液体燃料反应堆的近似点堆动力学模型。首先将缓发中子先驱核浓度 $C_i(r,t)$ 分成两部分,一部分在堆芯内,一部分在回路内,分别表示为 $C_{c,i}(r,t)$ 和 $C_{l,i}(r,t)$,则方程(4-2)可以分解成相应的两个控制方程

$$\frac{\partial C_{c,i}(r,t)}{\partial t}+\nabla\cdot[UC_{c,i}(r,t)]=-\lambda_i C_{c,i}(r,t)+\beta_i F\phi(r,E,t) \qquad (4-41)$$

$$\frac{\partial C_{l,i}(r,t)}{\partial t}+\nabla\cdot[UC_{l,i}(r,t)]=-\lambda_i C_{l,i}(r,t) \qquad (4-42)$$

同时假设权重函数 $W=1$,很容易推得中子幅函数方程与固体燃料反应堆中子幅函数的形式相同,如方程(4-21)所示。而有效缓发中子先驱核浓度与固体燃料反应堆不同的是对流项的体积积分,对于 $C_{c,i}(r,t)$ 有

$$\int_V \nabla\cdot[UC_{c,i}(r,t)]\mathrm{d}V=\int_S [UC_{c,i}(r,t)]\cdot n\mathrm{d}S$$

$$=(uC_{c,i}A)|_{\text{out}}-(uC_{c,i}A)|_{\text{in}} \qquad (4-43)$$

其中

$$\begin{cases}(uC_{c,i}A)|_{\text{out}}=\dfrac{L_{\text{core}}uC_{c,i}A}{L_{\text{core}}}=\dfrac{L_{\text{core}}AC_{c,i}}{L_{\text{core}}/u}=\dfrac{c_{c,i}}{\tau_c}\\ (uC_{c,i}A)|_{\text{in}}=c_{l,i}\dfrac{1}{\tau_l}\left(\dfrac{V_l}{V_c}\right)\end{cases} \qquad (4-44)$$

从而可得堆芯内有效缓发中子先驱核浓度方程为

$$\frac{dc_{c,i}}{dt} = \frac{\beta_i}{\Lambda} p_r(t) - \lambda_i c_{c,i} + c_{l,i} \frac{1}{\tau_l} \left(\frac{V_l}{V_c}\right) - c_{c,i} \frac{1}{\tau_c} \qquad (4-45)$$

而对于 $C_{l,i}(r,t)$

$$\begin{cases} (uC_{l,i}A)|_{\text{out}} = \dfrac{c_{l,i}}{\tau_l} \\ (uC_{l,i}A)|_{\text{in}} = c_{c,i} \dfrac{1}{\tau_c} \left(\dfrac{V_c}{V_l}\right) \end{cases} \qquad (4-46)$$

可得外部回路中有效缓发中子先驱核浓度方程为

$$\frac{dc_{l,i}}{dt} = -\lambda_i c_{l,i} + c_{c,i} \frac{1}{\tau_c} \left(\frac{V_c}{V_l}\right) - c_{l,i} \frac{1}{\tau_l} \qquad (4-47)$$

最终,方程(4-21)、方程(4-45)和方程(4-47)构成了液体燃料反应堆的近似点堆动力学模型。

4.3 堆芯热传输模型

从前面建立的精确或近似点堆动力学模型可以看出,反应性 $\rho_r(t)$ 是一个重要的参数。反应堆在带功率运行时,必须考虑反应性反馈效应。反应性反馈产生于堆内温度、压力和流量的变化。但是一般压力效应很小,可以忽略不计;流量的变化引起的反应性变化可以通过有效缓发中子先驱核浓度方程进行计算;温度对反应性的影响是一项主要的反馈效应,对其处理可以采用与近似点堆动力学模型相类似的原理,以一个集总参量模型代替对空间变量的描述,从而避免直接求解整套热工水力方程的复杂性。采用能量守恒原理建立堆芯的热传输模型,对于液体燃料盐为

$$M_f C_{p,f} \frac{dT_f}{dt} = F_f P_r - 2w(t) C_{p,f} (T_f - T_{\text{in}}) + h_{fg} A_{fg} (T_g - T_f) \qquad (4-48)$$

对于堆芯石墨的能量守恒方程为

$$M_g C_{p,g} \frac{dT_g}{dt} = F_g P_r + h_{fg} A_{fg} (T_f - T_g) \qquad (4-49)$$

其中传热系数 h_{fg} 可选择适当的 Nu 关系式进行计算,对于熔盐燃料,ORNL 在实验数据的基础上得到了如下关系式[12]

$$Nu = 0.089 (Re^{2/3} - 125) Pr^{0.33} \left(\frac{\mu_{\text{bulk}}}{\mu_{\text{surf}}}\right)^{0.14} \qquad (4-50)$$

在中子物理分析反应性温度系数计算的基础上,分析可通过下式计算燃料盐温度和石墨温度对反应性的反馈

$$\rho_{r,T}(t) = \alpha_f (T_f - T_{f0}) + \alpha_g (T_g - T_{g0}) \qquad (4-51)$$

4.4 不同点堆动力学模型的比较

以上建立了液体燃料反应堆的精确和近似点堆动力学模型,对比 Shimazu 建立的点堆动力学模型及仅改变参数的固体燃料反应堆的点堆动力学模型,可以看出:所有模型中中子幅函数方程的形式是一样的,不同的是有效缓发中子先驱核的模化方程。下面在假设中子通量和裂变源形状不变的情况下,将以上所有模型应用于 MOSART 概念反应堆的无保护失流(Unprotected Loss of Flow,ULOF)事故,从而比较不同点堆动力学模型中有效缓发中子先驱核模化方法的异同。以下将精确模型表示成 SM,近似模型表示成 MPMS,Shimazu 的模型表示成 MPM,采用静态缓发中子参数的固体点动力学模型表示成 PMS,而使用有效参数的模型表示成 PME,其中 PME 的有效缓发中子先驱核份额来自 SM 的计算结果。

首先在稳态工况下分析先驱核的流动效应。液体燃料反应堆的初始反应性 $\rho_r(0)$ 与移出堆芯的有效缓发中子先驱核份额(β_{loss})在数值上相等但符号相反,缓发中子先驱核的流动效应用 $\beta_{loss}/\beta_{static}$ 表示,其中 MOSART 的 $\beta_{static}=339.8\times 10^{-5}$。MPM、MPMS 和 PMS 模型的初始反应性可以通过消除控制方程的时间项求得,分别表示如下

$$\rho_{r,\mathrm{MPM}}(0)=\sum_{i=1}^{6}\beta_i\left[1-\frac{\lambda_i}{\lambda_i+\frac{1}{\tau_c}(1-\exp(-\tau_l\lambda_i))}\right] \quad (4-52)$$

$$\rho_{r,\mathrm{MPMS}}(0)=\sum_{i=1}^{6}\beta_i\left[1-\frac{\lambda_i}{\lambda_i+\frac{1}{\tau_c}(1-\frac{1/\tau_l}{\lambda_i+1/\tau_l})}\right] \quad (4-53)$$

$$\rho_{r,\mathrm{PMS}}(0)=0 \quad (4-54)$$

对于 SM 模型的初始反应性,可以通过计算移出堆芯的有效缓发中子先驱核份额 β_{loss} 来获得;而 PME 模型的有效缓发中子先驱核份额来自 SM 模型,初始反应性为 0。

计算结果列于表 4-1 中,MPM 和 MPMS 模型计算的缓发中子先驱核流动效应很接近,这是因为这两个模型的本质是一致的。而 SM 模型计算的缓发中子先驱核流动效应偏大,这是因为 SM 模型考虑了空间作用,堆芯中心价值高的中子流出堆芯的概率高,这个结果与 MSRE 的实验结果(33%)比较接近。

ULOF 瞬态工况下,堆芯流量由初始的 10000 kg/s 在 7 s 内降低到初始值的 4%,如图 4-1 所示,图中也给出了该工况下堆芯相对功率随时间的变化。由图可以看出,所有模型计算的堆芯功率均迅速下降,在 80 s 后稳定在初始值的 4% 左右,与流量匹配;与泵停转事故下的堆芯相对功率变化类似,即流量降低后,堆芯的功

表 4-1 各模型初始反应性

模型	反应性/10^{-5}	$\beta_{loss}/\beta_{static}$
SM	127	37.8%
PMS	0	0
PME	0	37.8%
MPM	82	24%
MPMS	72	22%

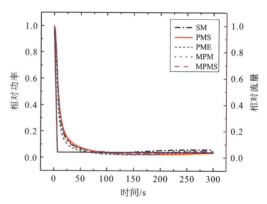

图 4-1 ULOF 工况下相对功率和流量

率会随之降低,并最后达到与流量相匹配的新的功率水平;两个计算相互印证,证明了物理热工耦合计算与安全计算的正确性。

图 4-2 和图 4-3 给出了燃料盐和石墨的平均温度,从中可以看出燃料盐的平均温度先升高,达到一个最大值之后又降低,最后达到稳定,其中 PMS 模型得到的最高温度为 751 ℃,PME 模型得到的最高温度为 722 ℃,另外三个模型得到的最高温度比较接近,介于这两个模型计算结果之间。PMS 和 PME 模型得到的燃料盐最终温度基本相同,这是因为这两个模型的本质是一样的,没有考虑流动对缓发中子先驱核的影响;MPM 和 MPMS 模型得到的燃料盐最终温度也基本相同;SM 模型得到的燃料盐最终温度稍高,这与其计算的功率是对应的。各模型计算的石墨平均温度随时间的变化趋势都是逐渐降低的,可以发现与燃料盐温度变化类似的现象。

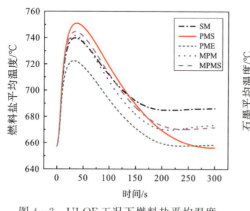

图 4-2 ULOF 工况下燃料盐平均温度

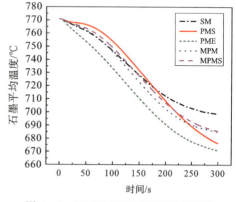

图 4-3 ULOF 工况下石墨平均温度

燃料盐温度和石墨温度引起的反应性变化分别如图 4-4 和图 4-5 所示,由于它们的温度负反馈系数,它们引起的反应性的变化与温度变化的趋势是相反的,由于石墨的温度反应性系数很小,其引起的反应性反馈比燃料盐的温度反应性反馈小得多。

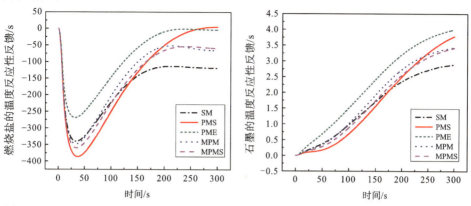

图 4-4 ULOF 工况下燃料盐的温度反应性反馈　　图 4-5 ULOF 工况下石墨的温度反应性反馈

为了考察有效缓发中子先驱核对反应性的贡献,将中子幅函数方程改写成如下形式

$$\frac{\Lambda}{p_r(t)}\frac{\mathrm{d}p_r(t)}{\mathrm{d}t} = \rho - \beta + \frac{\Lambda}{p_r(t)}\sum_{i=1}^{6}\lambda_i c_i(t) \qquad (4-55)$$

式中:最后一项即为有效缓发中子先驱核对反应性的贡献。

所有模型计算结果如图 4-6 所示,作为对比,图中同时给出了总的温度反应性反馈。由图可以看出有效缓发中子先驱核对反应性的贡献是先增大后减小,这个趋势与温度对反应性反馈的趋势相反。有效缓发中子先驱核对反应性的贡献由两个因素决定：功率和流量。流量降低使得流出堆芯的有效缓发中子先驱核减少,从而使得反应性升高；而流量降低使得功率降低,又会使反应性降低。有效缓发中子先驱核对反应性贡献的变化趋势

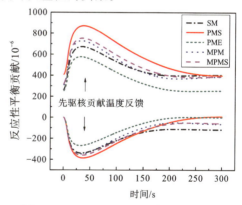

图 4-6 ULOF 工况下反应性平衡贡献

表明,在初始阶段流量变化引起的反应性变化占主导地位,而到事故后期功率的影响起主要作用。

为了考察流动对反应性的影响,采用 4.1.3 节中的方法进行计算,流动对反应性的影响可以表示成有效缓发中子先驱核中的移动项对反应性的贡献,它和标准项对反应性贡献的表达式分别为：$-\frac{\Lambda}{p_r(t)}\sum_{i=1}^{6}\lambda_i c_{m,i}(t)$ 和 $\frac{\Lambda}{p_r(t)}\sum_{i=1}^{6}\lambda_i c_{s,i}(t)$。计算结果如图 4-7 所示,由图可以看出流动带出的反应性先增大后减小,在堆芯流量稳

定后亦稳定到接近于零,由于流动的影响,实际的有效缓发中子先驱核对反应性的贡献等于采用标准模型得到反应性贡献减去有效先驱核流动带出的反应性。

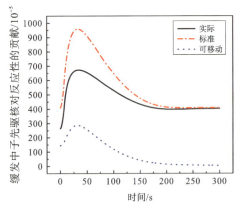

图4-7 ULOF工况下缓发中子先驱核对反应性的贡献

4.5 MOSART 安全分析

4.5.1 中子价值和有效缓发中子份额

图4-8所示为MOSART堆芯中不同位置上的快、热中子价值,由图可以发现,快、热中子价值分布很相似,在反应堆堆芯中间部分价值最高,从中心部分向四

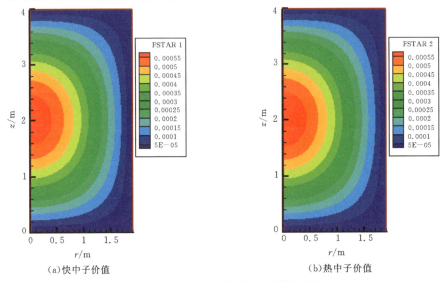

图4-8 MOSART 快、热中子价值分布

周扩展,中子价值逐渐降低。与快、热中子通量密度的空间分布比较发现,快中子价值的空间分布与其通量密度的分布类似;尽管热中子通量密度在靠近石墨的附近区域会有升高,但是在该处的价值并没有因此而升高。

第4章在流场的基础上计算了有效缓发中子份额,将其与其他流动条件下的基准解进行比较,如表4-2所示。其中不流动情况下的缓发中子份额是MOSART静态参数,是其他流动计算的基本参数。由表可以看出,平流和抛物流假设下的缓发中子先驱核损失率($\beta_{loss}/\beta_{eff,static}$)分别为33.7%和38.4%,后者比前者大,这是因为抛物流流动情况下,堆芯中心部分的流速高,带出价值高的中子份额也高。RRC-KI和本研究计算流场下的缓发中子先驱核损失率分别为41.8%和37.8%,本研究计算流场下的有效缓发中子损失率接近于抛物流下的计算结果,从而也表明了本研究计算的流场可能比较接近于抛物流,而RRC-KI计算的流场在堆芯中心区域应该更强。该种方式计算的反应性损失为-127.0×10^{-5},与中子物理分析中采用有效增殖系数变化计算得到的反应性损失-131×10^{-5}比较接近,从而也证明了计算方法的正确性。

表4-2 不同流场下有效缓发中子份额

速度场	$\Delta\rho/10^{-5}$	$\beta_1/10^{-5}$	$\beta_2/10^{-5}$	$\beta_3/10^{-5}$	$\beta_4/10^{-5}$	$\beta_5/10^{-5}$	$\beta_6/10^{-5}$	$\beta_{eff}/10^{-5}$	$\beta_{loss}/10^{-5}$	$\beta_{loss}/\beta_{eff,static}$
不流动	0.0	7.8	77.2	54.9	118.1	61.0	20.8	339.8	0.0	0.0%
平流	-115.2	3.7	37.3	28.9	78.4	56.4	20.5	225.2	114.6	33.7%
抛物流	-131.8	3.6	36.3	27.1	69.3	53.0	20.1	209.5	130.3	38.4%
RRC-KI	-143.4	2.8	29.4	24.1	68.5	53.1	19.9	197.8	142.0	41.8%
本研究	-127.0	3.6	36.3	27.5	70.5	53.5	20.1	211.5	128.3	37.8%

采用4.1.3节中的方法,将缓发中子先驱核分成标准项和流动项两项,从而可以计算相应的六组缓发中子的有效份额,列于表4-3中。其中C_s表示标准项缓发中子对应的有效份额,C_m表示流动项缓发中子的对应值,C_m/C_s反映了流动对各组缓发中子先驱核的影响,比较各个数值,可以看出,缓发中子的衰变常数越大(即寿命越短),流动对其影响越小,这与中子物理计算的结论是相同的。

表4-3 流动对有效缓发中子先驱核的影响

	$\beta_1/10^{-5}$	$\beta_2/10^{-5}$	$\beta_3/10^{-5}$	$\beta_4/10^{-5}$	$\beta_5/10^{-5}$	$\beta_6/10^{-5}$	$\beta_{eff}/10^{-5}$
C_{ms}	3.61614	36.29579	27.46395	70.53406	53.51157	20.09738	211.51891
C_s	7.75137	76.90438	54.69960	117.6245	60.75852	20.74929	338.48761
C_m	4.13523	40.60859	27.23565	47.09039	7.246952	0.651905	126.96870
C_m/C_s	53.348%	52.804%	49.791%	40.035%	11.927%	3.142%	37.511%

4.5.2 可能的初因事故

液体燃料反应堆的安全要求与所有反应堆是一样的,即较小的反应性变化不会引起大的功率波动,并很容易被控制;不会出现较大会引起破坏性的温度升高或压力膨胀的反应性变化。对于 MOSART,可能存在的引起反应性变化的初因事故有:燃料循环过程中流量的变化导致堆芯有效缓发中子先驱核变化所引起的反应性变化,如无保护失流事故;在线燃料处理过程中引起的燃料成分、浓度或密度的变化,从而导致的无保护反应性注入(Unprotected Transient Over Power,UTOP)事故;堆芯入口温度降低引起的主回路无保护过冷(Unprotected Over Cooled,UOC)事故。其中,ULOF 事故在 5.7 节中作为基准事故采用多种模型进行了分析,从而确定不同有效缓发中子先驱核方程模化的异同。在 UOC 事故模型中,假设堆芯入口温度在 60 s 内降低 100 ℃,对该瞬态工况进行模拟。在无保护反应性注入事故中计算了针对熔盐堆可能存在的四种瞬态工况,包括:①反应性为 200×10^{-5} 的未溶解燃料盐颗粒注入反应堆,并保持反应性不变停留在堆芯;②反应性为 200×10^{-5} 的未溶解燃料盐颗粒注入反应堆,并在整个回路中流动;③反应性为 500×10^{-5} 的未溶解燃料盐颗粒注入反应堆,并保持反应性不变停留在堆芯;④反应性为 500×10^{-5} 的未溶解燃料盐颗粒注入反应堆,并在整个回路中流动。

4.5.3 模型的验证

采用 4.2 节和 4.3 节建立的点堆动力学模型分析 MOSART 可能存在的反应性初因事件,在使用该模型之前首先采用 MSRE 的启泵和停泵基准题对模型进行验证,MSRE 的主要参数如表 4-4 所示[13]。

表 4-4 MSRE 的主要参数

参数	数值	参数	数值	参数	数值
堆芯燃料质量/kg	1535.8981	λ_1/s^{-1}	0.0124	$\beta_1/10^{-5}$	22.3
回路燃料质量/kg	3037.6249	λ_2/s^{-1}	0.0305	$\beta_2/10^{-5}$	145.7
堆芯石墨质量/kg	3715	λ_3/s^{-1}	0.111	$\beta_3/10^{-5}$	130.7
堆芯燃料体积/m³	0.6787	λ_4/s^{-1}	0.301	$\beta_4/10^{-5}$	262.8
回路燃料体积/m³	1.3423	λ_5/s^{-1}	1.14	$\beta_5/10^{-5}$	76.6
基准流量/(kg·s⁻¹)	181.6	λ_6/s^{-1}	3.01	$\beta_6/10^{-5}$	28
中子寿命/s	0.00024				

MSRE 启泵和停泵基准题的计算结果如图 4-9 所示。比较两个基准题下的计算结果与实验结果,可以看出两者符合得较好,从而证明了模型和程序的正确性。

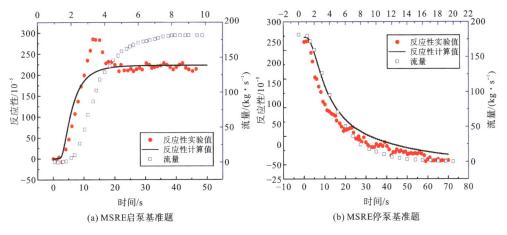

图 4-9 MSRE 启泵、停泵基准题计算

4.5.4 典型事故分析

1. 无保护堆芯入口过冷事故

在堆芯入口过冷事故下,假设堆芯的入口温度在 60 s 内降低 100 ℃,而堆芯质量流量保持不变。计算得到了堆芯功率、燃料盐平均温度、燃料盐出口温度、石墨反射层平均温度、反应性及有效缓发中子份额等重要参量随时间的变化,并将堆芯功率、堆芯各温度的计算结果与 FZK 的 SIM-ADS[14]计算结果比较,如图 4-10 所示。

由图 4-10(a)可以看出,堆芯入口温度在 60 s 内线性降低 100 ℃,对应的堆芯功率近似线性升高到初始功率的 2.7 倍,在堆芯入口温度保持不变后,堆芯功率也维持在初始功率的 2.7 倍不再变化。图 4-10(b)给出了燃料盐入口、平均和出口温度及石墨平均温度随时间的变化,由图可以看出,堆芯功率的升高,导致燃料盐的出口温度随之先近似线性升高然后保持不变,而燃料盐的平均温度则近似保持不变。燃料盐进口温度的快速降低,引入快速升高的正反应性,使得堆芯功率快速升高;堆芯功率的升高使得堆芯燃料盐的温度升高,引入负的反应性,使得燃料盐的温度反应性反馈降低。同时,堆芯功率的升高使得石墨反射层的温度缓慢升高,引入一定的负反应性,最终使得功率趋于平衡。燃料盐和石墨温度变化引入的反应性变化如图 4-10(c)所示,燃料盐和石墨的负温度反馈系数使得温度反应性反馈的变化趋势与温度的变化趋势相反,而石墨的温度反馈系数比燃料盐的温度反馈系数低得多,因此其引起的反应性也比较小。图 4-10(d)给出了反应性平衡的两个主要贡献,一个是温度反馈,一个是缓发中子先驱核的贡献,由图可以看出两者的变化趋势是相反的。图 4-10(a)和图 4-10(b)空心点给出了 FZK 采用

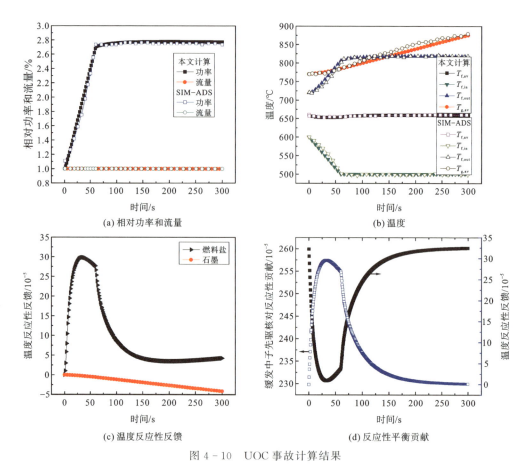

图 4-10 UOC 事故计算结果

SIM-ADS 计算的结果,比较发现本程序计算结果与其计算结果非常接近,从而证明建立的数学模型和编制程序的正确性。

2. 无保护反应性引入事故 UTOP1——$200×10^{-5}$ 反应性阶跃引入

在此计算工况下,初始时刻反应性为 $200×10^{-5}$ 的未溶解燃料盐颗粒注入反应堆,并保持反应性不变停留在堆芯,堆芯流量和入口温度保持不变。计算得到了堆芯功率、燃料盐平均温度、燃料盐出口温度、石墨反射层平均温度、反应性及有效缓发中子份额等重要参量随时间的变化,并将堆芯功率、堆芯各温度的计算结果与 FZK 的 SIM-ADS 计算结果进行比较,如图 4-11 所示。

由图 4-11(a)可以看出,反应性瞬时注入后,堆芯功率瞬间升高到初始功率的 4.5 倍。对应如图 4-11(b)中的温度变化可以看出,燃料盐的出口、平均温度也迅速升高,但是变化的速度比功率变化慢,温度的升高引入负的反应性,从而使得堆芯的功率开始下降。石墨温度的缓慢升高又引入一个小的负反应性,功率在负反应性的驱动下最后稳定在初始功率的 1.7 倍。燃料盐和石墨对应的反应性如

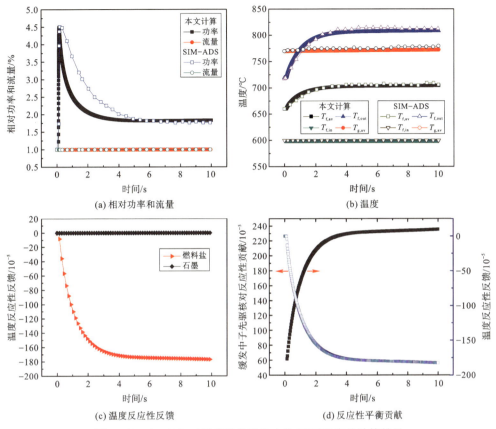

图 4-11 200×10^{-5} 反应性阶跃注入的 UTOP 事故计算结果

图 4-11(c)所示,其变化趋势与相应的温度变化趋势相反。图 4-11(d)给出了反应性平衡的两个贡献,从中可以看出,缓发中子先驱核对反应性的贡献与温度反应性反馈的变化趋势是相反的。图(a)、(b)中空心点给出了 FZK 采用 SIM-ADS 计算的结果,比较可以看出,燃料盐出口、平均温度及石墨反射层的平均温度与其计算结果符合得较好,反应堆功率在下降段有所偏差。

3. 无保护反应性引入事故 UTOP2——200×10^{-5} 反应性循环引入

在此计算工况下,反应性为 200×10^{-5} 的未溶解燃料盐颗粒注入反应堆,并在整个回路中流动,其中堆芯时间为 7 s,回路时间为 4 s,堆芯流量和入口温度保持不变。计算得到了堆芯功率、燃料盐平均温度、燃料盐出口温度、石墨反射层平均温度、反应性及有效缓发中子份额等重要参量随时间的变化,如图 4-12 所示。

由工况的描述可知,带有反应性的燃料盐颗粒在堆芯及回路中作反复循环,循环一次假设为一个周期。由图 4-12(a)可以看出,与反应性的周期注入对应,堆芯功率也以相同的周期变化,第一个周期开始时,堆芯功率瞬间升高到初始功率的

熔盐堆热工水力及安全分析

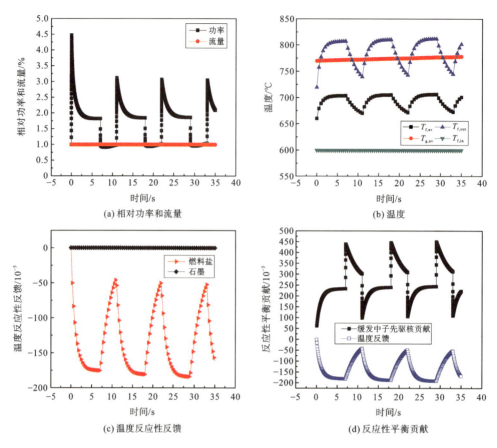

图 4-12 $200×10^{-5}$ 反应性循环注入的 UTOP 事故计算结果

4.5 倍,然后下降到初始功率的 1.8 倍左右,然后在第二个周期堆芯功率升高到原功率的 3.1 倍,随后下降。在以后的各个周期内,堆芯功率的峰值逐渐变小。对应如图 4-12(b) 中的温度变化可以看出,燃料盐的出口、平均温度也相应作周期性变化,但是变化的速度比功率变化慢,温度的升高引入负的反应性,如图 4-12(c) 所示。石墨温度的缓慢升高又引入一个小的负反应性,这就是堆芯功率峰值逐渐变小的原因。

4. 无保护反应性引入事故 UTOP3——$500×10^{-5}$ 反应性阶跃引入

此计算工况与计算工况 1 类似,不同的是,未溶解燃料盐带有的反应性为 $500×10^{-5}$,同样堆芯流量和入口温度保持不变。计算得到了堆芯功率、燃料盐平均温度、燃料盐出口温度、石墨反射层平均温度、反应性及有效缓发中子份额等重要参量随时间的变化,如图 4-13 所示。

由图 4-13(a) 可以看出,反应性瞬时注入后,堆芯功率瞬间升高到初始功率

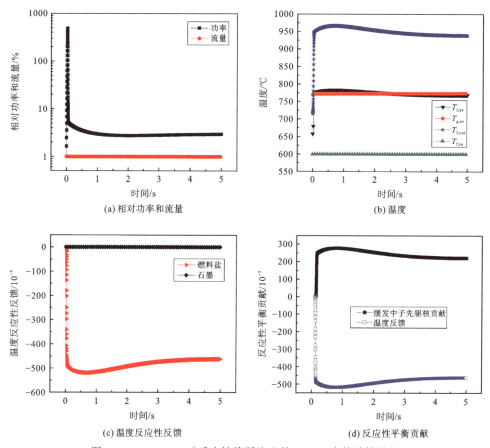

图4-13 500×10⁻⁵反应性阶跃注入的UTOP事故计算结果

的500倍。对应如图4-13(b)中的温度变化可以看出,燃料盐的出口、平均温度也瞬间升高,温度的升高引入负的反应性,从而使得堆芯的功率开始下降。石墨温度的缓慢升高又引入一个小的负反应性,功率在负反应性的驱动下最后稳定在初始功率的3倍。燃料盐和石墨对应的反应性如图4-13(c)所示,而反应性平衡贡献如图4-13(d)所示。与计算工况UTOP1的计算结果比较可以看出,堆芯功率升高非常高,而且燃料盐出口、平均温度升高也很快,但是即使在这种工况下,燃料的温度还是在安全限值以下(温度限值为燃料盐的沸腾温度1400℃)。

5. 无保护反应性引入事故 UTOP4——500×10⁻⁵反应性循环引入

此计算工况与计算工况2类似,不同的是未溶解燃料盐颗粒引入的反应性为500×10⁻⁵,同样堆芯流量和入口温度保持不变。计算得到了堆芯功率、燃料盐平均温度、燃料盐出口温度、石墨反射层平均温度、反应性及有效缓发中子份额等重要参量随时间的变化,如图4-14所示。

与计算工况UTOP2类似,此工况也是带有反应性的燃料盐颗粒在堆芯及回

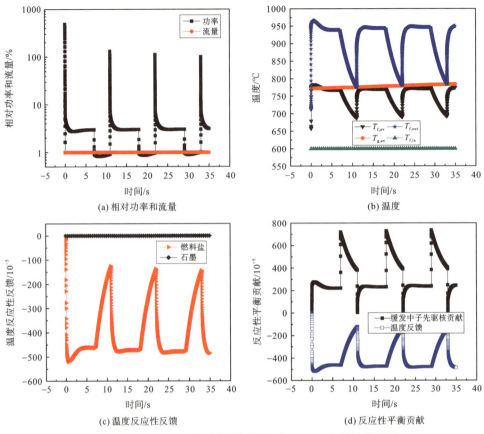

图 4-14 500×10^{-5} 反应性循环引入的 UTOP 事故计算结果

路中反复循环。由图 4-14(a)可以看出,与反应性的周期注入对应,堆芯功率也以相同的周期变化,第一个周期开始时,堆芯功率瞬间升高到初始功率的 500 倍,然后下降到初始功率的 3 倍左右,在第二个周期堆芯功率升高到原功率的 150 倍,随后下降。在以后的各个周期内,堆芯功率的峰值逐渐变小。对应如图 4-14(b)中的温度变化可以看出,燃料盐的出口、平均温度也相应作周期性变化,但是变化的速度比功率变化得慢,温度的升高引入负的反应性,如图 4-14(c)所示。温度反馈和缓发中子先驱核对反应性平衡的贡献如图 4-14(d)所示,两者的变化趋势是相反的。石墨温度的缓慢升高又引入一个小的负反应性,这就是堆芯功率峰值逐渐变小的原因。与计算工况 UTOP2 的计算结果比较,两者的趋势是相似的,不同的是峰值不同,但是即使在这种计算工况下,燃料的温度还是在温度限值以下,即处于安全状态。

参考文献

[1] OTT K O, NEUHOLD R J. Introductory NUCLEAR REACTOR DYNAMICS[M]. La Grange Park, Illinois:American Nuclear Society,1985:21-37.

[2] HENRY A F. The Application of Reactor Kinetics to the Analysis of Experiments[J]. Nuclear Science and Engineering,1958, 3:52-70.

[3] HENRY A F, CURLEE N J. Verification of a Method for Treating Neutron Space-Time Problem[J]. Nuclear Science and Engineering,1958,4:727-744.

[4] OTT K O, MENELEY D A. Accuracy of the Quasistatic Treatment of Spatial Reactor Kinetics[J]. Nuclear Science and Engineering,1969, 36:402-411.

[5] RINEISKI A, MASCHEK W. Kinetics models for safety studies of accelerator driven systems[J]. Annals of Nuclear Energy,2005, 32:1348-1365.

[6] RINEISKI A, SINITSA V, MASCHEK W, et al. Kinetics and Cross-section Developments for Analyses of Reactor Transmutation Concepts with Simmer[C]//Proc. Mathematics and Computation, Supercomputing, Reactor Physics and Nuclear and Biological Applications, Avignon, France, September 12-15,2005.

[7] MERLE-LUCOTTE E, HEUER D, ALLIBERT M, et al. Optimization and simplification of the concept of non-moderated Thorium Molten Salt Reactor[C]//Proc. PHYSOR'08, Interlaken, Switzerland, September 14-19,2008.

[8] SHIMAZU Y. Nuclear Safety Analysis of a Molten Salt Breeder Reactor[J]. Journal of Nuclear Science and Technology,1978,15(7):514-522.

[9] SHIMAZU Y. Locked Rotor Accident Analysis in a Molten Salt Breeder Reactor[J]. Journal of Nuclear Science and Technology,1978,15(12):935-940.

[10] SUZUKI N, SHIMAZU Y. Preliminary Safety Analysis on Depressurization Accident without Scram of a Molten Salt Reactor[J]. Journal of Nuclear Science and Technology,2006, 43(7):720-730.

[11] SUZUKI N, SHIMAZU Y. Reactivity-Initiated-Accident Analysis without Scram of a Molten Salt Reactor[J]. Journal of Nuclear Science and Technology,2008, 45(6):575-581.

[12] COX. Conceptual design study of a single fluid molten salt breeder reactor: ORNL-4449:85, and ORNL-4396:119[R]. Oak Ridge:Oak Ridge National Laboratory,1969.

[13] PRINCE B E, ENGEL J R, BALL S J, et al. Zero-power physics experiments on the molten-salt reactor experiment[R]. Oak Ridge:ORNL MSRE Semi-Annual Reports,June,1969.

[14] SCHIKORR M. Latest results of transiet analyses of the MOSART molten salt reactor design[C]//IAEA CRP Meeting, Chennei, India, January 15 – 19,2007.

>>> 第 5 章
液体燃料熔盐堆非能动余排实验研究

日本福岛事故后,各国纷纷采用更为先进的具有非能动余热排出(余排)能力的反应堆设计,如美国西屋公司开发的 AP1000 反应堆,阿海珐公司开发的欧洲第三代反应堆(Evolutionary Power Reactors,EPR)等,它们都能保证反应堆发生严重事故后在有限时间内无操作人员干预条件下,堆芯余热通过自然循环的方式导出,保证反应堆在可控范围之内。第四代核能系统的提出伴随着更为苛刻的非能动安全要求,与第三代反应堆相比,第四代先进反应堆设计不再需要厂外应急[1],这意味着反应堆具有完全非能动特性,能保证在任何事故条件(甚至超设计基准事故)下,合理高效地排出堆芯余热,实质性地消除大规模放射性物质释放风险。本章针对液态燃料熔盐堆的非能动安全需求,提出了热管型非能动余排设计,搭建实验系统,开展液体熔盐堆卸料罐内氟盐自然对流换热特性及热管型非能动余排系统瞬态特性实验研究,为液体燃料熔盐堆的设计及安全分析奠定基础。

5.1 液体燃料熔盐堆热管型非能动余排系统简介

IAEA 核能安全报告特别指出[2],未来的反应堆设计中必须采用更加可靠、更加安全、更加高效的非能动系统,以确保反应堆在发生任何事故(包括严重事故)条件下,反应堆的余热可以顺利导出。

热管作为一种高效的传热装置近年来得到核能界青睐。它是 20 世纪 60 年代美国洛斯阿拉莫斯国家实验室发明的一种高效的传热元件,其运行依靠的是热管内部工质的气液两相自然循环,将热量从热管一端(蒸发段)传递至另一端(冷凝段)。研究已经证明热管的热传导能力远远超过任何一种已知的金属[3]。在诞生之初,热管主要用于解决空间飞行器内电子设备的散热问题[4-5]。随着热管技术的成熟和核能技术的迅速发展,热管的应用范围已从目前的机械、电子、能源等传统工业部门扩展到大型核反应堆系统的设计应用,例如空间反应堆优化设计[6-7]、反应堆安全壳保护[8-10]、小型堆堆芯冷却[11-12]和福岛核反应堆事故后退役[13]等。

在熔盐堆事故工况下,初步计算表明燃料盐的下泄温度为700~900 ℃,而高温热管的有效温度区间为400~2300 ℃,可以完全覆盖燃料盐的温度区间[14]。同时高温热管具有以下诸多的优点。

(1)良好的导热性:热管的导热是依靠饱和工质的气化与凝结换热实现的,这种相变换热不仅传热强度大,而且传热量也可以很大,相比一般以显热改变传热方式的固体导热要大几个数量级。

(2)理想等温性:在热管正常工作时,无论是蒸发段还是冷凝段,工质均处于饱和状态,由于蒸发段与冷凝段只存在使蒸气流动的极微小的压差,因此根据克劳修斯-克拉珀龙方程,两端的温差也极小。

(3)非能动特性:无需进行人为操作,仅依靠重力(重力型热管)或毛细压力进行加热或冷却。

(4)热开关性:热管的运行存在温度阈值,只有当温度超过阈值温度时,热管才会开始工作。基于这一特性,通过合理设计热管启动温度阈值,可以使热管在较低温度下不传热,方便进行温度控制。

基于高温热管上述诸多优点,将高温热管应用于熔盐堆余排系统具有重要研究意义[15-16]。因此,本章基于四代堆的非能动设计理念,提出了液体燃料熔盐堆热管型非能动余排系统概念设计,将高温热管技术应用于熔盐堆非能动余热排出系统中,如图5-1所示。整个非能动余热排出系统的运作不需要额外的外界驱动力,仅依靠系统自身的自然循环(对流)即可实现燃料盐余热的有效排放,从而使熔盐堆具备良好的非能动安全特性。同时系统结构得到大幅简化,有效避免了中间环节故障,对未来熔盐堆模块化、小型化的设计非常有利。

5.2 热管型非能动余排实验系统设计

依照上节提出的熔盐堆热管型非能动余热排出系统概念方案,结合高温热管技术,自主设计并搭建了国内首个以FLiNaK熔盐为工质的熔盐堆余热排出高温实验系统,具体实验研究目的如下。

(1)开展系统稳态换热特性实验研究,研究卸料罐内FLiNaK熔盐与热管的自然对流换热,获得相关传热关系式,填补国际上FLiNaK相关换热实验的空白。

(2)分析实验系统的散热性能,验证热管应用于熔盐堆非能动余热排出系统的可行性,为熔盐堆非能动余热排出系统的进一步设计提供重要的实验数据支撑。

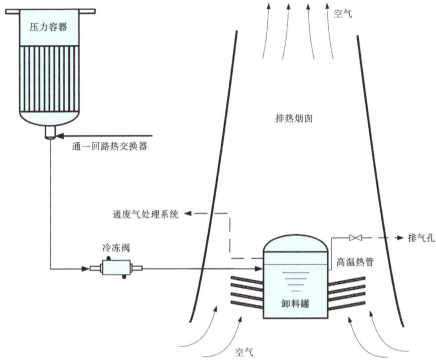

图 5-1 液体燃料熔盐堆热管型非能动余热排出系统概念设计图

5.2.1 实验系统概述

熔盐堆热管型非能动余热排出实验系统原理如图 5-2 所示,实验系统 3D 布置示意图如图 5-3 所示,实验系统实物如图 5-4 所示,实验系统主要设计参数如表 5-1 所示。

表 5-1 实验系统主要设计参数

系统参数	数值
运行压力/MPa	0.1~0.2
运行温度/℃	454~650
氟盐工质	FLiNaK(LiF-NaF-KF)
氟盐装量/m³	0.29

实验系统主要包括高温氟盐系统、氩气辅助系统和数据采集控制系统。实验部件主要包括氟盐储存罐、氟盐卸料罐(对照卸料罐与热管卸料罐)、冷冻控制管段和散热风筒。为确保系统密封性能,熔盐管段各部件间全部通过焊接连接。氟盐储存罐放置于一层地面,为系统的最低液位,用于储存系统中的全部氟盐

熔盐堆热工水力及安全分析

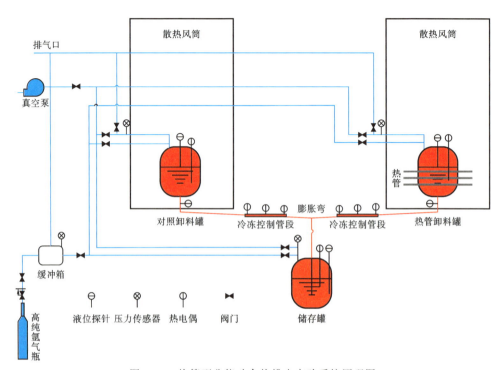

图 5-2 热管型非能动余热排出实验系统原理图

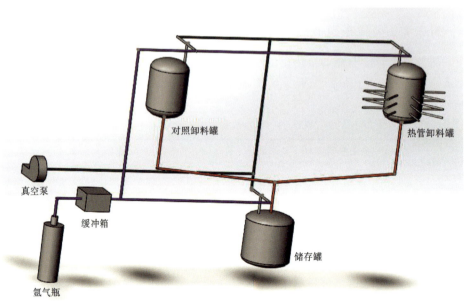

图 5-3 实验系统 3D 布置示意图

(FLiNaK)。采用对照实验的思路,本实验系统设置有两个卸料罐,分别为对照卸料罐与热管卸料罐,其具体结构与用途将在下文详细介绍。两个卸料罐都放置于二层平台,距离地面 2 m。热管卸料罐放置于散热风筒内。氟盐储存罐与卸料罐直接通过氟盐管道连接。氟盐通过氩气辅助系统提供的高纯氩气驱动,从储存罐流入卸料罐。在卸料罐的入口处设置一个膨胀弯(见图 5-5),以缓解高温条件下热应力对回路的冲击。管道中间分别设置冷冻控制管段,用于控制管内氟盐流动。氟盐管道与水平方向略微保持一定倾角,使卸料罐出口处连接管道略高于储存罐出口处管道,以方便实验结束后卸料罐内的氟盐回流至储存罐。同时全部氟盐管道外缠绕电加热丝,最大总功率共计 5 kW,然后包裹 15 cm 厚的硅酸铝保温棉,用于管道的预热与保温。氩气辅助系统由高纯氩气瓶组、真空泵和缓冲箱组成,用于保护气体氩气并驱动氟盐流动。热管型非能动余热排出实验系统的主要部件、数据测量监控和系统控制将在下节详细介绍。

图 5-4　实验系统实物图　　　　图 5-5　卸料罐入口处的膨胀弯

5.2.2　主要系统及部件

1. 高温氟盐系统

高温氟盐系统是核心实验系统,主要包括氟盐储存罐、氟盐卸料罐、散热风筒和冷冻控制管段。高温氟盐系统与高温氟化物熔盐直接接触,因此考虑到氟化物盐的特殊物理化学性质,高温氟盐系统的设计需要保证优秀的密封性、耐高温性和抗腐蚀性。

在实验工质选择方面,为较为真实准确地模拟熔盐堆实际工作条件,本实验系统所用工质为熔盐堆实际用盐的备选方案之一,即高纯氟盐 FLiNaK(LiF∶NaF∶

KF 摩尔比为 46.5∶11.5∶42)。20 世纪 60 年代至今,以美国橡树岭国家实验室为首的科研机构对氟盐的热物性开展了相应研究,氟盐的热物性在本书第 2 章中已作详细介绍。FLiNaK 熔盐具有较为特殊的腐蚀特性,其对合金成分的腐蚀先后顺序为 Ni＜Co＜Fe＜Cr＜Al(从左往右优先级依次升高)[17-18]。同时,氟盐中的水氧杂质成分会极大地加速腐蚀。调研国外合金材料耐氟盐腐蚀特性文献,参考了美国橡树岭国家实验室的液态熔盐实验回路、美国威斯康星大学麦迪逊分校的高温熔盐实验回路和爱达荷国家实验室的强迫循环熔盐传热实验回路等实验台架,本实验熔盐系统全部采用 316 不锈钢制作。

熔盐实验系统主体部分为 3 个熔盐罐,包括熔盐储存罐、对照卸料罐和热管卸料罐。热管卸料罐和对照卸料罐为本实验系统的试验段,用于熔盐与外界环境热交换。储存罐直立放置于地面,两个卸料罐放置于储存罐上方实验平台上。熔盐系统最高温度为 650 ℃,实验过程中需控制系统主体部分温度不低于 500 ℃,确保氟盐整体上处于液体状态。管道控制采用仿照冷冻阀原理设计加工的冷冻管段,控制管段内熔盐为凝固或液化状态,进而实现管道内熔盐流动控制。全部熔盐管道均保持 5°倾角,便于实验后熔盐回流至储存罐。熔盐系统外全部缠绕电加热丝,并包裹保温棉,用于系统预热及保温。

储存罐为立式熔盐罐(见图 5-6),用于储存实验系统中全部氟盐。储存罐内径 800 mm,壁厚 10 mm,直筒段 520 mm。氟盐总装量 0.3 m³,约占储存罐总容积的 60%。氩气进出口管位于储存罐上封头。通过隔膜阀控制气体进出,通过压力表监测管内压力。氟盐出口管从上封头中央直插罐底。加热棒从上封头插入,共计 6 根。氟盐温度通过 K 型铠装热电偶监测。液位监测采用液位探针。储存罐外包裹硅酸铝保温棉,并在罐壁面缠绕电加热丝,用于罐体保温及辅助加热。

图 5-6 实验系统氟盐储存罐

卸料罐为本实验系统的试验段。本实验系统安装有两个卸料罐,用于对照试验。热管卸料罐上安装 24 根热管,对照卸料罐上不安装热管。两个卸料罐结构完全相同,唯一的区别为热管卸料罐直筒段设置有热管的安装孔,如图 5-7 所示。卸料罐为立式熔盐罐,制作材料为 316 不锈钢,结构与储存罐类似,主要区别为卸料罐的熔盐管道口位于罐体下封头中央位置,熔盐从罐体底部进出。卸料罐内径

600 mm,壁厚 10 mm,总高 900 mm,熔盐液位高度最高为 420 mm,在卸料罐留有40%~45%的气体空间,确保罐内有足够的容积裕量。氩气管道接于卸料罐上封头,通过阀门控制氩气出入。罐内熔盐管道进出口上方安装一个挡板,防止熔盐流速过快,喷入卸料罐内,冲淋热管或测量器件,同时一定程度上使熔盐液位平稳上升。热管从卸料罐直筒段插入。热管数量最大为 24 根,整齐排列 3 层,每层 8 根周向均匀对称布置。每层热管间距 130 mm。热管通过卡套管接头密封安装至卸料罐直筒段壁面。为保证热管处于良好的工作状态,罐外热管冷凝段部分向上倾斜 10°。热管由卡套管接头安装于卸料罐侧壁面,在确保卸料罐气密性的同时,可根据实验需求取下热管,以调整热管数量与布置。

(a) 对照卸料罐

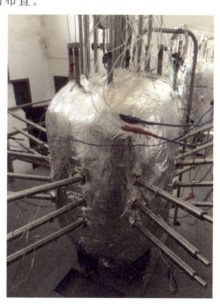
(b) 热管卸料罐

图 5-7 卸料罐对比

测量元件与加热元件均从罐体上封头安装插入。每个卸料罐安装 9 根加热棒,单根直径 20 mm,加热段长度 370 mm,采用世伟洛克(Swagelok)卡套管接头(SS-20M0-1-12BT)密封安装,单根额定功率:2700W,±10%。加热棒均从罐体顶端插入箱内,一根在正中央,其余 8 根周向均匀对称布置。卸料罐外壁面均匀缠绕电加热丝,罐外包裹硅酸铝保温棉。加热棒功率直接由程控直流电源控制,可模拟反应堆余热加热功率。卸料罐内氟盐温度通过 6 支同规格的 K 型多点热电偶测量。这些热电偶从卸料罐上封头插入,对称均匀布置于不同的半径位置,插入安装深度保持一致。测点位置如图 5-8 所示。单根多点热电偶上布置有 5 个测温点,最低端两点间距 65 mm,其余两点间距 130 mm。

按照熔盐堆热管型非能动余热排出系统概念设计,为强化系统散热性能,本文

熔盐堆热工水力及安全分析

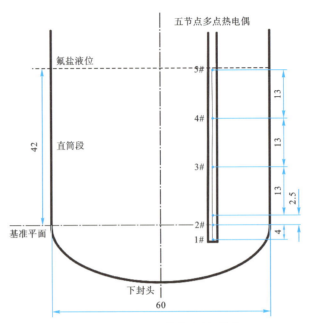

图 5-8　五节点 K 形铠装热电偶(单位:cm)

搭建了高度可调节的散热风筒,将热管卸料罐放置其中。散热风筒为竖直圆筒,截面直径 2 m。风筒外紧密贴有一层 3 cm 厚的保温棉板。风筒总高 4 m,底部距离地面约 0.3 m。为实现风筒高度调节,风筒为四段式结构,每段长度 1 m,实验中可根据工况需求调节风筒高度。如图 5-9 所示,风筒最底段由 8 块可拆卸挡板严密围合而成。在需要时可随时拆卸挡板,方便实验人员进入风筒,进行更换高温热管排列、设备仪器检测等操作。

由于高温熔盐实验系统的实验工况温度高,散热能力强,高温熔盐在常规机械阀中极易发生凝固,使阀门堵塞,影响阀杆正常机械运作,从而导致阀门失效,所以本实验不采用机械阀进行管道流体控制。对于高温氟盐系统,熔盐堆中采用冷冻阀进行管道流动控制。通过控制管道内的氟盐凝固或者熔化状态,实现阀门的开启或者闭合。但是氟盐冷冻阀需要配备一套专门的电磁感应加热设备和空冷装置,导致其造价较为昂贵。综上所述,本书经过综合考量,在充分理解吸收氟盐冷冻阀工

图 5-9　散热风筒

第 5 章 液体燃料熔盐堆非能动余排实验研究

作原理的基础上,结合实验系统管道结构,设计安装了一种高温氟化物熔盐实验系统管道控制装置——冷冻控制管段(简称冷冻管段),实现了对管道内氟盐流动的控制。

如图 5-10 所示,冷冻管段主体为控制管,长 30 cm,外带密封外壳。控制管通过焊接对接于熔盐管道,管外壁面紧密缠绕加热丝。密封外壳与控制管间形成高度密闭环形空腔,密封外壳上设置有气体进口管和气体出口管,气体进口管和气体出口管上安装气体控制阀。密封外壳和气体进出口管用保温棉包裹,极大减小了热量散失。冷冻管段通过改变控制管内氟盐的凝固与熔化状态,可靠有效地实现对氟化物熔盐管道的截止与通畅控制:需要管道截止时,利用空气在空腔内快速流过控制管,形成强迫对流,迅速冷却控制管,使管内氟化物熔盐凝固;需要管道开启时,空腔内抽真空,用加热丝加热控制管,并通过真空绝热极大地降低热量的散失,控制管内氟盐迅速熔化并长时间维持熔化状态。

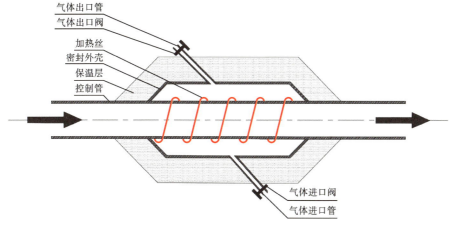

图 5-10 冷冻管段示意图

2. 氩气辅助系统

考虑高温液态氟盐的物理化学特性,本实验设置了一套氩气辅助系统,主要包括真空泵、缓冲箱和氩气瓶组。每个罐体内预留有氩气空间。氩气辅助系统通过不锈钢气体管道连接至储存罐和各卸料罐的上封头,通过真空隔膜阀进行气体管道开闭控制。氩气出口管道汇总后分为两个支路,通过隔膜阀按需选择:一路为排气口,直接与外界环境连通,用于氩气的直接排放;一路连接一台 2X-15 旋片式真空泵,用于回路内抽真空。氩气辅助系统的气源为一组并联氩气瓶组,氩气瓶可提供 99.999% 的高纯氩气。气瓶直接相互并联,可以确保气源的氩气平稳,便于实验操作。

在本实验系统中,氩气辅助系统主要有如下两点作用。

(1)提供安全可靠的惰性气体环境。由于液态氟盐特殊的物理化学性质与腐

熔盐堆热工水力及安全分析

蚀机理，实验系统内需要惰性气体环境。本实验选择的是与氟盐具有良好相容性的氩气，反复吹扫系统管道，排出空气和水分杂质，将氩气填充至实验系统，为实验系统提供有效保护。

（2）驱动氟盐流动。常规的熔盐泵由于气密性较差，且难以承受高温液态氟盐的腐蚀，无法用于本实验系统驱动氟盐流动。因此本实验系统采用氩气驱动氟盐流动。根据实验需求，向不同罐体内注入或者抽出氩气，形成压力差，进而利用氩气将氟盐平稳压入或者排出卸料罐。

3. 监控系统及数据测量采集

在实验系统正常运行中，需要熔盐实验系统各处温度不得低于氟盐熔点（454 ℃），以避免系统内发生堵塞。冷冻管段的正常运行需要对其温度保持实时关注。同时，根据实验需求，本实验需要精确测量各罐内氟盐温度场。因此，本实验系统各部分组件需要进行分段加热控制，并且需要对系统各部分组件的温度进行全面系统的监测。不仅如此，温度为本实验的核心测量参数，并且氟盐性质特殊，与空气和水接触会发生反应，危及操作人员及系统设备安全，同时系统温度较高具有较大危险性，这些因素决定了本实验系统对监测与控制有着较高的要求。

本实验系统的监测主要包含以下三个方面。

（1）各罐体内氩气压力由压力传感器监测，系统各处温度由热电偶测量。这些仪表将测量参数转化为电信号输入至数据采集系统，经编程处理后直接在控制台显示器上进行显示。操作人员可根据所显示系统参数进行相关操作。

（2）系统采用分段分区域加热控制，因此需要对各部分的加热功率进行监控。各加热设备的配电电路中均安装有数字电流表与数字电压表，便于实验人员实时监测与调控。同时，本实验系统使用直流电源组对加热功率进行精确调控。直流电源组通过RJ-45接口以太网通信与控制台连接，可将各项电流、电压及功率参数在显示屏上实时显示，并可对电源输出参数进行实时调控。

（3）对于实验回路平台的现场实时状况，本实验系统通过摄像头将系统现场图像显示于控制台显示器上，便于实验人员实时观察。如果突发泄漏、起火等事故情况，实验人员可第一时间发现并作出相关应急操作。

在本实验系统中，压力监测采用压力传感器和气体压力表。其中压力传感器型号为罗斯蒙特3051压力传感器，测量范围为0~207 kPa。由于实验系统温度高于454 ℃，超过压力传感器正常使用温度上限，因此压力传感器不直接安装在罐体上封头处，而是通过引压管安装在罐体各个气体管道上。在温度测量方面，本实验的温度均采用镍铬-镍硅K型热电偶进行测量。插入各个氟盐罐内与氟盐直接接触的热电偶外包壳采用金属镍制作，其余管道罐体壁面温度监测的热电偶包壳材料采用高温镍合金，使热电偶足以承受液态氟盐腐蚀的同时，可在600 ℃以上高温长期有效工作。

实验前对系统中所使用的压力传感器和热电偶均进行了标定工作,确保仪器仪表测量准确。在实验中,压力和温度参数通过传感器转为标准电信号后接入 NI 数据采集系统,经由实验监控系统程序处理,将测量参数通过光纤输出至计算机进行记录,并将测量值反映至控制界面。NI 数据采集系统由数据采集卡、信号调理模块和信号转换器三部分组成。实验监控系统程序基于 LabVIEW 环境开发,采用图形化编辑语言编写程序,实现了数据智能采集记录功能、参数实时监视功能、历史数据管理功能和预报功能等,充分满足了非能动余排实验系统对系统参数监控记录的要求。高温热管上热电偶与 NI 数据采集系统之间采用快速接头连接,可方便快速切换连接不同的高温热管热电偶,并变换热电偶信号接入数量。

本实验系统的控制主要包括氟盐流动控制和加热功率控制。氟盐流动控制通过冷冻管段控制管道开闭,用氩气辅助系统提供压力驱动氟盐流动,通过罐体的压力传感器监测压力值,之后经由各个罐体内的液位探针,监测罐内氟盐液位变化。实践表明,该氟盐流动控制方案效果良好,可准确控制系统内氟盐按实验方案需求流动。加热功率控制系统为本实验系统的核心控制系统。实验系统中的高温氟盐系统由加热棒和加热丝加热或者保温,系统最大加热功率共计 103.4 kW,其中包括储存罐 28.4 kW、对照卸料罐 32.3 kW、热管卸料罐 32.3 kW 和管道及其他设备加热 10.4 kW。各加热设备功率均可通过调压器分段控制。卸料罐加热棒功率控制可采用直流电源组精细控制,控制方式可在调压器与直流电源组之间自由切换,以满足不同的实验需求。程控直流电源组为 Sorensen SGI250×40D-1CAA 和 Sorensen SGA250×60D-1CAA 并联。控制系统程序基于 LabVIEW 环境开发,可以通过控制程序实时变换和监控直流电源组电压、电流和功率等输出参数,实现卸料罐加热棒加热远程实时控制和加热功率函数变化。

5.2.3 高温热管设计与检验校核

1. 高温热管工作原理

高温热管是一种高效非能动传热元件,外形为封闭空心管,其工作原理如图 5-11 所示。高温热管由蒸发段、绝热段和冷凝段三部分构成,热量由蒸发段沿热管向冷凝段传递。高温热管内壁面贴附有不锈钢丝网,内部填充适量工质(本实验采用钾热管,因此工作介质为高纯钾)。热管蒸发段置于罐体内,被高温熔盐加热,热管吸液芯内固态钾受热熔化,随着热量的持续输入,液态钾以蒸气形式进入蒸气通道并流至冷凝段,释放热量后于吸液芯内重新凝结成液态钾,然后在丝网毛细力作用下从冷凝段再次回到蒸发段,从而建立工质在热管内部的循环。而工质钾从液态到气态再到液态的相变过程,可实现热量从热管蒸发段到冷凝段的轴向传递,再经冷凝段管壳外表面的热辐射及自然对流方式传至外界环境。因此通过热管,实现了将卸料罐中熔盐的热量以非能动形式高效排放至外界环境。

熔盐堆热工水力及安全分析

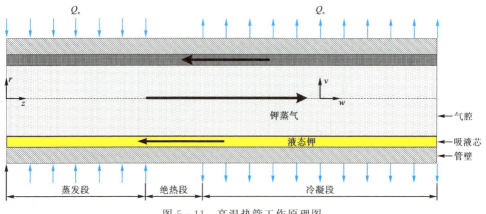

图 5-11 高温热管工作原理图

2. 热管设计与散热估算

热管设计首先需考虑热管内部工质的选择。热管中工作液体在蒸发段的汽化与冷凝段的凝结换热是热管的核心工作原理,选取合适的工作液体对热管的工作能力及传热特性有显著的提升作用。为选取拥有合适物理性质的工作液体,需要综合考虑其各项指标,包括工质自身的热稳定性与化学稳定性,良好的综合热物理性质,同时在热管工作温度区间内处于良好工作状态,具有合适的蒸气压力[19]。

本实验中热管工作环境为高温液态氟盐,温度高于 454 ℃(727 K),常规的热管内工作介质(如水等)已无法满足实验需求,因此需要重新选取合适的工质设计高温热管以满足实验需求。对于高温热管而言,其工作介质通常为金属(碱金属为主),如锂(Li)、钠(Na)、钾(K)、铯(Cs)和银(Ag)等[20-21]。这些金属相比水而言,有更高的熔沸点且能保证良好的传热能力。不同工质的熔沸点,及其热管的工作温度区间如表 5-2 所示。从表中可以看出,在本实验温度范围内(727~923 K),钾热管和铯热管工作区间吻合良好。

表 5-2 不同热管工质温度参数

工质	熔点/K	沸点/K	工作温度范围/K
水(H_2O)	273	373	303~523
锂(Li)	452	1613	1273~2073
钠(Na)	371	1165	773~1473
钾(K)	335	1047	673~1273
铯(Cs)	302	943	673~1373
银(Ag)	1235	2485	2073~2573

在热管的设计中,热管工质的综合性能对热管传热性能的影响通常用无量纲

参数传输因子 M 值进行衡量。该无量纲参数 M 表达式如下：

$$M = \frac{\rho_l \sigma_l h_{fg}}{\mu_l} \quad (5-1)$$

式中：M 为传输因子；ρ_l 为液体密度，kg·m^{-3}；σ_l 为液体的表面张力系数，N/m；h_{fg} 为液体的汽化潜热，kJ/kg；μ_l 为液体的动力黏度，Pa·s。

从式(5-1)中可以看出，衡量一种工作介质是否适用于热管需要考虑三方面因素：①较高的表面张力用于增大吸液芯内流体毛细力；②较高的汽化潜热以及热导率用于提高工质传热能力；③较低的黏度用于减少流体流动阻力。图5-12列举了部分代表性热管工质的传输因子[22]，在高温范围内，随温度的变化情况。对比金属钾和金属铯，可以发现金属钾有更高的传输因子，因此本实验的高温热管选用金属钾作为热管工作介质。

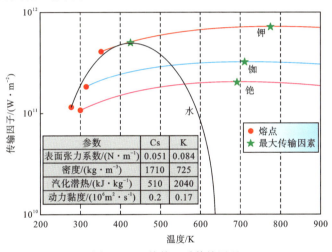

图 5-12 热管工质传输因子

热管的运行高度依赖其内部的真空密闭环境。高温热管管壳将工作介质真空密封于管内，管壳的完整性及密封性直接保障热管的正常运作，因此热管的管壳材料不仅需要能够承受热管内外压力差，更重要的是与外界环境条件和内部工作介质均有良好的相容性。而且由于高温热管工作环境温度高，因此需要管壳材料能承受高温冲击，并且在高温下保持高强度。高温热管管壳设计备选材料有铌、钼、钨等难熔金属，各类高强度耐高温的不锈钢、钛合金或者因科镍合金等[23]。具体选型需根据热管工质与实际使用条件进行。本书的高温热管内工作介质选用金属钾。Tower[24]在热管分析报告中指出，高温钾热管在运行中，不锈钢与热管内部的高温钾流体有良好的相容性，并且具有优异的耐高温性能和高温强度性能，因此可作为高温钾热管管壳材料。如前文所述，316不锈钢展现出良好的抗高温液态氟盐FLiNaK腐蚀性能。同时，316不锈钢易于加工且成本低廉。综上所示，本实

熔盐堆热工水力及安全分析

验采用316不锈钢作为热管管壳材料。

综合考虑实验系统卸料罐尺寸和试验场地条件，本实验所设计的高温热管尺寸参数如表5-3所示。

表5-3 高温热管尺寸参数

项目	数值/说明	项目	数值/说明
外形尺寸/mm	Ø30×900	工作温度/℃	454～650
蒸发段长度/mm	230	热管外径/mm	28
绝热段长度/mm	200	热管内径/mm	21
冷凝段长度/mm	370	外套管外径/mm	30
管壳材料	06Cr17Ni12Mo2	工作介质	高纯钾

设计的热管结构如图5-13和图5-14所示。该热管由热管管壳、外套管、底部端盖、顶部端盖、吸液芯、充液管及保护罩组成。热管蒸发段长度230 mm，完全插入熔盐卸料罐体内；绝热段长度200 mm，与罐体保温棉厚度基本一致；冷凝段长度370 mm，置于外界实验空气环境中。

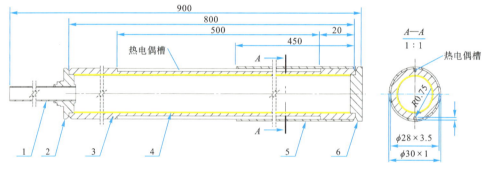

1—充液管；2—顶部端盖；3—热管管壳；4—吸液芯；5—外套管；6—底部端盖。

图5-13 热管结构设计图（单位：mm）

热管管壳、底部端盖、顶部端盖和充液管共同组成热管封闭腔室。热管腔室内部工质为适用于高温工况的高纯工质钾。热管外套管实现热管与卸料箱卡套元件的连接，确保热电偶与热管外管壁贴合，使热电偶与熔盐隔离以准确测量热管蒸发段壁温，并在保证连接密封的前提下将测温点位于罐内的热电偶引出至卸料罐外。底部端盖与热管外套管及热管管壳焊接为一体，使熔盐与外界隔绝。热管顶部是端盖与充液管，充液管通过连接元件与热管工质充装回路实现工质充装。充液管封口后用保护罩将封口与外界物理隔绝，既对封口起到保护作用又实现二次密封。吸液芯采用多层丝网式结构，贴合于热管内壁面。热管管壳外壁面留有两个热电偶槽，作用是将铠装热电偶置于槽内以对热管蒸发段壁温进行测量，槽道直径略大

第5章 液体燃料熔盐堆非能动余排实验研究

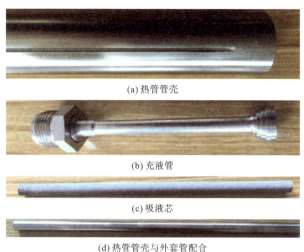

(a) 热管管壳

(b) 充液管

(c) 吸液芯

(d) 热管管壳与外套管配合

图 5-14 高温热管各部分实物图

于热电偶直径,热电偶可以在槽中移动,以实现对热管蒸发段不同位置壁面温度的测量。

针对本实验所设计的高温钾热管,进行了热管散热的初步分析计算,确保所设计的热管能够满足功率需求。

热管散热功率不是定值,会随蒸发段温度降低而减小。由于实验温度较高,经过理论计算,辐射散热功率为自然对流散热功率的数倍以上,高温状态下辐射散热占主导。蒸发段温度降低后自然对流散热功率下降较少,辐射散热功率下降较多。根据理论设计,单根热管的散热功率随时间变化规律如图 5-15 所示。可以发现

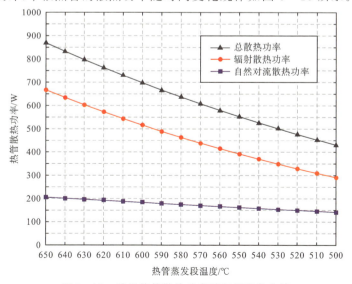

图 5-15 单根热管散热功率随温度变化曲线

143

辐射散热功率远大于自然对流散热功率,温度降低后,自然对流散热功率下降较少、辐射散热功率下降较多,这说明热管在高温状态下辐射散热占主导,辐射散热对温度更敏感。热管蒸发段温度由 650 ℃变化至 500 ℃过程中,24 根热管总散热功率由 20.9 kW 降至 10.3 kW。具体功率变化情况如图 5-15、图 5-16 所示。

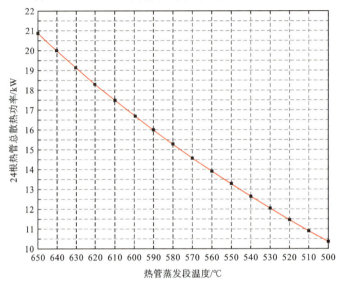

图 5-16 24 根热管总功率随温度变化曲线

需要指出的是上述热管功率的变化是在设计状况下得到的,即大空间环境温度 30 ℃,热管蒸发段与冷凝段轴向温差取 30 ℃,热管表面发射率取 0.75。实际工况和实际实验结果会与设计计算结果有一定差异,主要体现在实验实际环境温度、散热环境自然对流条件、热管轴向实际温差、热管表面氧化程度等。

5.3 卸料罐内氟盐自然对流换热特性实验研究

在熔盐堆停堆或者事故工况中,堆芯及一回路内的燃料盐需要下卸至卸料罐内,之后燃料盐的余热将在卸料罐内经冷却设备有效导出至外界环境,并且燃料盐尽可能长时间维持液态,便于反应堆系统后续操作。对于熔盐堆非能动余热排出系统,燃料盐的流动传热以自然对流(循环)换热为主。然而,国际上对于氟盐的流动换热特性实验研究很少。开展的为数不多的氟盐换热特性实验大部分都是管道内强迫对流换热研究,所获得的实验数据已无法满足非能动系统的设计需求。而氟盐的自然对流换热特性的相关研究更是严重不足,已严重阻碍了熔盐堆的设计与发展。

本实验研究正是以此为背景,结合熔盐堆热管型非能动余热排出系统概念设计,开展了卸料罐内氟盐自然对流换热特性实验研究,包括氟盐与不同高度热管自

第 5 章　液体燃料熔盐堆非能动余排实验研究

然对流换热、氟盐与不同管间距竖列管束自然对流换热,分析了卸料罐内氟盐温场及对流换热特性。基于氟盐在卸料罐内的流动传热现象与机理,建立了罐内氟盐与热管的对流换热模型,并结合本文和相关实验数据,进行了对比分析。

本实验所开展的实验工况如表 5-4 所示。所有工况中氟盐液位高度 H_{max} 均为 0.42 m。热管安插于热管卸料罐直筒段竖直壁面,与水平方向呈 10°倾角,使罐外的热管冷凝段略高于罐内的蒸发段。根据实验需求热管采用不同的布置方式:在氟盐与单根热管自然对流换热实验研究中,仅使用单根热管,热管安装于不同高度位置,分别为 0.07 m、0.20 m 和 0.33 m;在氟盐与竖列热管束自然对流换热实验研究中,多根热管为 10°倾斜安装于罐体直筒段,排列成单列竖列管束,根据实验需求改变管束间距,热管束的间距与热管外径比值(间径比 P/D)分别为 4.33 和 8.67。

表 5-4　实验工况表

卸料罐名称	热管布置方式	热管平均高度 H_{hp}	氟盐温度区间
对照卸料罐	无热管	无	
热管卸料罐	单根热管	0.33 m	480~640 ℃
		0.20 m	
		0.07 m	
	单列竖列管束 平均高度 0.20 m	径间比 $P/D=4.33$	
		径间比 $P/D=8.67$	

5.3.1　氟盐与单根热管自然对流换热特性实验研究

液态氟盐与单根热管间的自然对流换热实验为稳态实验。由于实验温度高,各个工况调试耗时长,因此本试验的稳态判别标准:卸料罐内氟盐各个温度测点测量值在最后 4 h 内,波动范围不超过±0.6 ℃,即可认为余排实验系统(卸料罐、液态氟盐)已达到稳态。图 5-17 列举了单根最高位热管($H_{hp}=0.33$ m)、氟盐均温 502 ℃工况,达到稳态时卸料罐系统的部分温度波动情况。本实验运行工况氟盐温度为 485~640 ℃,热管温度也不低于 400 ℃,±0.6 ℃的温度波动可以忽略不计;同时实验中,实时观测的顶部氟盐与底部氟盐的温差最低值不小于 30 ℃,±0.6 ℃的温度波动仅为氟盐温差的 2%以

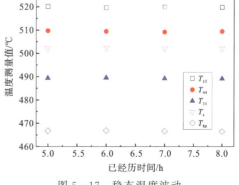

图 5-17　稳态温度波动

下。综上所述,本实验可以判断卸料罐系统已达到稳态。

1. 氟盐温场特性分析

本章首先分析了卸料罐内液态氟盐的温度分布特性。各实验工况中,卸料罐内氟盐液位高度相同,均为 $H_{max}=0.42$ m。图 5-18、图 5-19 和图 5-20 分别展示不同高度热管($H_{hp}=0.07$ m、0.20 m、0.33 m)在不同氟盐整体均温($T_s=530.5$ ℃、613.8 ℃、568.7 ℃)工况中,卸料罐内的各测点氟盐温度测量值和氟盐温场分布情况。从图中可以看出,虽然热管高度不同,氟盐温度也不同,但氟盐温度场呈现出相同的特性:卸料罐内氟盐温度从低到高逐步上升,轴向温差明显;在同一高度

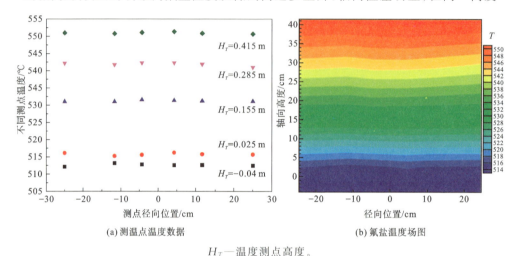

(a) 测温点温度数据 (b) 氟盐温度场图

H_T—温度测点高度。

图 5-18 $H_{hp}=0.07$ m 均温 530.5 ℃时氟盐温度场

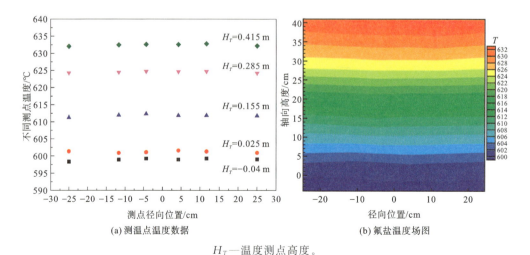

(a) 测温点温度数据 (b) 氟盐温度场图

H_T—温度测点高度。

图 5-19 $H_{hp}=0.20$ m 均温 613.8 ℃时氟盐温度场

第 5 章 液体燃料熔盐堆非能动余排实验研究

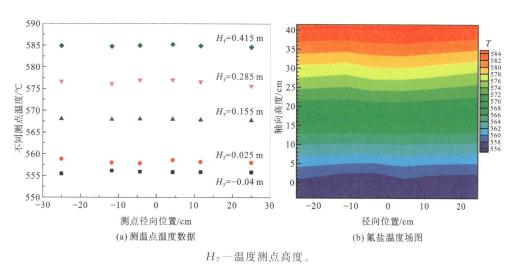

(a) 测温点温度数据 (b) 氟盐温度场图

H_T—温度测点高度。

图 5-20 $H_{hp}=0.33$ m 均温 568.7 ℃时氟盐温度场

上温度分布均匀,径向温差较小。在卸料罐内氟盐经加热棒加热,热管散热,形成了稳定的自然对流和热分层,产生了密度差,因此顶部氟盐温度会明显高于底部氟盐。另一方面,为模拟均匀的衰变热内热源,卸料罐内加热棒布置均匀,使得氟盐受热均匀,同时氟盐径向流速小,氟盐本身导热性能较好,综合导致氟盐在径向温度分布均匀。

由于卸料罐同一高度位置,氟盐温度分布均温,因此本实验将着重分析氟盐轴向温度分布特性,即同一高度氟盐均温 T_{ave} 随轴向高度位置的变化情况。图 5-21 分别展示了不同热管高度时,卸料罐内氟盐同一高度均温 T_{ave} 随氟盐高度 H 的变化情况。由于卸料罐内氟盐形成了稳定的自然对流,从各图中可以明显看出,各工况温度范围内(480~640 ℃),罐内氟盐温度在轴向从低到高逐步平稳上升。

卸料罐直筒段区域为形状规则的圆柱,同时经初步观察发现,直筒段区域内氟盐温度上升较为均匀,因此有必要对氟盐轴向温度分布进行进一步分析。考虑到各个工况氟盐整体均温 T_s 不同,因此在分析热管轴向温度分布时需引入不同工况参数的影响。结合无量纲分析方法,对各个工况中的参数进行无量纲化处理,用同一高度氟盐均温除以氟盐整体均温获得无量纲轴向温度 T_{ave}/T_s,用氟盐轴向高度除以卸料罐内氟盐液位高度获得氟盐无量纲轴向高度 H/H_{max},进而各个工况下氟盐轴向温度的无量纲分布可由图 5-22 示出。在直通段区域,氟盐轴向无量纲温度呈线性分布,分析拟合获得无量纲轴向温度分布曲线如式(5-2)所示。

$$\frac{T_{ave}}{T_s} = 0.0596 \frac{H}{H_{max}} + 0.9753 \qquad (5-2)$$

图 5-23、图 5-24 和图 5-25 分别展示了本实验研究中不同热管高度工况下,在卸料罐内不同轴向高度位置通过式(5-2)得出的氟盐均温计算值 $T_{ave,cal}$ 与

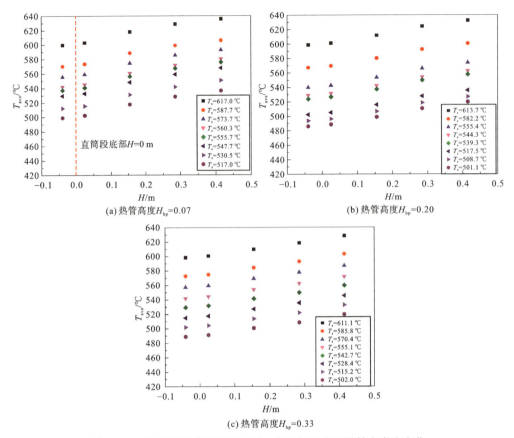

图 5-21 热管安装高度不同时同一高度氟盐均温随轴向高度变化

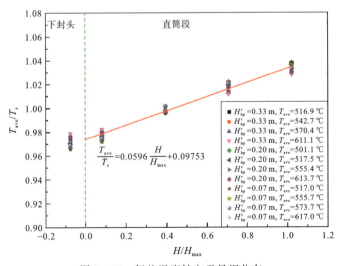

图 5-22 氟盐温度轴向无量纲分布

第5章 液体燃料熔盐堆非能动余排实验研究

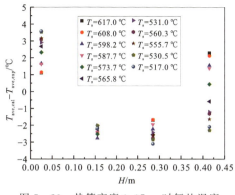

图5-23 热管高度0.07 m时氟盐温度计算偏差

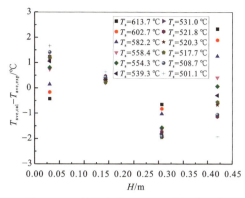

图5-24 热管高度0.20 m时氟盐温度计算偏差

实验获得的氟盐均温实验值 $T_{\text{ave,exp}}$ 的差值情况。从图中可以看出，同一轴向高度处氟盐均温的计算值与实验值之差不超过±4 ℃，相对于氟盐480 ℃以上的高温而言偏差很小。表明式(5-2)与实验符合良好，通过式(5-2)能够较为准确地计算出直筒段内各个轴向高度位置的氟盐均温。

温度差造成的流体密度差是卸料罐内液态氟盐自然对流流动的核心驱动力，因此卸料罐内氟盐底部与顶部温差为本实验重要分析参数之一。图5-26所示为本实验各个工况中不同热管高度时，卸料罐内顶部与底部氟盐温度差随氟盐1FLiNaK整体均温 T_s 的变化情况；图5-27为本实验各个工况中不同热管高

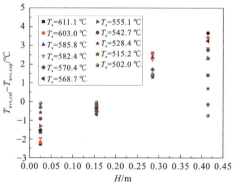

图5-25 热管高度0.33 m时氟盐温度计算偏差

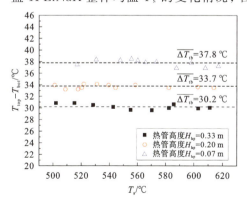

图5-26 顶部与底部氟盐温度差随氟盐均温变化情况

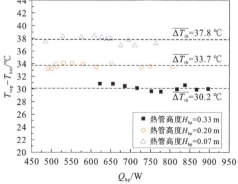

图5-27 顶部与底部氟盐温度差随热管散热功率变化情况

度时,卸料罐内顶部与底部氟盐温度差 $\Delta T_{tb} = T_{top} - T_{bot}$ 随热管散热功率 Q_{hp} 的变化情况。从图中可以看出,各实验工况中,卸料罐内顶部与底部氟盐温度差基本保持不变。热管高度 H_{hp} 分别为 0.33 m、0.20 m 和 0.07 m 时,罐内氟盐温差 $\overline{\Delta T_{tb}}$ 分别保持在 30.2 ℃、33.7 ℃ 和 37.8 ℃。

图 5-28 为不同热管高度工况下,卸料罐内顶层与底层氟盐温差的相对偏差情况。罐内顶部与底部氟盐温差的测量值和平均值之间相对偏差 ω 按下式计算:

$$\omega = \frac{\Delta T_{tb} - \overline{\Delta T_{tb}}}{\overline{\Delta T_{tb}}} \quad (5-3)$$

式中: $\overline{\Delta T_{tb}}$ 为温差的平均值,℃; ΔT_{tb} 为温差测量值,℃。

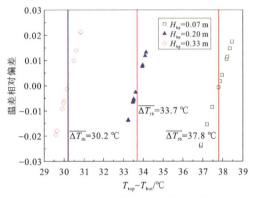

图 5-28 氟盐温差与平均值偏差情况

从图 5-28 可以看出,各个实验工况的温差相对偏差 ω 均在 ±2.5% 以内,表明热管高度位置一定时,卸料罐内顶层与底层氟盐温差也基本保持恒定。综合对比图 5-25 和图 5-26,可以发现,卸料罐内顶层与底层氟盐温差 ΔT_{tb} 不随氟盐整体均温 T_s 和热管散热功率 Q_{hp} 变化而变化。只有热管高度 H_{hp} 发生变化时,卸料罐内顶层与底层氟盐温差 ΔT_{tb} 才会发生改变:热管高度 H_{hp} 增大时,温差 ΔT_{tb} 随之减小;热管高度 H_{hp} 减小时,温差 ΔT_{tb} 随之增大。因此可以得出,热管高度 H_{hp} 为影响罐内氟盐顶层与底层温差的最敏感因素,而氟盐整体均温 T_s 和热管传热功率 Q_{hp} 不会对氟盐顶层与底层温差造成明显影响。

下面进一步解释造成热管高度对氟盐顶部与底部温差影响呈现出上文所述趋势的原因。图 5-29 和图 5-30 分别展示了相同氟盐整体均温(分别为 517 ℃ 和 555 ℃)时,不同热管高度工况下氟盐轴向温度的分布情况。由于卸料罐内形成了稳定的自然对流,氟盐平均温度随着高度增加逐步平稳上升。然而热管具有很强的传热能力,会强化局部的氟盐散热,导致热管所在高度位置的氟盐温度明显降低。因此,热管高度升高,减小了顶部高温氟盐的温度,使轴向温度变化梯度降低,导致氟盐顶部与底部的温差缩小。

第 5 章　液体燃料熔盐堆非能动余排实验研究

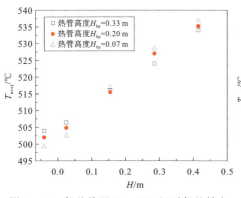

图 5-29　氟盐均温 $T_s=517\ ℃$ 时氟盐轴向温度变化

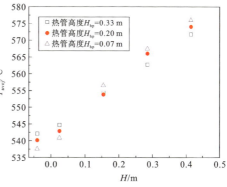

图 5-30　氟盐均温 $T_s=555\ ℃$ 时氟盐轴向温度变化

2. 氟盐与单管自然对流换热特性分析

如前文所述,氟盐的自然对流换热特性实验研究在国际上极为匮乏,相关的自然对流换热数据稀缺。本实验就氟盐与不同高度单根倾斜管自然对流传热特性展开研究,获得自然对流换热数据和卸料罐内氟盐与单根热管的自然对流换热模型,并进行相应的分析。

首先针对对流换热的功率进行分析。利用对照实验,获得了稳态条件下氟盐与热管自然对流换热的功率,如图 5-31 所示。从图中可以看出,热管传热功率随温度变化而变化,热管蒸发段壁温从 474 ℃ 上升至 567 ℃ 时,热管冷凝段的温度也会随之上升,导致热管与外界空气的自然对流和辐射散热都增强,因此热管的输热功率从 484 W 上升至 805 W。

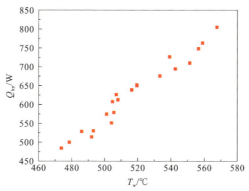

图 5-31　氟盐与热管自然对流传热的功率

热管高度不同时,热管与氟盐的自然对流换热系数如图 5-32 和图 5-33 所示。如图 5-32 所示,随着氟盐温度上升,氟盐的自然对流换热也愈发剧烈,自然

熔盐堆热工水力及安全分析

对流换热系数增大,对流强度增强。温差为驱动热量自发传递的核心因素。本实验研究同样也分析了不同热管高度工况下,自然对流换热系数随氟盐当地均温与高温热管蒸发段壁面温度温差的变化情况,如图5-33所示。从图中可以看出,单根热管位于不同高度时,氟盐与热管自然对流换热系数明显处于不同水平。在相同的氟盐与热管壁面传热温差下,热管高度越高,氟盐与热管间的自然对流换热系数越大,表明对应的自然对流换热强度也随之增大。

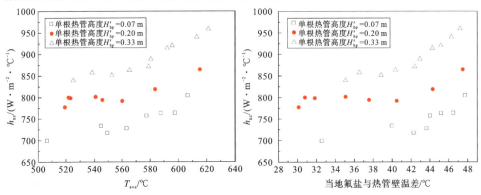

图5-32 对流换热系数随氟盐均温变化情况　图5-33 对流换热系数随传热温差变化情况

本实验获得了液态氟盐与不同高度热管自然对流换热的努塞特数 Nu 与瑞利数 Ra 的变化关系,如图5-34所示。正如上文所述,热管高度越高,氟盐与高温热管的自然对流换热就越强,因此其相应的努塞特数 Nu 也会越大;同时,当热管高度一定时,努塞特数 Nu 随瑞利数 Ra 增大而增大。

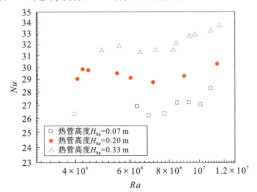

图5-34 对流换热努塞特数随瑞利数变化情况

对于单相流体的自然对流,目前通常认为努塞特数和瑞利数之间符合指数函数形式变化:

$$Nu = C \cdot Ra^n \tag{5-4}$$

根据本实验研究所得数据,经过拟合分析,分别获得了不同热管高度下,液态氟盐 FLiNaK 与单根倾斜管间的自然对流换热关系式如下。

单根倾斜管位于顶部时：

$$Nu = 7.6551 \cdot Ra^{0.0902} \quad (4.86 \times 10^6 \leqslant Ra \leqslant 1.16 \times 10^7) \quad (5-5)$$

单根倾斜管位于中部时：

$$Nu = 18.0855 \cdot Ra^{0.0308} \quad (3.97 \times 10^6 \leqslant Ra \leqslant 1.14 \times 10^7) \quad (5-6)$$

单根倾斜管位于底部时：

$$Nu = 11.5888 \cdot Ra^{0.0532} \quad (3.98 \times 10^6 \leqslant Ra \leqslant 1.08 \times 10^7) \quad (5-7)$$

图 5-35 为氟盐与单根倾斜热管自然对流换热实验中，根据实验数据计算获得的自然对流传热的努塞特数的实验测量值 Nu_{exp}，与通过换热关系式(5-5)、式(5-6)和式(5-7)所得的努塞特数计算值 Nu_{cal} 之间的对比情况。从图中可以看出，所有的努塞特数实验值 Nu_{exp} 与对应的努塞特计算值 Nu_{cal} 之间的偏差不超过 $\pm 4\%$，表明拟合所得的自然对流换热关系式与实验数据吻合良好，能够较为准确地反映氟盐与单根倾斜热管间的自然对流换热特性。

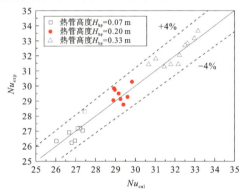

图 5-35 实验值与对应各式计算值的偏差对比

通过上文数据分析可知，热管高度对于自然对流换热特性有明显影响。因此，综合考虑热管高度因素对自然对流换热的影响，用热管的相对高度 H_{hp}/H_{max}（热管高度 H_{hp} 与罐内氟盐液位高度 H_{max} 的比值）对瑞利数 Ra 进行修正，进而获得了卸料罐内液态氟盐 FLiNaK 与不同高度的单根倾斜热管之间的自然对流换热关系式，如式(5-8)所示。该关系式能够较好地反映出努塞特数 Nu 的变化规律。

$$Nu = 6.7291 \cdot \left(Ra \cdot \frac{H_{hp}}{H_{max}}\right)^{0.0993} \quad (3.97 \times 10^6 \leqslant Ra \leqslant 1.16 \times 10^7) \quad (5-8)$$

图 5-36 为努塞特数 Nu 随经热管相对高度 H_{hp}/H_{max} 修正后瑞利数 Ra 的变化曲线。从图中可以看出，经过热管相对高度修正瑞利数后，原本明显分散独立的各热管高度工况的实验数据，经整合后符合同一条曲线变化。图 5-37 为努塞特数的实验值 Nu_{exp} 与通过式(5-8)计算所得的努塞特数计算值 Nu_{cal} 之间的对比。由图中可以看出，实验值与计算值符合较好，偏差在 $\pm 5\%$ 以内。

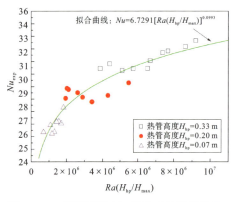

图 5-36 努塞特数 Nu 随修正后瑞利数 Ra 的变化曲线

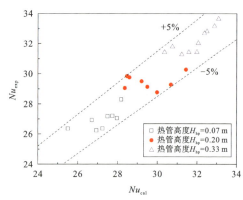

图 5-37 努塞特数实验值与计算值偏差

在不同研究中特征长度的选取不同,经验关系式的形式之间也存在差异,所以对于倾斜热管的自然对流换热目前仍未有统一的广泛认可的模型。同时,在国际上已开展的自然对流实验研究中,空气、甘油和水为普遍采用的实验介质,这些介质的流动传热物性和普朗特数与氟盐相比往往存在较大差异。

为探究本实验所得数据与其他研究者提出的换热模型是否符合,本文经过调研,选取了几组典型的圆管与外部流动工质间的自然对流换热模型,如表 5-5 所示。之后将这些换热关系式与本文所得的实验数据进行对比分析。

表 5-5 工质与圆管外壁面自然对流换热模型

作者	关系式	Pr	布置
Oosthuizen[25]	$\dfrac{Nu}{(Gr\cos\theta)^{1/4}}=0.42\left[1+\left(\dfrac{1.31}{L_0^{-1/4}}\right)^3\right]^{1/2}$ $L_0=\dfrac{L}{D\tan\theta},10^4<Ra<10^9$	0.7 （空气）	倾斜
Stewart 和 Buck[26]	$\dfrac{Nu}{(Ra\cos\theta)^{1/4}}=0.48+0.555\left[\left(\dfrac{D}{L\cos\theta}\right)^{1/4}+\left(\dfrac{D}{L}\right)^{1/4}\right]$ $4\times10^4<Ra<4\times10^8$	0.7 （空气）	倾斜
Morgan[27]	$Nu=0.48Ra^{1/4}$ $10^4<Ra<10^7$		水平
Hamzekhani 等[28]	$Nu=1.1Ra^{0.2-0.045\sin\theta}$ $2.7\times10^5<Ra<1.35\times10^7$	198～1033 （甘油）	倾斜
Fand 等[29]	$Nu=0.474Ra^{0.25}Pr^{0.047}$ $2.5\times10^2<Ra<1.8\times10^7$	0.7～3090	水平

续表

作者	关系式	Pr	布置
Fand 等[30]	$Nu = 0.4Pr^{0.0432}Ra^{0.25} + 0.503Pr^{0.0334}Ra^{0.0816}$ $+ 0.958\dfrac{Ge^{0.122}}{Pr^{0.06}Ra^{0.0511}}$ $Ge = gD\beta/c_p$,$10^2 < Ra < 10^8$	$0.7 \sim 4\times10^4$	水平
Al-Arabi 和 Salman[31]	$Nu = [0.6 - 0.488(\sin(90°-\theta))^{1.73}] \cdot$ $Ra^{0.25 + 1/12(\sin(90°-\theta))^{1.73}}$ $10^{5.5} < Ra < 10^7$	0.7	倾斜
Tsubouchi 等[32]	$Nu = 0.36 + 0.048Ra^{0.125} + 0.52Ra^{0.25}$ $10^6 < Ra < 1.8\times10^9$		水平

图 5-38 中展示了不同的经验关系式与本实验研究中卸料罐内氟盐与倾斜管自然对流换热实验数据的对比情况。从图中可以看出，不同的关系式与本实验数据呈现出不同的偏差。Oosthuizen、Stewart 和 Buck 等人采用空气为实验工质，用其获得的经验关系式不适用于本实验中的自然对流换热情况，计算出的努塞特数 Nu 高于本实验值，且偏差较大。Hamzekhani 采用甘油为实验工质，用其获得的经验关系式计算出来的努塞特数 Nu 低于本实验值，相比于 Oosthuizen、Stewart 和 Buck 等人的结果偏差小了很多，但仍与实验值吻合较差。在这些关系式中，Tsubouchi 与 Fand 等人的关系式与本实验值较为接近。

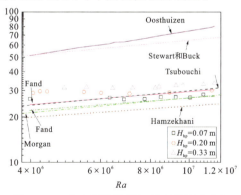

图 5-38 本文实验结果与现有关系式对比

表 5-6 总结了几组曲线与本实验结果较为接近的关系式，与本实验数据之间的相对标准偏差，可以看出，研究者（Tsubouchi、Fand 和 Morgan 等人）的关系式与底层单根管的实验数据之间的相对标准差均小于 10%，此时偏差不算太大。但是随着热管高度上升，关系式与实验数据间的相对标准差也增大，计算值与实验值

间出现了较大偏差,最终导致关系式与全部实验数据的拟合准确度不足。相应地,本实验所获得的关系式考虑了热管高度因素,采用相对高度对关系式进行了修正,所以关系式与各高度的单根管实验数据均偏差较小,说明单根热管高度因素对自然对流换热存在影响,表明了考虑热管高度修正因素后关系式的准确性与合理性。

表 5-6 各关系式与本文实验数据偏差

关系式	$H_{hp}=0.07$ 数据	$H_{hp}=0.20$ 数据	$H_{hp}=0.33$ 数据	综合全部数据
Tsubouchi[32]	7.7%	13.3%	16.0%	12.5%
Fand[29]	6.9%	12.9%	16.4%	12.4%
Morgan[27]	9.4%	25.3%	29.0%	22.3%
本书式(5-8)	1.8%	1.9%	1.6%	1.7%

5.3.2 氟盐与单列竖列管束自然对流换热特性实验研究

在上一节,分析并探讨了卸料罐内液态氟盐 FLiNaK 与不同高度的单根倾斜热管间的自然对流换热特性。本节将结合上节有关结论,进一步分析液态氟盐与竖列管束间自然对流的换热情况。

在热管与单根倾斜管自然对流换热实验中,可以发现热管的高度对自然换热有显著影响。因此在氟盐与竖列管束的自然对流换热实验中,同样以卸料罐直筒段底部所在平面为基准平面,各个工况的竖列管束的平均高度均保持为 0.20 m,然后在此基础上改变管束间距,使间距与管径的比值(间径比 P/D)分别为 8.67 和 4.33,以削弱热管高度对实验结果的影响。各工况中热管的具体布置方式如图 5-39 所示。在间径比 $P/D=8.67$ 的工况中,底部热管 A 和顶部热管 C 两根热管投入使用;在间径比 $P/D=4.33$ 的工况中,底部热管 A、中部热管 B 和顶部热管 C 三根根热管投入使用。所有实验工况中,卸料罐内氟盐液位高度 H_{max} 均为 0.42 m。

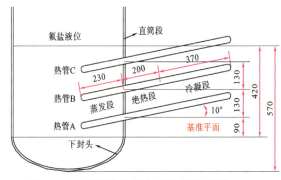

图 5-39 热管的布置方式示意图(单位:mm)

考虑到氟盐与管束对流换热实验工况的温度区间,与氟盐和单根热管自然对流换热实验工况基本相同,为保证卸料罐系统充分达到稳态,在氟盐与竖列管束自然对流换热实验中,采用与单根热管实验相同的系统稳态的判别方式:卸料罐内氟盐各个温度测点测量值,以及顶部氟盐与底部氟盐的温差,在最后的 4 h 内,波动范围不超过±0.6 ℃。

1. 氟盐温度场特性分析

首先对卸料罐内氟盐温度场进行考察分析。氟盐 FLiNaK 由罐内均匀对称布置的加热棒加热,通过热管束散热,稳态下形成了稳定的自然对流,因此也呈现出稳定的温度分布。图 5-40 为不同管间距(P/D=8.67 和 4.33)时,卸料罐内氟盐温度场的分布情况。氟盐的温度随高度的上升而逐步平稳升高。同时,和氟盐与单根热管自然对流换热一样,卸料罐内氟盐温度径向分布均匀,在同一高度处的氟盐温度基本一致。这也是由于卸料罐内均匀的加热棒布置使得氟盐受热均匀,同

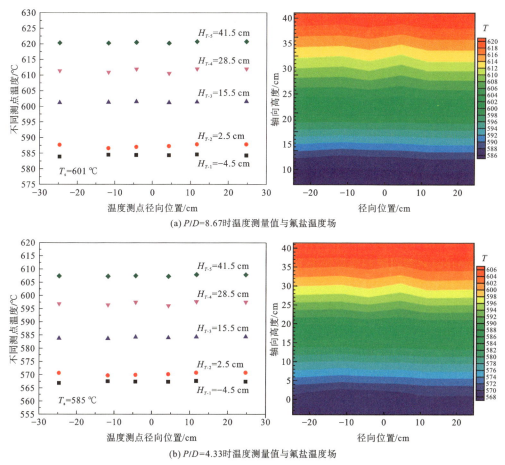

(a) P/D=8.67时温度测量值与氟盐温度场

(b) P/D=4.33时温度测量值与氟盐温度场

图 5-40 不同 P/D 工况下氟盐温度分布

时氟盐径向流速小,氟盐本身导热性能较好,综合导致氟盐在径向温度分布均匀。

图 5-41(a)对比了管间距相同($P/D=8.67$)时,不同氟盐整体均温下,卸料罐内氟盐的轴向温度分布情况。从图中可以看出,氟盐轴向温度分布从低到高逐步上升。很明显,这是卸料罐内氟盐自然对流造成的结果。图 5-41(b)对比了在相同的氟盐整体均温下(T_s 分别等于 585 ℃、554 ℃ 和 521 ℃),不同管间距时氟盐的轴向温度分布情况。当卸料罐内氟盐整体均温相同时,即使卸料罐上布置的竖列管束管间距不同,罐内氟盐的温度分布差距也很小;在同一高度位置的氟盐,两种管间距工况下的氟盐当地均温 T_{ave} 间的温差最大不超过 4 ℃。

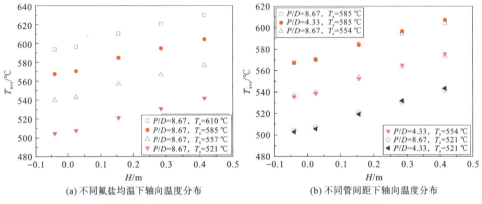

(a) 不同氟盐均温下轴向温度分布 (b) 不同管间距下轴向温度分布

图 5-41 不同氟盐均温及管间距下轴向温度分布比较

在氟盐与竖列管束自然对流换热实验中,研究发现在卸料罐直筒段区域内($H>0$ m),氟盐轴向温度随高度变化均匀。因此本研究将氟盐轴向温度分布和对应高度进行无量纲化处理,获得了卸料罐直筒段区域内氟盐轴向温度的无量纲分布,如图 5-42 所示。氟盐无量纲当地均温 T_{ave}/T_s 随着无量纲高度 H/H_{max} 增大而逐步增大。同氟盐与单根热管的自然对流换热实验的结果相似,从图中可以看出,尽管热管间距和氟盐整体均温不同,但各工况的轴向温度无量纲分布基本保持一致:氟盐轴向温度从低到高逐步平稳上升;同时在卸料罐直筒段区域内($H/H_{max}>0$),氟盐轴向无量纲均温近似呈线性变化,关系式如下:

$$\frac{T_{ave}}{T_s} = 0.0672 \frac{H}{H_{max}} + 0.9724 \qquad (5-9)$$

图 5-43(a)和(b)分别展示了本实验研究中不同管间距工况下,在不同轴向高度位置通过式(5-9)得出的氟盐均温计算值 $T_{ave,cal}$ 与实验获得的氟盐均温实验值 $T_{ave,exp}$ 的差值情况。从图中可以看出,同一轴向高度处氟盐均温的计算值与实验值之差不超过 ±3 ℃,相对于实验中液态氟盐 480 ℃ 以上的高温而言偏差非常小,表明式(5-9)与实验符合良好,能够较为准确地预测出直筒段内各个轴向高度位置的氟盐均温。

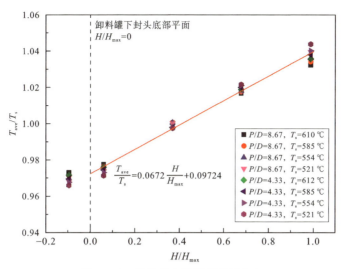

图 5-42 氟盐轴向温度无量纲分布

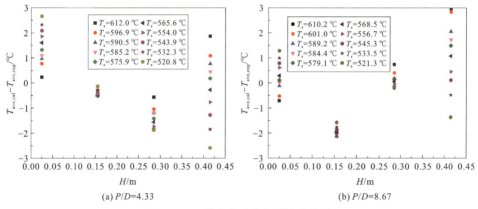

图 5-43 温度实验值与计算值偏差

温差为自然对流的重要特征参数。氟盐由于温度不同导致的密度差是自然对流的主要驱动力。本实验同样对卸料罐内顶部与底部的氟盐温差展开了分析研究。由前文可知，热管的高度对氟盐温差有明显影响。因此分析管束工况的氟盐温差时，本实验研究保持各工况的热管平均高度均为 0.2 m，并将温差与单根热管高度为 0.20 m 的工况进行对比分析。图 5-44(a) 和 (b) 分别为卸料罐内氟盐温差随罐内氟盐整体均温的变化情况和罐内氟盐温差随热管平均功率的变化情况。

可以看出，各工况氟盐温差基本无变化：$P/D=4.33$ 时，氟盐温差基本维持在 39.9 ℃±0.5 ℃；$P/D=8.67$ 时，氟盐温差基本维持 36.8 ℃±0.5 ℃；单根热管高度为 0.20 m 时，氟盐温差基本维持 33.7 ℃±0.4 ℃。罐内氟盐温差不随氟盐均温 T_s 和热管平均功率 $\overline{Q_{hp}}$ 变化，但是竖列管束的管间距对氟盐温差的影响显著。

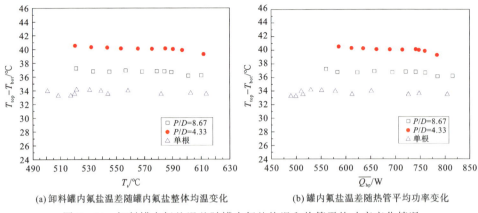

(a) 卸料罐内氟盐温差随罐内氟盐整体均温变化　　(b) 罐内氟盐温差随热管平均功率变化

图 5-44　卸料罐内氟盐温差随罐内氟盐均温和热管平均功率变化情况

考虑到前文中分析所得，单根热管安装高度是氟盐温差的敏感因素。因此热管布置方式是影响卸料罐内氟盐温差的敏感因素。

2. 氟盐与竖列管束自然对流换热特性分析

竖列热管束管间距 P/D 不同时，液态氟盐 FLiNaK 与单列竖列管束间的自然对流换热系数如图 5-45(a) 所示。从图中看出热管间距分别为 8.67 和 4.33 时，氟盐与竖列管束的自然对流换热系数变化相同，二者间基本无差异，其数值基本吻合于同一条曲线。随着氟盐温度上升，自然对流流动越来越剧烈，因此自然对流换热系数增大，对流强度也增强。卸料罐内氟盐整体均温从 520 ℃ 上升至 612 ℃ 时，自然对流换热系数 h 从 640 W/(m²·℃) 逐步上升至 690 W/(m²·℃)；同时，对于氟盐 FLiNaK 与单根热管的自然对流换热，当氟盐整体均温从 506 ℃ 上升至 607 ℃ 时，其对流换热系数 h 从 700 W/(m²·℃) 逐步上升至 805 W/(m²·℃)。

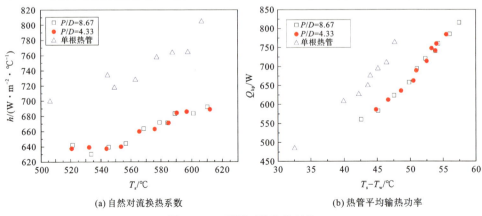

(a) 自然对流换热系数　　(b) 热管平均输热功率

图 5-45　不同工况传热对比

第5章 液体燃料熔盐堆非能动余排实验研究

从图中可以看出,氟盐与竖列管束的自然对流换热系数明显整体低于氟盐与单根热管的自然对流换热系数,其降幅约为单根热管换热系数的10%～15%。

图5-45(b)为各不同实验工况中,热管的平均功率随氟盐与热管壁面平均温度间温差的变化情况。从图中可以看出,在温差相同时,氟盐与管束排列的热管间的平均换热功率明显低于氟盐与单根热管间的传热功率。在相同的传热温差下,单根热管实验中的热管的传热功率会比管束实验中热管的平均传热功率高约100 W。在总体上由于管束排列的热管数量多,虽然单根热管的平均功率降低了,但是所有热管总的散热功率依然会大大地高于单根热管。

管束工况的平均传热功率和对流换热系数的降低,表明氟盐自然对流强度受到削弱。经过分析,以上情况的出现可能是由于两种原因:一是由于竖列管束的布置方式,使氟盐与每根热管间的自然对流流动相互干扰,导致氟盐与单根热管间的平均对流换热能力下降。在与本实验研究传热工况类似的以水为工质的实验中发现,水流经下层圆管产生的尾流影响了上层圆管外水的流动,阻碍了传热并造成了传热功率降低[33]。二是由于封闭有限的流动空间制约。在封闭狭小的卸料罐中,管束与氟盐间自然对流无法充分发展,流动换热也会因此受到限制。尤其是在封闭空间中,空间上的局限性会对流体与管束间自然对流换热产生明显的抑制作用[34]。

图5-46展示各实验工况中,不同的热管平均传热功率下,每根热管壁温与氟盐温差的变化情况。从图中可以看出,管束实验中底部热管和氟盐的温差,与单根热管实验中热管与氟盐的温差基本一致。这是对于竖列管束的自然对流,最底层热管的自然对流换热特性同只有单根管时的换热特性一致[35-36]。另一方面,从图中可以看出,底层以上的热管,其壁面与氟盐的温差增大,且高度越高,温差也越

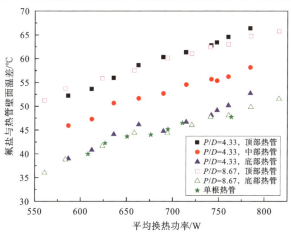

图5-46 不同热管平均传热功率下,热管壁温与氟盐温差

大。这很可能是因为氟盐流动过程中,底层热管对上方热管自然对流产生干扰效应,使其换热特性不同于单管,导致温差产生变化。

本研究计算得到了氟盐与竖列管束间自然对流换热的无量纲数,从而进一步分析其对流换热特性。不同管间距时,氟盐与竖列管束自然对流换热的平均努塞特数$\overline{Nu}$随瑞利数Ra的变化如图5-47所示。瑞利数Ra增大,平均努塞特数$\overline{Nu}$也随之增大。由于整体自然对流强度的削弱,管束时的平均努塞特数$\overline{Nu}$变化范围为23～25,明显小于单根热管时的努塞特数Nu。管束工况下,平均努塞特数$\overline{Nu}$与瑞利数Ra的变化整体上仍符合指数变化关系,即$Nu=C \cdot Ra^n$。

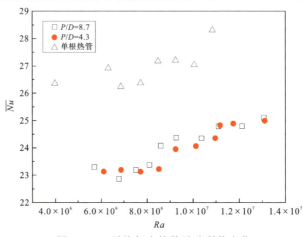

图5-47 平均努塞特数随瑞利数变化

因此可由实验数据分别拟合出本实验各工况中,氟盐与竖列管束的自然对流换热关系式。

当$P/D=8.67$时:

$$Nu = 3.8190 \cdot Ra^{0.11483} \quad (5.70 \times 10^6 \leqslant Ra \leqslant 1.31 \times 10^7) \quad (5-10)$$

当$P/D=4.33$时:

$$Nu = 3.3991 \cdot Ra^{0.12171} \quad (6.12 \times 10^6 \leqslant Ra \leqslant 1.31 \times 10^7) \quad (5-11)$$

综合上文分析,在本实验中不同的管间距对氟盐与竖列热管束间的自然对流换热特性未产生明显影响,因此可以将全部实验数据整合起来,获得一个总的自然对流换热关系式:

$$Nu = 3.7109 \cdot Ra^{0.11606} \quad (5.70 \times 10^6 \leqslant Ra \leqslant 1.31 \times 10^7) \quad (5-12)$$

图5-48中对比了竖列管束工况下的氟盐自然对流换热关系式与单根热管实验所得的自然对流换热关系式,可以看出管束的努塞特数整体低于单根热管的努塞特数,表明竖列管束的布置方式会导致氟盐与管束间的自然对流换热强度降低。图5-49为采用式(5-12)计算获得的努塞特数计算值Nu_{cal}与实验值Nu_{exp}之间的对比情况。从图中可以看出,努塞特数计算值与实验值偏差很小,为-2.9%～

1.7%,表明关系式与实验结果吻合良好。

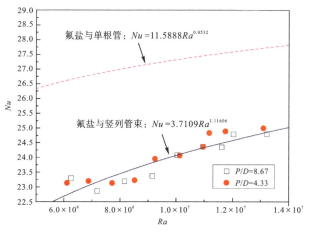

图 5-48 总换热关系式曲线

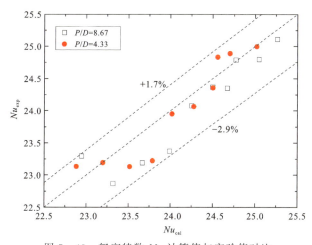

图 5-49 努塞特数 Nu 计算值与实验值对比

  国际上已开展的竖列管束自然对流换热实验研究,重点都关注于管束内每根管各自的换热特性,尤其是分析了上层管的自然对流换热是被强化还是抑制,并且部分研究获得了针对管束内上层单根管的自然对流换热关系式。但是对于管束的整体换热特性的关注度却相对较低,相应的针对管束整体的自然对流换热关系式略显不足。然而在工程设计应用中,往往更优考虑的是管束的整体换热特性,整体管束的自然对流关系式对于设计而言使用更为方便。由于本实验无法测得管束中每根热管的换热功率,因此无法将上层管的换热特性与其他文献中上层管的换热关系式进行比对。但是相对地在另一方面,本研究获得了管束的整体自然对流换热特性,因此可将本研究所获得的实验数据与现有管束整体自然对流换热关系式进行对比分析。下面采用 Corcione 公式[式(5-13)][35]进行对比分析。该公式常用于计算不同数量和不同管间距时,空气与管束的自然对流换热努塞特数。

$$\overline{Nu} = Ra^{0.235}\left\{0.292\ln\left[\left(\frac{P}{D}\right)^{0.4} \times N^{-0.2}\right] + 0.447\right\} \quad (5-13)$$

式中:$2 \leqslant N \leqslant 6$;$5 \times 10^2 \leqslant Ra \leqslant 5 \times 10^5$;$P/D \leqslant 10 - \lg Ra$。

图 5-50 对比了 Corcione 公式、本研究关系式和实验数据。从图中可以看出,本实验获得的努塞特数实验值整体低于由 Corcione 公式计算得到的管间距 $P/D = 4.33$ 和 $P/D = 8.67$ 努塞特数计算值,且计算值与实验值存在较大偏差,表明 Corcione 公式不能很好应用于卸料罐内氟盐与竖列管束间自然对流换热的计算。分析其原因,认为主要有以下两点。

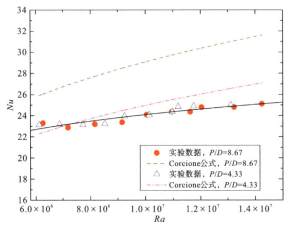

图 5-50 实验数据与其他关系式间对比

(1) 公式的适用范围。Corcione 公式针对的是空气自然对流。空气的热导率、黏度和普朗特数等热物性参数与液态氟盐相比均有一定差异。空气自然对流的瑞利数 Ra 也处于中低区域($Ra \leqslant 10^5$),而氟盐自然对流的瑞利数往往较大($Ra > 10^6$)。这些因素会导致二者的自然对流换热特性出现一定差异。

(2) 最重要的一点,在 Corcione 公式中,空气与竖列管束在充分大空间内进行自然对流换热,流动可充分发展,没有涉及空间限制对流动换热的影响。而本实验中,氟盐与竖列管束的自然对流换热在较小空间的封闭腔室(卸料罐)内进行。不光管束间的相互干扰会影响自然对流换热,空间的限制更会导致自然对流流动无法充分展开,抑制氟盐与管束间的换热,所以本实验中氟盐与竖列管束间自然对流换热努塞特数的实验值会低于 Corcione 公式的计算值。当管间距大($P/D = 8.67$)时,管间相互影响变弱,此时流动空间对自然对流流动的限制就会凸显,因此导致此时实验所得的自然对流换热努塞特数与 Corcione 公式的计算值相比低得更多。

5.4 热管型非能动余排系统瞬态特性实验研究

本节开展了热管型非能动余排系统的瞬态实验研究,以验证其概念设计的可行性,并开展相应的系统瞬态特性分析,为以后的进一步设计与分析提供实验基础。

5.4.1 实验工况

热管型非能动余排系统瞬态特性实验研究工况如表 5-7 所示。本实验研究主要考虑了四种系统主要设计参数对热管型非能动余热排出系统性能的影响。四个主要设计参数为风筒高度、热管数量、氟盐起始温度和衰变热功率水平。

表 5-7 瞬态实验工况表

风筒高度	热管数量	氟盐起始均温/℃	衰变热功率
无	2列(6根)	567	0.7P
	2列(6根)	567	P
	2列(6根)	603	P
2 m	2列(6根)	567	P
	2列(6根)	603	P
	4列(12根)	603	P
4 m	2列(6根)	567	P
	2列(6根)	603	P
	4列(12根)	603	P

本实验中加热棒的加热功率参照 MSRE 堆卸料燃料盐的衰变热功率[37],保持功率密度不变,按照本实验卸料罐内熔盐体积装量进行折算获得。MSRE 卸料盐衰变热功率随时间变化如图 5-51 所示,经折算,本实验中卸料罐加热棒功率控制函数为:

$$P = 4846.692 \times \exp\left(\frac{-t}{3600 \times 3.05251}\right) + 2295.4664 \times \exp\left(\frac{-t}{3600 \times 17.80259}\right) +$$

$$2361.7528 \times \exp\left(\frac{-t}{3600 \times 296.58353}\right) \tag{5-14}$$

式中:P 为加热棒总加热功率,W;t 为加热时间,s。

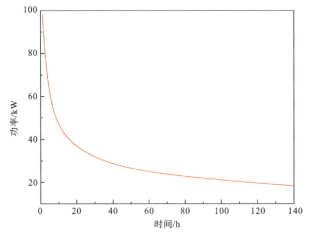

图 5-51 MSRE 堆卸料燃料盐衰变热功率随时间变化

5.4.2 系统瞬态散热特性分析

通过卸料罐内布置的热电偶测温,本实验获得了系统运行过程中,卸料罐内氟盐温场变化情况。本节首先以 4 m 风筒、6 根热管、603 ℃氟盐初温工况为例,对系统冷却过程中氟盐温度场变化进行说明。在系统瞬态散热实验中,卸料罐内的液态氟盐温度场呈现出与稳态实验相似的分布特性。

如图 5-52(a)~(d)所示,卸料罐内氟盐温度随冷却时间的增长而逐步降低,顶部氟盐温度从 626 ℃逐渐降低至 518 ℃,底部氟盐从 588 ℃逐渐降低至 483 ℃。在径向温度分布上,同一高度位置处的氟盐温度基本相同;在轴向温度分布上,氟盐温度从低到高逐步平稳上升。液态氟盐在卸料罐内形成自然对流流动,温度高的氟盐密度小,在密度差的驱动下,自然而然地会形成轴向的温度变化,并且轴向高度越高处氟盐温度也越高。另一方面,与稳态实验相同,氟盐黏度较大,卸料罐内液态氟盐流速较慢,径向流动更是微弱,同时氟盐本身具有良好的导热性能,因此导致氟盐径向温度分布均匀。

系统瞬态实验可以获得卸料罐内顶部氟盐、底部氟盐和氟盐整体均温随时间的变化情况,同时为更好地对比分析卸料罐顶部与底部氟盐的降温特性,本研究对氟盐的顶部均温 T_{top} 和底部均温 T_{bot} 分别进行了无量纲化处理。

图 5-53 至图 5-55 展示了不同工况下系统冷却过程中,卸料罐内氟盐的温度随时间的变化情况。由于高温热管的散热作用,卸料罐内氟盐的整体均温随时间降低。同时,衰变热功率呈现负指数变化,其在初始时刻很高且下降速率较快,经过短时间骤降后,衰变功率下降速率随时间逐步放缓,最后基本维持于低功率水平。因此卸料罐内氟盐冷却在初期短时间内温度降低缓慢,之后衰变热功率降低,氟盐的冷却速率才随之加快。热管的散热功率是与氟盐温度相匹配的,氟盐温度

第5章 液体燃料熔盐堆非能动余排实验研究

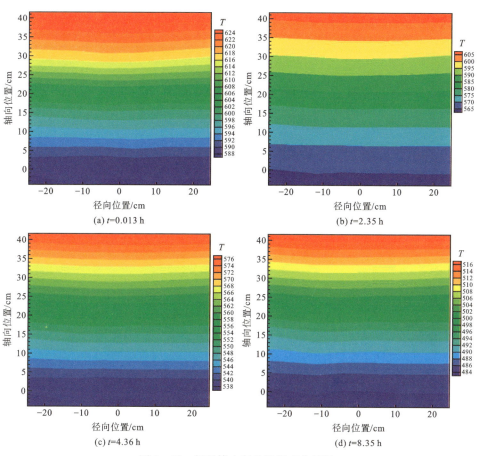

图 5-52 卸料罐内氟盐温场变化情况

高导致热管温度高,进而使热管向外界空气散热功率高。

如图 5-53 所示,在氟盐初始温度低的工况中,由于热管散热功率较低,氟盐

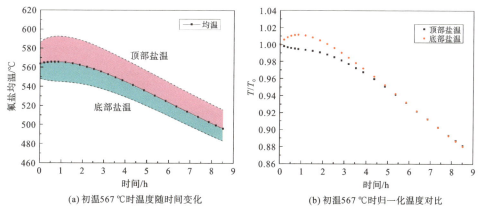

(a) 初温567 ℃时温度随时间变化

(b) 初温567 ℃时归一化温度对比

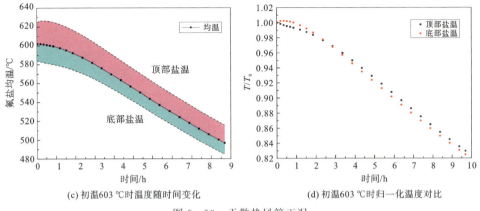

(c) 初温603 ℃时温度随时间变化

(d) 初温603 ℃时归一化温度对比

图 5-53　无散热风筒工况

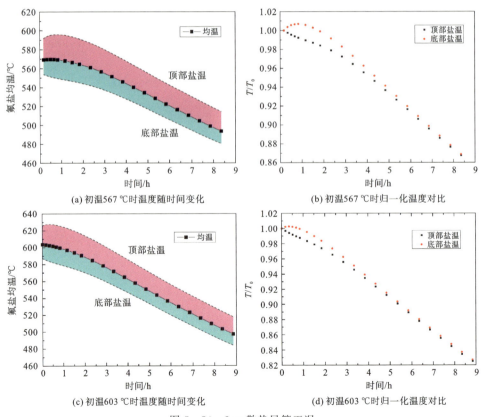

(a) 初温567 ℃时温度随时间变化

(b) 初温567 ℃时归一化温度对比

(c) 初温603 ℃时温度随时间变化

(d) 初温603 ℃时归一化温度对比

图 5-54　2 m 散热风筒工况

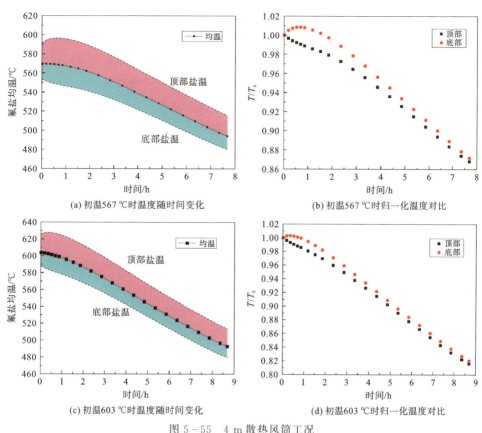

图 5-55 4 m 散热风筒工况

整体均温 T_s 在初期短时间内稳定不变甚至略微上升,但之后由于衰变热功率的急速下降,氟盐整体均温 T_s 很快就会随之降低。

如图 5-53 至图 5-55 所示,卸料罐中顶层氟盐温度都是在初期高衰变热功率时有一个短暂上升的过程,之后随衰变热功率下降而逐步降低;而底层氟盐温度都是全程降低。这说明在卸料罐内,顶层氟盐对功率的变化更敏感。从右侧各图中的氟盐温度无量纲曲线上可以看出,随着氟盐衰变热功率降低并达到低水平,底层与顶层氟盐降温速度都会趋于一致,曲线逐渐重合,卸料罐内氟盐整体同步降温。氟盐初始温度高,卸料罐内氟盐温度降低速度能更快地到达一致。这是由于初期的衰变热功率远大于热管散热功率,氟盐温度高,热管的散热功率大。在衰变热功率变化一定时,氟盐初温高的工况中,热管散热功率能更早地超过衰变热功率,使氟盐温度更早地开始整体降低。

图 5-56 以氟盐初温 567 ℃、6 根高温热管工况为例,分析了实验中高温热管罐内蒸发段与冷凝段各自平均温度的变化情况。随着氟盐衰变热的排出,系统温度降低,热管的温度也随时间增长而降低。散热风筒内冷凝段与空气自然对流随

风筒高度增加而增大,使热管散热功率上升,热管温度降低速度也快,在图中即表现为风筒高度高的工况,高温热管降温曲线斜率更大。在传热过程中,热阻较大处的温度变化也大。热管与空气自然对流换热系数小于热管与氟盐自然对流换热系数,使冷凝段侧热阻大于罐内蒸发段侧热阻,导致冷凝段壁温对风筒高度的变化更敏感。在图中表现为,风筒高度增大时,热管蒸发段壁温减小量明显小于热管冷凝段。4 m风筒较无风筒时相比,两工况在系统运行初期热管蒸发段壁温差5 ℃,而4 m工况的热管冷凝段壁温降比无风筒工况低约20 ℃。

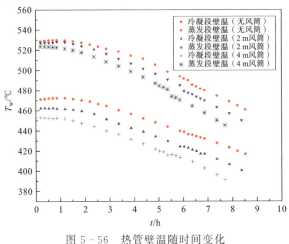

图 5-56 热管壁温随时间变化

5.4.3 系统敏感参数响应特性分析

本节针对热管型非能动余热排出系统概念设计中的散热风筒高度、热管数量、氟盐初温和衰变热功率水平四个主要系统参数进行敏感性分析,开展余排系统响应特性研究。

1. 散热风筒高度

在本研究提出的设计方案中,安装有热管的卸料罐放置于散热风筒内的底部位置。散热风筒的作用是强化其内部的空气自然对流强度,进而提升余排系统的散热功率。不同风筒高度时,系统内氟盐的冷却情况如图 5-57 所示。卸料罐内氟盐初始平均温度为602 ℃,热管数量为6根(对称2列,每列3根)。从图中可以看出,风筒对罐内氟盐的冷却有较为明显的强化作用。风筒高度越高,氟盐冷却速度明显越快。氟盐从初始温度开始降低至496 ℃,无风筒工况耗时9.7 h,2 m风筒工况耗时8.9 h,4 m风筒工况耗时8.3 h。相比无风筒工况,4 m风筒工况的氟盐降温耗时缩短1.4 h,冷却速度提升了17%,系统冷却效果提升明显。

图 5-58 选取相同氟盐初始均温下4 m风筒和无风筒两组工况,详细对比了散热风筒对余排系统运行特性的影响。由于风筒强化了热管冷凝段与空气间的自

第5章 液体燃料熔盐堆非能动余排实验研究

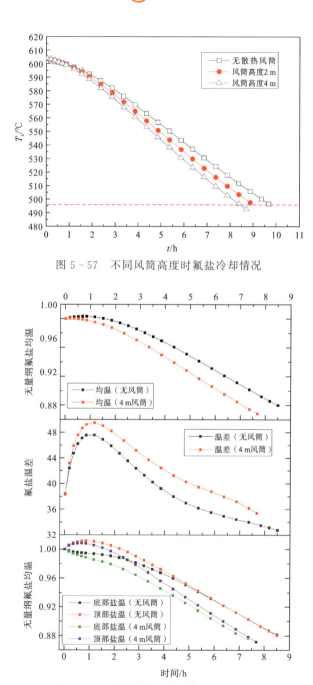

图 5-57 不同风筒高度时氟盐冷却情况

图 5-58 不同风筒高度时氟盐温度对比

然对流,提升了热管的散热功率,因此 4 m 风筒时卸料罐内氟盐温度降低得更剧烈。卸料罐内顶部与底部的氟盐温差随时间会先增大后降低。这是由于余排系统

171

熔盐堆热工水力及安全分析

运行过程中衰变热功率与系统冷却功率处于动态不平衡状态。卸料罐内氟盐衰变热功率初期很高,大于热管的散热功率,导致氟盐仍然受到加热作用,顶部氟盐温度会上升,因此顶部与底部温差会增大。之后由于衰变热功率降低并逐渐低于热管散热功率,氟盐全面受到冷却作用。顶部氟盐温度高于底部氟盐,使得顶部热管散热功率也大,所以顶部氟盐降温速率大于底部氟盐,因此顶部与底部氟盐温差会缩小。在温差降低的同时温度降低,散热功率降低,所以导致冷却中顶部与底部氟盐温度降速逐步趋于一致,在图中即表现为顶部与底部氟盐的无量纲温度曲线逐渐重合。另一方面,从图中可以看出,4 m 风筒工况中的罐内顶部与底部氟盐温差大于无风筒工况。这是由于 4 m 风筒工况中,风筒强化了热管与外界空气的对流散热,使系统散热功率增大,导致罐内氟盐的自然循环更强,因此顶部与底部氟盐有了更大的温差。

2. 热管数量

本实验分别开展了 6 根热管和 12 根热管时的系统瞬态散热实验。6 根热管选取的为卸料罐上对称的两列(夹角180°),每列 3 根;12 根热管选取的为卸料罐上对称的四列(夹角90°),每列 3 根。

图 5-59 展示了氟盐初始温度为 602 ℃,风筒高度为 2 m 时,不同数量热管工况下卸料罐内的氟盐降温特性曲线。由于热管的数量直接决定了系统的散热能力大小,因此从图中可以明显看出,热管数量对系统冷却性能影响巨大。热管数量越多,氟盐整体均温 T_s 降低越快,系统冷却性能越强。实验中,卸料罐罐内氟盐整体平均温度 T_s 从 603 ℃ 降低至 504 ℃,6 根热管工况耗时 8.4 h,平均降温速率 11.78 ℃/h;12 根热管工况耗时 4.2 h,平均降温速率 23.33 ℃/h。卸料罐上安装热管数量增大一倍时,卸料罐内氟盐冷却速率也随之加快一倍。

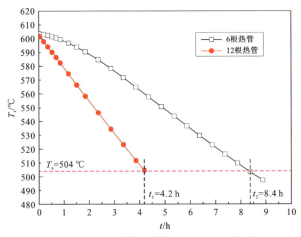

图 5-59 不同热管数量下氟盐冷却情况

图 5-60 为相同氟盐初始均温下 6 根热管和 12 根热管两组工况下,系统的温度降低特性曲线。增加热管数量会直接提高系统的散热功率,自然而然导致卸料罐内氟盐温度降低得更快。热管数量增加至 2 倍,系统冷却耗时缩短至 1/2,氟盐冷却速度相应地提升至原来的 2 倍。两组工况相比,12 根热管时罐内氟盐顶部与底部的氟盐自然循环温差更大。这是由于热管数量越多,系统的冷却功率越大,卸料罐内氟盐与热管的自然对流换热更剧烈,罐内氟盐的自然对流也就更强,进而导致顶部氟盐与底部氟盐自然对流温差更大。在系统的冷却过程中,顶部与底部的氟盐自然对流温差先增大后降低,其原因与前文中所述原因相同,同样是由于衰变热功率与系统冷却功率间的动态不平衡所致。在实验中,由于 12 根热管工况中,系统散热功率很大,氟盐整体温度降低速度太快,系统很快便冷却至低温,为防止氟盐凝固,必须终止实验。因此 12 根热管工况未来得及显现出 6 根工况实验中出现的氟盐整体降温速率逐步趋于一致的过程。

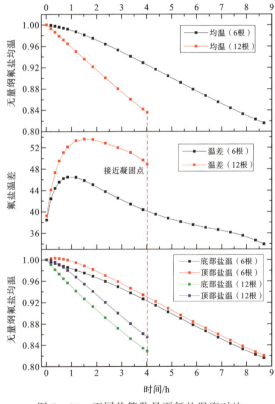

图 5-60 不同热管数量下氟盐温度对比

3. 氟盐初温

本研究同样对比了不同氟盐初始均温时系统的冷却性能。热管的散热功率会

熔盐堆热工水力及安全分析

随氟盐温度变化而变化。氟盐温度越高,热管的壁面温度也越高,导致热管的散热功率越大。不同的氟盐初始温度会导致热管初始时刻的散热功率不同。因此在衰变加热功率相同时,氟盐的冷却特性会受到氟盐的初始温度影响。图5-61为使用6根热管时,不同氟盐初始均温($T_{s0}=564$ ℃和602 ℃)下氟盐冷却曲线。氟盐初始温度 $T_{s0}=564$ ℃时,氟盐在冷却初期温度有明显的上升。这是由于氟盐温度低,导致热管散热功率不足,衰变热无法有效导出,所以氟盐温度会升高。而氟盐初始温度为602 ℃时,初始时刻的热管散热功率较高,有效地导出了衰变热,抑制了氟盐温度的升高。随后,衰变热功率急速降低,在热管的散热下,氟盐温度稳步降低。

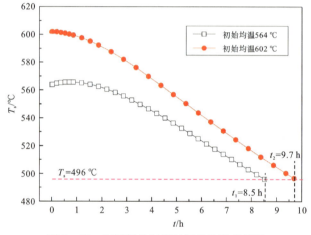

图5-61 不同氟盐初温时氟盐的冷却情况

图5-62为对比两种工况下系统内氟盐的温度特性变化。从最上方的氟盐无量纲均温曲线中可以看出,初温高的工况中系统在整个冷却过程中的氟盐温度降低速度始终大于初温低的工况,但是冷却速度的加快依旧无法抵消初温高带来的影响,使得氟盐初温高时系统冷却至低温仍然需要更长的时间。同样是冷却至氟盐均温496 ℃,初温 $T_{s0}=564$ ℃工况耗时8.5 h,而初温 $T_{s0}=602$ ℃工况耗时9.7 h。与上文所述相同,由于衰变热功率衰减速率与系统冷却功率降低速率不一致,造成二者间的动态不平衡,导致在系统运行的整个过程中氟盐顶部与底部自然对流温差同样出现先增大后减小的变化。

从图中可以看出,虽然初温高的工况在冷却全过程中的氟盐温度一直较高,使得系统的散热功率也较高。但对比两种工况的顶层与底层氟盐自然循环温差,可以发现初始温度低的工况在冷却过程中,卸料罐内的自然对流温差更大。上节中本研究分析得出顶层氟盐温度对功率的变化更敏感。相比于高初温工况,低初温工况在初始时刻氟盐的衰变热功率高出散热功率更多,顶部氟盐受到的加热作用更明显,使得顶层氟盐温度上升幅度更大(见图5-62中最下曲线图所示)。因此在系统运行初期,低初温工况的氟盐自然对流温差上升幅度也会高于高初温工况(见图 5-62 中间曲线图)。之后由于低初温工况散热功率较低,使得氟盐降温速率慢,导致罐内顶部与底部氟盐自然循环温差变化速度也慢。所以造成在整个系统运行过程中,初始温度低的工况的顶部与底部氟盐自然对流温差始终较大。

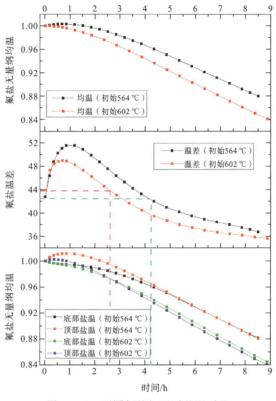

图 5-62 不同氟盐初温时盐温对比

4. 衰变热功率水平

为模拟燃料盐的衰变热功率,本实验采用程控电源编程控制加热棒加热功率,使加热棒加热功率按照衰变热函数变化,详见 5.4.1 节所述。本研究开展了不同衰变功率水平下的系统散热特性实验,衰变功率分别为 100% 衰变热功率水平(P_0)和 70% 衰变热功率水平($0.7P_0$)。热管数量均为 6 根,无风筒。各功率下系统氟盐降温曲线如图 5-63 所示。衰变热功率为 P_0 时,由于衰变功率氟盐温度在初始 1 h 内先缓慢略微上升,之后逐步降低,经 8.0 h 降低至 502 ℃。衰变热功率为 $0.7P_0$ 时,余排系统彻底抑制了氟盐温度的上升,氟盐温度从初始时刻开始迅速降低,降低至 502 ℃ 耗时 5.0 h,为 P_0 工况用时的 62.5%。

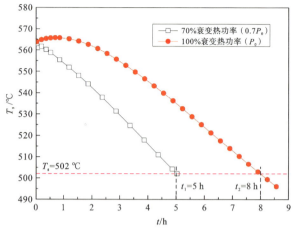

图 5-63 不同衰变热功率下氟盐的冷却情况

参考文献

[1] 叶成.先进压水堆核电厂非能动安全能力延伸研究[D].上海:上海交通大学,2013.

[2] IAEA. IAEA Nuclear Safety Review for 2012[R]. Vienna:IAEA,2012.

[3] GROVER G M,COTTER T P,ERICKSON G F. Structures of Very High Thermal Conductance[J]. Applied Physics,1964,35(6):1990-1991.

[4] CHI S W. Heat Pipe Theory and Practice:A Sourcebook[M]. New York:Hemisphere Publishing Corp. ,1976.

[5] TRUSCELLO V C. SP-100,the US Space Nuclear Reactor Power Program. Technical Information Report[R]. Pasadena:Jet Propulsion Lab,1983.

[6] ZHANG W,WANG C,CHEN R,et al. Preliminary Design and Thermal Analysis of a Liquid Metal Heat Pipe Radiator for TOPAZ-II Power System[J]. Annals of Nuclear Energy,2016,97:208-220.

[7] ZHANG W,ZHANG D,TIAN W,et al. Thermal-hydraulic Analysis of the Improved TOPAZ-II Power System Using a Heat Pipe Radiator[J]. Nuclear Engineering and Design,2016,307:218-233.

[8] LIN L C,GROLL M,BROST O,et al. Heat Transfer of a Separate Type Heat Pipe Heat Exchanger for Containment Cooling of a Pressurized Water Reactor[C].//9th IHPC. Albuguerque:1995.

[9] RAZZAQUE M M. On Application of Heat Pipes for Passive Shutdown Heat Removal in Advanced Liquid Metal and Gas-Cooled Reactor Designs[J]. An-

nals of Nuclear Energy,1990,17(3):139-142.

[10] YUAN Y,SHAN J,ZHANG B,et al. Accident Analysis of Heat Pipe Cooled and AMTEC Conversion Space Reactor System[J]. Annals of Nuclear Energy,2016,94:706-715.

[11] KIM K M,BANG I C. Heat Transfer Characteristics and Operation Limit of Pressurized Hybrid Heat Pipe for Small Modular Reactors[J]. Applied Thermal Engineering,2017,112:560-571.

[12] SEO S B,KIM I G,KIM K M,et al. Risk Mitigation Strategy by Passive IN-core Cooling System for Advanced Nuclear Reactors[J]. Annals of Nuclear Energy,2018,111:554-567.

[13] ZHANG Y. Heat Pipe Heat Removal System Applied in Fukushima NPP Decommissioning[C]//11th Joint International Symposium on Nuclear Science and Technology. Fukushima,2018.

[14] 庄俊,张红. 热管技术及其工程应用[M]. 北京:化学工业出版社,2004.

[15] TOURNIER J,EL-GENK M S. Startup of a Horizontal Lithium-Molybdenum Heat Pipe from a Frozen State[J]. International Journal of Heat and Mass Transfer,2003,46(4):671-685.

[16] ICHIRO S,VOSHIRO A. Application of Heat Pipes to Decayheat Removal System in Next Generation Reactors[J]. ヒトパイブ技术,1990,9(2):10.

[17] KONDO M,NAGASAKA T,SAGARA A,et al. Metallurgical Study on Corrosion of Austenitic Steels in Molten Salt LiF-BeF$_2$(Flibe)[J]. Journal of Nuclear Materials,2009,386:685-688.

[18] MANLY W D,COOBS J H,DEVAN J H,et al. Metallurgical Problems in Molten Fluoride Systems[R]. Oak Ridge:Oak Ridge National Lab,1958.

[19] FAGHRI A. Heat Pipe Science and Technology[M]. Kanpur:Global Digital Press,1995.

[20] FAGHRI A. Heat Pipes:Review,Opportunities and Challenges[J]. Frontiers in Heat Pipes (FHP),2014,5(1):1-48.

[21] LEE J,LEE W,CHI R,et al. Thermal Behavior of Heat-Pipe-Assisted Alkali-Metal Thermoelectric Converters[J]. Heat and Mass Transfer,2017,53(11):3373-3382.

[22] EL-GENK M,TOURNIER J. Uses of Liquid-Metal and Water Heat Pipes in Space Reactor Power Systems[J]. Frontiers in Heat Pipes(FHP),2011,2(1):1-24.

[23] HAINLEY D C. User's Manual for the Heat Pipe Space Radiator Design

and Analysis Code (HEPSPARC)[R]. NASA Technical Reports Server, Document ID 19910013045, 1991.

[24] TOWER L K, BAKER K W, MARKS T S. NASA Lewis Steady-State Heat Pipe Code Users Manual[R]. NASA Technical Reports Server, Document ID 19920019439, 1992.

[25] OOSTHUIZEN P H. Experimental Study of Free Convective Heat Transfer from Inclined Cylinders[J]. Journal of Heat Transfer, 1976, 98(4): 672 – 674.

[26] STEWART W E. Experimental Free Convection from an Inclined Cylinder [J]. Journal of Heat Transfer, 1981, 103(4): 817 – 819.

[27] MORGAN V T. The Overall Convective Heat Transfer from Smooth Circular Cylinders[M]//Advances in Heat Transfer. Elsevier, 1975: 199 – 264.

[28] HAMZEKHANI S, AKBARI A, FALAHIEH M M, et al. Natural Convection Heat Transfer from an Inclined Cylinder to Glycerol and Water[C]. 5th International Conference on Chemical Engineering and Applications, IPCBEE, 2014.

[29] FAND R M, MORRIS E W, LUM M. Natural Convection Heat Transfer from Horizontal Cylinders to Air, Water and Silicone Oils for Rayleigh Numbers between 3×10^2 and 2×10^7[J]. International Journal of Heat and Mass Transfer, 1977, 20(11): 1173 – 1184.

[30] FAND R M, BRUCKER J. A Correlation for Heat Transfer by Natural Convection from Horizontal Cylinders that Accounts for Viscous Dissipation [J]. International Journal of Heat and Mass Transfer, 1983, 26(5): 709 – 716.

[31] GOLDSTEIN R J, KHAN V, SRINIVASAN V. Mass Transfer from Inclined Cylinders at Moderate Rayleigh Number Including the Effects of End Face Boundary Conditions[J]. Experimental Thermal and Fluid Science, 2007, 31(7): 741 – 750.

[32] TSUBOUCHI T, MASUDA H. Heat Transfer by Natural Convection from Horizontal Cylinders at Low Rayleigh Numbers[R]. Report of the Institute of High Speed Mechanics, Tohoku University, 1967, 19: 205 – 219.

[33] PERSOONS T, O GORMAN I M, DONOGHUE D B, et al. Natural Convection Heat Transfer and Fluid Dynamics for a Pair of Vertically Aligned Isothermal Horizontal Cylinders[J]. International Journal of Heat and Mass Transfer, 2011, 54(25 – 26): 5163 – 5172.

[34] CHOUIKH R, GUIZANI A, EL CAFSI A, et al. Experimental Study of the Natural Convection Flow around an Array of Heated Horizontal Cylinders [J]. Renewable Energy, 2000, 21(1): 65-78.

[35] CORCIONE M. Correlating Equations for Free Convection Heat Transfer from Horizontal Isothermal Cylinders Set in a Vertical Array[J]. International Journal of Heat and Mass Transfer, 2005, 48(17): 3660-3673.

[36] ASHJAEE M, YOUSEFI T. Experimental Study of Free Convection Heat Transfer from Horizontal Isothermal Cylinders Arranged in Vertical and Inclined Arrays[J]. Heat Transfer Engineering, 2007, 28(5): 460-471.

[37] BEALL S E, HAUBENREICH P N, LINDAUER R B, et al. MSRE Design and Operations Report. Part V. Reactor Safety Analysis Report[R]. Oak Ridge National Lab., Tenn., 1964.

下篇

固体燃料熔盐堆

>>> 第 6 章 固体燃料熔盐堆球床堆芯热工水力实验研究

固体燃料熔盐堆又称氟盐冷却高温堆,通常采用高温气冷堆的包覆颗粒燃料构成的球床堆芯,FLiBe 熔盐作为冷却剂,回路系统内呈现高普朗特数氟盐流动与传热特性。氟盐 FLiBe 体积比热容与水相当,而氟盐黏性远高于水,使高温氟盐的普朗特数($Pr=12\sim19$)远高于水、氦气等介质。氟盐冷却高温堆运行时,高 Pr 数氟盐对流传热较少处于湍流工况,甚至在强迫循环工况下也处于过渡流甚至层流;对于自然循环工况,氟盐流型几乎均为层流与过渡流。因而在氟盐冷却高温堆设计中,通过采用小管径通道或者强化传热表面来优化氟盐的传热能力[1]。强化的传热表面通过破坏与再生边界层,使热边界层不能充分发展,从而提高氟盐与热构件表面的对流传热系数。球床堆堆芯利用球床多孔介质内球表面边界层均不能充分发展,从而提高其对流传热能力[2];小管径通道则可以通过缩小热传导长度来提高氟盐的对流传热系数。

固体燃料熔盐堆堆芯高功率密度、高冷却剂温度、高普朗特数的特性,导致动量边界层明显厚于热流边界层,其流型特点超出现有的热工流体模拟的适用范围,并且由于采用多孔介质型的孔隙流道结构,球表面的边界层没有充分发展就被相邻燃料球破坏,使得流型转化迅速和传热性能加强。而目前广泛应用于压水堆、重水堆等堆芯的热工水力分析数学物理模型主要基于管道模型和棒束模型,不适用于球床钍基熔盐堆堆芯的热工水力设计与安全分析,相关的数学物理模型有待于进一步深入研究。

6.1 实验概述

本研究通过实验开展固体燃料熔盐堆球床堆积多孔介质通道内氟盐流动的传

热特性研究。若采用氟盐作为实验工质,面临氟盐运行温度高、毒性强、回路安装阀门困难,温度、流量等参数测量难度高等诸多挑战。导热油工质 Dowtherm A 在低温工况能与高温氟盐普朗特数、雷诺数等无量纲数匹配,故可通过导热油实验预测氟盐在球床通道内流动的传热特性;而单相水球床通道实验则可与现有研究进行对比,验证实验设计及实验方法的正确性。

6.1.1 研究对象

在固体燃料熔盐堆的概念设计中,球形燃料具有不停堆更换燃料的显著优势[2],诸多概念堆型采用球形燃料元件和球床堆芯,如表 6-1 所示。

表 6-1 固体燃料熔盐堆球床堆芯的概念设计

反应堆名称	研究机构	设计热功率/MW	入口温度/℃	出口温度/℃	起始时间	参考文献
一体化 PB-AHTR	UCB	2400	600	704	2006	[3]
模块化 PB-AHTR	UCB	900	600	704	2008	[4]
SmAHTR	ORNL	125	650	700	2010	[5]
TMSR-SF	SINAP	2	600	620	2011	[6]
TMSR-SF1	SINAP	10	600	650	2011	[7]
MK1 PB-AHTR	UCB	236	600	700	2014	[8]
KP-FHR	Kaios Pauer	320	550	650	2018	[9]

针对多孔介质通道内流体的流动与传热特性,已经有大量的实验与理论研究。多孔介质通道内流体流动特性研究可追溯至 1856 年,Darcy 等提出了 Darcy 定律,即多孔介质通道内阻力压降与流速呈线性关系[10],Darcy 公式适用于黏性力占据主导作用的低流速工况。Forchheimer 等人则在 Darcy 定律基础上引入了局部阻力项,获得了适用于惯性力与黏性力均具有相当作用的更高流速工况下压降与流速的关系[11]。Ergun 在前人对于多孔介质通道内流动阻力特性研究的基础上,提出了著名的 Ergun 关系式,即流体压降为流体在多孔介质通道内的黏性损失与动能损失之和。Ergun 关系式有较强的适用性,可用于单相水、二氧化碳、氮气等多种介质[12]。不过 Ergun 关系式黏性损失项与动能损失项系数经验性较强,不同学者实验结果不同。Handley 与 Heggs、Lee、Jiang 等分别依据各自的实验结果给出了相应的两项的系数值[13-15]。Hicks 通过比较 Ergun 公式与文献中数据,指出 Ergun 公式在修正雷诺数低于 300 时有较好的适用性;当修正雷诺数位于 300~60000,Ergun 公式黏性损失项与动能损失项则随着雷诺数增加而变化,不再为常数;Ergun 关系式更适用于随机排布球床,而对于规则几何排布球床,因存在边壁

效应,适用性较差。在此基础上,Hicks 提出了适用于修正雷诺数 300～60000 的球床多孔介质通道摩擦阻力特性关系式[16]。KTA(Kerntechnischer Ausschuss)核标准委员会则给出了适用于氦气在球形燃料元件多孔介质通道内的流动压降关系式[17],KTA 关系式较 Ergun 公式具备更宽的适用范围,适用于修正雷诺数 10～10^5,因而对高温气冷堆球床堆芯流动传热特性具备更好的适用性。

  Hassan 等则指出 Ergun 公式适用于均匀排布、孔隙率 0.35～0.55 左右的球床。因而对于不同的球床,均需要开展实验确定黏性损失项与能量损失项系数。而存在"壁面效应"的球床,球床孔隙率分布不均匀,Ergun 公式不能有效适用。"壁面效应"在两方面影响流体球床内流动阻力:①使球床不能完全均匀分布,球床孔隙率分布不均匀;②壁面的存在增加了润湿面积。因而壁面效应一方面可以通过增加壁面附近孔隙率降低球床流动压降,另一方面则可通过润湿面积而增加流动压降。在流速较高的湍流工况下,前者影响更大,在层流与过渡流区,则后者占据主导作用[18]。Mehta 与 Hawley 则考虑了有限球床的尺寸,基于单相水球床内流动阻力特性实验结果,将 Ergun 公式中涉及的特征长度进行了修改,使修改后的 Ergun 公式适用于有限球床,不过其仅适用于修正雷诺数低于 10 的工况[19]。Foumeny 等通过实验研究了不同球床直径与球径比(D_b/d_p)的球床内空气的流动阻力特性,指出许多 Ergun 型经验关系式由高 D_b/d_p 球床流动压降的实验数据获得,对于低 D_b/d_p 球床预测值偏高,Mehta 提出的关系式虽然考虑了 D_b/d_p 的影响,但对 $D_b/d_p<3$ 的球床预测值偏高较多。基于上述工况,Foumeny 等学者提出了适用于宽范围 D_b/d_p 的球床内流动压降的预测关系式[20]。Hassan 则基于空气与水的球床流动阻力特性实验,指出 KTA 公式未能有效考虑壁面效应,故其仅适用于高 D_b/d_p 的球床,对于低 D_b/d_p 的球床则预测值偏高。在此基础上,Hassan 等提出了适用于宽范围 D_b/d_p 以及高雷诺数工况的流动阻力特性关系式[18]。Fand 与 Thinakaran 则指出在球床直径与球径比低于 40 时,"壁面效应"影响不可以忽略。壁面效应对于管内球床的流型转变临界点几乎无影响。基于单相水的实验结果,Fand 与 Thinakaran 提出的修正性 Ergun 公式则引入了球床直径与球径比值作为参数,使其适用于考虑壁面效应的圆管内球床的流动阻力特性预测[21]。Bai 等通过单相水在球床内的流动阻力特性实验,研究了 Ergun 关系式黏性损失项与动能损失项系数与 D_b/d_p 的关系,发现 D_b/d_p 超过 10 时两项系数不再随着该比值增大而变化[22],即 D_b/d_p 超过 10 时壁面效应对于单相水流动阻力特性的影响可以忽略。

  多数关于堆积床流动阻力特性的实验研究,研究对象均为球体堆积床。MacDonald 等学者则对不同类型的堆积床内空气的流动阻力特性开展了实验研究,包括尺寸均匀球床、尺寸非均匀球床以及非球体堆积床等。MacDonald 提出了通用性更强的修正型 Ergun 公式,不仅重新确定了黏性项与能量项系数,还修改了孔隙率的影响因子[23],并考虑了球表面粗糙度对于流动阻力特性的影响。Comiti 等也对非球体堆积床开展了单相水流动阻力模型研究,通过引入非球体堆积床曲折率、无量纲表面积等参数,提出了适用于包括棱柱体、球体堆积床的毛细管型阻力特性模型,该模型考虑了壁面效应的影响,适用于较宽范围的雷诺数工况[24]。

对于多孔介质通道内的流型,不少学者均展开了研究。Fand 等通过研究摩擦阻力系数与雷诺数之间的斜率变化关系,从宏观角度分别确定了 Darcy 流、Forchheimer 流、湍流流型以及流型转变准则[25]。不过,更多的学者从微观层面确定多孔介质通道流型转变准则。微观层面较为常用的方法是电化学法:Jolls 和 Hanratty 等通过在插入氰化铁电解质溶液的电极上施加电压,观察电流随着球床多孔介质内流体流速的变化,确定了层流与湍流的转变准则[26];Latifi、Lesage 等通过在绝缘体安装微电极测量局部速度梯度的方式,确定了堆积球床内非线性稳定层流与湍流的转变区域范围;通过电化学微电极对局部限制性电流密度即时测量,Seguin 等研究包括各向同性堆积球床、各向异性堆积平行棱柱床等多孔介质通道内层流、过渡流以及湍流对应的雷诺数范围[27];Bu 等则通过电化学方法确定了规则堆积球床内的流型转变准则,并研究球床规则堆积形式(简单立方、体心立方以及面心立方)、球床孔隙率等因素对于流型转变临界点的影响[28-30]。Dybbs 和 Edwards 等人通过激光多普勒测速与可视化法(Laser Doppler Anemometry,LDA)研究了规则堆积棒束多孔介质通道内的不稳定层流区范围[31]。Masuoka 等则利用粒子图像速度法(Particle Image Velocimetry,PIV)以及热线法研究了向湍流转变的过渡过程中规则堆积管束多孔介质内出现的流动混乱的微观现象,并最终确定了不同孔隙率多孔介质层流向湍流转变的过渡区域[32]。结合 PIV 以及超声速度分布仪,Horton 与 Pokrajac 等则观测了立方堆积球床内流体的速度分布动态特性,获得了不稳定层流、过渡流以及湍流等三种流型对应的雷诺数范围[33]。除了上述这些方法,磁共振图像法(Magnetic Resonance Imaging,MRI)[34]、彩色流迹可视化[35]等方法也被应用于球床多孔介质通道内流型转变的研究。尽管不同学者采用不同方法,对于球床多孔介质通道内层流与湍流间的过渡流,以球径为特征长度的雷诺数均在 100~600 范围内。由于多孔介质通道内边界层易重复破坏-生成过程,随着流速增加,较易形成涡旋,相较于圆管、棒束通道,其流型转变加快。

球床多孔介质通道内流体对流传热特性相关研究则主要集中于水、氦气、二氧化碳等普朗特数较低的流体介质(表 6-2)。球床多孔介质通道内流体对流传热系数相关实验方法可分为直接测量与间接测量。直接测量方法即通过给球床施加内热源,利用已知的热流密度与球表面-流体温差的关系求得对流传热系数[23,25,36],直接测量为稳态测量方法。球床直接施加内热源较为困难,目前文献中多将直接电加热的单个球置于无加热的球床内,该方法缺点是加热球附近球床与加热球间接触导热使最终实验误差较大。间接测量方法与直接测量方法不同,不

第6章 固体燃料熔盐堆球床堆芯热工水力实验研究

是直接加热球体而是加热流体,通过球体与流体的能量守恒方程推得对流传热系数[37-38],故该方法适用于瞬态工况下的测量。除了实验方法,Gnielinski 等采用半经验方法由平板几何结构的对流传热模型,采用合适的特征长度和特征速度推得了适用于球床多孔介质通道的对流传热关系式[39]。近年来,随着计算机水平提高,数值模拟以及理论推导方法在获得球床通道对流传热特性方面得到越来越广泛的应用[40-42]。

表6-2 球床多孔介质流动传热特性研究汇总

序号	作者	类型	实验工质
1	Darcy[10]	流动	水
2	Forchheimer 等[11]	流动	空气
3	Ergun[12]	流动	空气、水、二氧化碳、氮气
4	Hicks[16]	流动	水、空气
5	KTA[17]	流动/对流传热	氦气
6	Hassan 和 Kang[18]	流动	水、空气
7	Mehta 和 Hawley[19]	流动	水
8	Foumeny 等[20]	流动	空气
9	Fand 和 Thinakaran[21]	流动	水
10	Macdonald 等[53]	流动	空气
11	Comiti 和 Renaud[24]	流动	水
12	Yang 等[38]	流动/对流传热	水
13	Wakao 和 Funazkri[54]	对流传热	水、二氧化碳
14	Rahman 等[45]	对流传热	空气
15	Gillespie 等[55]	对流传热	空气
16	Nie 等[46]	对流传热	空气
17	Whitaker[47]	对流传热	空气
18	Nsofor 和 Adebiyi[48]	对流传热	空气
19	Talley[49]	对流传热	空气
20	Meng 等[50]	对流传热	水
21	Nazari 等[51]	对流传热	空气
22	ORNL[53]	对流传热	FLiNaK

较为常用的球床对流传热关系式为 Wakao 等提出的关系式,该关系式是基于水、二氧化碳等介质由球床多孔介质通道内对流传热特性稳态与非稳态实验数据

总结而来[43]。Wakao关系式以球径为特征尺度,未考虑球床多孔介质通道的孔隙率对于对流传热特性的影响,存在一定的局限性。Rahman等通过实验研究球床内单加热球的对流传热特性指出,Wakao关系式在层流区预测值偏高,不适用[44]。基于随机排布球床内对流传热特性实验结果,KTA给出的应用于高温气冷堆球床堆芯的对流传热关系式则考虑了孔隙率的影响,KTA公式适用于流速较高的湍流工况[45]。Gillespie等基于稳态方法研究了随机排布球床内空气局部对流传热系数以及平均对流传热系数分布特性,指出球床内入口效应影响区域仅限于流动方向前两球层区域[55]。Yang等采用间接测量方法研究了规则堆积球床以及椭球床单相水对流传热特性,指出采用面心立方、体心立方以及简单立方堆积的球床对流传热系数均低于Wakao关系式(随机堆积球床)预测结果[38]。Nie等提出了一种新的瞬态测量方法,用空气入口温度的阶跃上升来改变球床球与流体的温度分布,进而获得对流传热系数,并进一步研究了球体材料对于球床对流传热特性的影响[46]。Whitaker分析了努塞特数与雷诺数、普朗特数、无量纲边界条件、无量纲动力黏度等参数的关系,结合空气流经单球的对流传热模型,基于空气在球床内对流传热实验数据提出了相应的球床对流传热特性关系式;此外,Whitaker还提出了适用于圆柱体堆积床的对流传热经验关系式[47]。Nsofor等也开展了针对非球体堆积床对流传热特性的研究,提出了适用于圆柱体堆积床的对流传热特性关系式[48]。

近年来,电磁感应加热技术开始应用于球床多孔介质对流传热特性研究。Talley采用电磁感应加热器加热碳钢球,研究空气在不同功率密度、流量以及球尺寸工况下的流动与对流传热特性[49]。Meng等采用电磁感应方式加热实验段内球床,以模拟反应堆堆芯核热,研究了单相水在有内热源球床内的对流传热特性,分析了不同功率密度、入口温度、孔隙率对对流传热系数的影响[50]。Nazari等则采用类似装置开展了空气在随机堆积球床内的对流传热特性与第二定律分析[51]。

上述多孔介质通道内对流传热特性研究的流体介质普朗特数为0.7~7,而氟盐冷却高温堆堆芯球床多孔介质通道则呈现高普朗特数特性,在运行温度下氟盐普朗特数为14~20。上述低普朗特数下的多孔介质流动传热特性研究结果能否直接应用于高普朗特数工况尚未得到验证。因而须针对高普朗特数流体在多孔介质通道内的流动传热特性开展相应的分离效应实验,获得适用于氟盐冷却高温堆球床多孔介质堆芯氟盐流动传热特性的模型。美国橡树岭国家实验室研究了FLiNaK在有内热源球床内的流动传热特性,并考验了测量熔盐回路关键参数的主要设备。因氟盐回路运行温度高、氟盐对实验回路结构材料腐蚀性强等因素,给实验关键参数测量、回路运行等带来了巨大的挑战,截至2014年ORNL暂无相关实验数据发表[52]。

6.1.2 研究工质

图 6-1 给出了入口速度与温度分别为 u_{p0}、T_0 的氟盐流经球床的示意图。氟盐在球床内流动传热对应的动量与能量方程分别如下[10]：

$$\rho_f \left[\frac{1}{\varepsilon} \frac{\partial \boldsymbol{u}}{\partial t} + \frac{1}{\varepsilon^2} \boldsymbol{u} \cdot \nabla \boldsymbol{u} \right] = -\nabla P + \mu \nabla^2 \boldsymbol{u} - \frac{\mu}{\kappa} \boldsymbol{u} - \rho_f C |\boldsymbol{u}| \boldsymbol{u} \quad (6-1)$$

$$\varepsilon \rho_f c_{p,f} \frac{\partial T_f}{\partial t} + \rho_f c_{p,f} \boldsymbol{u} \cdot \nabla T_f = \nabla \cdot (\varepsilon \lambda_f \nabla T_f) + a_v h_{sf} (T_w - T_f) \quad (6-2)$$

式中：ρ_f 流体密度，kg/m^3；ε 为孔隙率；$\boldsymbol{u}$ 为表观流速，m/s；μ 为流体动力黏度，$Pa \cdot s$；T_f 为球表温度，K；λ_f 为流体热导率，$W/(m \cdot K)$；a_v 为单位体积表面积，m^{-1}；q_w 为热流密度，W/m^2；κ 为渗透率，m^2，定义如下：

$$\kappa = \frac{\varepsilon^3 d_p^2}{c_1 (1-\varepsilon)^2} \quad (6-3)$$

式中：d_p 为球直径，m。式(6-1)中 C 为形阻系数：

$$C = \frac{c_2 (1-\varepsilon)}{d_p \varepsilon^3} \quad (6-4)$$

式中：c_1、c_2 均为常数。

对于给定功率 q_w，球床与氟盐间满足：

$$-\lambda_w \frac{\partial T_w}{\partial r} = h_{sf}(T_w - T_f) \quad (6-5)$$

式中：h_{sf} 为对流换热系数，$W/(m^2 \cdot K)$；λ_s 为壁面固体热导率，$W/(m \cdot K)$；T_w 为球表温度，K。

以当量水力直径 d_h、入口孔隙流速 u_{p0}、热传导深度 δ、特征温差 ΔT 等为特征尺度，定义以下无量纲变量：

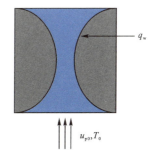

图 6-1 球床内氟盐流动示意图

$$u^* = \frac{u}{u_{p0}}, \nabla^* = d_h \nabla, T_f^* = \frac{T_f - T_0}{\Delta T}, T_w^* = \frac{T_w - T_0}{\Delta T}$$

$$t^* = \frac{t u_{p0}}{d_h}, p^* = \frac{p}{\rho_f u_{p0}^2}, r^* = \frac{r}{\delta} \quad (6-6)$$

代入式(6-1)、式(6-2)以及式(6-3)，可以得到：

$$\frac{\partial \boldsymbol{u}^*}{\partial t^*} + \frac{1}{\varepsilon} \boldsymbol{u}^* \nabla^+ \boldsymbol{u}^* = -\varepsilon \nabla^* p^* + \frac{\varepsilon}{Re_{dh}} \nabla^* \boldsymbol{u}^* - \frac{c_1}{Re_{dh}} \boldsymbol{u}^* - c_2 |\boldsymbol{u}^*| \boldsymbol{u}^*$$

$$(6-7)$$

$$Re_{dh} \frac{\partial T_f^*}{\partial t^*} = \frac{1}{Pr} \nabla^* T_f^* + 6 \frac{Nu_{dh}}{Pr} (T_w^* - T_f^*) \quad (6-8)$$

$$-\nabla^* T_w = Bi(T_w^* - T_f^*) \quad (6-9)$$

式中：Re_{dh}、Nu_{dh}、Pr、Bi 分别为修正雷诺数、修正努塞特数、普朗特数与毕渥数，定义如下：

$$Re_{dh} = \frac{\rho_f u_{p0} d_h}{\mu}, Nu_{dh} = \frac{h_{sf} d_h}{\lambda_f}, Pr = \frac{\mu c_p}{\lambda_f}, Bi = \frac{h_{sf}\delta}{\lambda_w} \quad (6-10)$$

式中，u_p 与 d_h 分别满足

$$u_p = u/\varepsilon \quad (6-11)$$

$$d_h = d_p \frac{\varepsilon}{1-\varepsilon} \quad (6-12)$$

故修正雷诺数与修正努塞特数满足

$$Re_{dh} = \frac{\rho u d_p}{\mu(1-\varepsilon)} = \frac{Re_{dp}}{1-\varepsilon} \quad (6-13)$$

$$Nu_{dh} = \frac{h_{sf} d_p \varepsilon}{\lambda_f(1-\varepsilon)} = \frac{Nu_{dp}\varepsilon}{1-\varepsilon} \quad (6-14)$$

式中：Re_{dp} 为另一种球床雷诺数定义，以球直径为特征长度，以球床内表观流速为特征速度；Nu_{dp} 为另一种球床努塞特数定义，以球直径为特征长度。

若保证式(6-7)至(6-9)方程组相似，需要满足无量纲量孔隙率 ε、修正雷诺数 Re_{dh} 以及修正努赛特数 Nu_{dh}、普朗特数 Pr、Bi 一致。而基于 π 定理量纲分析可知，$Nu_{dh} = f(Re_{dh}, Pr)$，在 Re_{dh} 与 Pr 二者相同时，Nu_{dh} 亦一致[56]。

图 6-2 给出了 FLiBe 以及 Dowtherm A 的普朗特数对比情况，可以看出，在低温工况下(45～105 ℃)Dowtherm A 与 FLiBe 在高温工况下(520～700 ℃)普朗特数接近。这意味着可以通过合理实验段，在一定流速工况下，匹配 Dowtherm A 与 FLiBe 的修正雷诺数、孔隙率等无量纲数，因而可以采用 Dowtherm A 在低温工况下模拟高温氟盐的流动与对流传热特性，克服采用氟盐开展实验研究面临的

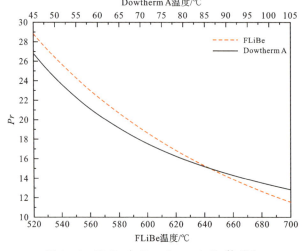

图 6-2 FLiBe 与 Dowtherm A Pr 数对比

诸多挑战。

本实验分别设计了单相水工质球床实验回路以及导热油工质球床实验回路，并开展了球床多孔介质通道内单相水工质以及高普朗特数导热油工质的流动换热特性实验。表 6-3 给出了 FLiBe、Dowtherm A 与单相水的主要物性参数对比。可以看出，单相水(50 ℃)的普朗特数远低于 FLiBe、Dowtherm A 相应的值，因而单相水实验难以获得高普朗特数流体的流动传热特性。但目前球床多孔介质通道内的流动传热特性实验主要集中于水、二氧化碳等低普朗特数介质，相关实验结果以及经验关系式较多，因而可通过开展单相水工质流动换热实验验证本研究的实验段设计以及关键参数测量与分析方法的正确性；另一方面则可以通过单相水与导热油实验结果对比，探索球床内高普朗特数流体独特的流动传热特性。

表 6-3 氟盐与导热油、单相水物性对比

物性参数	流体	温度/℃	密度/(kg·m^{-3})	动力黏度/(Pa·s)	比热容/(J·kg^{-1}·℃$^{-1}$)	热导率/(W·m^{-1}·℃$^{-1}$)	普朗特数
数值	FLiBe	600	1897	8.609×10^{-3}	2415	1.0662	19.5
	Dowtherm A	70	1018.5	1.368×10^{-3}	1715.4	0.1308	17.94
	单相水	50	988.14	5.468×10^{-4}	4179.5	0.6436	3.55

6.2 实验系统

本研究设计了单相水工质球床实验和导热油工质球床实验两个实验回路，分别开展了球床多孔介质通道内单相水工质以及高普朗特数导热油工质的流动换热特性实验。本节主要对这两个实验回路系统以及实验段、数据测量与采集系统、实验内容与方法进行介绍。

6.2.1 实验回路

1. 单相水工质球床实验回路

图 6-3 给出了单相水工质球床实验回路系统结构。实验回路主要由一回路及实验段、二次侧冷却水回路和数据采集系统构成。

一回路由电加热水箱、高温泵、质量流量计以及补水系统、传热实验段、流动实验段、电磁感应加热系统、电磁流量计等部件构成。图 6-3 中流动阻力实验段在开展单相水工质实验时与图中所示传热实验段更换，分别与回路上下两端法兰相连，用于开展流动阻力特性实验与传热特性实验。电加热水箱容积 2.5 m^3，可耐压 1.0 MPa，最大电加热功率为 200 kW；补水箱与电加热水箱配套，容积 1.0 m^3。

熔盐堆热工水力及安全分析

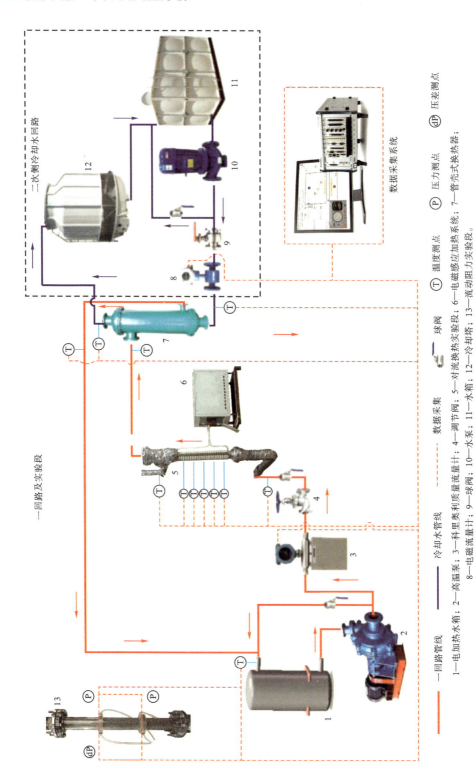

图 6-3 单相水工质球床流动换热实验回路

1—电加热水箱；2—高温泵；3—科里奥利质量流量计；4—调节阀；5—对流换热实验段；6—电磁感应加热系统；7—管壳式换热器；8—电磁流量计；9—球阀；10—水泵；11—水箱；12—冷却塔；13—流动阻力实验段。

—— 一回路管线 —— 冷却水管线 ---- 数据采集 ⌐ 球阀 Ⓣ 温度测点 Ⓟ 压力测点 dP 压差测点

用去离子水补给电加热水箱。热水泵最大流量为 12 t/h,可耐温 250 ℃。质量流量计为科里奥利质量流量计,测量范围为 0.35～7 t/h。二次侧冷却水回路由冷凝水箱、离心泵、电磁流量计、冷却塔等组成。一回路与二次侧冷却水回路由水平浮动盘管换热器连接。

电磁感应加热系统用于给传热实验段提供内热源,由螺旋型框架感应线圈、分体式隔离变压器箱、感应加热电源以及工业冷水机构成(见图 6-4)。感应加热电源运行频率为 40 kHz,最大功率为 80 kW。螺旋感应线圈为铜管绕制,内径为 100 mm,高度为 700 mm。电磁感应加热器运行过程中,感应线圈、感应加热电源由去离子水冷却,去离子水最终由工业冷水机风冷,风冷制冷量最大为 32 kW。

(a) 感应加热电源　　(b) 工业冷水机
图 6-4　感应加热电源及工业冷水机

2. 导热油工质球床实验回路

图 6-5 给出了采用导热油 Dowtherm A 为工质的球床流动传热实验回路。实验回路由一次侧导热油回路、二次侧冷却水回路和数据采集系统构成。

一次侧导热油回路包括电加热系统、传热实验段、流动阻力实验段、电磁感应加热系统、高温油泵、科里奥利质量流量计、膨胀槽、溢流槽等部件。二次侧冷却水回路与单相水工质球床实验回路共用冷却水回路。一次侧导热油回路与二次侧冷却水回路由钎焊式板式换热器连接。图 6-6 给出了整个实验回路实际全景。

电加热系统由油炉本体、法兰式电加热器构成(图 6-7(a))。电加热系统最大功率为 10 kW,用于对导热油进行直接加热,使其进入实验段前达到实验工况所需的温度。法兰式电加热器由不锈钢加热管焊接而成,加热管外为不锈钢,电加热丝为 Cr20Ni80,填充物为氧化镁。电加热系统配有 Pt100 热电阻以及压力表分别对油炉本体内的导热油的温度与压力进行监测。温度信号可传送至温控仪,通过温控仪依据设定温度进行运算,通过 PID 控制、调节加热功率,从而实现实验段前导热油温度控制。

熔盐堆热工水力及安全分析

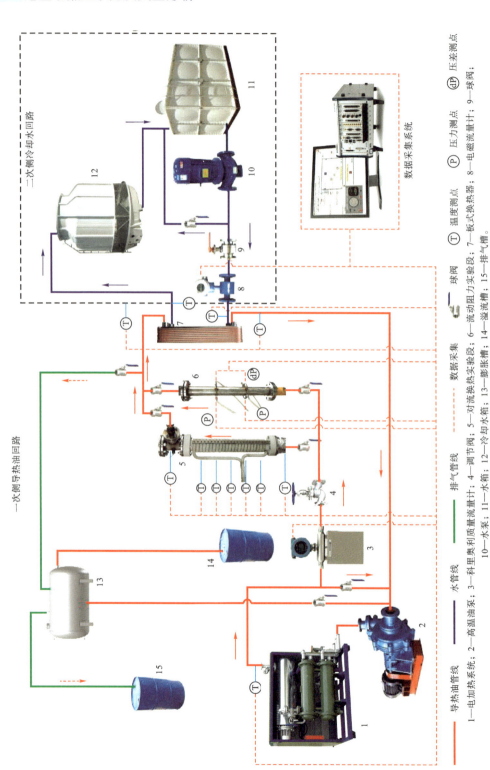

图 6-5 导热油工质球床实验回路

1—电加热系统；2—高温油泵；3—科里奥利质量流量计；4—调节阀；5—对流换热实验段；6—流动阻力实验段；7—板式换热器；8—电磁流量计；9—球阀；10—水泵；11—水箱；12—冷却水箱；13—膨胀槽；14—溢流槽；15—排气槽。

—— 导热油管线　—— 水管线　---- 排气管线　---- 数据采集　◁ 球阀　Ⓣ 温度测点　Ⓟ 压力测点　dP 压差测点

第6章 固体燃料熔盐堆球床堆芯热工水力实验研究

图 6-6 导热油工质球床实验回路全景

(a) 导热油加热器

(b) 板式换热器

(c) 膨胀槽

图 6-7 导热油工质球床实验回路主要设备

导热油工质球床实验回路采用的实验段电磁感应加热系统与单相水工质球床实验回路为一套系统。回路中采用的钎焊式板式换热器(图 6-7(b)),具有体积小、换热能力强的优点,配合二次侧冷却水回路的阀门,可以辅助一回路导热油回路温度稳定。

导热油工质球床实验回路在系统最高处设置了膨胀槽(图 6-7(c)),膨胀槽用于系统注油、排气、系统温度变化导致体积变化时体积补偿、稳定系统循环压头。

导热油工质球床实验回路设置了排气管线,在实验准备阶段需要运转回路,通过排气管线将系统内的空气排至膨胀槽,经由排气槽过滤后排入大气。

回路设置了排气槽与溢流槽。前者用作过滤装置,其出口安装有滤芯,实验回路的空气经过排气槽过滤后排入环境,以避免污染;后者用于回路系统导热油过多外溢时,盛装外溢的导热油,溢流槽容积大于系统内导热油总体积。

6.2.2 实验段

1. 单相水工质球床实验段

图 6-8 分别给出了单相水球床对流传热实验段和流动阻力实验段。实验段实物图如图 6-9 所示。

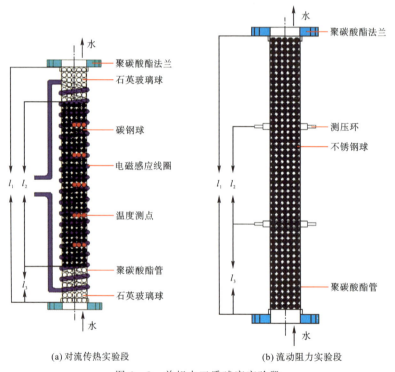

(a) 对流传热实验段　　(b) 流动阻力实验段

图 6-8　单相水工质球床实验段

对流传热实验段由聚碳酸酯管构成,实验段与回路通过聚碳酸酯法兰连接。实验段内径 85 mm,总长为 840 mm。对流传热实验段内中间部分紧密填充的碳钢球用于模拟燃料球。在聚碳酸酯管外绕有螺旋形铜制感应线圈,通过 40 kHz 中频感应电源感应加热,用于模拟堆芯核热产生的内热源。填充的碳钢球表面经过氧化处理,以防止在电磁感应过程中发生"打火"现象。本实验段几何尺寸以及装载的钢球直径、电磁感应加热频率的选择降低了"集肤效应"对于电磁感应加热释热功率分布的影响,释热功率轴向分布近似均匀。在实验段进出口,分别填充有

第 6 章　固体燃料熔盐堆球床堆芯热工水力实验研究

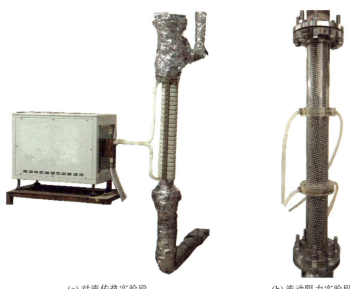

(a) 对流传热实验段　　　　　　(b) 流动阻力实验段

图 6-9　单相水工质球床实验段实物图

12～15 层石英玻璃球以减小进出口效应。研究表面,球床内流体经过 4～5 层球后可达到近似速度充分发展[53]。实验段上下端分别放置了聚碳酸酯螺纹孔板(图 6-10(a))以及不锈钢滤网(图 6-10(b)),用于将实验段内球床固定。孔板孔径的选择考虑了孔板面孔隙率与对流传热实验段孔隙率的相似性,以降低其对进出口效应的影响。

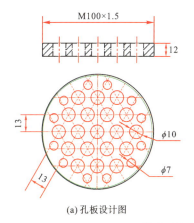

(a) 孔板设计图　　　　　　　　(b) 滤网

图 6-10　孔板以及滤网(单位:mm)

由于紧密排布的螺旋形感应线圈限制了实验段安装压力测量装置,因而本部分设计了另一实验段用于测量水流经球床内的流动阻力特性(图 6-8(b))。阻力

熔盐堆热工水力及安全分析

特性实验段管内径以及总长尺寸与对流传热实验段一致,实验段内随机紧密填充不锈钢球,实验段中部为压力以及压差测量区域,上下布置了两个测压环,在测压环所处水平位置的实验段壁面上,等距离开了4个直径1 mm的小孔,并使其与测压环相互连通,因而测量的为该高度处实验段的均压。测压环上对称分布两测压嘴,分别与压力变送器及压差变送器相连。

表 6-4 给出了单相水工质球床实验回路实验段的结构参数。

表 6-4 单相水工质球床实验段尺寸

尺寸	对流传热实验段		流动阻力实验段	
管内径/mm	85	85	85	85
球直径/mm	8	10	8	10
球床直径与球直径比值	10.625	8.5	10.625	8.5
l_1/mm	840	840	840	840
l_2/mm	600	600	300	300
l_3/mm	120	120	270	270
ε	0.3827	0.3946	0.3827	0.3946

2. 导热油工质实验段

导热油工质球床实验回路采用的对流传热及流动阻力实验段与单相水工质球床实验回路结构类似,图 6-11 与图 6-12 分别给出了实验段的设计图和实物图。

本研究采用的高普朗特数导热油 Dowtherm A,由两种稳定的烯烃混合物——联苯、联苯醚构成,无色但有特殊的刺激性气味。表 6-5 给出了导热油 Dowtherm A 的基本物理性质[57]。

表 6-5 Dowtherm A 基本物理性质

参数	参数的值
1个大气压下沸点/℃	257.1
熔点/℃	12
闪点/℃	113
沸点/℃	118
颜色	无色透明

导热油工质球床实验段与单相水工质球床实验段在结构材料选取上有显著不同。导热油 Dowtherm A 对于塑料、聚碳酸酯等材料具有腐蚀性(图 6-13),因而对于导热油实验段,不能采用聚碳酸酯作为结构材料,本实验采用特氟龙作为对流

第 6 章　固体燃料熔盐堆球床堆芯热工水力实验研究

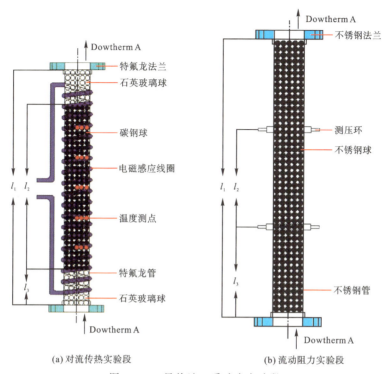

(a) 对流传热实验段　　(b) 流动阻力实验段

图 6-11　导热油工质球床实验段

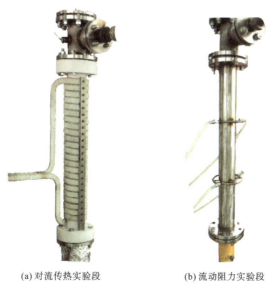

(a) 对流传热实验段　　(b) 流动阻力实验段

图 6-12　导热油球床实验段实物图

传热实验段结构材料。特氟龙具有高的电绝缘性,导热系数小,绝热性能优异。表面氧化处理的碳钢球紧密填充于特氟龙管内,用于模拟堆芯内球形燃料元件,实验段内径为 80 mm,高 840 mm,实验段上下两端通过特氟龙法兰与回路相连,实验段上下两端分别安装不锈钢滤网以及特氟龙孔板,用于固定实验段内球床。对流传热实验段外的螺旋形感应线圈以及电磁感应加热系统其他部分与单相水球床回路实验段相同。

图 6-13 Dowtherm A 腐蚀实物图

同样,导热油工质球床实验回路也采用单独的流动阻力特性实验段(图 6-11、图 6-12)。阻力实验段与对流传热实验段尺寸相同,采用不锈钢为结构材料,实验段内紧密填充不锈钢球。与单相水工质球床阻力实验段相似,导热油球床阻力实验段中间部分分别设置两处测压环。在测压环同高度处,不锈钢管壁面四处亦等距开有直径 1 mm 的微孔,测压环与微孔相连,测压环上对称分布两个测压嘴,与压力变送器与压差变送器分别相连。

表 6-6 给出了导热油工质球床实验回路中实验段的结构参数。实验段内填充的钢球直径分别采用 8 mm、10 mm,无论是单相水球床实验段还是导热油球床实验段,实验段管内径(D_b)与球径(d_p)比值均为 8~10.625。典型氟盐冷却高温

表 6-6 导热油球床实验段结构尺寸

尺寸	对流传热实验段		流动阻力实验段	
管内径/mm	80	80	80	80
球直径/mm	8	10	8	10
球床直径与球直径比值	10	8	10	8
l_1/mm	840	840	840	840
l_2/mm	600	600	300	300
l_3/mm	120	120	270	270
ε	0.361	0.377	0.361	0.377

第6章 固体燃料熔盐堆球床堆芯热工水力实验研究

堆实验堆,包括上海应用物理研究所设计的固态钍基熔盐堆 TMSR-SF1、美国橡树岭国家实验室设计的球床高温堆 PB-AHTR,其堆芯内径与燃料球径比值分别为 9 与 6.7。

6.2.3 数据采集系统

1. 孔隙率测定

在多孔介质流动传热特性研究中,孔隙率至关重要,必须首先确定孔隙率大小。实验段尺寸已知,因而需要测量出孔隙体积,在此基础上求得孔隙率。孔隙体积可通过总体积与球床体积差值获得。实验段内球床紧密无序排布,使得测量球床内孔隙率极其困难。目前测量圆柱体内无序填充球床孔隙率的方法主要有以下几种。

(1) 排水法。将实验段内无序填充满钢球,然后将水注入,注入的过程中摇晃实验段,使得钢球能够在实验段内紧密堆积,同时排出实验段内的空气。然后将实验段内填充的水准确地收集到容器内,测量收集到水的体积,即为实验段内孔隙体积。实验段孔隙体积与总体积比值即为孔隙率,多次实验取平均值。

(2) 称重法。由于钢球密度已知,且本部分实验段内填充的不锈钢球尺寸精度较高,因而可由填充于实验段内的所有小球的重量与单独小球的重量比值确定小球个数,进而求得小球总体积,实验段总体积与钢球总体积差额即为孔隙体积。孔隙体积与实验段总体积比值即为孔隙率,多次实验取平均值。

(3) 粒子计数法。通过人工计数,得出小球总数,进而确定钢球总体积。实验段总体积与钢球总体积差额即为孔隙体积。孔隙体积与实验段总体积比值即为孔隙率,多次实验取平均值。

(4) 称重法+粒子计数法。本实验设计的实验段上下两端均有不锈钢滤网及孔板,不便于准确测量水的体积,且实验过程中准确收集实验段内的流体存在困难。单独称量数量较少的钢球,误差也较大。故单独采用排水法或者称重法统计实验段内孔隙率误差较大。故本实验采用称重法与粒子计数法结合的方法:分别选取一定数量的钢球进行称量(100,200,300,…,1000),拟合钢球数量与质量的曲线;称量所有钢球的质量,将钢球总质量代入拟合的曲线,进而推出对应的总钢球数量。本实验获得的导热油工质球床实验段的球床孔隙率 ε 如表 6-4 与表 6-6 所示。

2. 钢球壁温及附近流体温度测量

本实验开展的球床单相水与导热油流动传热实验中,准确测量实验段内钢球表面温度以及钢球表面流体温度非常重要。单相水工质球床实验段内温度测量方式与导热油工质球床实验段内一致。实验段内,释热碳钢球部分高度为 600 mm,从下至上平均分为 6 层,在两层交界面处沿径向从内向外分布三个温度测点,即轴向分布有 5 层测温层(图 6-14)。在每个测温点,分别采用一 K 型 ∅0.5 热电偶(TCA)测量球表面温度;另一 K 型 ∅0.5 热电偶(TCB)用于测量球表附近流体温度(图 6-15(a))。热电偶与钢球表面难以直接通过焊接连接,故本实验在钢球表面开有微孔,微孔大小及深度低于 1/10 球径,将热电偶在此处测量的球温作为钢球的表面温度。由于实验段内钢球随机紧密排布,若直接将热电偶(TCB)置于测温球附近,TCB 很可能与测温球附近的钢球接触,从而使得测量的温度不是测温球附近的流体温度,而是附近球的表面温度。为了避免测温球附近球对流体温度测量的干扰(图 6-15(b)),本实验采用一辅助球。辅助球采用混有玻璃纤维的强化特氟龙材料 3D 打印,强度高,与钢球紧密堆积不易变形。如图 6-15(b)

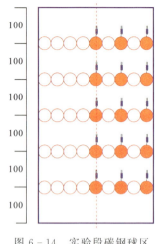

图 6-14 实验段碳钢球区温度测点分布

所示,辅助球五面开孔,便于流体进出。故将 TCB 置于辅助球内,既可以测量流体温度,又可以避免周围球的干扰。辅助球的直径与实验段内其他球直径相同,以降低辅助球对于实验段内流场的干扰。整个实验段内辅助球仅有 15 个,占整个实验段球总数的 0.1%~0.2%,故采用强化特氟龙材料的辅助球对于整个实验段内的流场及对流传热特性的影响可以忽略。实验段内测温热电偶沿实验段内壁面从下往上引出,通过实验段顶部的密封法兰引出至实验段外,以减少对流场的干扰。

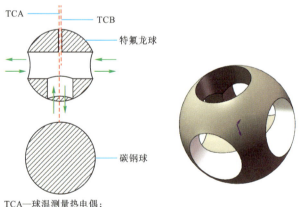

TCA—球温测量热电偶;
TCB—流体温度测量热电偶。

(a) 钢球与附近流体温度测量   (b) 辅助球 3D 图

图 6-15 钢球与流体温度测量方式及辅助球 3D 图

3. 其他参数测量与采集

本实验采用美国 NI 数据采集系统(图 6-16)对实验数据进行采集,采用 LabView 软件监测和保存实验数据。通过编写 LabView 程序,采集并处理来自实验回路的压力传感器、流量计和热电偶等电压、电流信号,最终在 LabView 控制界面上显示对应的压力、流量和温度等信号的大小及变化。

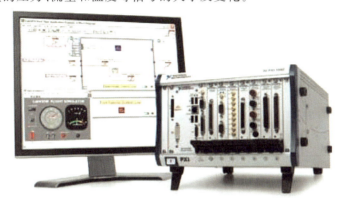

图 6-16 NI 数据采集系统

表 6-7 给出了实验回路中采用的主要测量仪表的参数范围。

表 6-7 测量仪表参数

回路	测量参数	测量仪表	量程	精度
水实验回路	液体流量	DN25 科里奥利质量流量计	350~7000 kg·h^{-1}	0.2%
	实验段压力	3051 压力变送器	0~1 MPa	0.075%
	实验段压差	3051 压差变送器	0~160 kPa	0.075%
	实验段温度	⌀0.5 K 型热电偶	0~1300 ℃	二级
	回路温度	⌀3 T 型热电偶	-40~125 ℃	一级
导热油回路	液体流量	N25 科里奥利质量流量计	0~25500 kg·h^{-1}	0.15%
	实验段压力	3051 压力变送器	0~1 MPa	0.075%
	实验段压差	3051 压差变送器	0~160 kPa	0.075%
	实验段温度	⌀0.5 K 型热电偶	0~1300 ℃	二级
	回路温度	⌀3 T 型热电偶	-40~125 ℃	一级

除了实验段部分,实验回路其他部分温度采用⌀3 T 型铠装热电偶测量。回路温度测量主要用于实验回路状态监测,便于实验过程中对回路工况调节及保证回路安全稳定运行。实验回路所有热电偶测量前,均由陕西省计量科学研究院进行了标定。

实验回路一回路流量采用科里奥利质量流量计进行测量，科里奥利质量流量计测量精度高，测量过程响应迅速，对回路阻力压降影响较小。科里奥利质量流量计依据科里奥利原理设计，能够精确直接测量实验流体质量流量，不用依据黏度、压力、密度、温度等影响因素修正换算。其测量精度高，可适用场合广泛、无需考虑上下游直管段要求，可靠性高。水实验回路采用 DN25 型质量流量计，精度为 0.2%，测量范围为 350~7000 kg/h；导热油实验回路采用东风电机生产的 N25 型科里奥利质量流量计，精度为 0.15%，测量量程为 0~25500 kg/h。实验冷凝回路安装了 DN32 电磁流量计，用于监测冷却水流量，量程为 1.4~32.9 m^3/h。

实验段测压嘴处压力由罗斯蒙特 3051 型压力变送器测量；实验段测压嘴间压差由罗斯蒙特 3051 型压差变送器测量。压力与压差变送器的电容膜片将测得的压力与压差信号转换为直流信号(4~20 mA)输出，直流信号经 NI 采集系统信号调理模块处理后进入数据采集系统。实验前，压力与压差变送器均由艾默生手持式操作器进行校准与调零，并根据不同的实验工况需要调整量程。

6.2.4 实验内容及方法

1. 单相水工质球床流动传热特性实验步骤

在开展单相水球床流动传热实验之前，首先需要进行如下测试与准备：
(1) 检查电加热水箱液位是否处于安全液位之上；
(2) 检查补水箱水量是否充足；
(3) 检查电加热水箱加热棒、主泵、电磁感应加热系统等控制柜显示灯是否异常；
(4) 检查回路阀门开关情况；
(5) 检查数据采集系统是否异常；接通回路测量系统电源并检查数据显示是否正常。

在单相水工质球床流动传热实验中，首先开展流动阻力实验。实验步骤如下。
(1) 启动回路中的高温泵，调节流量计前的调节阀，将回路流量调至指定工况流量，回路运转过程中，从阻力实验段测压环上排气孔处排气。松动压力及压差变送器上的排气阀门，抖动导压管，将导压管内的气泡排尽。
(2) 观察数据采集系统，监测各测量信号是否正常，若有异常，及时排除异常。
(3) 回路流量达到指定工况后，等待 10 min，使回路处于稳定状态，然后通过数据采集系统记录稳态实验数据。
(4) 调节水流量至下一工况，重复步骤(3)，直至完成本球径下的阻力实验工况。
(5) 将实验段内钢球更换为不同尺寸的钢球，重复步骤(1)~步骤(4)。

对流传热实验步骤如下。

第 6 章　固体燃料熔盐堆球床堆芯热工水力实验研究

(1) 启动回路中的高温泵,调节流量计前的调节阀,将回路流量调至指定工况流量。

(2) 观察数据采集系统,监测各测量信号是否正常,若有异常,及时排除异常。

(3) 启动电加热水箱加热棒,将实验段入口温度调至指定工况附近温度后,开启电磁感应加热系统,将输入功率调至指定工况对应功率后,通过调节二次侧冷却系统流量,使实验段入口温度保持趋于稳定。

(4) 在实验段进出口温度以及实验段内温度波动范围为±0.2 ℃,稳定时间在 5 min 以上时,数据采集系统记录稳态实验数据。

(5) 调节水流量、加热功率等至下一工况,重复步骤(3)~步骤(4),直至本组实验工况完成。

(6) 将实验段内钢球更换为不同尺寸的钢球,重复步骤(1)~步骤(5)。

2. 导热油工质球床流动传热特性实验步骤

在导热油工质球床流动传热实验中,首先开展流动阻力实验。实验步骤如下。

(1) 打开阻力实验段上下端球阀,关闭对流传热实验段上下端球阀。

(2) 实验开始时,高温油泵启动,调节调节阀以及旁路球阀,使进入实验段流量至指定工况。

(3) 打开空气排放管线上阀门,将回路内空气排入膨胀槽。

(4) 回路运转时,通过调节压力变送器以及差压变送器的排气阀排气,排气过程中抖动导压管,敲击测压环,使实验段内气体全部排出。

(5) 设置电加热器温度,同时调节二次侧冷却水流量,使实验段入口温度能够稳定于指定温度。

(6) 观察数据采集系统,监测数据信号是否正常。当系统内压力表无明显波动、实验段进出口温度稳定时,采用数据采集系统记录稳态实验数据。

(7) 调节导热油流量至下一工况,重复步骤(5)~步骤(6),直至本组实验工况完成。

(8) 将实验段内钢球更换为不同尺寸的钢球,重复步骤(1)~步骤(7)。

对流传热实验步骤如下。

(1) 打开对流传热实验段上下端球阀,关闭流动阻力实验段上下端球阀。

(2) 实验开始时,高温油泵启动,调节调节阀以及旁路球阀,使进入实验段流量至指定工况。

(3) 打开空气排放管线上阀门,将回路内空气排入膨胀槽。

(4) 设置电加热器温度,同时调节二次侧冷却水流量,使实验段入口温度能够稳定于指定温度附近;打开电磁感应加热器,设定功率至指定工况,再次调节二次侧水流量,至实验段入口温度能稳定于指定温度。

(5) 观察数据采集系统,监测数据信号是否正常。实验段进出口温度及实验段内球温与导热油温度稳定时(波动范围±0.2 ℃,10 min 以上),采用数据采集系统记录稳态实验数据。

(6)调节导热油流量至下一工况,重复步骤(4)~步骤(5),直至本组实验工况完成。

(7)将实验段内钢球更换为不同尺寸的钢球,重复步骤(1)~步骤(6)。

导热油工质球床实验过程中,回路过滤阀需要在更换实验段时清洗,回路内的油需要更换,以减少回路内杂质以及回路导热油变性带来的影响。

6.3 球床通道内阻力特性实验研究

多孔介质是由固体物质组成的骨架以及由骨架分隔成的大量密集的微小空隙所构成的。氟盐冷却高温堆所采用的球形燃料元件无序堆积的堆芯属于多孔介质范畴。现有对于多孔介质内流动特性研究,从适用于多孔介质 Darcy 流型的 Darcy 流动阻力模型[10-11]到经典的 Ergun 阻力关系式。氟盐冷却高温堆采用的氟盐熔点高,且有极强的毒性,直接开展氟盐在球床内的流动传热特性实验研究难度大。本节介绍以去离子水和导热油为介质的多孔介质通道流动特性。

6.3.1 阻力特性处理方法

对于流动阻力实验段,本实验通过测量实验段两测压环之间的压差随流量变化特性,获得单相流体在球床内的流动阻力特性,可以获得无量纲阻力系数。

多孔介质内单相流体流动,若流体流速极低,其流体压降满足 Darcy 定律,与速度呈线性关系[10]:

$$\frac{\Delta P}{L} = \frac{\mu}{\kappa} u \qquad (6-15)$$

式中:u 为表观流速,m/s;μ 为流体动力黏度,Pa·s;κ 为渗透率,m²。

Ergun 依据球床内空气流动阻力实验,提出了以下流动阻力特性关系式[12]:

$$\frac{\Delta P}{L} = A \cdot \left(\frac{\mu u}{d_p^2}\right)\left(\frac{(1-\varepsilon)^2}{\varepsilon^3}\right) + B \cdot \left(\frac{\rho u^2}{d_p}\right)\left(\frac{1-\varepsilon}{\varepsilon^3}\right) \qquad (6-16)$$

式中:A 为 150,B 为 1.75。式(6-16)右边第一项对应单相流体在球床内因黏性造成的压降梯度,第二项则为因局部形阻的动能损失造成的压降梯度。该式的适用范围为雷诺数 1~1000。在式(6-16)基础上,Handley 和 Heggs、Foumeny 等提出了自己的流动阻力经验关系式,黏性项与动能损失项系数与 Ergun 公式不同[13,20]。

为了获得能适用于本实验段球床的流动阻力特性,依据式(6-16),本研究定义两种摩擦阻力系数,分别为

第 6 章 固体燃料熔盐堆球床堆芯热工水力实验研究

$$f_1 = \frac{\Delta P}{L} \frac{d_p^2}{\mu u} \frac{\varepsilon^3}{(1-\varepsilon)^2} \tag{6-17}$$

则式(6-17)可变为

$$f_1 = A + B \cdot Re_{dh} \tag{6-18}$$

Fand 等基于该阻力系数式(6-17)与修正雷诺数的斜率关系,进行了流型判断[25]。故本研究将其定义为 Fand 型阻力系数。

Blake 等基于 Darcy 摩擦阻力系数则定义了另一种常用的摩擦阻力系数[58]:

$$f_2 = \frac{\Delta P}{L} \frac{d_p}{\rho u^2} \frac{\varepsilon^3}{(1-\varepsilon)} \tag{6-19}$$

则式(6-16)变为:

$$f_2 = \frac{A}{Re_{dh}} + B \tag{6-20}$$

相似的,该摩擦阻力系数在本研究中称为 Blake 型摩擦阻力系数。

6.3.2 单相水流动特性结果分析

图 6-17 给出了单相水在不同球径球床内的单位长度压降情况。可以看出,随着雷诺数的增加,单相水的单位长度压降增加。直径 8 mm 球床在雷诺数 $Re_{dh} = 4500$ 时压降为直径 10 mm 球床的 2 倍,而两种实验段对应的孔隙率分别为 $\varepsilon = 0.3827$ 以及 $\varepsilon = 0.3946$。可以看出,孔隙率低的球床内流动阻力要更大。

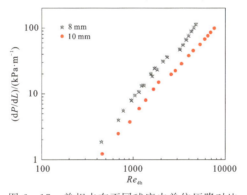

图 6-17 单相水在不同球床内单位压降对比

影响多孔介质内流体流动阻力特性的一个很重要的因素为多孔介质的曲折率,即流体在多孔介质内实际流动长度与堆积高度的比值。Lanfrey 等开发了一适用于球床多孔介质曲折率的模型,发现曲折率与孔隙率成比例关系[59-61]:

$$\tau = \frac{(1-\varepsilon)^{4/3}}{\varepsilon} \tag{6-21}$$

式中:τ 为球床曲折率。可以看出,随着球床孔隙率的增加,其曲折率将降低。球床曲折率降低,使得球床内单相水的单相长度压降降低。

图 6-18 给出了 Fand 型摩擦阻力系数在不同球床内的对比。由图中可以看出，对于两种球床，Fand 型阻力因子十分接近，并且随着修正雷诺数的增加而线性增加，这与式(6-18)给出的线性关系式一致，表明 Ergun 模型可以初步用于本实验单相水球床内流动压降的预测。

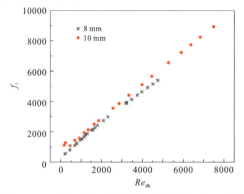

图 6-18 单相水在不同球床内阻力因子 f_1 比较

Fand 等研究单相水流经小球堆积的多孔介质通道的阻力特性情况，获得了流型变化判据，并发现 Fand 型阻力系数在层流与湍流工况下与修正雷诺数呈线性关系，而在层流向湍流过渡的工况下，斜率随着修正雷诺数的增加而下降，如图 6-19[25]所示。

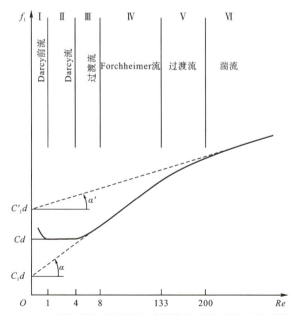

图 6-19 Fand 型摩擦阻力因子与雷诺数关系及不同流型判断准则[25]

Fand 等确定在修正雷诺数超过 194 mm 时,单相水在球床内为湍流。由图 6-18 可以看出,Fand 型阻力系数斜率在整个实验工况范围内为常数,即本实验单相水流型未发生变化。基于上述等人研究以及本实验结果,可判断本实验工况中,流体均处于湍流工况。

Handley 与 Heggs 基于 Ergun 关系式提出了以下应用于球床内流动阻力特性关系式[13]:

$$f_2 = \frac{368}{Re_{dh}} + 1.24 \quad (6-22)$$

Foumeny 等在 Ergun 关系式基础上,考虑了实验段管径与球径比值对于球床内流动阻力特性的影响[20]:

$$f_2 = \frac{130}{Re_{dh}} + \left(\frac{D/d_p}{0.335(D/d_p)+2.28}\right) \quad (6-23)$$

图 6-20、图 6-21 分别给出了 Blake 型摩擦阻力系数在不同球床内变化及与经验关系式对比情况。

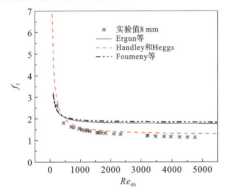

图 6-20 单相水在球床(d_p=8 mm) 内阻力因子 f_2 与经验关系式比较

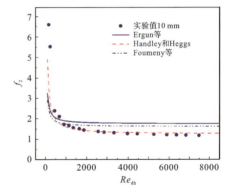

图 6-21 单相水在球床(d_p=10 mm) 内阻力因子 f_2 与经验关系式比较

可以看出,随着修正雷诺数的增加,Blake 型摩擦阻力系数下降。在修正雷诺数低于 1000 时,上述经验关系式预测值与实验值接近;当修正雷诺数大于 1000 时,Ergun 以及 Foumeny 等给出的关系式预测值相较于实验值高出 30%~50%;Handley 与 Heggs 关系式预测值则与实验值符合较好,与实验值偏差不超过 10%。

Bai 等学者研究了壁面效应对于球床内单相水压降的影响,发现当管径与球径比值,(D_b/d_p)超过 10 时,壁面效应对于球床内流动压降的影响可以忽略[22]。图 6-22 给出了本实验中两种球床内 Blake 型摩擦阻力系数对比情况。可以发现,两种球床内摩擦阻力系数相差不超过 5%。本实验中 D_b/d_p 分别为 8.5 与 10.625,处于壁面效应临界值附近,由实验值可以看出,壁面效应对于本实验的球床内单相水的流动阻力特性影响可以忽略。

图 6-22 也给出了本研究针对实验值给出的拟合关系式预测值。预测关系式如下：

$$f_2 = \frac{502}{Re_{dh}} + 1.11 \qquad (6-24)$$

拟合关系式与式(6-20)形式类似，由此可以获得本研究单相水在实验段内的单位压降与黏性损失以及动能损失的关系：

$$\frac{\Delta P}{L} = 502\left(\frac{\mu u}{d_p^2}\right)\left(\frac{(1-\varepsilon)^2}{\varepsilon^3}\right) + 1.11\left(\frac{\rho u^2}{d_p}\right)\left(\frac{1-\varepsilon}{\varepsilon^3}\right) \qquad (6-25)$$

如图 6-23 所示，除了极个别工况点外，式(6-24)预测值与实验值偏差均在 ±10% 之内。式(6-25)适用于 Re_{dh} 取 169~7492，ε 取 0.3827~0.3946 的情况。

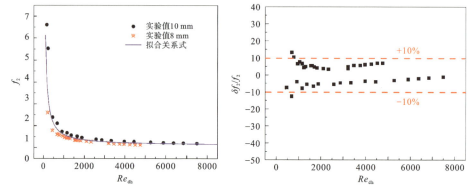

图 6-22 单相水在球床内阻力因子 f_2 实验值与关系式比较

图 6-23 单相水球床内 Blake 型摩擦阻力系数 f_2 实验值与预测值偏差

6.3.3 导热油流动特性结果分析

1. 入口温度的影响

球床通道 Dowtherm A 流动换热实验首先开展流动阻力实验。图 6-24 给出了球径 10 mm 球床内导热油 Dowtherm A 不同入口温度下单位长度压降变化情况。

可以看出，导热油在球床内的单位长度压降随着修正雷诺数的增加而增加。相同修正雷诺数工况下，入口温度为 60 ℃ 工况下导热油球床内单位长度压降高于入口温度为 72 ℃ 时的工况，如修正雷诺数为 1500 时，前者单位长度压降较后者高 25%。温度升高时，导热油 Dowtherm A 密度与黏度均降低，使其在球床多孔介质通道内流体黏性损失以及动能损失降低。故流体温度升高，其在球床多孔介质通道内压降降低。

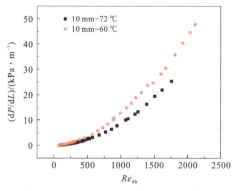

图 6-24　不同入口温度下球床内单位长度压降($d_p=10$ mm)

2. 孔隙率影响

对于球床导热油 Dowtherm A 流动阻力实验,球床多孔介质通道内的孔隙率同样对球床内的导热油流动单位压降有明显影响。图 6-25 分别给出了入口温度 72 ℃时球径 8 mm 与球径 10 mm 球床内导热油流动单位长度压降的变化情况。孔隙率低的球床多孔介质通道内导热油 Dowtherm A 的流动单位长度压降要高于孔隙率高的球床多孔介质通道。修正雷诺数 $Re_{dh}=1600$ 时,球径 8 mm 球床多孔介质通道内的单位长度压降为球径 10 mm 工况内的 2 倍。前者孔隙率为 0.361,低于后者的 0.377。由式(6-21)可知,随着球床孔隙率的增加,其曲折率将降低,球床曲折率降低,使得球床内导热油的单位长度压降降低。

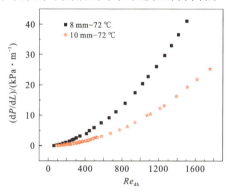

图 6-25　不同球床内单位长度压降对比($d_p=10$ mm 与 $d_p=8$ mm)

3. 球床通道导热油流动流型判断准则

式(6-17)给出了 Fand 型摩擦阻力因子 f_1 的定义,如第 6.3.2 节所述,Fand 型摩擦阻力因子与修正雷诺数在层流、紊流时呈线性关系,斜率为常数;在流型过渡区斜率则随着雷诺数的增加而降低。

由图 6-26 可以看出,Fand 型摩擦阻力因子在修正雷诺数 $Re_{dh}>270$ 的实验工况下,与修正雷诺数呈线性关系,斜率保持不变;在 Re_{dh} 取 90~270 时则斜率随着雷诺数增加而降低,与 Fand 等给出的实验结果相似。可以推测出本研究球床多孔介质通道导热油流动阻力实验中,当修正雷诺数 $Re_{dh}>270$ 时,导热油处于湍流流型;当修正雷诺数 Re_{dh} 取 90~270 时,导热油处于过渡流流型。限于实验工况限制,流速更低的工况,即导热油处于层流甚至 Darcy 流型的现象没有呈现。

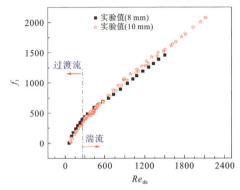

图 6-26　不同球床内 Fand 型摩擦阻力因子 f_1 实验值比较

除了 Fand 等采用的斜率法来判定球床多孔介质内流型,可视化法、激光多普勒测速(Laser Doppler Anemoretry,LDA)、粒子图像测速法(Particle Image Velocimetry,PIV)、磁共振图像法(Magnetic Resonance Imaging,MRI)、热线法、电化学微电极等方法也应用于多孔介质通道内流体流型的研究。Bu 等基于电化学微电极法,通过研究电解质溶液(氰化铁溶液)限制电流的波动率(fluctuating rate,FR),判断规则堆积球床多孔介质通道内的流型转变情况[28-30]。结果表明:在规则堆积球床内,当修正雷诺数 $Re_{dh}=160$ 时,流体由层流向过渡流转变;当修正雷诺数在 $Re_{dh}=360$ 时,流体流型由过渡流向湍流转变。Wegner 等则通过研究规则排布球床表面彩色流迹的运动情况,确定层流向过渡流转变的范围为 $Re_{dh}=150\sim200$[35]。Dybbs 与 Edwards 等则通过激光多普勒测速及可视化方法获得稳定层流终止的临界点为修正雷诺数 $Re_{dh}=250$,而修正雷诺数 $Re_{dh}>470$ 时流体进入湍流流型[31]。Johns 等则通过磁共振图像法研究堆积球床通道内流动,确定了在 $Re_{dh}=50$ 时,流体由黏性流向惯性流转变[34]。Takatsu 与 Masuoka 则通过粒子图像速度法以及激光荧光法技术研究了多孔介质内的微观流动结构,并确定了层流与湍流间的过渡流型范围为 130~832[61]。表 6-8 给出了不同学者给出的流型转变准则对比。可以看出,尽管不同学者以及本实验给出的标准有一定差别,球床多孔介质通道内的流型转变所对应的临界雷诺数要远低于圆管以及平板等几何结构通道。因为在球床多孔介质通道内,球表面边界层难以像圆管或平板一样充分发展,极容易被周围的堆积球破坏,随着流体流速的增加,惯性力作用很快超过黏性力,流体在惯性力作用下易脱离黏性束缚。在流速到达一定程度时,易发生尾迹不稳定,并在球床多孔介质通道内逐步形成旋涡,从而使其流型转变加快。

表 6-8 球床多孔介质通道流型判断准则

作者	流型转变准则	方法
Fand 等[25]	层流:$Re_{dh} \leqslant 133$; 过渡流:$133 < Re_{dh} < 200$; 湍流:$Re_{dh} \geqslant 200$	斜率法
本研究球床导热油 流动阻力实验	过渡流:$90 < Re_{dh} < 270$; 湍流:$Re_{dh} \geqslant 270$	斜率法
Bu 等[28-30]	层流:$Re_{dh} \leqslant 160$; 过渡流:$160 < Re_{dh} < 360$; 湍流:$Re_{dh} \geqslant 360$	电化学微电极法
Wegner 等[35]	层流向过渡流转变:$Re_{dh} = 150 \sim 200$;	彩色流迹可视化法
Dybbs 和 Edwards[31]	层流:$Re_{dh} \leqslant 250$; 过渡流:$250 < Re_{dh} < 470$; 湍流:$Re_{dh} \geqslant 470$	LDA
Johns 等[34]	黏性流向惯性流转变:$Re_{dh} = 50$	MRI
Takatsu 和 Masuoka[61]	层流:$Re_{dh} \leqslant 130$; 过渡流:$130 < Re_{dh} < 832$; 湍流:$Re_{dh} \geqslant 832$	PIV、LIF
Lesage 等[62]	层流:$Re_{dh} \leqslant 183$; 过渡流:$183 < Re_{dh} < 466$; 湍流:$Re_{dh} \geqslant 466$	电化学法
Latifi 等[63]	层流:$Re_{dh} \leqslant 183$; 过渡流:$183 < Re_{dh} < 616$; 湍流:$Re_{dh} \geqslant 616$	电化学法

6.3.4 经验关系式与实验结果对比

除了 6.3.2 节球床通道单相水流动阻力实验获得的流动阻力关系式以及参与对比的经验关系式(Ergun、Handley 与 Heggs、Foumeny 关系式),还有诸多学者基于 Ergun 关系式提出了对于 Blake 型摩擦阻力系数的预测关系式。表 6-9 给出了文献中 Blake 型摩擦阻力经验关系式及其使用范围、适用介质的汇总。

图 6-27 给出了本研究球床导热油 Dowtherm A 流动阻力实验中 Blake 型摩擦阻力系数 f_2 实验值与表 6-9 中部分典型经验关系式的比较。可以看出 Blake 型摩擦阻力系数 f_2 在过渡流与湍流间呈现不同特性。在湍流区域($Re_{dh} > 270$)

表 6-9 球床多孔介质通道 Blake 型摩擦阻力关系式

作者	经验关系式	适用范围	流体
Ergun[12]	$f_2 = \dfrac{150}{Re_{dh}} + 1.75$		空气、二氧化碳、氮气、单相水
Lee 等[14]	$f_2 = 6.25(1-\varepsilon)\left[\dfrac{29.32}{Re_{dh}(1-\varepsilon)} + \dfrac{1.56}{Re_{dh}^{0.424}(1-\varepsilon)^{0.424}} + 0.1\right]$		
Jiang 等[15]	$f_2 = \dfrac{109.2}{Re_{dh}} + 1.35$	$Re_{dh} < 2000$	空气
单相水球床流动阻力实验	$f_2 = \dfrac{502}{Re_{dh}} + 1.11$	$Re_{dh} = 169 \sim 7492$, $\varepsilon = 0.3827 \sim 0.3946$	单相水
Handley 和 Heggs[13]	$f_2 = \dfrac{368}{Re_{dh}} + 1.24$	$Re_{dh} = 399 \sim 3985$, $\varepsilon = 0.39$	
Foumeny 等[20]	$f_2 = \dfrac{130}{Re_{dh}} + \left(\dfrac{D/d_p}{0.335(D/d_p) + 2.28}\right)$	$Re_{dh} = 5 \sim 8500$, $\varepsilon = 0.386 \sim 0.456$	
KTA[17]	$f_2 = \dfrac{160}{Re_{dh}} + \dfrac{3}{Re_{dh}^{0.1}}$	$Re_{dh} = 10 \sim 100000$, $\varepsilon = 0.36 \sim 0.42$	氦气
Kurten 等[65]	$f_2 = \dfrac{6.25(1-\varepsilon)^2}{\varepsilon^3}\left(\dfrac{21}{Re_{dh}} + \dfrac{6}{Re_{dh}^{0.5}} + 0.28\right)$	$Re_{dh} = 1 \sim 4000$	
Hicks[16]	$f_2 = \dfrac{6.8}{Re_{dh}^{0.2}} \cdot \dfrac{(1-\varepsilon)^{1.2}}{\varepsilon^3}$	$Re_{dh} = 500 \sim 60000$	

时,摩擦阻力系数 f_2 随着修正雷诺数的增加而缓慢降低,在该区域,因导热油与球表面黏性力造成的压降损失比例降低,因惯性力造成的动能损失带来的压降比例增加,最终修正雷诺数增加对于 f_2 变化的影响逐步降低。在过渡流区域,摩擦阻力系数 f_2 随着修正雷诺数增加而增加,这与经典摩擦阻力系数与雷诺数关系图(Moody 图)中给出的过渡流区域特性相似[66]。过渡流区域为层流与湍流区域间的不稳定区域。在该工况范围内,导热油流过球表面后的尾迹区出现波动;球堆积空隙间出现旋涡,但旋涡尺寸、数量并不如湍流工况下稳定,因而摩擦阻力系数 f_2 伴随着较大的不确定性,其变化趋势与湍流区域也有所不同。

由图 6-27 可以看出,在湍流工况下,Lee 等给出的 Blake 型摩擦阻力系数 f_2 预测值与实验值较为接近,二者偏差低于 16%。Ergun 以及 Jiang 等给出的关系式预测值则分别较实验值高出 66% 与 33%。Ergun 关系式适用于修正雷诺数较低的工况,并且该关系式要求球床多孔介质通道内孔隙率分布均匀,流动阻力特性无管壁效应影响。本实验中,管直径与球径比值为 8~10,管壁效应存在,即球床内靠近管壁面孔隙率较高,导致流体压降降低,从而导致 Ergun 关系式以及 Jiang 关系式预测值与本实验值在湍流区域有较大偏差。

Handley 与 Heggs 关系式给出的预测值与球床通道单相水阻力特性实验值十分接近(见图 6-20、图 6-21),因而与球床通道导热油阻力特性实验的对比结果具有重要的参考价值。由图 6-27 可以看出,Handley 和 Heggs 关系式预测值也高出 Dowtherm A 实验值,介于 Ergun 与 Jiang 关系式预测值之间。图 6-28 给出了单相水实验值与导热油 Dowtherm A 在球床内 Blake 型摩擦阻力系数实验值的对比,可以发现,与 Handley 和 Heggs 关系式预测值相似,湍流工况下,单相水摩擦阻力系数高出 50%。

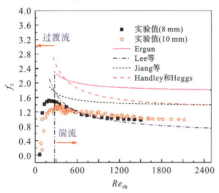

图 6-27 不同球床内 Blake 型摩擦阻力因子 f_2 实验值与经验关系式比较

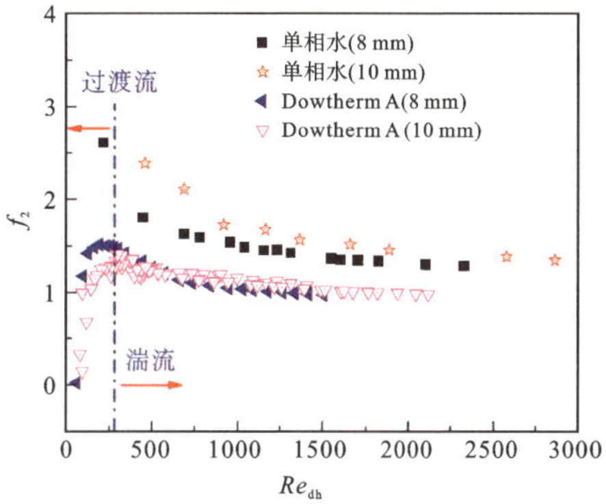

图 6-28 球床多孔介质通道内单相水与导热油实验 Blake 型摩擦阻力系数 f_2 对比

Lee 等给出的关系式预测值在湍流工况下与实验值符合良好,与实验值偏差不超过 16%。但在过渡流区域,预测值趋势与实验值相反。

由上述分析可以看出,适用于水、空气等的 Blake 型摩擦阻力特性关系式预测值均与导热油 Dowtherm A 实验结果有较大差别;球床通道单相水实验结果获得的经验关系式亦不能应用于预测 Dowtherm A 在球床多孔介质内的压降以及摩擦阻力系数,因而有必要获得适用于导热油的摩擦阻力特性关系式。

式(6-26)给出了对本研究导热油在球床多孔介质通道内阻力特性实验结果的拟合关系式。图 6-29 给出了拟合关系式(6-26)预测值与实验值的比较情况,可以看出,除了少数实验工况,本

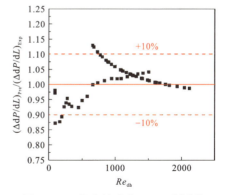

图 6-29 拟合关系式 6-26 预测值与实验值比较

研究获得的拟合关系式89%的预测值与实验值偏差在±10%以内。式(6-26)适用工况范围为 $Re_{dh}=90\sim2200$；$Pr=14\sim19$，适用的球床孔隙率 $\varepsilon=0.361\sim0.377$。

$$\frac{\Delta P}{L}=\begin{cases}135\left(\frac{\mu u}{d_p^2}\right)\left(\frac{(1-\varepsilon)^2}{\varepsilon^3}\right)+0.923\left(\frac{\rho u^2}{d_p}\right)\left(\frac{1-\varepsilon}{\varepsilon^3}\right),270<Re_{dh}\leqslant2200\\(4.15Re_{dh}^{0.85}-102.7)\frac{\mu u(1-\varepsilon)^2}{d_p^2\varepsilon^3},90\leqslant Re_{dh}\leqslant270\end{cases}$$

(6-26)

6.4 球床通道内对流传热特性实验研究

本实验利用导热油Dowtherm A在低温工况下(45～105 ℃)与FLiBe在高温工况下(520～700 ℃)无量纲数能够匹配的特点，采用Dowtherm A在低温工况下模拟高温氟盐的流动与对流传热特性。第6.3节已开展球床堆内阻力特性实验研究。已有球床内的对流传热特性研究多集中于无内热源[38,43]，传统的电加热难以模拟球床内的热源分布。本节开展以单相水和导热油Dowtherm A为工质的球床对流传热特性实验研究。

6.4.1 对流传热特性数据处理方法

在6.2.3中提到，本研究对实验段内五处截面的流体与球表面温度进行测量。本实验中，对流传热特性研究区域为从下至上第1温度测量层至第5温度测量层间区域。

球床平均对流传热系数可由下式获得：

$$\bar{h}_{sf}=\frac{Q_t}{A_t(\overline{T_s}-\overline{T_f})} \quad (6-27)$$

式中：Q_t 为研究区域间流体受热总功，W；A_t 为研究区域间球床总表面积，m²。Q_t 与 A_t 可分别定义为

$$Q_t=\dot{m}(h_5-h_1) \quad (6-28)$$
$$A_t=N_t\pi d_p^2 \quad (6-29)$$

式中：$\dot{m}$ 为质量流量，kg/s；h_5 为第五温度测量层流体平均温度对应的流体焓值，J/kg；h_1 为第一温度测量层流体平均温度对应的流体焓值，J/kg；N_t 为研究区域内总球数，研究区域长度与实验段内钢球部分总长的比值为该部分钢球所占比例。

式(6-27)中：$\overline{T_s}$ 为研究区域内球表面平均温度，℃；$\overline{T_f}$ 为则为研究区域内流体平均温度，℃。$\overline{T_s}$ 与 $\overline{T_f}$ 分别由式(6-30)与(6-31)求得

$$\overline{T_s}=\frac{1}{15}\sum_{i=1}^{5}\sum_{j=1}^{3}T_s^{i,j} \quad (6-30)$$

$$\overline{T_\mathrm{f}} = \frac{1}{15}\sum_{i=1}^{5}\sum_{j=1}^{3} T_\mathrm{f}^{i,j} \tag{6-31}$$

式中：$T_\mathrm{s}^{i,j}$ 为第 i 温度测量层第 j 温度测量点球表面温度，℃；$T_\mathrm{f}^{i,j}$ 为第 i 温度测量层第 j 温度测量点流体温度，℃。

第 5 与第 1 温度测量层流体平均温度为

$$\overline{T_\mathrm{f}^5} = \frac{1}{3}\sum_{j=1}^{3} T_\mathrm{f}^{5,j} \tag{6-32}$$

$$\overline{T_\mathrm{f}^1} = \frac{1}{3}\sum_{j=1}^{3} T_\mathrm{f}^{1,j} \tag{6-33}$$

6.4.2 单相水对流传热特性结果分析

1. 温度轴向分布

图 6-30 与图 6-31 分别给出了在入口温度 40 ℃ 工况下，球径 10 mm 球床内不同修正雷诺数下球表面温度与单相水温度沿轴向的分布情况。可以看出，研究区域内，从第 1 温度测量层到第 5 温度测量层，流体与球表面温度近似线性增加，流体焓值沿轴向近似线性分布，对于球径 10 mm 球床，研究区域内球床的内热源分布近似均匀。

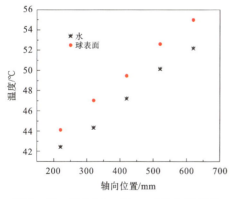

图 6-30 球床（$d_\mathrm{p}=10$ mm）轴向温度分布（$T_\mathrm{in}=40$ ℃，$Re_\mathrm{dh}=3018$）

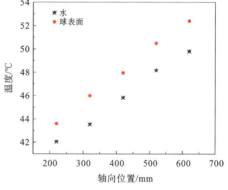

图 6-31 球床（$d_\mathrm{p}=10$ mm）轴向温度分布（$T_\mathrm{in}=40$ ℃，$Re_\mathrm{dh}=3729$）

图 6-32、图 6-33 则给出了球径 8 mm 球床内球表面与单相水温度沿轴向的分布。

与球径 10 mm 球床类似，从第 1 温度测量层到第 5 温度测量层，流体与球表面温度亦是近似线性增加。由此，流体焓值沿轴向近似线性分布，即球床研究区域内球床的内热源分布近似均匀。本实验结果与相似结构的球床实验段电磁感应加热功率分布结果一致，后者则指出功率径向分布与轴向分布偏差分别在 ±10% 与

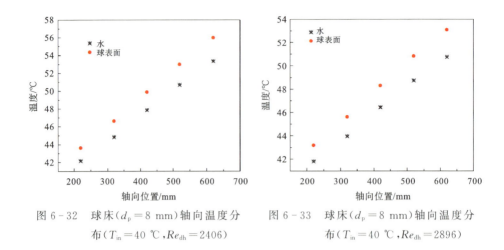

图 6-32　球床($d_p=8$ mm)轴向温度分布($T_{in}=40$ ℃,$Re_{dh}=2406$)

图 6-33　球床($d_p=8$ mm)轴向温度分布($T_{in}=40$ ℃,$Re_{dh}=2896$)

±15％以内[50,66]。与球径 10 mm 球床相比,虽然球径 8 mm 球床给出的工况修正雷诺数较低,但球表与单相水同位置温差也较低,表明其球床内对流传热系数较大。

2. 加热功率

图 6-34、图 6-35 给出了球床内在入口温度为 40 ℃下不同加热功率下修正 Nusselt 数的变化情况。对于球径为 8 mm 的球床,加热功率由 24 kW 升至 36 kW,同修正雷诺数下修正努塞特数变化可以忽略;对于球径为 10 mm 的球床,同一修正雷诺数下,修正努塞特数在不同加热功率(12～54 kW)工况下重合。在入口温度、修正雷诺数相同时,电磁感应加热系统加热功率对于单相水内球床的流动传热特性的影响可以忽略。

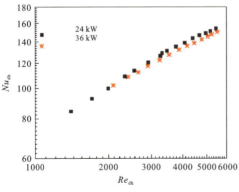

图 6-34　球床($d_p=8$ mm)不同加热功率下无量纲对流传热系数比较($T_{in}=40$ ℃)

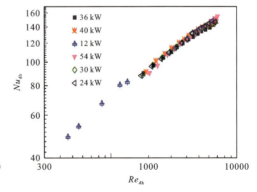

图 6-35　球床($d_p=10$ mm)不同加热功率下无量纲对流传热系数比较($T_{in}=40$ ℃)

3. 入口温度影响

图 6-36 与图 6-37 给出了入口温度对于单相水球床内对流传热特性的影响。

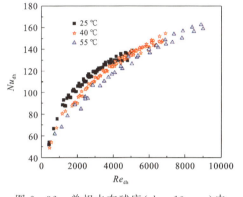

图 6-36 单相水在球床($d_p = 10$ mm)内不同入口温度下无量纲对流传热系数对比

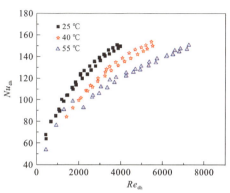

图 6-37 单相水在球床($d_p = 8$ mm)内不同入口温度下无量纲对流传热系数对比

由图 6-36 可以看出，球径 10 mm 的球床内，入口温度增加使得相同雷诺数下无量纲对流传热系数降低，例如单相水在修正雷诺数为 4500 的工况下，当实验段入口温度由 25 ℃增加到 55 ℃时，努塞特数降低了 10%。

对于球径为 8 mm 的球床，入口温度增加对于对流传热系数的降低作用更为明显。当修正雷诺数为 4000 时，入口温度由 25 ℃增加到 55 ℃时，努塞特数降低了 20%。入口温度增加导致单相水黏性降低，使得相同修正雷诺数下单相水对应较低的单相水流速，因而相应的对流传热系数更低。

4. 孔隙率的影响

除了入口温度对单相水球床内对流传热特性有影响外，球床的孔隙率大小对于球床对流传热特性也有影响。

图 6-38 至图 6-41 分别给出了入口温度为 40 ℃与 55 ℃工况下不同球床内无量纲对流传热系数的对比情况。

可以发现，相同修正雷诺数下，球径为 8 mm 的球床内，努塞特数要高于球径为 10 mm 的球床。球径为 8 mm 的球床对应的孔隙率为 0.3827，要低于球径为 10 mm 的球床的孔隙率 0.3946。相同修正雷诺数下，较低的孔隙率意味着较大的孔隙速度(式(6-10))，孔隙速度增加，进一步导致孔隙内对流传热系数的增强，故小球径球床内对应的无量纲对流传热系数较高。另一方面，由式(6-21)可知，孔隙率较低意味着较高的曲折率，从而使球床内对流传热特性增强[37]。

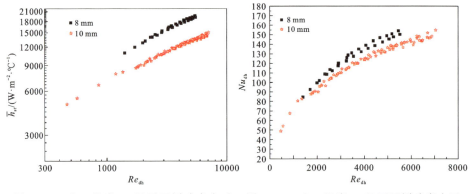

图6-38 入口温度40 ℃下不同球床内对流传热系数对比

图6-39 入口温度40 ℃下不同球床内无量纲对流传热系数对比

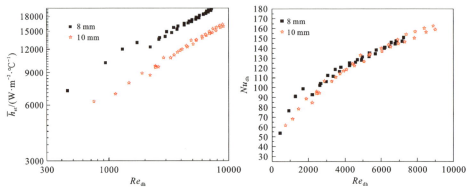

图6-40 入口温度55 ℃下不同球床内对流传热系数对比

图6-41 入口温度55 ℃下不同球床内无量纲对流传热系数对比

5. 与经验关系式比较

基于二氧化碳、氮气、空气等在球床内的对流传热特性的稳态与非稳态实验研究,Wakao等提出了以下关系式,用于预测流体在球床内的对流传热系数[43]:

$$Nu_d = 2 + 1.1Re_d^{0.6}Pr^{1/3} \qquad (6-34)$$

该关系式适用范围为 $10 \leqslant Re_d \leqslant 10000$,球床孔隙率为 0.4。该式右边第一项为常数2,是对静止流体与球床传热方程进行求解得出,剩余部分与Dittus-Boelter关系式非常类似。该式未考虑孔隙率对于对流传热的影响,即使球径相同,不同的堆积方式下孔隙率仍可能不同,故该式在预测球床内对流传热特性方面具有一定的局限性。

Meng等亦通过电磁感应加热方式开展了有内热源单相水对流传热实验,并提出了以下关系式[50]:

$$Nu_{dh} = 3.212Re_{dh}^{0.335}Pr^{0.438} \qquad (6-35)$$

该式适用范围为：$Re_{dh}=720\sim8100$，$Pr=2.6\sim5.7$。Meng 等仅对一种尺寸球床进行了对流实验，所获得的关系式在孔隙率发生变化时的对流传热预测存在局限性。

基于球床式高温气冷堆的相关研究，KTA 在其报告中给出了如下的传热关系式[45]：

$$Nu_d = 1.27 \frac{Pr^{1/3}}{\varepsilon^{1.18}} Re_d^{0.36} + 0.033 \frac{Pr^{1/2}}{\varepsilon^{1.07}} Re_d^{0.86} \quad (6-36)$$

该关系式针对球床式高温气冷堆中的氦气与石墨球床的传热进行了大量的验证工作，并成为德国 KTA 推荐的球床式气冷堆安全分析计算关系式，但其并未考虑液相及其他流体的适用性。该式适用于 $Re_d=100\sim10^5$，$0.36<\varepsilon<0.42$，球床高度应高于 4 倍球径。

图 6-42 给出了本实验中两种球床内单相水归一化无量纲对流传热系数，以及与 Wakao、Meng 及 KTA 等给出的关系式（6-34）至（6-36）预测值的对比情况。

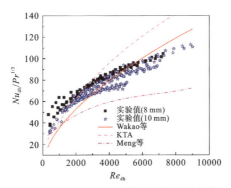

图 6-42　单相水球床内归一化无量纲对流传热系数实验值与经验关系式预测值对比

可以看出，KTA 给出的关系式在 $Re_{dh}<3000$ 时与本研究实验值符合较好，与实验值偏差为 $\pm20\%$；当 $Re_{dh}>3000$，KTA 关系式给出的预测值高于实验值 $20\%\sim40\%$。Wakao 关系式在 $Re_{dh}<4000$ 时预测值均低于实验值，$Re_{dh}<2000$ 时较实验值低 $20\%\sim50\%$；在 $2000<Re_{dh}<4000$ 时较实验值偏低 $10\%\sim20\%$；当 $Re_{dh}>4000$ 时，与本研究实验值符合较好，偏差在 $\pm10\%$ 以内。相近实验 Meng 等给出的关系式预测值则在整个实验工况内均低于实验值，预测值较实验值偏低 $20\%\sim40\%$。

综上所述，式（6-34）至式（6-36）分别在高流量和低流量工况下与实验值较为接近，即本研究开展的有内热源球床对流传热实验与已有的单相水、可压缩气体（如二氧化碳、氮气、空气等）在无内热源球床内的对流传热实验结果接近，与前文在输入功率对于球床内对流传热特性影响分析一致，表明有内热源对于球床流动传

熔盐堆热工水力及安全分析

热特性影响可以忽略,验证了本研究开展的有内热源对流传热实验方法的可靠性。

6. 拟合关系式

由前文可知,现有 Wakao 以及 KTA 给出的关系式不能在整个实验工况内预测本研究实验值,故本部分需依据实验结果获得本实验的关系式。综合考虑入口温度、球床孔隙率等因素对于单相水在球床内对流传热特性的影响,本实验获得了以下拟合关系式:

$$Nu_{dh} = CRe^{0.35} Pr^{1/3} \tag{6-37}$$

式中:C 为考虑球床孔隙率影响的常数,定义如下:

$$C = 10^{0.086/\varepsilon^{2.14}} \tag{6-38}$$

图 6-43 给出了拟合关系式(6-37)预测值与不同球径球床实验结果的对比。图 6-44 与图 6-45 则分别给出了拟合关系式预测值与实验值偏差情况。

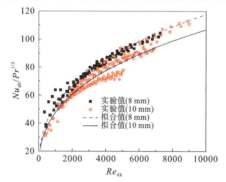

图 6-43 单相水球床内归一化无量纲对流传热系数实验值与拟合关系式预测值比较

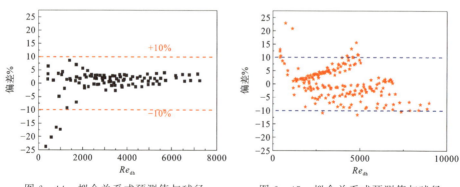

图 6-44 拟合关系式预测值与球径 8 mm 球床实验结果偏差

图 6-45 拟合关系式预测值与球径 10 mm 球床实验结果偏差

可以看出,除了个别实验工况,式(6-37)预测值与实验值偏差大部分在 ±10% 以内。式(6-37)适用于单相水介质,流体流速满足 $Re_{dh} = 350 \sim 9000$,$\varepsilon = 0.3827 \sim 0.3946$。

6.4.3 导热油对流传热特性结果分析

球床通道单相水对流传热特性实验中,实验结果已经验证电磁感应加热提供的内热源在实验段研究区域(第1温度测量层与第5温度测量层间)呈现均匀分布的特点;电磁感应加热器输入功率不同对于球床内流体对流传热特性影响可以忽略。故在导热油 Dowtherm A 球床多孔介质通道对流传热特性实验中,重点研究球床内不同的入口温度、不同的球床孔隙率对于导热油对流传热特性的影响。因导热油实验段内钢球壁面温度以及附近流体温度测点排布与单相水实验段一致,故导热油 Dowtherm A 在球床实验段内的平均对流传热系数定义方式与6.4.1节部分给出的一致,修正雷诺数以及无量纲对流传热系数也可以通过式(6-10)求取。

1. 入口温度影响

对球床通道导热油 Dowtherm A 开展了五种不同的入口温度工况的对流传热特性实验,图6-46给出了不同入口温度下球床内导热油 Dowtherm A 对流传热系数变化情况。

由图6-46可以看出,随着修正雷诺数增加,球床内导热油对流传热系数逐步增加。入口温度变化影响导热油 Dowtherm A 的热物性,进而影响其在球床内的对流传热系数。对于修正雷诺数为1750工况,入口温度由62 ℃增加到82 ℃,导热油的普朗特数由20降低到15,对流传热系数降低了10%。

图6-47给出了不同入口温度下无量纲对流传热系数——修正努塞特数的变化情况,同样,在相同修正雷诺数工况下,修正努塞特数随着入口温度的增加而降低。

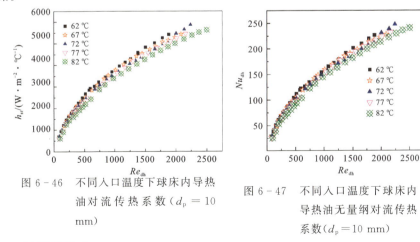

图6-46 不同入口温度下球床内导热油对流传热系数($d_p = 10$ mm)

图6-47 不同入口温度下球床内导热油无量纲对流传热系数($d_p = 10$ mm)

2. 孔隙率影响

图6-48、图6-49给出了入口温度为67 ℃时两种球径球床多孔介质通道内

导热油 Dowtherm A 对流传热系数以及无量纲对流传热系数的变化情况。

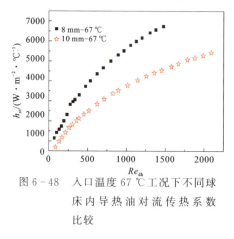

图 6-48 入口温度 67 ℃工况下不同球床内导热油对流传热系数比较

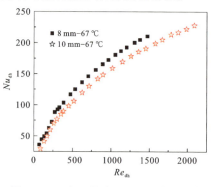

图 6-49 入口温度 67 ℃工况下不同球床内导热油无量纲对流传热系数比较

由图 6-49 可以看出，入口温度 67 ℃工况下，相同修正雷诺数下，球径 8 mm 球床内对流传热系数要高于球径 10 mm 球床内的导热油对流传热系数，前者修正努塞特数高于后者。例如 $Re_{dh}=1000$ 时，球径 8 mm 球床内对应的对流传热系数为 5795 W/(m²·℃)，球径 10 mm 球床内为 3791 W/(m²·℃)，前者较后者高出 50%；对于修正努塞特数，前者较后者则高出 14%。

图 6-50、图 6-51 给出了入口温度为 77 ℃工况下两种球床的对比，与入口温度 67 ℃相似，球径小的球床在相同修正雷诺数工况下对应的对流传热系数更高。球径小的球床对应的球床多孔介质孔隙率更小，在相同修正雷诺数下对应的孔隙流速更高；导热油 Dowtherm A 在孔隙率低的球床内的曲折率也更高；与此同时，球径小的球床多孔介质通道内流体边界层更易破坏，流体出现尾迹波动以及旋涡强度也更高。这些因素导致在孔径小的球床内对流传热系数更高。

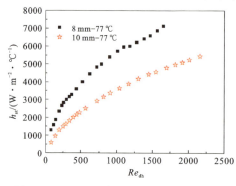

图 6-50 入口温度 77 ℃工况下不同球床内导热油对流传热系数比较

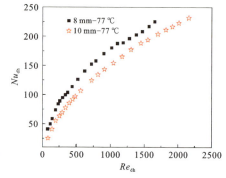

图 6-51 入口温度 77 ℃工况下不同球床内导热油无量纲对流传热系数比较

3. 局部对流传热系数

球床（导热油 Dowtherm A）对流传热特性实验中，除了研究第 1 温度测量层至第 5 温度测量层间的平均对流传热特性，本实验也研究了局部对流传热系数在实验段不同位置的分布情况。

局部对流传热系数可定义为

$$h_{sf}^{i,i+1} = \frac{Q_{i,i+1}}{A_{i,i+1}(\overline{T_s^{i,i+1}} - \overline{T_f^{i,i+1}})}, \quad i = 1,4 \quad (6-39)$$

式中：$h_{sf}^{i,i+1}$ 为第 i 温度测量层与第 $i+1$ 温度测量层间的球壁面与流体间的对流传热系数，W/(m²·℃)；$Q_{i,i+1}$ 为第 i 温度测量层与第 $i+1$ 温度测量层间球释热，W，通过稳态工况下流体焓升获得：

$$Q_{i,i+1} = \dot{m}(h_{i+1} - h_i) \quad (6-40)$$

式中：$\dot{m}$ 为质量流量，kg/s；h_i 为第 i 温度测量层平均温度决定的导热油焓值，J/kg；h_{i+1} 为第 $i+1$ 温度测量层流体平均温度决定的导热油焓值，J/kg。

式（6-39）中，$A_{i,i+1}$ 为第 i 温度测量层与第 $i+1$ 温度测量层间球表总面积，m²：

$$A_{i,i+1} = N_{i,i+1}\pi d_p^2 \quad (6-41)$$

式中：$N_{i,i+1}$ 为第 i 温度测量层与第 $i+1$ 温度测量层间球数量；d_p 为球直径，m。

式（6-39）中，$\overline{T_s^{i,i+1}}$ 为第 i 温度测量层与第 $i+1$ 温度测量层间球表面平均温度，℃；$\overline{T_f^{i,i+1}}$ 则为第 i 温度测量层与第 $i+1$ 温度测量层间导热油平均温度，℃，分别定义如下：

$$\overline{T_s^{i,i+1}} = \frac{1}{6}\left(\sum_{j=1}^{3} T_s^{i,j} + \sum_{j=1}^{3} T_s^{i+1,j}\right) \quad (6-42)$$

$$\overline{T_f^{i,i+1}} = \frac{1}{6}\left(\sum_{j=1}^{3} T_f^{i,j} + \sum_{j=1}^{3} T_f^{i+1,j}\right) \quad (6-43)$$

式中：$T_s^{i,j}$（$T_s^{i+1,j}$）分别为第 i 温度测量层（第 $i+1$ 温度测量层）第 j 个温度测量球表面温度，℃；$T_f^{i,j}$（$T_f^{i+1,j}$）分别为第 i 温度测量层（第 $i+1$ 温度测量层）第 j 个温度测量球附近导热油流体温度，℃。

图 6-52 给出了球径为 8 mm 球床多孔介质通道内不同位置的无量纲局部对流传热系数。轴向位置 x=270,370,470,570 mm 分别对应实验段从下至上两个相邻温度测量层间研究区域中心位置。

图 6-52 可以看出，入口温度为 67 ℃ 工况下，无量纲局部对流传热系数即修正努塞特数 Nu_{dh} 随着修正雷诺数增加而增加；相同修正雷诺数工况下，Nu_{dh} 沿实验段轴向从下至上降低。导热油温度随着实验段内轴向位置的增加而升高，流体对应的局部普朗特数也随之降低，进而导致实验段对应位置的局部对流传热系数

以及修正努塞特数降低,该现象与图 6-46、图 6-47 给出的实验段平均对流传热系数随着导热油入口温度增加而降低的现象一致。

图 6-53 给出了球径 10 mm 球床多孔介质通道在入口温度 67 ℃下,轴向不同位置的无量纲局部对流传热系数分布情况,与球径 8 mm 球床实验段相似,该实验段内在相同修正雷诺数下,局部对流传热系数亦随着实验段轴向位置的增加而降低。

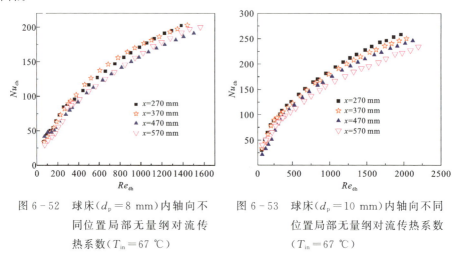

图 6-52　球床($d_p=8$ mm)内轴向不同位置局部无量纲对流传热系数($T_{in}=67$ ℃)

图 6-53　球床($d_p=10$ mm)内轴向不同位置局部无量纲对流传热系数($T_{in}=67$ ℃)

为考虑因不同流体温度导致的导热油热物性的差异,本研究通过引入 $Pr^{1/4}$ 对修正努塞特数归一化。图 6-54 与图 6-55 分别给出了球径 8 mm 与球径 10 mm 球床内的归一化局部努塞特数在球床轴向不同位置的分布情况。

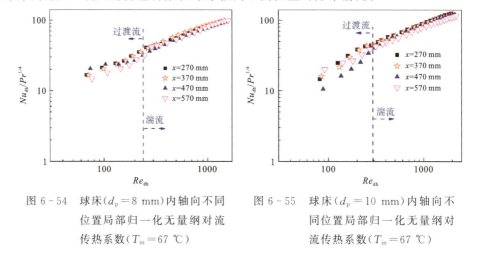

图 6-54　球床($d_p=8$ mm)内轴向不同位置局部归一化无量纲对流传热系数($T_{in}=67$ ℃)

图 6-55　球床($d_p=10$ mm)内轴向不同位置局部归一化无量纲对流传热系数($T_{in}=67$ ℃)

由图中可以看出,在双对数坐标系中,局部归一化无量纲对流传热系数在球床轴向不同位置差异较小,特别是湍流工况下,不同位置几乎一致,即实验段内位置对于局部对流传热特性影响可以忽略。同时可以看出,该坐标系下,湍流与过渡流工况下局部归一化努塞特数与修正雷诺数均呈线性关系,不过对应的曲线斜率在两种流型下略有不同,过渡流工况下曲线斜率高于湍流工况,与导热油摩擦阻力系数在过渡流与湍流工况下呈现不同特性现象一致。

4. 拟合关系式

图 6-56 给出了球床通道导热油对流传热特性实验中不同球径球床内归一化努塞特数的对比以及相应的拟合曲线对比情况。可以看出,在双对数坐标系内,归一化努塞特数与修正雷诺数呈线性关系。在湍流工况下($270 < Re_{dh} < 2500$),曲线斜率与过渡流工况($Re_{dh} = 90 \sim 270$)不同。如前文所述,过渡流型为层流与湍流间的不稳定中间状态,导热油由层流向过渡流流型过渡时,在孔隙间逐步出现尾迹不稳定;随着修正雷诺数增加,孔隙间开始出现旋涡;孔隙间旋涡的尺寸与数量亦随着雷诺数增加而增加。尾迹不稳定以及旋涡出现,促进了球床多孔介质通道内流体的动量与能量的搅混,搅混强度亦随着旋涡的尺寸及数量的增加而增强。当导热油在球床内的流动进入湍流工况后,在空隙间的旋涡尺寸及数量趋于稳定。上述因素导致过渡流工况下雷诺数增加对于对流传热系数增强的影响要较湍流工况明显,进而使湍流工况下实验数据拟合曲线斜率要低于过渡流工况。

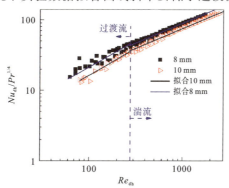

图 6-56 球床内导热油归一化无量纲对流传热系数实验值与拟合关系式预测值比较

不同球径球床多孔介质通道内导热油 Dowtherm A 对流传热特性实验数据拟合关系式为

$$Nu_{dh}/Pr^{1/4} = \frac{a}{\varepsilon^n} Re_{dh}^b \qquad (6-44)$$

式中:a、b 为常数;ε 为球床多孔介质通道孔隙率。对于过渡流型,$a=0.0014$,$b=0.76$,$n=5.99$;对于湍流,则有 $a=0.0299$,$b=0.56$,$n=4.06$。该式适用范围为 $Pr=14\sim19$,$Re_{dh}=90\sim2500$ 以及 $\varepsilon=0.361\sim0.377$。式中 b 值对应于双对数坐标系内线性拟合曲线的斜率。可以看出,湍流工况下 b 的值要低于过渡流工况,这

与前文所述一致。

图 6-57、图 6-58 分别给出了球径 10 mm 与球径 8 mm 球床多孔介质通道内归一化无量纲对流传热系数实验值与式(6-44)拟合关系式预测值的对比情况。可以看出，对于球径 10 mm 球床，拟合关系式预测值与实验值偏差在 ±10% 以内；对于球径 8 mm 球床，最大偏差为 15%。

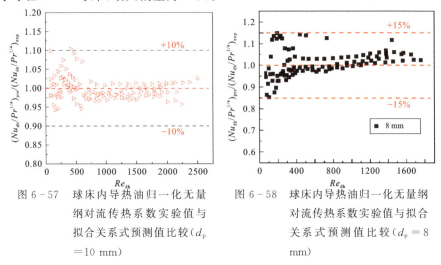

图 6-57　球床内导热油归一化无量纲对流传热系数实验值与拟合关系式预测值比较(d_p = 10 mm)

图 6-58　球床内导热油归一化无量纲对流传热系数实验值与拟合关系式预测值比较(d_p = 8 mm)

6.4.4　经验关系式预测值与实验结果对比

除了 6.4.2 节提到的 Wakao 关系式(6-34)、用于高温气冷堆的 KTA 关系式(6-36)、Meng 关系式(6-35)以及本研究球床多孔介质通道单相水对流传热实验获得的关系式(6-37)外，本研究在表 6-10 中还汇总了文献中一些常见的球床多孔介质通道内对流传热关系式，这些关系式多取自单相水以及空气、二氧化碳、氮气等气体对流传热特性实验，未被高 Pr 数流体实验验证。选取其中典型的部分经验关系式预测值以及实验数据与本实验结果进行对比，并在图 6-59 中给出，可以看出，Wakao 关系式给出的预测值相较于实验值低 40%～55%；KTA 关系式则与实验值接近，当导热油处于过渡流流型时，即 Re_{dh} < 270 时，KTA 关系式预测值为球径 10 mm 球床对流传热特性实验值的 90%～100%，当导热油处于湍流工况时，预测值与实验值偏差随着修正雷诺数增加至 15%～25%。可以看出 Wakao 关系式不能预测导热油 Dowtherm A 在球床多孔介质通道内的对流传热特性，尽管其在高流量工况下与球床通道单相水对流传热实验结果符合较好，但是其主要由低普朗特数流体实验获得，普朗特数范围变化较小，因而 Wakao 关系式适用性较为有限，且关系式本身未考虑孔隙率对于球床内对流传热特性的影响。KTA 关系式则考虑了孔隙率的影响，因而其预测本实验结果值表现要优于 Wakao 关系式。

第 6 章 固体燃料熔盐堆球床堆芯热工水力实验研究

表 6-10 球床多孔介质通道对流传热关系式

作者	经验关系式	适用范围	流体
Wakao 等[43]	$Nu_d = 2 + 1.1 Re_d^{0.6} Pr^{1/3}$	$10 \leqslant Re_d \leqslant 10000$; $Pr = 0.7 \sim 0.8, 7$	空气、氢气、二氧化碳以及单相水
KTA[45]	$Nu_d = 1.27 \dfrac{Pr^{1/3}}{\varepsilon^{1.18}} Re_d^{0.36} + 0.033 \dfrac{Pr^{1/2}}{\varepsilon^{1.07}} Re_d^{0.86}$	$Pr = 0.7$	氦气
Meng 等[50]	$Nu_{dh} = 3.212 Re_d^{0.335} Pr^{0.438}$	$720 \leqslant Re_d \leqslant 8100$; $Pr = 2.6 \sim 5.7$	单相水
球床(单相水)实验	$Nu_{dh} = C Re_d^{0.35} Pr^{1/3}$; $C = 10^{0.086/\varepsilon^{2.14}}$	$Pr = 2.3 \sim 5.9$; $Re_{dh} = 350 \sim 9000$	单相水
Kunii 和 Levenspiel[67]	$Nu_d = 2 + 1.8 Re_d^{0.5} Pr^{1/3}$		
Handley 和 Heggs[68]	$Nu_d = \dfrac{0.255}{\varepsilon} Re_d^{2/3} Pr^{1/3}$	$Re_{dh} > 100$	
Kuwahara 等[69]	$Nu_d = 1 + \dfrac{4(1-\varepsilon)}{\varepsilon} + 0.5(1-\varepsilon)^{0.5} Re_d^{0.6} Pr^{1/3}$		
Kays 和 London[70]	$Nu_d = 0.26 \dfrac{(1-\varepsilon)^{0.3}}{\varepsilon} Re_d^{0.7} Pr^{1/3}$		
Bird 和 Stewart[71]	$Nu_d = 0.534 Re_d^{0.59} Pr^{1/3}$		非球体堆积床

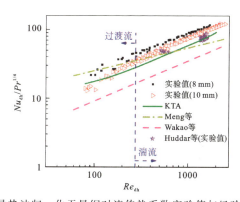

图 6-59 球床内导热油归一化无量纲对流传热系数实验值与经验关系式预测值比较

Meng 关系式给出的预测值与过渡流工况下球径 8 mm 的球床实验值符合较好;在湍流工况下与实验值偏差随着修正雷诺数增加而增大,当 $Re_{dh} = 2000$ 时,偏差达到 30%。Meng 关系式预测值在预测单相水实验工况时也较实验值低

20%~40%。出现上述差异应由于 Meng 等对于球表温度处理方面的差异导致。Meng 等将球中心温度作为球表温度。在过渡流工况下,因流体流速较低,对应的对流传热系数较低,球表面与流体温差较大,因而球表面与球中心温差可以忽略;但在湍流工况下,球床多孔介质通道内对流传热系数较大,球表面与球中心温差较过渡流工况下要低,球表面与中心温差不可以忽略。上述因素导致 Meng 关系式给出的预测值要低于本实验单相水以及导热油实验值。

加州大学伯克利分校的 Huddar 等学者采用另一种高普朗特数导热油(Drakesol 260 AT)开展了球床多孔介质通道内的对流传热特性实验研究[72]。Drakesol 260 AT 运行工况为 $Re_{dh}=518\sim652,1257\sim1601$,运行温度下 $Pr=27\sim36$。图 6-59 给出了 Huddar 实验结果与本研究实验结果的对比情况。可以看出,Huddar 实验结果与本研究导热油 Dowtherm A 实验结果接近,二者偏差不超过 18%。另外,Huddar 实验结果在 $Re_{dh}=1257\sim1601$ 时与 KTA 关系式预测值较为接近。Huddar 实验段内球床松散排布,孔隙率为 0.45,高于本研究导热油实验段 0.377(球径 10 mm)与 0.361(球径 8 mm),因而其归一化无量纲对流传热系数较实验值略偏低。

图 6-60 给出了导热油与单相水在球床多孔介质通道内归一化无量纲对流传热系数的实验数据对比情况。图中可以看出,单相水实验数据较导热油要偏低,在 $Re_{dh}=1000$ 时,二者偏差达 30%。

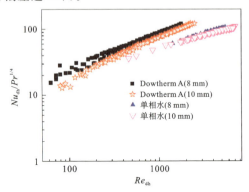

图 6-60 导热油与单相水实验结果对比

综上所述,原有基于空气、二氧化碳、单相水的球床多孔介质通道内对流传热特性经验关系式给出的预测值以及本研究单相水实验数据均低于导热油 Dowtherm A 实验数据,仅有 KTA 关系式预测值以及高普朗特数流体 Drakesol 260 AT 实验数据与本研究实验数据符合较好。低普朗特数气体或单相水等介质,其流体热边界层与速度边界层厚度接近,对于流体热传递过程而言,动量扩散与热扩散作用相当。但是对于 Dowtherm A 以及 Drakesol 260 AT 等高普朗特数流体,流体热边界层较速度边界层要薄很多,球壁面与流体间的热传递主要依赖于

第6章 固体燃料熔盐堆球床堆芯热工水力实验研究

边界层的动量扩散作用而非热扩散。

参考文献

[1] ALLEN T,BLANDFORD E,CAO G. Fluoride-Salt-Cooled, High-Temperature Reactor (FHR) Methods and Experiments Program White Paper: UCBTH-12-002[R]. University of California,Berkeley:University of California,Berkeley,2013:1-117.

[2] ANDREADE C,CISNEROS A T. Technical Description of the "Mark 1" Pebble-Bed Fluoride-Salt-Cooled High-Temperature Reactor(PB-FHR) Power Plant:UCBTH-14-002[R]. California:University of California,Berkeley,2014.

[3] FRATONI M. Development and applications of methodologies for the neutronic design of the Pebble Bed Advanced High Temperature Reactor(PB-AHTR)[D]. California:University of California,Berkeley,2008.

[4] FANG Y H,LI X X,YU C G,et al. Fuel pebble optimization for the thorium-fueled Pebble Bed Fluoride salt-cooled high-temperature reactor(PB-TFHR) [J]. Progress in Nuclear Energy,2018,108:179-187.

[5] GREENE S R,GEHIN J C,HOLCOMB D E,et al. Pre-Conceptual Design of a Fluoride-Salt-Cooled Small Modular Advanced High-Temperature Reactor (SmAHTR):ORNL/TM-2010/199[R]. Tennessee:Oak Ridge National Laboratory,2010.

[6] ZHANG D L,LIU L,LIU M,et al. Review of conceptual design and fundamental research of molten salt reactors in China[J]. International Journal of Energy Research,2018,42(5):1834-1848.

[7] JI R M, DAI Y,ZHU G F,et al. Evaluation of the fraction of delayed photoneutrons for TMSR-SF1[J]. Nuclear Science and Techniques,2017, 28(9):135.

[8] NOVAK A J,SCHUNERT S,CARLSEN R W,et al. Multiscale thermal-hydraulic modeling of the pebble bed fluoride-salt-cooled high-temperature reactor[J]. Annals of Nuclear Energy,2021,154:107968.

[9] BLANDFORD E,BRUMBACK K,FICK L,et al. Kairos power thermal hydraulics research and development[J]. Nuclear Engineering and Design,2020,364:110636.

[10] NARASIMHAN A. Essentials of Heat and Fluid Flow in Porous Media

[M]. New York: CRC Press, 2012.

[11] NIELD D A, BEJAN A. Convection in Porous Media [M]. Berlin: Springer, 2013.

[12] ERGUN S. Fluid flow through packed columns[J]. Chemical Engineering and Processing, 1952, 48: 89 – 94.

[13] HANDLY D, HEGGS P J. Momentum and heat transfer mechanisms in regular shaped packings[J]. Trans. Inst. Chem. Eng., 1968, 46: 251 – 259.

[14] LEE J S, OGAWA K. Pressure Drop through Packed Red[J]. Journal of Chemical Engineering of Japan, 1994, 27(5): 691 – 693.

[15] JIANG P X, SI G S, LI M, et al. Experimental and numerical investigation of forced convection heat transfer of air in non-sintered porous media[J]. Experimental Thermal and Fluid Science, 2004, 28(6): 545 – 555.

[16] HICKS R E. Pressure drop in packed beds of spheres[J]. Industrial & Engineering Chemistry Fundamentals, 1970, 9(3): 500 – 502.

[17] KTA. Core Design of High-Temperature Gas-Cooled Reactors, Part 3: Loss of Pressure Through Friction in Pebble Bed Cores[R]. Nuclear Safety Standards Commission, 1983.

[18] HASSAN Y A, KANG C. Pressure drop in a pebble bed reactor under high reynolds number[J]. Nuclear Technology, 2012, 180(2): 159 – 173.

[19] MEHTA D, HAWLEY M C. Wall Effect in Packed Columns[J]. Industrial & engineering chemistry process design and development, 1969, 8(2): 280 – 282.

[20] FOUMENY E A, BENYAHIA F, CASTRO J A A, et al. Correlations of pressure drop in packed beds taking into account the effect of confining wall [J]. International Journal of Heat and Mass Transfer, 1993, 36(2): 536 – 540.

[21] FAND R M, THINAKARAN R. The influence of the wall on flow through pipes packed with spheres[J]. Journal of Fluids Engineering, 1990, 112(1): 84 – 88.

[22] BAI B, LIU M, LV X, et al. Correlations for predicting single phase and two-phase flow pressure drop in pebble bed flow channels[J]. The 18th International Conference on Nuclear Engineering (ICONE – 18), 2011, 241(12): 4767 – 4774.

[23] MACDONALD I F, EL-SAYED M S, MOW K, et al. Flow through porous media-the ergun equation revisited[J]. Industrial & Engineering Chemistry

Fundamentals,1979,18(3):199-208.

[24] COMITI J,RENAUD M. A new model for determining mean structure parameters of fixed beds from pressure drop measurements: application to beds packed with parallelepipedal particles[J]. [S. L.]:Chemical Engineering Science,1989,44(7):1539-1545.

[25] FAND R M,KIM B Y K,LAM A C C,et al. Resistance to the flow of fluids through simple and complex porous media whose matrices are composed of randomly packed spheres[J]. Journal of Fluids Engineering,1987,109(3):268-273.

[26] JOLLS K R,HANRATTY T J. Transition to turbulence for flow through a dumped bed of spheres[J]. Chemical Engineering Science,1966,21(12):1185-1190.

[27] SEGUIN D,MONTILLET A,COMITI J. Experimental characterisation of flow regimes in various porous media—I:Limit of laminar flow regime[J]. Chemical Engineering Science,1998,53(21):3751-3761.

[28] BU S,YANG J,DONG Q,et al. Experimental study of mass transfer and flow transition in simple cubic packings with the electrochemical technique[J]. International Conference on Electrochemical Energy Science and Technology(EEST2014),2015,177:370-376.

[29] BU S,YANG J,DONG Q,et al. Experimental study of transition flow in packed beds of spheres with different particle sizes based on electrochemical microelectrodes measurement[J]. Special Issue for the 2nd International Workshop on Heat Transfer Advances for Energy Conservation and Pollution Control(IWHT2013),2014,73(2):1525-1532.

[30] BU S,YANG J,DONG Q,et al. Experimental study of flow transitions in structured packed beds of spheres with electrochemical technique[J]. Experimental Thermal and Fluid Science,2015,60:106-114.

[31] DYBBS A,EDWARDS R. A new look at porous media fluid mechanics—Darcy to Turbulent. Fundamentals of Transport Phenomena In Porous Media[M]. Berlin:Springer,1984.

[32] MASUOKA T,TAKATSU Y,INOUE T. Chaotic behavior and transition to turbulence in porous media[J]. Microscale Thermophysical Engineering,2003,6(4):347-357.

[33] HORTON N A,POKRAJAC D. Onset of turbulence in a regular porous medium:An experimental study[J]. Physics of Fluids,2009,21(4):045104.

[34] JOHNS M L, SEDERMAN A J, BRAMLEY A S, et al. Local transitions in flow phenomena through packed beds identified by MRI[J]. AIChE Journal, 2000, 46(11): 2151 – 2161.

[35] WEGNER T H, KARABELAS A J, HANRATTY T J. Visual studies of flow in a regular array of spheres[J]. Chemical Engineering Science, 1971, 26(1): 59 – 63.

[36] RIMKEVIČIUS S, USPURAS E. Experimental investigation of pebble beds thermal hydraulic characteristics[J]. Nuclear Engineering and Design, 2008, 238(4): 940 – 944.

[37] HOOGENBOEZEM T A. Heat transfer phenomena in flow through packed beds[D]. Evanston: North-West University, 2006.

[38] YANG J, WANG J, BU S, et al. Experimental analysis of forced convective heat transfer in novel structured packed beds of particles[J]. Chemical Engineering Science, 2012, 71: 126 – 137.

[39] GNIELINSKI V. Wärme-und stoffübertragung in festbetten[J]. Chemie Ingenieur Technik, 1980, 52(3): 228 – 236.

[40] MCLAUGHLIN B, WORSLEY M, STAINSBY R. Development of Local Heat Transfer and Pressure Drop Models for Pebble Bed High Temperature Gas-Cooled Reactor Cores[M]. New York: Amer Soc Mechanical Engineers, 2010.

[41] KIM H, LEE J I, NO H C. Thermal hydraulic behavior in the deteriorated turbulent heat transfer regime for a gas-cooled reactor[J]. Nuclear Engineering and Design, 2010, 240(4): 783 – 795.

[42] TOIT C G, ROUSSEAU P G. Modeling the flow and heat transfer in a packed bed high temperature gas-cooled Reactor in the Context of a Systems CFD Approach[J]. Journal of Heat Transfer, 2012, 134(3)[2022 – 02 – 12].

[43] WAKAO N, KAGUEI S, FUNAZKRI T. Effect of fluid dispersion coefficients on particle-to-fluid heat transfer coefficients in packed beds: Correlation of nusselt numbers[J]. Chemical Engineering Science, 1979, 34(3): 325 – 336.

[44] ABDULMOHSIN R S, AL-DAHHAN M H. Characteristics of convective heat transport in a packed pebble-bed reactor[J]. Nuclear Engineering and Design, 2015, 284: 143 – 152.

[45] AUSSCHUSSES G. Reactor Core Design of High Temperature Gas-cooled

Reactors Part 2: Heat Transfer in Spherical Fuel Elements: KTA 3102. 2 [R]. Berlin: Nuclear Safety Standards Commission,1983.

[46] NIE X,EVITTS R,BESANT R,et al. A new technique to determine convection coefficients with flow through particle beds[J]. Journal of Heat Transfer,2011,133(4):041601.

[47] WHITAKER S. Forced convection heat transfer correlations for flow in pipes, past flat plates, single cylinders, single spheres, and for flow in packed beds and tube bundles[J]. AIChE Journal,1972,18(2):361-371.

[48] NSOFOR E C,ADEBIYI G A. Measurements of the gas-particle convective heat transfer coefficient in a packed bed for high-temperature energy storage[J]. Experimental Thermal and Fluid Science,2001,24(1):1-9.

[49] TALLEY R M. Experimental investigation of a magnetic induction pebble-bed heater with application to Nuclear Thermal Propulsion[D]. Tuscaloosa:The University of Alabama,2014.

[50] MENG X,SUN Z,XU G. Single-phase convection heat transfer characteristics of pebble-bed channels with internal heat generation[J]. Nuclear Engineering and Design,2012,252:121-127.

[51] NAZARI M,JALALI VAHID D,SARAY R K,et al. Experimental investigation of heat transfer and second law analysis in a pebble bed channel with internal heat generation[J]. International Journal of Heat and Mass Transfer,2017,114:688-702.

[52] YODER G L,AARON A,CUNNINGHAM B,et al. An experimental test facility to support development of the fluoride-salt-cooled high-temperature reactor[J]. Annals of Nuclear Energy,2014,64:511-517.

[53] ORNL. Monthly Progress Report,ORNL/ANS/INT-5/V19[R]. Tennessee:Oak Ridge National Laboratory,1989.

[54] WAKAO N,FUNAZKRI T. Effect of fluid dispersion coefficients on particle-to-fluid mass transfer coefficients in packed beds:Correlation of sherwood numbers[J]. Chemical Engineering Science,1978,33(10):1375-1384.

[55] GILLESPIE B M,CRANDALL E D,CARBERRY J J. Local and average interphase heat transfer coefficients in a randomly packed bed of spheres[J]. AIChE Journal,1968,14(3):483-490.

[56] 景思睿,张鸣远. 流体力学[M]. 西安:西安交通大学出版社,2011.

[57] THE DOW CHEMICAL COMPANY. DOWTHERM A Heat Transfer Fluid

Product Technical Data[R]. USA:Dow Chemical Company,2021:1−30.

[58] BLAKE F. The resistance of packing to fluid flow[J]. Transactions of the American Institute of Chemical Engineers,1922,14(415−421):3.

[59] LANFREY P Y,KUZELJEVIC Z V,DUDUKOVIC M P. Tortuosity model for fixed beds randomly packed with identical particles[J]. Chemical Engineering Science,2010,65(5):1891−1896.

[60] ABDULMOHSIN R. Gas Dynamics and Heat Transfer in A Packed Pebble-bed Reactor for The 4th Generation Nuclear Energy[D]. Rolla:Missouri University of Science and Technology,2013.

[61] TAKATSU Y,MASUOKA T. Transition Process to Turbulent Flow in Porous Media[C]//Heat Transfer,Part B. 2005.

[62] LESAGE F,MIDOUX N,LATIFI M A. New local measurements of hydrodynamics in porous media[J]. Experiments in Fluids,2004,37(2):257−262.

[63] LATIFI M A,MIDOUX N,STORCK A,et al. The use of micro-electrodes in the study of the flow regimes in a packed bed reactor with single phase liquid flow[J]. Chemical Engineering Science,1989,44(11):2501−2508.

[64] MORINI G L,LORENZINI M,COLIN S,et al. Experimental Analysis of Pressure Drop and Laminar to Turbulent Transition for Gas Flows in Smooth Microtubes[J]. Heat Transfer Engineering,2007,28(8−9):670−679.

[65] KÜRTEN H,RAASCH J,RUMPF H. Beschleunigung eines kugelförmigen Feststoffteilchens im Strömungsfeld konstanter Geschwindigkeit[J]. Chemie Ingenieur Technik,1966,38(9):941−948.

[66] CATTON I,JAKOBSSON J O. The effect of pressure on dryout of a saturated bed of heat-generating particles[J]. Journal of heat transfer,1987,109(1):185−195.

[67] KUNII D,LEVENSPIEL O. Fluidization Engineering[M]. 2nd ed. Oxford:Butterworth-Heinemann,1991.

[68] HANDLEY D,HEGGS P J. The effect of thermal conductivity of the packing material on transient heat transfer in a fixed bed[J]. International Journal of Heat and Mass Transfer,1969,12(5):549−570.

[69] KUWAHARA F,SHIROTA M,NAKAYAMA A. A numerical study of interfacial convective heat transfer coefficient in two-energy equation model for convection in porous media[J]. International Journal of Heat and Mass Transfer,2001,44(6):1153−1159.

[70] KAYS W M, LONDON A L. Compact Heat Exchangers[M]. McGraw-Hill, 1964.

[71] BIRD R B, STEWART W E. Transport Phenomena[M]. 2nd ed. Wiley: John Wiley and Sons Inc, 2006.

[72] HUDDAR L R. Heat Transfer in Pebble-Bed Nuclear Reactor Cores Cooled by Fluoride Salts[D]. Berkeley: Department of Nuclear Engineering, University of California, 2016.

>>> 第 7 章
固体燃料熔盐堆热工水力分析

7.1 系统分析主要数学物理模型

7.1.1 流体动力学模型

系统分析程序一般不直接采用流体力学微分形式的 Navier-Stokes 方程,而是通过采用积分守恒定律[1],对 Navier-Stokes 方程进行时间和空间平均,可以获得宏观的守恒方程,以此为基础可以采用较粗的网格来对系统建模,模拟预测系统响应特性。由于采用空间和时间平均模型,被忽略的小尺度现象则需要由合理的封闭模型补充修正。本研究采用基本不可压缩流体的宏观守恒模型,即质量、动量和能量守恒方程,在能量守恒方程中不考虑流体剪切力引起的黏性耗散以及流体动能的变化影响;质量守恒方程考虑热膨胀效应,保留密度随时间的导数。重力项考虑了不同倾斜角对重力项的贡献。状态方程中,密度是压力和焓的函数 $\rho=\rho(p,H)$。

质量守恒方程为

$$\frac{\partial \rho}{\partial t}+\frac{1}{A}\frac{\partial W}{\partial z}=0 \tag{7-1}$$

动量守恒方程为

$$\frac{\partial W}{\partial t}+\frac{\partial}{\partial t}\left(\frac{W^2}{\rho A}\right)=-A\frac{\partial p}{\partial z}-\rho g A\sin\theta-\frac{\partial P_{\text{pump}}}{\partial z}+\left(\frac{f}{D_e}+\frac{k}{\partial z}\right)\frac{\rho A u|u|}{2} \tag{7-2}$$

能量守恒方程为

$$\frac{\partial(\rho H)}{\partial t}+\frac{\partial(\rho u H)}{\partial z}=\frac{q''_w}{A}+\frac{\partial p}{\partial t} \tag{7-3}$$

状态方程为

$$\frac{\partial \rho}{\partial t} = \frac{\partial \rho(p,H)}{\partial H}\frac{\partial H}{\partial t} + \frac{\partial \rho(p,H)}{\partial p}\frac{\partial p}{\partial t} \quad (7-4)$$

7.1.2 热构件模型

固体燃料钍基熔盐堆采用与高温气冷堆 HTR-10 类似的球形燃料组件,直径为 6 cm。如图 7-1 所示,燃料元件的传热过程可被分为三部分:燃料区内的导热、石墨包壳内的导热、燃料元件表面与外界的换热。其中燃料元件表面与外界的换热包括与冷却剂的对流换热及球床自身之间通过接触导热、流体导热、辐射换热进行的热量交换。对这两部分分别列出一维球坐标系下的稳态传热方程如下。

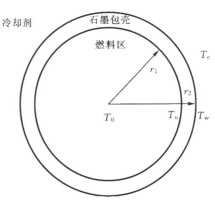

图 7-1 TMSR-SF 燃料元件模型

基于有内热源的导热方程,燃料区导热微分方程为

$$\frac{d^2 T}{dr^2} + \frac{2}{r}\frac{dT}{dr} + \frac{q_v}{\lambda_{core}} = 0 \quad (7-5)$$

石墨包壳内可忽略其内热源,导热方程为

$$\frac{1}{r^2}\frac{d T}{dr}\left(\lambda_{shell} r^2 \frac{dT}{dr}\right) = 0 \quad (7-6)$$

对应边界条件如下。

1) 轴对称条件

$$\left.\frac{dT}{dr}\right|_{r=0} = 0 \quad (7-7)$$

2) 燃料区和石墨包壳间的热流连续性条件

$$q(r_{core}) = q(r_{shell,in}) \quad (7-8)$$

即

$$\lambda_{core}\left.\frac{dT}{dr}\right|_{r=r_1} = \lambda_{shell}\left.\frac{dT}{dr}\right|_{r=r_{2,in}} \quad (7-9)$$

3) 燃料元件外表面边界条件

$$-\lambda_{shell}\left.\frac{dT}{dr}\right|_{r=r_{2,out}} = q(r_{shell,out}) \quad (7-10)$$

上述式子中:λ_{core} 为燃料区热导率,W/(m·K);λ_{shell} 为石墨包壳材料热导率,W/(m·K);q_v 为燃料元件燃料区体积释热率,W/m³;r_1 为燃料区外径,m;$r_{2,in}$ 为燃料元件球壳区内径,m;$r_{2,out}$ 为燃料元件球壳区外径,m;q 为燃料元件外表面热

流密度，W/m^2，由冷却剂的对流换热及球床自身之间通过接触导热、流体导热、辐射换热进行的热量交换决定。应当注意的是，燃料元件表面温度和热流分布是不均匀的，这种效应对燃料中心最高温度的影响可使用CFD方法在后续工作中进行进一步分析。

燃料元件内的TRISO颗粒由UO_2裂变核心及其外层四层包覆材料构成（图7-2）：疏松热解碳缓冲层、内层密实热解碳涂层、碳化硅涂层、外部密实热解碳涂层。同燃料元件导热计算相同，可列出如下导热方程。

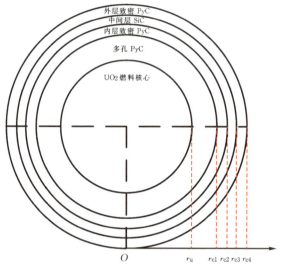

图7-2 TRISO颗粒燃料涂层示意图

UO_2核心部分的导热微分方程为

$$\frac{d^2T}{dr^2}+\frac{2}{r}\frac{dT}{dr}+\frac{q_v}{\lambda_u}=0 \tag{7-11}$$

涂层部分可忽略其内热源，所以其导热方程为

$$\frac{1}{r^2}\frac{dT}{dr}\left(\lambda_c r^2\frac{dT}{dr}\right)=0 \tag{7-12}$$

由于UO_2核心和涂层的几何尺寸都很小，内外表面温度的变化不大，可忽略其热导率随温度的变化，于是有

$$\frac{1}{r^2}\frac{dT}{dr}\left(\lambda_u r^2\frac{dT}{dr}\right)+q_v=0 \tag{7-13}$$

$$\frac{\lambda_c}{r^2}\frac{dT}{dr}\left(r^2\frac{dT}{dr}\right)=0 \tag{7-14}$$

对应边界条件如下。

1) 轴对称条件

$$\left.\frac{dT}{dr}\right|_{r=0}=0 \tag{7-15}$$

第 7 章 固体燃料熔盐堆热工水力分析

2) UO_2 核心和涂层间的热流连续性条件

$$q(r_u) = q(r_{c1,in}) \tag{7-16}$$

$$q(r_{c1,out}) = q(r_{c2,in}) \tag{7-17}$$

$$q(r_{c2,out}) = q(r_{c3,in}) \tag{7-18}$$

$$q(r_{c3,out}) = q(r_{c4,in}) \tag{7-19}$$

即

$$\lambda_u \frac{dT}{dr}\bigg|_{r=r_u} = \lambda_{c1} \frac{dT}{dr}\bigg|_{r=r_{c1,in}} \tag{7-20}$$

$$\lambda_{c1} \frac{dT}{dr}\bigg|_{r=r_{c1,out}} = \lambda_{c2} \frac{dT}{dr}\bigg|_{r=r_{c2,in}} \tag{7-21}$$

$$\lambda_{c2} \frac{dT}{dr}\bigg|_{r=r_{c2,out}} = \lambda_{c3} \frac{dT}{dr}\bigg|_{r=r_{c3,in}} \tag{7-22}$$

$$\lambda_{c3} \frac{dT}{dr}\bigg|_{r=r_{c3,out}} = \lambda_{c4} \frac{dT}{dr}\bigg|_{r=r_{c4,in}} \tag{7-23}$$

3) 涂层外表面取当地燃料区石墨基体温度

$$-\lambda_{c4} \frac{dT}{dr}\bigg|_{r=r_{c4,out}} = Q_{TRISO} \tag{7-24}$$

$$T_{r=r_{c4,out}} = T_{core,local} \tag{7-25}$$

上述式子中：λ_u 为 UO_2 核心热导率，$W/(m\cdot K)$；λ_c 为 TRISO 涂层热导率，$W/(m\cdot K)$；q_v 为 UO_2 核心体积释热率，W/m^3；r_{in} 为各区域内径，m；r_{out} 为各区域外径，m；Q_{TRISO} 为 TRISO 总发热功率，W；$T_{core,local}$ 为燃料元件燃料区当地温度，K；A 为换热面积，m^2。

瞬态工况下，球形燃料元件外表面温度随时间的变化由下式给出

$$\sum M_i C_i \frac{dT_w}{dt} = Q_{pebble} - h \cdot A(T_w - T_c) \tag{7-26}$$

式中：M_i 为各组分质量，包括 TRISO 燃料核心、涂层和石墨基体，kg；C_i 为各组分比热容，$J/(kg\cdot K)$；T_w 为燃料元件表面温度，℃；t 为时间，s；Q_{pebble} 为燃料元件功率，W；h 为熔盐与球床换热系数，$W/(m^2\cdot K)$；A 为换热面积，m^2；T_c 为冷却剂主流温度，℃。

TMSR-SF 燃料元件释放的热量除了由与冷却剂的对流换热导出外，还有以下三种途径在球形燃料元件之间进行热交换：燃料元件间的接触导热、燃料元件间通过空隙间冷却剂的导热、燃料元件间通过空隙的辐射换热。燃料球床自身的导热会对堆芯的热工过程造成一定影响，以下对这三种换热过程的有效导热系数分别进行考虑。

1) 燃料元件间接触导热有效导热系数

该有效接触导热系数用于描述燃料元件间通过燃料元件表面直接接触的区域进行热传导的能力。Hertzian 弹性形变理论[2]给出了两个球体之间接触面的计算

关系式,在此基础上,Chen 和 Tien 分析了三种密实排列方式下球床接触导热热阻,给出了如下关系式[3]

$$\frac{\lambda_e^c}{\lambda_f} = \left[\frac{3(1-\mu_p^2)}{4E_s}fR\right]^{\frac{1}{3}} \frac{1}{0.531S}\left(\frac{N_A}{N_L}\right) \quad (7-27)$$

$$f = p\frac{S_F}{N_A} \quad (7-28)$$

式中:λ_e^c 为有效接触导热系数;λ_f 为燃料元件导热系数,W/(m·K);μ_p 为横向变形系数(poisson ratio);E_s 为杨氏模量(Young modules),Pa;N_A 为单位面积球个数;N_L 为单位长度球个数;p 为外部压力,Pa;S、S_F 为结构相关常数(表 7-1)。对于典型的球床排列方式,式中主要参数如表 7-1 所示。

表 7-1 球床接触导热系数关系式参数计算表

参数	简单立方	体心排列	面心排列
ε	0.476	0.32	0.26
N_L	$1/(2R)$	$3^{1/2}/(2R)$	$(3/8)^{0.5}/R$
N_A	$1/(4R^2)$	$3/(16R^2)$	$1/(2\times 3^{1/2}R^2)$
S	1	0.25	1/3
S_F	1	$3^{1/2}/4$	$1/6^{1/2}$

2) 燃料元件间辐射换热有效导热系数

燃料元件间辐射换热模型是基于 Zehner 和 Schluender 提出的蜂窝模型建立的。在蜂窝模型中球床被视为一个由大量同类型单元模块组成的排列,单元模块间通过空隙内的辐射和燃料元件内的导热来进行热交换。本研究使用 G. Breitbach 和 H. Barthels 基于蜂窝模型提出的关系式[4]来计算球床内辐射换热有效导热系数

$$\lambda_e^t = \left\{[1-(1-\varepsilon)^{1/2}]\varepsilon + \frac{(1-\varepsilon)^{1/2}}{2/\varepsilon_r - 1} \cdot \frac{B+1}{B}\frac{1}{1+\frac{1}{(2/\varepsilon_r - 1)\Lambda}}\right\}4\sigma T^3 d \quad (7-29)$$

其中:

$$B = 1.25\left(\frac{1-\varepsilon}{\varepsilon}\right)^{10/9} \quad (7-30)$$

$$\Lambda = \frac{\lambda_f}{4\sigma T^3 d} \quad (7-31)$$

式中:λ_f 为燃料元件导热系数,W/(m·K);B 为变形因子(deformation factor);Λ 为等效导热率;ε 为孔隙率;ε_r 为燃料元件发射率;σ 为黑体辐射常数;T 为温度,K;d 为元件间距离,m。式(7-29)中$[1-(1-\varepsilon)^{\frac{1}{2}}]\varepsilon$ 代表辐射换热,并且在高温下占主

要份额。

3) 燃料元件间通过流体导热有效导热系数

该有效换热系数用于描述球床小球间通过孔隙内的工质进行的导热。Zehner 和 Schlunder 基于球形颗粒堆积床一维导热模型,给出了如下适用于滞止工况下,球床通过流体导热的有效导热系数计算关系式[4]

$$\frac{\lambda_e^g}{\lambda_g}=1-\sqrt{1-\varepsilon}+\frac{2\sqrt{1-\varepsilon}}{1-\lambda B}\left[\frac{1-\lambda}{(1-\lambda B)^2}\ln(\frac{1}{\lambda B})-\frac{B+1}{2}-\frac{B-1}{1-\lambda B}\right] \quad (7-32)$$

其中:

$$\lambda = \frac{\lambda_g}{\lambda_f} \quad (7-33)$$

式中:λ_f 为燃料元件导热系数,W/(m·K);λ_g 为流体导热系数,W/(m·K);B 为变形因子(deformation factor),计算方式同式(7-29);ε 为孔隙率。该式由 V. Prasad 等进行了实验验证[5]。

7.1.3 堆芯功率模型

点堆方程用于堆芯裂变功率的计算[6],考虑六组缓发中子,如式(7-34)和式(7-35)所示

$$\frac{dN(t)}{dt} = \frac{\rho(t)-\beta}{\Lambda}N(t) + \sum_{i=1}^{6}\lambda_i C_i(t) \quad (7-34)$$

$$\frac{dC_i(t)}{dt} = \frac{\beta_i}{\Lambda}N(t) - \lambda_i C_i(t) \qquad i=1,2,\cdots,6 \quad (7-35)$$

式中:$N(t)$ 为堆芯裂变功率,W;$\rho(t)$ 为反应性,10^{-5};Λ 为瞬发中子每代的时间,s;β 为六组缓发中子总的份额;λ_i 为第 i 组缓发中子衰变常数,s^{-1};$C_i(t)$ 为第 i 组缓发中子先驱核裂变功率,W;β_i 为第 i 组缓发中子份额。

反应性 $\rho(t)$ 由下式给出

$$\rho(t) = \rho_0 + \rho_{ex}(t) + \alpha_c(\overline{T}_c(t) - \overline{T}_c(0)) + \\ \alpha_f(\overline{T}_f(t) - \overline{T}_f(0)) + \alpha_g(\overline{T}_g(t) - \overline{T}_g(0)) \quad (7-36)$$

式中:ρ_0 为初始时刻的反应性,10^{-5};ρ_{ex} 为显式反应性,代表控制棒引入的反应性,10^{-5};α 为反应性反馈系数,10^{-5}/K;$\overline{T}$ 为由体积功率密度计算的平均温度,K;c 为下标,冷却剂;f 为下标,燃料元件;g 为下标,石墨反射层。反应性反馈考虑燃料多普勒反馈和慢化剂温度反馈。

反应堆停堆之后,堆芯功率包含两部分:裂变功率和衰变功率。剩余裂变功率可以通过下面的式子估算[7]

$$N_1(\tau) = N_0 \cdot 0.15 e^{-0.1\tau} \quad (7-37)$$

式中:N_1 为剩余裂变功率,W;τ 为停堆以后的时间,s;N_0 为额定运行功率,W。

堆芯衰变功率的计算采用应用广泛的 Glasstone 关系式。该关系式考虑了裂变产物和中子俘获产物合在一起的衰变。计算获得的衰变功率偏高,安全分析的结果较为保守：

$$\frac{N_{\beta,\gamma}(\tau)}{N_0} = 0.1\{[(\tau+10)^{-0.2}-(\tau+t_0+10)^{-0.2}] \\ -0.87[(\tau+2\times10^7)^{-0.2}-(\tau+t_0+2\times10^7)^{-0.2}]\} \quad (7-38)$$

7.2 封闭辅助模型

7.2.1 管道流动换热模型

1. 流动模型

管道模型是系统模型的基础,通过管道链接不同的系统构件。管道内的流型分为层流、过渡流区域、湍流。管道内的壁面粗糙度对于层流影响小,层流常采用 Hagen-Poiseuille 显式公式[8]表示

$$f_L = \frac{64}{Re\phi_s} \quad (7-39)$$

式中：f_L 为 Darcy 层流摩擦系数；ϕ_s 为管道几何因子,用来考虑非圆管情形,对于圆管 $\phi_s=1$,环管如公式(7-40)。层流公式适用范围为 $0<Re<2200$。

$$\phi_s = \frac{1+\left(\frac{D_i}{D_o}\right)^2 + \frac{1-\left(\frac{D_i}{D_o}\right)^2}{\ln\left(\frac{D_i}{D_o}\right)}}{\left(1-\frac{D_i}{D_o}\right)^2} \quad (7-40)$$

式中：D_i 为管内径；D_o 为管外径。

Zigrang-Sylvester 基于 Colebrook-White 公式提出湍流显式经验关系式

$$\frac{1}{\sqrt{f_T}} = -2\lg\left(\frac{\varepsilon}{3.7D} + \frac{2.51}{Re}\left[1.114 - 2\lg\left(\frac{\varepsilon}{D} + \frac{21.25}{Re^{0.9}}\right)\right]\right) \quad (7-41)$$

式中：f_T 为 Darcy 湍流摩擦系数；ε 为管道壁面粗糙度,例如常用钢材 $\varepsilon=0.03\times10^{-3}$,公式适用范围 $Re>3000$。

从层流向湍流的过渡区域,没有成熟的经验关系式,工程不确定性大,所以实际工程设计尽量避免在此流型区域运行或者加强边界层的破坏,缩短过渡区域。目前广泛采用的是插值层流和湍流模型[9]

$$f_{L,T} = \left(3.75 - \frac{8250}{Re}\right)(f_{T,3000} - f_{L,2200}) + f_{L,2200} \quad (7-42)$$

以上都是基于管道内等温情况,横截面流体黏性均匀分布,管道内非等温情况

如下

$$\frac{f}{f_{\text{iso}}} = 1 + \frac{P_{\text{H}}}{P_{\text{w}}}\left[\left(\frac{\mu_{\text{wall}}}{\mu_{\text{bulk}}}\right)^D - 1\right] \quad (7-43)$$

式中：f 为 Darcy 非等温条件下的摩擦系数；f_{iso} 为 Darcy 等温条件下的摩擦系数，基于管内横截面平均温度；P_{H} 为换热表面湿周；P_{w} 为控制体内湿周；μ_{wall} 为传热表面温度的动力黏度；μ_{bulk} 为管内横截面平均温度的动力黏度；D 为用户输入参数，不考虑非均匀黏性影响：0；流体层流：0.50~0.58；流体湍流：0.25。

2. 管道控制体换热模型

管内流体在层流充分发展时，可以假定管内流速为抛物线分布，均匀热流密度时，$Nu=4.36$。不考虑壁面温度的湍流采用 Dittus-Boelter 模型[10]

$$Nu = 0.023\,Re^{0.8}Pr^n = h\frac{D}{K} \quad (7-44)$$

式中：Nu 为努塞特数；Re 为以管道直径为特征值的雷诺数；Pr 为普朗特数；D 为管道直径；K 为液体导热系数。当加热时，$n=0.4$；当冷却时，$n=0.3$。公式适用范围：$0.6<Pr<160$，$Re>10000$，$L/D>10$。考虑壁面温度效应时采用 Sider-Tate 模型[11]

$$Nu = 0.027\,Re^{0.8}Pr^{0.3}\left(\frac{\mu_{\text{b}}}{\mu_{\text{s}}}\right)^{0.14} \quad (7-45)$$

式中：μ_{b} 为流体横截面平均温度流体动力黏度；μ_{s} 为管道壁面温度流体动力黏度。公式适用范围：$Re>10000$，$0.7<Pr<16700$，$L/D>10$。

高 Pr 数条件下，当 Ra 数高时局部自然循环效应显著，流型处在自然对流区域，采用 Churchill 和 Chu 模型

$$Nu_L = \left\{0.825 + \frac{0.387\,(Ra)^{1/6}}{\left[1+\left(\frac{0.492}{Pr}\right)^{9/16}\right]^{8/27}}\right\} = h_L\frac{L}{k} \quad (7-46)$$

式中：Nu_L 为自然对流长度为特征值的努塞特数；Ra_L 为瑞利数 $Gr_L \cdot Pr$；Gr_L 为 $\rho^2 g\beta(T_{\text{w}}-T_{\text{b}})L^3/\mu^2$；$L$ 为自然对流长度；h_L 为换热系数；T_{w} 为壁面温度；T_{b} 为流体平均温度；液膜特征温度为 $T_{\text{f}}=(T_{\text{w}}+T_{\text{b}})/2$。

如图 7-3 所示，换热模型在不同流型过渡区域数值差别较大，换热系数突变，会导致求解压力场的系数矩阵突变，有潜在的引发数值计算震荡的风险。为了避免流型过渡区域突变引入数值阶跃变化，本研究采用最大值平滑函数处理每个时间步长相应控制体内的换热系数，降低数值振荡风险。

7.2.2 堆芯多孔介质换热模型

多孔介质换热模型采用 Wakao 模型[12]

$$Nu = 2 + 1.1\,Pr^{1/3}Re^{0.6} \quad (7-47)$$

式中：Nu 为努塞特数；Re 为以颗粒直径、表观速度为特征值的雷诺数，表观速度

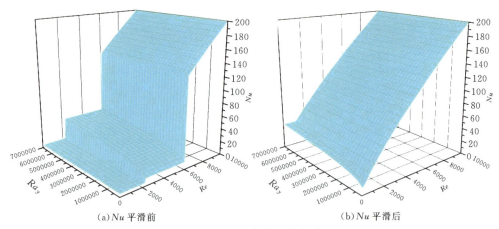

(a) Nu 平滑前 (b) Nu 平滑后

图 7-3 Nu 数值平滑前后

$U=V/(\pi D_c^2/4)$，D_c 为堆芯直径，V 为体积流量；Pr 为普朗特数。Wakao 模型考虑燃料球导热，并通过与传质模型类比获得，与 Dittus-Boelter 模型相似，公式适用范围：$10<Re<100000$。

Handley Heggs 换热模型

$$Nu=(0.255/\varepsilon)Pr^{1/3}Re_p^{2/3} \qquad (7-48)$$

式中：Nu 为努塞特数；Re_p 为以颗粒直径、表观速度为特征值的雷诺数；Pr 为普朗特数；ε 为孔隙率。公式适用范围：$100<Re_p<500$。

由于氟盐属于高 Pr 数流体，目前缺少高 Pr 数多孔介质换热实验数据。根据 Dowtherm A 高 Pr 数导热油 PS-HT2 模化球床验证的多孔介质换热模型，发现 Wakao 和 Handley Heggs 属于保守模型[13]，目前本研究采用 Wakao 换热模型作为保守安全分析估计模型。多孔介质流动传热模型与实验对比如图 7-4 所示。

7.2.3 堆芯多孔介质流动阻力模型

堆芯内主要由随机分布的燃料球组成，球床的几何结构相对复杂，采用复杂的孔隙流道结构，球表面的边界层没有充分发展就被相邻燃料球破坏。如图 7-5 所示，根据 Fand 研究模型[14]，采用颗粒直径为特征长度定义雷诺数 $Re_d=ud/v$，Darcy 区域黏性力主导，惯性力忽略，流量与压降梯度成正比；随着流速增加，边界层逐渐被破坏，流体进入 Forchheimer 区域，惯性力主导，过渡区域较短，进入湍流区域。多孔介质模型的压降主要由几何参数、孔隙率、渗透率、流体物性决定。

多孔介质压降早期采用解析解，但是目前工程应用的主要是半经验实验模型，使用比较广泛的有如下模型。

1. MacDonald 模型[15]

$$f=\frac{(1-\varepsilon)}{\varepsilon^3}\left(\frac{180(1-\varepsilon)}{Re}+1.8\right) \qquad (7-49)$$

第 7 章　固体燃料熔盐堆热工水力分析

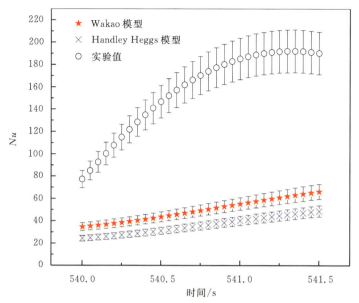

图 7-4　多孔介质流动传热模型与实验对比[13]

图 7-5　多孔介质流型图

式中:f 为摩擦系数(Darcy 摩擦系数的一半 $f_D=2f$);$f=\frac{\Delta p/\Delta L}{\rho V_0^2}D_{eq}$,$D_{eq}=6\frac{v_p}{s_p}$,等效球的平均直径,$\frac{v_p}{s_p}$ 是体积面积比;ε 为孔隙率;Re 为以颗粒直径为特征值的雷诺数。

德国核能安全标准委员会 KTA 的模型[16]

$$f_D = \frac{1-\varepsilon}{\varepsilon^3}\left[\frac{320}{\left(\dfrac{Re}{1-\varepsilon}\right)} + \frac{6}{\left(\dfrac{Re}{1-\varepsilon}\right)^{0.1}}\right] \quad (7-50)$$

式中:f_D 为 Darcy 摩擦系数;$f=\frac{\Delta p/\Delta L}{\rho V_0^2}D_{eq}$,$f=\frac{1}{2}f_D$;$\varepsilon$ 为孔隙率($0.36<\varepsilon<0.42$);Re 为以颗粒直径为特征值的雷诺数;公式适用范围:$1<Re/(1-\varepsilon)<10^5$。

2. Ergun 模型[17]

$$f = \frac{1-\varepsilon}{\varepsilon^3}\left(\frac{150(1-\varepsilon)}{Re} + 1.75\right) \quad (7-51)$$

式中:f 为摩擦系数(Darcy 摩擦系数一半 $f_D=2f$);Re 为以颗粒直径为特征值的

熔盐堆热工水力及安全分析

雷诺数;公式适用范围:$0.1 < Re/(1-\varepsilon) < 200$。

如图 7-6 和图 7-7 所示,采用 PREX 实验数据对上述公式进行验证[18],预测精度为 2%～20%,不确定性主要来源于壁面效应以及球床的排列方式,采用 Ergun 可以满足目前模型精确度的需要。

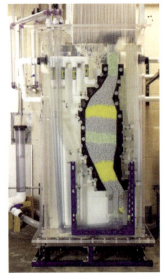 

(a)球床流动模化 PREX 3.1 实验[19]　　(b)球床模化换热实验 PS-HT2[13]

图 7-6　PREX 球床模化实验装置图

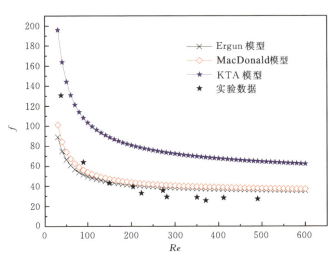

图 7-7　不同多孔介质流动阻力模型摩擦因子数与 PREX 实验数据对比[18]

7.3 模型校核与验证

7.3.1 流体动力学模型校核

流体动力学模型采用解析解校核,稳态条件下流体动力学解析解如公式(7-52),并转化成无量纲的形式(7-53),其中雷诺数采用质量流量表示 $Re = mD/A\mu$。如表 7-2 所示,选取三组不同几何尺寸数据,定义了解析解及数值求解的算例,比较等温条件下解析解与数值解。

$$\Delta p = \int_0^L \rho_m g \mathrm{d}z + \int_0^L \frac{fG_m|G_m|}{2D\rho_m} \mathrm{d}z + \sum_i \frac{K_{in}G_m|G_m|}{2\rho_m} + G_m^2 \left[\frac{1}{\rho_L} - \frac{1}{\rho_0}\right]$$

(7-52)

$$f\frac{L}{D} + K = \frac{2\rho D^2 \Delta P}{Re^2 \mu^2}$$

(7-53)

表 7-2 流体动力学校核相关几何参数

	控制体长度/m	当量水力直径/m	流通面积/m²	倾斜角度/(°)
校核数据 A 组	1.64	0.006	0.00036	90
校核数据 B 组	1.18	0.005	0.00094	90
校核数据 C 组	1.15	0.012	0.0013	90

如图 7-8 所示,通过对比三组不同校核数据,发现在稳态常温条件下,本研究采用的流体动力学数值求解模型与解析解吻合良好。本研究采用的流体动力学模

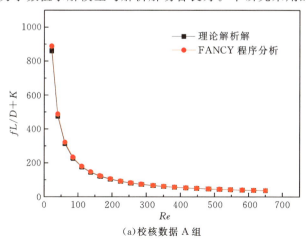

(a)校核数据 A 组

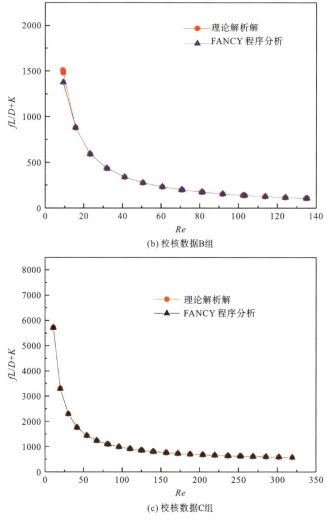

图 7-8 不同几何条件下数值解与解析解对比
(注:FANCY 程序为本研究开发的数值分析程序)

型含有时间惯性项,所以稳态求解是指计算参数达到稳定状态,不随时间变化时求解。对流体动力学模型时间步长进行敏感性分析,如表 7-3 所示,可知流体动力学模型稳态解对时间步长的变化不敏感。同时值得注意的是,由于流体动力学模型采用半隐式压力修正,时间步长需要时刻满足柯朗数的条件限制,从而保证数值求解稳定性。同时数值计算要求获得网格独立解[20]。本研究对网格密度进行敏感性分析如表 7-4 所示,可以发现在稳态等温条件下,由于流体物性参数为常数,流体动力学数值模型对网格密度不敏感。通过与解析解对比及敏感性分析可知,流体动力学数值求解模型准确度满足要求,可以为下一步实验数据的验证提供基础。

表 7-3 时间步长敏感性分析（最大相对误差）

时间步长/s	校核数据 A 组/%	校核数据 B 组/%	校核数据 C 组/%
1.0	1.27	0.63	0.47
0.1	1.27	0.63	0.47
0.01	1.27	0.63	0.47
0.001	1.27	0.63	0.47

表 7-4 网格密度敏感性分析（最大相对误差）

网格控制体节点	校核数据 A 组/%	校核数据 B 组/%	校核数据 C 组/%
15	1.27	0.63	0.47
30	1.27	0.63	0.47
40	1.27	0.63	0.47
50	1.27	0.63	0.47

7.3.2 热构件模型校核

热构件数值解分别与不同几何条件的解析解比较来校核数值解准确度，如表 7-5 所示，定义了不同几何条件解析解及数值求解的算例。不同几何条件下解析解公式如表 7-6 所示。本研究对热构件数值求解的时间步长以及网格密度进行了敏感性分析。

表 7-5 定义热构件校核基本问题及边界条件

左边界(r_1)/m	0.015	右边界(r_2)	0.065
左边界温度(T_1)/℃	80	右边界温度(T_1)/℃	40
热构件厚度/m	0.05	温差/℃	40
导热系数	0.046		

表 7-6 热构件校核解析解

热构件形状	平板	圆柱体	球体
导热公式	$\dfrac{d^2 T}{dx^2}=0$	$\dfrac{1}{r}\dfrac{d}{dr}\left(r\dfrac{dT}{dr}\right)=0$	$\dfrac{1}{r^2}\dfrac{d}{dr}\left(r^2\dfrac{dT}{dr}\right)=0$
温度分布解析解	$T_1-\Delta T\dfrac{x}{L}$	$T_2+\Delta T\dfrac{\ln(r/r_2)}{\ln(r_1/r_2)}$	$T_1-\Delta T\dfrac{1-(r_1/r)}{1-(r_1/r_2)}$

如图 7-9 所示，比较了不同几何条件下解析解与数值解的大小，数值求解精度满足要求，可以以较高的精度模拟出不同几何条件下的温度分布。

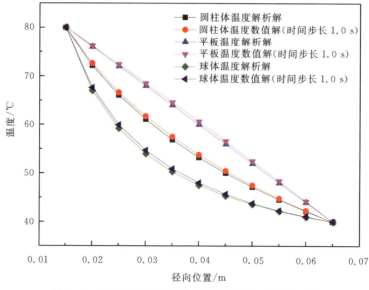

图 7-9 不同几何结构下热构件数值解与解析解对比

如图 7-10 所示，比较了时间步长对数值求解的影响，由于本研究采用全隐式数值求解模型，数值解的稳定性不依赖于时间步长的选取，如表 7-7 所示，各种几何条件下，最大相对误差均小于 1.3%，其中平板相对误差最小，球体相对误差最大。

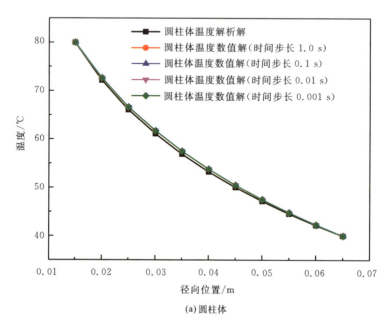

(a) 圆柱体

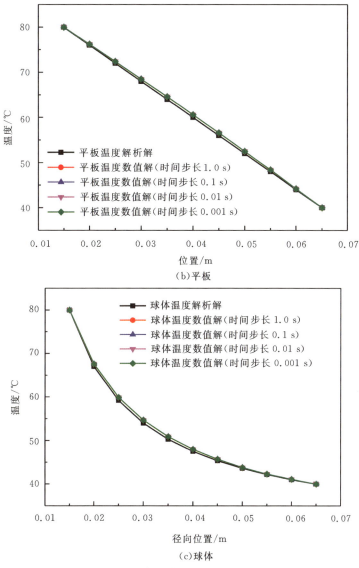

图7-10 热构件数值解时间步长敏感性分析

表7-7 时间步长敏感性分析(最大相对误差)

时间步长/s	平板/%	圆柱体/%	球体/%
1.0	1.07	1.08	1.30
0.1	1.07	1.08	1.30
0.01	1.07	1.08	1.30
0.001	1.07	1.08	1.30

熔盐堆热工水力及安全分析

如图 7-11 所示,比较了网格节点数对数值求解的影响,在不同网格数量条件下,求解精度的相对误差影响较小,如表 7-8 所示,平板几何结构的数值求解对网格节点不敏感。圆柱几何结构的数值求解对网格节点数相对敏感,当节点数量大于 11 时,得到网格独立解。球体几何结构的数值求解对网格节点数更敏感,网格数量越大,相对误差越小。

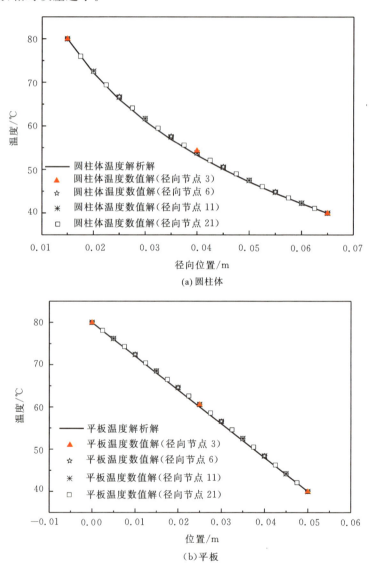

(a) 圆柱体

(b) 平板

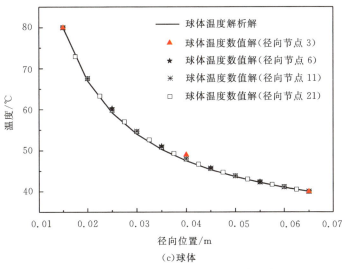

图 7-11 热构件数值解网格节点敏感性分析

表 7-8 网格节点数敏感性分析（最大相对误差）

网格节点（间隔数）	平板/%	圆柱体/%	球体/%
3(2)	1.07	1.98	3.16
6(5)	1.07	1.25	1.62
11(10)	1.07	1.08	1.30
21(20)	1.07	1.08	1.11

7.3.3 程序模型实验验证

如图 7-12 所示，本研究采用模化设计的氟盐冷却高温堆整体性能实验台架（Compact Integral Experiment Test，CIET）实验[21]数据验证本研究研制的程序物理模型的准确性[22]，实验台架参数见表 7-9。CIET 采用 Dowtherm A 作为流动工质，实验设计可以保证普朗特数、格拉晓夫数、雷诺数相似，可以在低温条件（45～105 ℃）下模拟熔盐（520～700 ℃）流动换热特性。

图 7-13 所示为 CIET 主要构件的控制体节点划分图。根据 CIET 台架设计，用程序进行数值模拟，主要由流体动力学模型以及附着的热构件组成，换热器热构件两侧附着流体动力学模型；管道热构件由管道、保温棉构成，由于保温棉的温度梯度小，采用相对粗的网格。

本研究自然循环分为单回路自然循环和双回路耦合自然循环。单回路自然循环是指回路中有唯一的热源和冷源，构成单一的自然循环回路，例如 DRACS 系统中由 DRACS 换热器（DRACS Heat Exchanger，DHX）作为热源，由热虹吸管换热

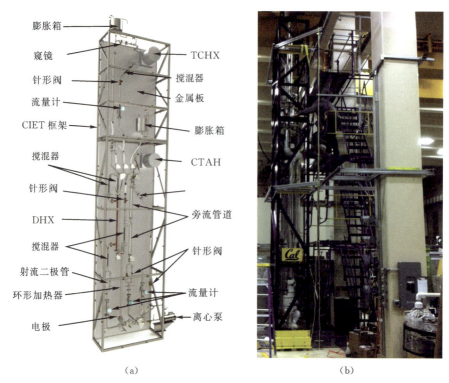

图7-12 FHR整体实验台架设计图以及实验装置照片[23]

表7-9 CIET主要设计参数[21]

主要设计参数	数值(介质)
高度、宽度/m	7.6/1.8
最高运行功率/kW	10
液体工质	Dowtherm A
主回路运行温度/℃	80～111
DRACS系统运行温度/℃(正常运行)	44～58
DRACS系统运行温度/℃(自然循环运行)	46～71
高度模化比	1∶2
功率模化比	0.1
流通面积比	1∶190
时间比	1∶1.4

第 7 章 固体燃料熔盐堆热工水力分析

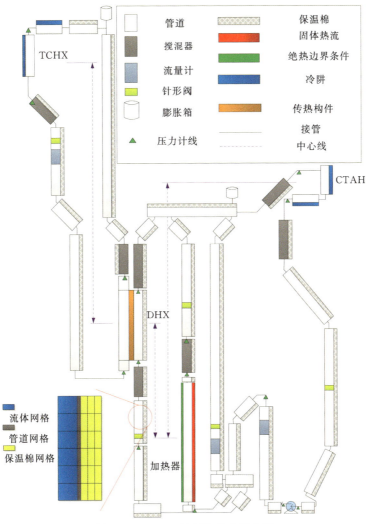

图 7-13 CIET 控制体节点划分图

器(Thermosyphon-Cooled Heat Exchanger,TCHX)作为最终冷源。双回路耦合自然循环是指存在两个自然循环回路,通过中间换热器耦合起来,例如 CIET 中一回路自然循环是由电加热器作为热源,DHX 作为冷源,构成一回路自然循环,同时又由 DHX 作为热源,TCHX 作为最终冷源,构成二回路自然循环,一回路与二回路自然循环通过中间换热器 DHX 耦合。单回路自然循环流量的影响因素主要是热源功率、回路中摩擦及局部阻力压降、管道的寄生热损失,而对于双回路耦合自然循环流量还与中间换热器 DHX 的换热性能相关。由于单回路自然循环影响因素较小,所以本研究首先分析验证程序预测单回路自然循环特性,在此基础上再分析验证程序预测耦合双回路自然循环特性。单回路以及双回路自然循环实验数

熔盐堆热工水力及安全分析

据分别由三组 CIET 实验数据构成,三组实验数据由不同的冷源出口温度及功率决定,实验数据如表 7-10 所示。

表 7-10 非能动自然循环 CIET 实验工况

	A 组: 冷源(TCHX)出口 温度(35 ℃)		B 组: 冷源(TCHX)出口 温度(40 ℃)		C 组: 冷源(TCHX)出口 温度(46 ℃)	
	单回路热源 功率/W	双回路热源 功率/W	单回路热源 功率/W	双回路热源 功率/W	单回路热源 功率/W	双回路热源 功率/W
功率 1	454	799	582	1000	931	1499
功率 2	766	1199	785	1249	1088	1750
功率 3	1004	1500	971	1500	1338	2000
功率 4	1211	1750	1185	1749	1470	2250
功率 5	1409	2000	1369	2000	1699	2500
功率 6	1607	2250	1584	2250	1876	2750
功率 7	1804	2501	1763	2500	2136	3000
功率 8	2004	2750	1970	2751		
功率 9	2211	3000	2177	3000		

如图 7-14 所示,采用三组单回路自然循环实验数据,分别比较了不同功率条件下,不同冷源出口温度边界条件下,程序预测自然循环流量与实验条件下自然循环流量的大小。通过对比发现,程序预测的单回路自然循环与非能动自然循环实

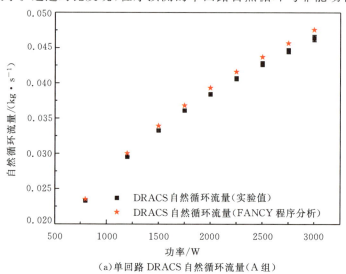

(a)单回路 DRACS 自然循环流量(A 组)

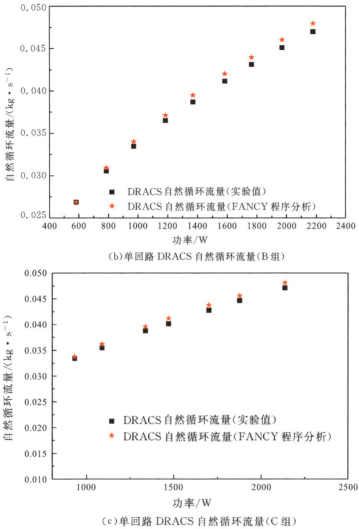

(b) 单回路 DRACS 自然循环流量(B 组)

(c) 单回路 DRACS 自然循环流量(C 组)

图 7-14　不同边界条件下、不同功率下单回路自然循环流量

验数据吻合良好,如图 7-15 所示,程序分析预测的自然循环流量误差都在 3% 以内。

　　自然循环温升是决定自然循环驱动力的关键参数,如图 7-16 所示,比较了程序预测自然循环温升和三组单回路自然循环温升的实验数据。数据分别比较了不同功率条件下,不同冷源出口温度边界条件下的情况。通过对比发现,程序预测与实验数据吻合良好,如图 7-17 所示,93% 的程序预测分析误差在 5% 以内,其余在 10% 以内。

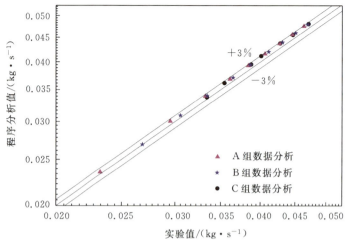

图 7-15 单回路自然循环流量模拟误差分析

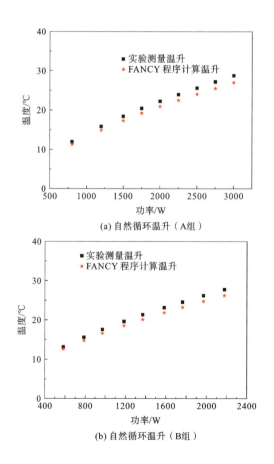

(a) 自然循环温升（A组）

(b) 自然循环温升（B组）

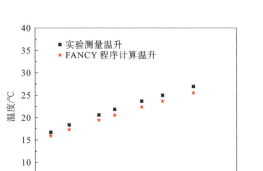

(c) 自然循环温升（C组）

图 7-16 不同边界条件下、不同功率下单回路自然循环温升

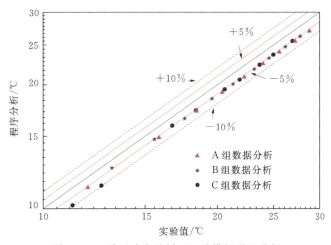

图 7-17 单回路自然循环温升模拟误差分析

如图 7-18 所示，比较了程序预测双回路耦合自然循环流量和相应的实验数据。三组数据比较了不同功率条件下，不同冷源出口边界条件下，程序预测一回路及二回路自然循环流量。通过对比发现，对于一回路及二回路，程序预测的自然循环流量与非能动自然循环实验数据吻合良好。误差分析如图 7-19 所示，对于一回路自然循环流量，80% 的程序分析误差都在 5% 以内，其他在 10% 以内；对于二回路自然循环流量，85% 的程序分析误差都在 7% 以内，其他在 10% 以内。

如图 7-20 为不同边界条件、不同功率下双回路耦合自然循环温升计算与实验值对比。三组数据比较了不同功率条件下，不同冷源出口温度边界条件下，程序预测的一回路及二回路自然循环温升，对于一回路及二回路，程序预测的自然循环温升与实验数据吻合良好。详细误差分析如图 7-21 所示，对于一回路自然循环

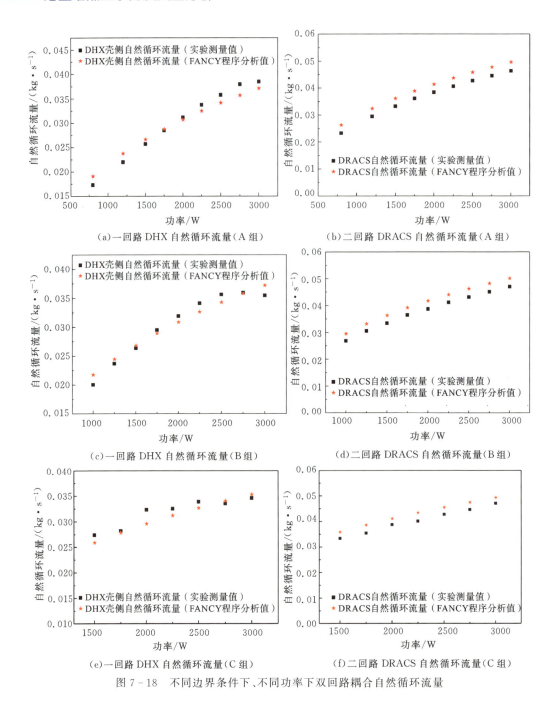

图7-18 不同边界条件下、不同功率下双回路耦合自然循环流量

温升,大部分程序分析误差都在10%以内,且90%的程序分析预测的自然循环温升误差都在7%以内;对于二回路自然循环温升,大部分程序分析预测的自然循环温升误差都在10%以内,且83%的程序分析预测的自然循环温升误差在5%以内。

第 7 章 固体燃料熔盐堆热工水力分析

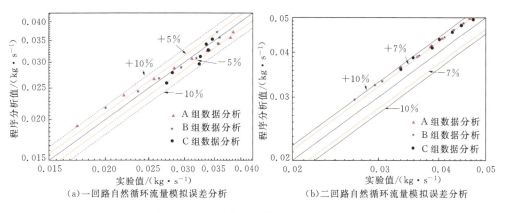

图 7-19 双回路耦合自然循环流量模拟误差分析

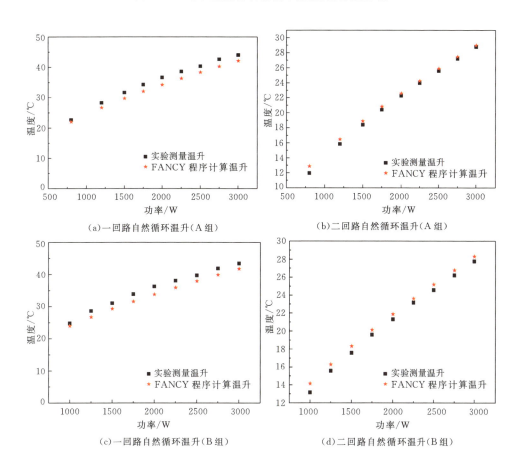

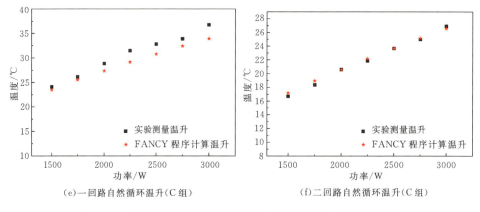

图 7-20　不同边界条件下、不同功率下双回路耦合自然循环温升

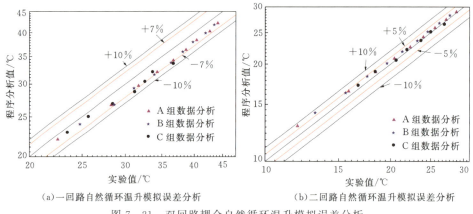

图 7-21　双回路耦合自然循环温升模拟误差分析

7.4　典型固体燃料熔盐堆安全分析

本节选取国内外典型的固体燃料熔盐堆进行安全分析,包括上海应用物理研究所的概念设计 TMSR-SF 以及加州大学伯克利分校设计的 MK1 PB-FHR。

7.4.1　TMSR-SF

上海应用物理研究所 TMSR 战略性先导科技专项的近期目标是在 2020 年前建成 TMSR-SF,在改进的开式模式下实现钍铀燃料循环,为液态钍基熔盐堆的建设提供工程上的验证与参考[24]。TMSR-SF 相关系统设计还在进行中,本节以其一参考设计[25-28]为研究对象,对 FHR 开展稳态、瞬态热工水力分析计算与安全审评的研究。

第7章 固体燃料熔盐堆热工水力分析

在本节的参考设计中,TMSR-SF 一回路冷却剂为二元熔盐体系 ^{7}LiF-BeF$_2$(摩尔比为66.7:33.3,FLiBe),最初应用于美国的 MSRE 中[29]。一回路系统由主冷却剂管道、反应堆堆芯、中间换热器和主循环泵组成。压力边界及结构材料使用 Hastelloy N 合金制作,反射层为石墨。图1-26给出了 TMSR-SF 的纵向截面示意图[29]。堆芯活性区为八边形,由两部分组成:中心控制系统管道区、燃料球床区。FLiBe 熔盐作为冷却剂从堆芯底部向上流动,穿过堆芯并移除 TRISO 释放的裂变热。堆芯活性区高度为138.6 cm,八边形截面对边距离分别为139.0 cm 和134.69 cm,中心控制系统管道区的宽度为35.0 cm。

TMSR-SF 计划在三种不同模式下运行:零功率模式(<0.01 kW)、高功率模式 Ⅰ(2 MW,强迫循环)及高功率模式 Ⅱ(20 MW,强迫循环)[29]。相关主要运行参数如表7-11所示。该反应堆计划先获得2 MW 运行的许可,后期再进一步将许可功率提升到20 MW。在2 MW 功率下,一次装料设计燃耗为1360EFPD(Effective Full Power Day,EFPD;中文称为有效全功率天)。本小节开展高功率模式 Ⅱ 下的 TMSR-SF 的瞬态分析。

表7-11 TMSR-SF 三种运行模式下的主要设计参数

运行模式	零功率模式	高功率模式Ⅰ	高功率模式Ⅱ
热功率/MW	<0.01	2	20
入口温度/℃	600	600	600
出口温度/℃	600	620	700
质量流量/(kg·s^{-1})	N/A	42.3	84.6
最大中子通量密度/(cm^{-2}·s^{-1})	约 0.2×10^{11}	3.3×10^{13}	3.3×10^{14}
^{235}U 装载量/kg	约13.88	约13.88	约13.88

1. 无保护超功率(UTOP)事故

超功率事故是由反应性非正常引入引起的,指向堆内突然引入一个正反应性,导致反应堆功率急剧上升而发生的事故。这种事故若发生在反应堆启动时,可能会出现瞬发临界,反应堆有失控的危险;如果发生在反应堆正常运行时,反应性上升将引起燃料元件释放出的热流量增加,接着引起燃料元件温度和冷却剂温度升高,有导致 TRISO 燃料失效或是冷却剂温度过高的危险。若进一步导致超功率,有可能引起 TRISO 燃料大规模失效,出口温度过高。故对反应性引入事故的分析对于氟盐冷却高温堆的安全具有十分重要的意义。

许多事故或因素最终都可能导致堆芯反应性的变化,如控制棒失控提升、控制棒弹出等。由于目前缺少 TMSR-SF 最大反应性引入事故的引入时间与反应性数值的相关参数,这里讨论反应堆在正常运行工况下,由于控制棒误动作而直接引入

熔盐堆热工水力及安全分析

一个大小为 500×10^{-5}（0.69\$）的持续正反应性时系统热工水力特性的变化。假定该事故不引起停堆或其他保护系统动作，功率的变化完全靠燃料多普勒效应及石墨慢化剂和冷却剂温度引起的负反馈效应来控制。图 7-22～图 7-24 为堆芯内各重要参数随时间变化的曲线。

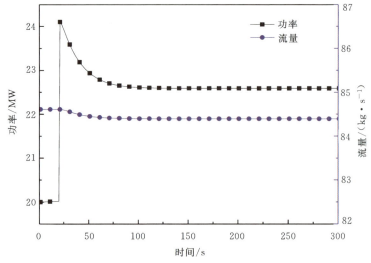

图 7-22　UTOP 事故功率和流量变化曲线

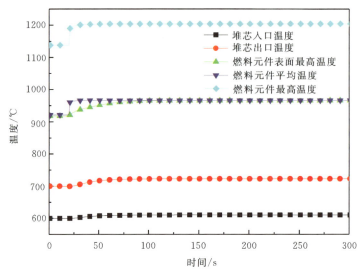

图 7-23　UTOP 事故关键温度参数变化曲线

如图 7-24 所示，在第 20 s 时，反应堆突然引入一个 500×10^{-5} 的正反应性，造成堆芯功率的急剧升高(图 7-22)。堆芯功率的升高使燃料元件及冷却剂的温度上升(图 7-23)，由燃料多普勒反馈及慢化剂、冷却剂温度反馈引起的负反应性

第 7 章 固体燃料熔盐堆热工水力分析

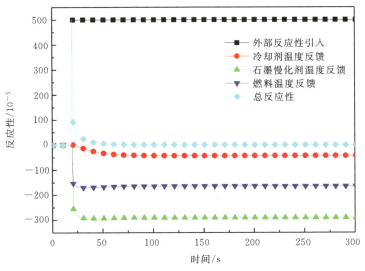

图 7-24 UTOP 事故反应性变化曲线

使堆芯内总反应性开始下降,反应堆功率也随之下降。最终,堆芯的总反应性趋近于 0,功率也最终稳定在一个比初始功率略高的位置。在这一过程中,如图 7-23 所示,堆芯的出口温度由于吸收了更多热量而上升,入口温度也随之略微上升。堆芯入口温度上升,冷却剂密度降低,一回路内质量流量略微下降(图 7-22),功率的上升也导致了燃料元件最高温度和平均温度的上升。在无保护条件下,燃料元件最高温度上升到 1203 ℃,堆芯出口温度上升到 722 ℃,仍都处于安全限值范围内且距离安全限值还有很大的裕量,说明 TMSR-SF 具有良好的安全性,且在引入一个 0.69 $ 的正反应性的扰动下,系统具有良好的自稳特性,能有效将反应堆系统调节到稳定安全的运行范围内。

2. 无保护入口过冷(UOC)事故

TMSR-SF 反应堆中间热交换器(Intermediate Heat Exchanger,IHX)二次侧入口温度降低或是流量增加会降低堆芯的入口温度,进而对一回路运行造成影响。在堆芯入口过冷事故中,假定换热器的二次侧换热能力在第 20 s 至第 80 s 内线性上升 50%,堆芯体积流量保持不变。图 7-25 ~ 图 7-27 给出了事故中堆芯各参数的变化情况。

由图 7-26 可见二次侧入口温度的下降带来了更强的冷却能力,堆芯入口温度下降,冷却剂密度升高,使得一回路质量流量略微上升(图 7-25)。入口温度的下降对堆芯引入了正的反应性反馈,堆芯功率缓慢上升,燃料元件平均温度及最高温度也均随功率的上升而升高。但对于出口温度,冷却剂入口温度下降的效应更为显著,出口温度缓慢下降,由于二次侧冷却能力增强,进出口温差有所上升。最终,冷却剂平均温度下降引起的正反馈与燃料温度上升带来的负反馈在 200 s 左

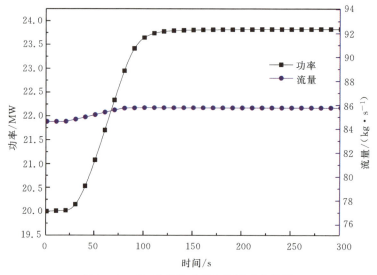

图 7-25　UOC 事故功率和流量变化曲线

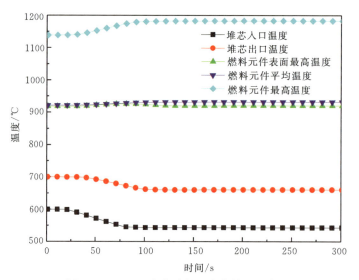

图 7-26　UOC 事故关键温度参数变化曲线

右达到平衡,反应堆功率也随之最终稳定在 23.8 MW,燃料元件最高温度为 1182 ℃,较稳态工况略高。

3. 无保护热阱丧失(ULOHS)事故

无保护热阱丧失(Unprotected Loss of Heat Sink,ULOHS)事故是指二回路或三回路故障导致 IHX 二次侧入口温度升高或流量降低,从而导致一回路冷却剂温度过高,引起堆芯冷却能力不足的事故。对于反应堆主回路系统,要能按额定功

第7章 固体燃料熔盐堆热工水力分析

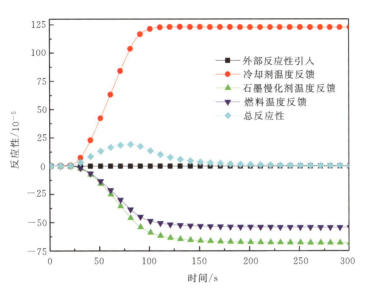

图 7-27 UOC 事故反应性变化曲线

率将燃料裂变释放热传递出去，必须有一个热阱，即正常工作的二回路及三回路冷却系统。如果二回路或三回路某个环节发生故障，不能按照正常情况及时带走一回路产生的热量，其结果是使一回路冷却剂入口温度过高，将使堆芯冷却能力不足而最终导致堆芯过热，甚至造成裂变产物屏障破坏。

图 7-28～图 7-30 给出了无保护热阱丧失事故中堆芯各关键参数的变化。在该事故中，假定 IHX 在第 20 s 开始，第 80 s 结束，降低到原冷却能力的 5%，堆

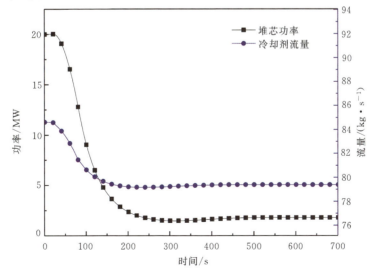

图 7-28 ULOHS 事故功率和流量变化曲线

熔盐堆热工水力及安全分析

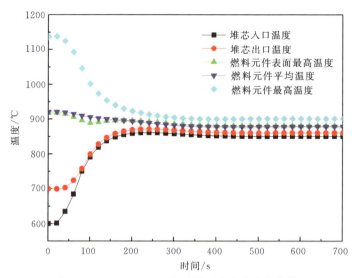

图 7-29 ULOHS 事故关键温度参数变化曲线

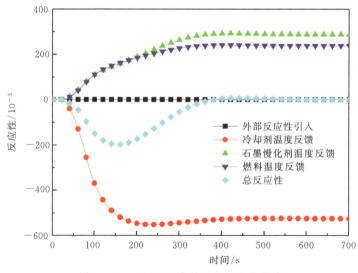

图 7-30 ULOHS 事故反应性变化曲线

芯体积流量保持不变,系统的所有保护、控制及调节系统均不投入,只考虑堆芯燃料多普勒效应和慢化剂、冷却剂的温度反应性反馈。

如图 7-29 所示,IHX 冷却能力的下降导致堆芯入口温度上升,冷却剂温度升高带来的负反馈使得堆芯功率大幅下降,同时由于入口冷却剂密度上升,一回路质量流量略微下降。功率的下降使得进出口温差降低,但由于入口温度上升的效应更为显著,出口温度也随之上升,进出口温差大幅减小。堆芯功率的下降同时使得燃料元件内温度梯度、燃料元件与冷却剂传热的膜温差均降低,燃料元件平均温度及最高温度均大幅下降。在约 400 s 处,冷却剂温度上升带来的负反馈与燃料及石墨基体温度下降带来的正反馈达到平衡,反应堆功率最终稳定在 1.79 MW,出口温度为 860 ℃。

由上可见,TMSR-SF 具有较好的温度负反馈系数与安全特性,在该较极端的热阱丧失条件下,反应堆仍能稳定在安全限值范围内。

7.4.2 MK1 PB-FHR

本节对 MK1 PB-FHR 进行控制体节点划分,根据目前 FHR 安全审评的基准事故进行分析[30],这些事故包括:超功率(Transient Over Power,TOP)事故、有保护热阱丧失(Protected Loss of Heat Sink,LOHS)事故、无保护热阱丧失(ULOHS)事故。

1. 超功率(TOP)事故

首先深入分析堆芯突然引入 300×10^{-5}(0.44 \$)正反应性,并假定该事故不引发相关堆芯保护操作(插入控制棒),并且事故前后泵压头不变,CTAH 及 DRACS 系统正常运转,CTAH 根据堆芯出口温度自动调节空气侧换热量,保持 CTAH 氟盐侧出口温度相对稳定。通过研究 MK1 PB-FHR 对该事故的响应特性,探究堆芯是否能自稳自调到稳定运行区域,并且研究氟盐温度、核燃料温度是否超过安全极限值。并在随后敏感性分析中研究不同反应性引入下,MK1 PB-FHR 系统的响应特性。

如图 7-31 所示,在 1400 s 前,MK1 PB-FHR 通过 PI 自动反馈控制质量流量与堆芯功率进行匹配,使得系统稳定运行,堆芯入口及出口温度达到设计参数要求,堆芯入口温度 600 ℃,堆内温升 100 ℃。在 1400 s 时,堆芯内突然引入 300×10^{-5}(0.44 \$)反应性,反应堆开始提升功率,氟盐温度开始升高,温度负反应性反馈抵消堆芯外部引入的反应性。最终堆芯功率及温度重新达到稳定状态。堆芯瞬态响应剧烈变化时期可以被分成以下三个阶段。

第一阶段(1400~1413 s):1400 s 时,堆芯引入 300×10^{-5}(0.44 \$)的正反应性,堆芯功率开始急剧提升,堆芯内氟盐温度开始显著升高,堆芯设计在负的温度反应性反馈下,氟盐平均温度升高引入负的反应性,堆芯外部引入的正反应性逐渐被抵消,抵消后堆芯总反应性峰值达到 53×10^{-5},堆芯功率上升变缓并逐渐达到峰值,此时功率比达到 1.9。

第二阶段(1413~1615 s):由于氟盐冷却剂比热容较大,其瞬态响应周期大于堆芯功率响应周期,虽然功率此时已经过峰值,但氟盐温度没有达到峰值,仍然持续上升,氟盐负的反应性反馈进一步增加,堆芯总的反应性下降,导致堆芯功率开始降低。此时一回路氟盐平均温度升高,相应氟盐动力黏度持续下降,流体剪切力降低,相应的摩擦阻力降低,为保持与泵压头平衡,堆芯质量流量缓慢提升1.13%,

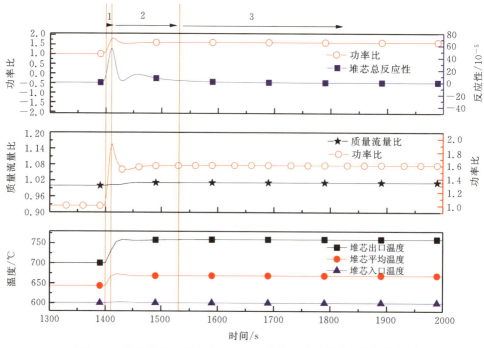

图 7-31　TOP 事故中子动力学与热工流体力学局部瞬态详细分析图

堆芯平均温度开始缓慢下降,氟盐负的反应性反馈减少,堆芯总的反应性达到第二次峰值,堆芯功率再次缓慢提升,平均氟盐温度回升,导致氟盐负的反应性反馈再次增加,堆芯总的反应性从第二次峰值开始缓慢下降。氟盐冷却剂温度变化速率与功率变化速率不同,由于反应性反馈相互联系并存在时间差,导致中子动力学反馈迅速,热工流体温度响应相对缓慢。

第三阶段(1615 s—):此时堆芯外部引入的正反应性完全被温度负的反应性反馈抵消,堆芯功率开始稳定在功率比为 1.6 的状态,质量流量比稳定在 1.01,堆芯出口温度达到 760 ℃,小于反应堆容器金属构件安全可承受的温度范围,堆芯平均温度升高到 670 ℃,堆芯内进出口温升达到 160 ℃。

如图 7-32 所示,TOP 后堆芯质量流量分布几乎不发生变化,CTAH 质量流量提升 1.1%,堆芯质量流量提升 1.13%。TOP 事故不会导致 DHX 壳侧非能动截止阀打开,MK1 系统依然维持在强制循环下的流量分布特点,CTAH 的质量流量最大,CTAH 质量流量一部分流向堆芯,一部分旁流到堆芯外的 DHX 壳侧,堆芯外旁流占 CTAH 质量流量的 3.3%,同时由于 DHX 壳侧有部分氟盐旁流,导致 DRACS 非能动系统在正常工况下超低负荷运转,维持少量的自然循环流量 (TCHX 8.7 kg/s),从而 MK1 PB-FHR 正常运转时可以防止 DRACS 系统发生氟盐凝固现象。流向堆芯的质量流量大部分经过核燃料球床,从而进行充分的换热,少部

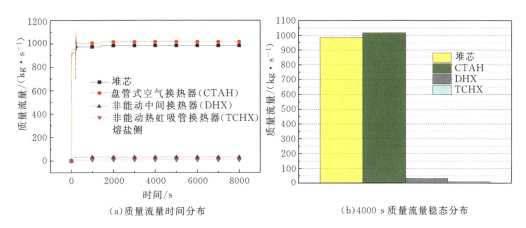

(a) 质量流量时间分布　　　　　　(b) 4000 s 质量流量稳态分布

图 7-32　TOP 事故 MK1 系统质量流量分布

分质量流量旁流在石墨反射层、控制棒导向管(堆芯内的旁流比为 6.8%)。

2. 热阱丧失(LOHS)事故

1) 无保护热阱丧失(ULOHS)事故

本研究首先深入分析堆芯正常运行时,二回路热能动力系统发生破口,空气轮机甩负荷,最终导致盘管式空气换热器 CTAH 换热能力失效,此时一回路泵维持正常运转,泵压头维持不变,DRACS 非能动余热排出系统正常运转,并假定该事故早期不引发相关堆芯保护操作(插入控制棒)。通过研究 MK1 系统对该事故的响应特性,探究堆芯是否重新回到稳定运行状态,并且研究氟盐峰值温度、核燃料峰值温度是否超过安全温度极限值。

如图 7-33 所示,堆芯在 1400 s 前通过 PI 自动反馈调节达到稳定运行状态,在 1400 s 时,CTAH 换热能力失效,CTAH 出口温度急剧升高,同时导致堆芯出口温度急剧升高,堆芯平均温度升高,通过温度负反应性反馈调节,导致堆芯功率下降。一回路系统氟盐动力黏度随着温度升高而减少,导致堆芯质量流量升高,堆芯出口及入口温度几乎重合,同时因为存在衰变余热,堆芯存在少量温升,并随着堆芯衰变热量的逐渐减少氟盐温度缓慢降低。如图 7-33 所示堆芯瞬态响应剧烈变化时期可以被分成以下四个阶段。

第一阶段(1400～1450 s):盘管式空气换热器(CTAH)换热能力失效,滞留在 CTAH 内的氟盐温度迅速升高,导致 CTAH 的出口温度迅速提升,在其内滞留的氟盐逐渐开始回流堆芯,从而导致堆芯入口温度缓慢提升。此时泵的压头几乎维持不变,一回路管路中氟盐的平均温度升高,导致氟盐的动力黏度下降,回路中的摩擦压降减少,为了保证一回路压降与泵压头匹配,导致一回路质量流量升高以及堆芯冷却剂质量流量提升。由于堆芯氟盐质量流量显著增加,堆芯平均温度开始缓慢下降。由于负的温度反应性反馈系数,堆芯平均温度下降引入正的反应性,堆

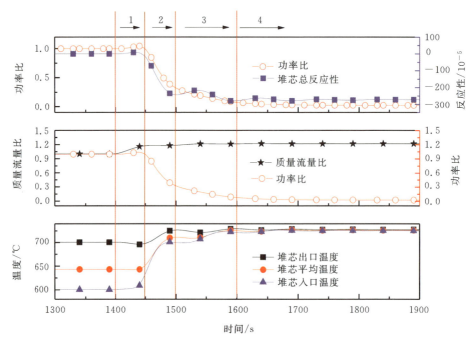

图 7-33 ULOHS 事故中子动力学与热工流体力学局部瞬态详细分析图

芯功率开始缓慢提升,功率峰值比达到 1.04。氟盐的比热容变化小,此时堆芯功率比与质量流量比的比值决定堆芯温升比 $\Delta T_r = Q_r/M_r$,虽然本阶段质量流量比值与功率比值同时提升,但是质量流量比值升高明显大于功率比值的升高值,所以相应堆芯温升下降,堆芯出口氟盐温度降低。

第二阶段(1450~1500 s):大部分曾经滞留在盘管式空气换热器(CTAH)内的、没有被完全冷却的氟盐逐渐回流堆芯,导致堆芯入口温度急剧升高,堆芯平均温度显著提升,在负的温度反应性反馈下,向堆芯引入负的反应性反馈,堆芯功率显著下降。此时功率比值下降,质量流量比值缓慢升高,功率比值远远小于质量流量比值,导致堆芯内的温升明显降低,堆芯出口温度逐渐与堆芯入口温度相同,并伴随入口温度的升高而提升。

第三阶段(1500~1600 s):功率比持续降低,质量流量比出现小幅度震荡,并且堆芯内的温度出现小幅度的震荡并缓慢升高。这是因为当一回路系统中的氟盐温度升高,伴随氟盐动力黏度持续下降,摩擦压力降低,为与泵压头平衡,质量流量缓慢提升。但是当流量提升导致堆芯温升下降,回路中氟盐平均温度下降,回路中的摩擦压降降低,为与泵压头平衡,质量流量缓慢下降,回路中就出现质量流量周期性的升高和下降,并带来相应温度、功率的周期性震荡。堆芯功率持续下降,堆芯出口温度逐渐与堆芯入口温度重合。

第四阶段(1600 s—):稳定阶段,质量流量比达到1.2,堆芯功率主要来自衰变功率,堆芯出、入口温度几乎重合(堆芯温升2℃),峰值温度达到727℃,在反应堆金属容器可承受温度安全范围内,并伴随衰变功率进一步降低,一回路氟盐温度开始缓慢下降,温度反应性反馈逐渐缓慢减少。

如图7-34所示,ULOHS后,堆芯温度升高,温度负反应性反馈增强,核燃料温度反应性反馈与氟盐温度反应性反馈对反应性的贡献相近,在ULOHS事故瞬态过程中由于质量流量出现周期性的震荡,导致核燃料、石墨、氟盐温度出现周期性震荡,使得相应的反应性反馈也出现周期性震荡,但是反应性反馈起到阻尼的效应,抑制震荡持续发生。

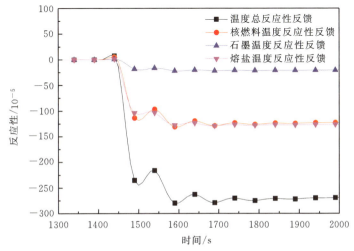

图7-34 ULOHS事故堆芯内反应性变化

如图7-35所示,ULOHS前燃料球内存在明显的温度梯度,ULOHS后堆芯质量流量升高,导致燃料球表面的换热性能逐渐增强,燃料球表面温度与氟盐温差降低。负反应性反馈导致堆芯功率进一步降低,燃料球核燃料层内热源降低,导致燃料球内的温度梯度逐渐减少,核燃料峰值温度迅速降低,进入长期稳定衰变阶段,燃料球温度梯度几乎消失,最高温差1~2℃。在ULOHS中,核燃料球峰值温度持续降低并在安全温度限值以内。

如图7-36所示,ULOHS发生后堆芯质量流量发生明显变化,事故发生前后氟盐泵压头不变,事故发生后一回路氟盐平均温度升高,导致氟盐动力黏度下降,摩擦压力降低,导致240 s内CTAH质量流量提高22%,堆芯质量流量提升21%,部分堆芯内旁流的质量流量在ULOHS后增加33.3%,ULOHS后堆芯内旁流比从6.8%增加到7.5%。但是240 s后,质量流量开始下降。随着氟盐温度反应性反馈增加,功率开始下降,氟盐温度开始逐渐下降,摩擦压力逐渐增加,质量流量逐渐降低。ULOHS事故不会触发DHX壳侧非能动截止阀打开。CTAH质量流量

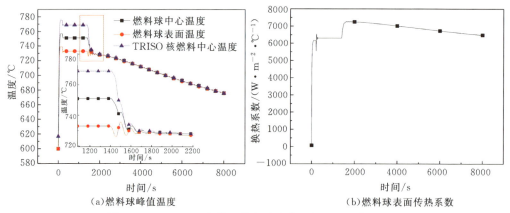

图 7-35 ULOHS 事故核燃料球峰值温度及表面传热系数

最大,CTAH 质量流量一部分流向堆芯,一部分旁流向堆芯外的 DHX 壳侧,由于 CTAH 质量流量增加,堆芯外旁流到 DHX 壳侧质量流量增加 32%,DHX 壳侧旁流增加,导致 DRACS 非能动系统换热能力增强,DRACS 系统自然循环流量增加,相应 TCHX 侧氟盐质量流量增加 2.3 倍,达到 20 kg/s,峰值后随着系统质量流量逐渐下降,DHX 换热量降低,相应非能动质量流量逐渐下降。

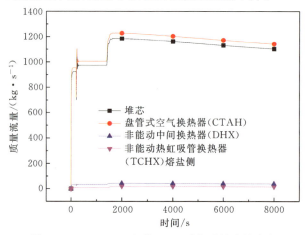

图 7-36 ULOHS 事故 MK1 系统质量流量响应

如图 7-37 和图 7-38 所示 MK1 系统在 ULOHS 过程的温度变化,事故中不采取保护措施,同时也不触发 DHX 壳侧的非能动截止阀开启,CTAH 出口氟盐温度及堆芯入口氟盐温度迅速升高。DHX 壳侧入口温升直接由 CTAH 的出口温度决定,由于 CTAH 出口到 DHX 壳侧入口之间存在氟盐流动滞留时间,所以虽然 DHX 入口温度变化与 CTAH 出口温度变化相同,但是 DHX 壳侧底端的温度变化相比于 CTAH 出口温度变化延迟 10 s。DHX 壳侧底端入口氟盐温度在 1490 s

第 7 章　固体燃料熔盐堆热工水力分析

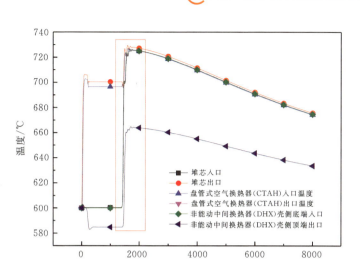

(a) MK1 主回路温度变化

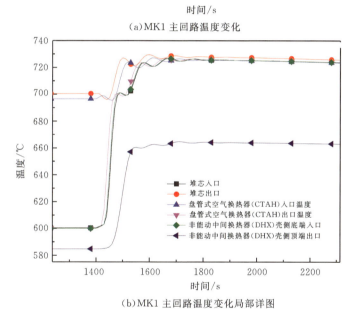

(b) MK1 主回路温度变化局部详图

图 7-37　ULOHS 事故 MK1 主回路温度变化图

(LOHS 90 s)内迅速升高 100 ℃,达到第一次峰值温度,在 1570 s(LOHS 170 s),温度再次升高 23 ℃,达到第二次峰值温度,在 1770 s(ULOHS 270 s)达到 726 ℃。CTAH 入口温度直接由堆芯出口温度决定,温度瞬态响应变化与堆芯出口温度相同,并由于堆芯出口与 CTAH 入口之间氟盐流动,滞留时间存在 18 s 左右的延迟。由于氟盐比热容大,温度变化缓慢,所以功率响应与氟盐温度变化存在时间差,并且氟盐从堆芯出口流向堆芯入口存在时间延迟,以及回路中金属构件的比热容延缓了到达稳定状态的时间,导致堆芯功率不能与温度反应性反馈迅速匹配,使得氟盐温度在稳定前出现幅度 8 ℃ 的震荡,直到最终相对稳定时堆芯出、入口及

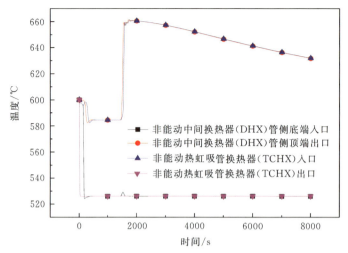

图 7-38 ULOHS 事故 MK1 非能动 DRACS 系统温度分布变化

CTAH 出、入口温度几乎重合(有 2 ℃温差),并随着堆芯功率降低而逐渐降低。DHX 壳侧出口温度升高 80 ℃,DHX 壳侧出入口温差由 16 ℃提高到 60 ℃,伴随一回路质量流量升高,DHX 换热能力增强。从图 7-36 可知 DRACS 非能动自然循环质量流量增加,余热排出性能增强,TCHX 入口温度瞬态升高 77 ℃,DHX 管侧温升从 60 ℃升高到 135 ℃。此时虽然主回路非能动截止阀没有开启,但是存在旁流,在 1800 s 时 DRACS 非能动余热排出系统换热量与此时堆芯衰变功率匹配,此时余热排出量为堆芯初始功率的 2.5%。

2) 有保护热阱丧失(PLOHS)事故

深入分析堆芯正常运行时,二回路热能动力系统发生破口,汽轮机甩负荷,最终导致盘管式空气换热器换热能力失效,此时一回路泵维持正常运转,泵压头维持不变,DRACS 非能动余热排出系统正常运转,事故发生后 5 s 内引发相关操作进行堆芯保护,插入 4 根总价值 3$($-2040\times10^{-5}$)控制棒。通过研究 MK1 系统对该事故的响应特性,研究氟盐峰值温度、核燃料峰值温度是否超过安全温度极限值。

堆芯在 1400 s 前通过 PI 反馈调节达到稳定运行状态,在 1400 s 时,CTAH 换热能力失效,CTAH 出口氟盐温度急剧升高,导致堆芯入口温度升高,1405 s 时插入总价值 3$控制棒进行堆芯保护。一回路氟盐的质量流量存在显著的周期性震荡,堆芯总的反应性、温度分布出现相应的周期性震荡,质量流量最终逐渐相对稳定,堆芯出口及入口温度几乎重合。但同时因为存在衰变余热,堆芯存在极少量温升导出衰变热量,并随着堆芯衰变热量的逐渐减少氟盐温度缓慢降低。如图 7-39 所示堆芯瞬态响应剧烈变化,详细的分析如下。

第一阶段(1400~1700 s):二回路热能动力系统发生破口,汽轮机甩负荷(load

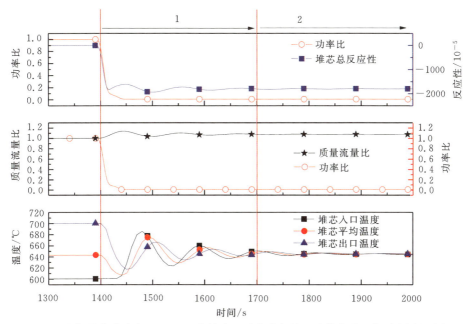

图7-39 有保护热阱丧失(PLOHS)事故中子动力学与热工流体力学局部瞬态详细分析图

rejection),盘管式空气换热器(CTAH)换热能力失效,在1405 s时(PLOHS 5 s内)插入3 $ 控制棒,功率急剧降低。滞留在CTAH内的氟盐温度升高,导致CTAH的出口温度提升,氟盐逐渐开始流回堆芯,从而导致堆芯入口温度缓慢提升。此时泵维持正常转速,压头几乎维持不变,一回路管路中氟盐的平均温度升高,导致氟盐的动力黏度下降,回路中的摩擦压降减少,导致一回路质量流量升高,堆芯冷却剂质量流量提升。但是当质量流量提升导致堆芯温升下降,回路中氟盐平均温度下降,回路中的摩擦压降升高时,为与泵压头平衡,质量流量缓慢下降,回路中就出现质量流量周期性的升高和下降,并带来相应温度、功率分布的周期性震荡,在震荡中堆芯出口温度逐渐与堆芯入口温度重合。由于温度负的反应性反馈量级相比于控制棒引入的负反应性可以忽略,所以温度反应性反馈没有对堆芯温度的震荡起到"阻尼"效应,导致堆芯内质量流量及温度分布震荡相比于无保护热阱丧失的情况幅值大,衰减时间长。震荡周期(约100 s)主要由一回路系统中氟盐的循环滞留时间决定,质量流量在系统中循环滞留时间约为70 s,所以系统热构件可以起到延长震荡周期的效果,事故在400 s后开始逐渐稳定。

第二个阶段(1700 s—):稳定阶段,质量流量比相对稳定在1.1,小于ULOHS质量流量比(1.2),这是由于堆芯最终温度稳定在645 ℃,小于ULOHS(727 ℃),所以相对较低运行温度导致相应的流体动力黏度高,摩擦压降大,质量流量低。随衰变功率进一步降低,一回路氟盐温度开始缓慢下降,同时质量流量比也逐渐缓慢降低。PLOHS瞬态过程中,反应堆容器温度在可承受温度安全范围内,相比于

ULOHS,氟盐瞬态峰值温度低 82 ℃。

如图 7-40 所示,PLOHS 后 5 s 内插入 3 \$ 控制棒,由于氟盐平均温度及核燃料温度骤降,导致温度总的反应性反馈为正值,质量流量出现周期性震荡,核燃料、石墨、氟盐温度出现周期性震荡,并引起温度反应性反馈也出现周期性震荡。但是温度对反应性的贡献远小于控制棒对反应性的贡献,所以堆芯功率迅速下降,导致燃料球温度降低。如图 7-41 所示,PLOHS 发生前,燃料球内存在明显的温度梯度,PLOHS 发生后堆芯功率迅速下降,质量流量震荡导致燃料球表面的换热系数(图 7-41(b))出现周期性的震荡,使得燃料球内的温度分布也出现相应的震荡,TRISO 在 60 s 降到最低温度,比 ULOHS 提前 120 s。进入长期稳定衰变阶段,燃

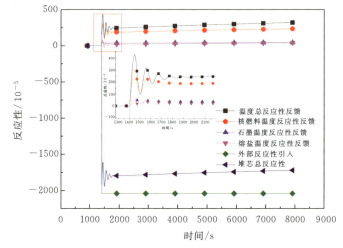

图 7-40　PLOHS 事故堆芯内反应性

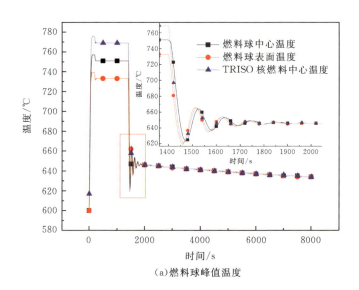

(a) 燃料球峰值温度

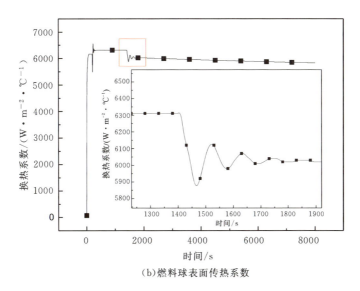

(b) 燃料球表面传热系数

图 7-41　PLOHS 事故核燃料球峰值温度及表面传热系数

料球内温度梯度几乎消失,最高温差 1 ℃,在 PLOHS 中,核燃料球峰值温度持续降低并在安全温度限值以内。

如图 7-42 所示,PLOHS 事故不会导致 DHX 壳侧非能动截止阀打开,CTAH 的质量流量最大,CTAH 质量流量一部分流向堆芯,一部分旁流向堆芯外的 DHX 壳侧。PLOHS 发生后堆芯质量流量分布发生明显变化,事故发生前后氟

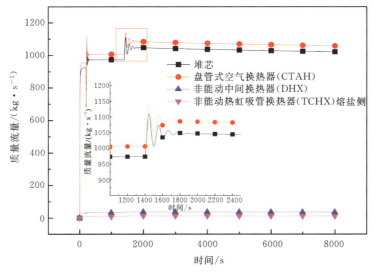

图 7-42　PLOHS 事故 MK1 系统质量流量变化

盐泵压头不变,一回路氟盐平均温度升高,导致氟盐动力黏度下降,摩擦压力降低,40 s 内 CTAH 质量流量提升 14%,堆芯质量流量提升 13%,部分堆芯内旁流的质量流量在 PLOHS 发生后增加 18%。但是 40 s 后质量流量开始下降,原因是质量流量提升,导致堆芯温升下降,回路中氟盐平均温度下降,回路中的摩擦压降转而升高。这个过程持续震荡,震荡周期约为 100 s。DHX 壳侧旁流增加,导致 DRACS 非能动系统换热能力增加,自然循环流量增加,相应 TCHX 侧氟盐质量流量增加 50%,达到 13 kg/s,比 ULOHS 低(20 kg/s)。此后随着堆芯衰变热量减少及一回路氟盐温度及系统质量流量逐渐下降,相应 DRACS 非能动质量流量逐渐下降。相比于 ULOHS,非能动系统质量流量低,原因是 PLOHS 发生时,堆芯功率迅速降低,一回路氟盐质量流量低以及平均温度低,旁流道 DHX 壳侧的氟盐的质量流量及温度低,导致 DHX 换热量小。

如图 7-43 及图 7-44 所示 MK1 系统在 PLOHS 过程的温度变化,事故后采取保护措施插入 3$ 控制棒,DHX 壳侧的非能动截止阀保持关闭并有部分旁流,CTAH 出口氟盐温度及堆芯入口氟盐温度迅速升高,DHX 壳侧入口温升直接由 CTAH 的出口温度决定,由于 CTAH 出口到 DHX 壳侧入口之间存在氟盐滞留时间,DHX 壳侧底端的温度变化相比于 CTAH 出口温度变化延迟 20 s。DHX 壳侧底端入口氟盐温度在 1480 s(LOHS 80 s)内迅速升高达到一次峰值温度(686 ℃),在 1590 s(PLOHS 180 s)温度达到第二次峰值温度(660 ℃),比第一次峰值温度低 26 ℃。此后温度峰值逐渐震荡衰减,CTAH 入口温度瞬态响应变化趋势与堆芯出口温度相同,并由于堆芯出口与 CTAH 入口之间管道内熔盐有滞留时间,所以有 20 s 左右的延迟。由于比 ULOHS 质量流量低,所以延迟时间略长。PLOHS 瞬态过程中 CTAH 内氟盐峰值温度为 686 ℃,由于系统回路中存在明显的质量流量震荡,导致相应的 MK1 系统回路的温度分布出现震荡,堆芯出、入口及 CTAH

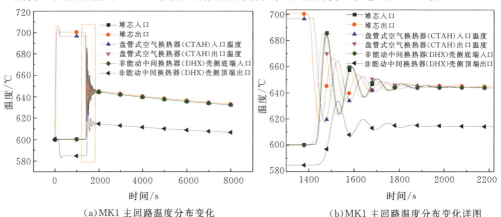

(a)MK1 主回路温度分布变化   (b)MK1 主回路温度分布变化详图

图 7-43 PLOHS 事故 MK1 主回路系统温度分布变化

第7章 固体燃料熔盐堆热工水力分析

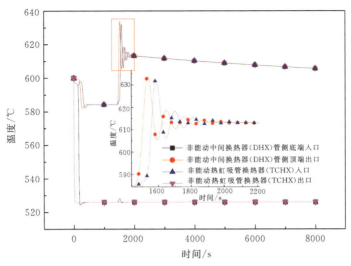

图 7-44 PLOHS 事故 MK1 非能动 DRACS 系统温度分布变化

出、入口温度随着震荡衰减几乎重合(存在 1 ℃温差),并随着堆芯功率降低而逐渐降低。DHX 壳侧顶端出口温度峰值升高 50 ℃(634 ℃),比 ULOHS 情况低 30 ℃,DHX 壳侧出入口温差由 16 ℃提高到 40 ℃,比 ULOHS 低 20 ℃,伴随一回路质量流量升高,相应 DHX 内质量流量升高,DHX 换热能力增强,DRACS 非能动自然循环质量流量增加,余热排出性能增强,TCHX 入口温度瞬态升高 50 ℃,比 ULOHS 低 20 ℃。DHX 管侧氟盐温升从 60 ℃升高到 108 ℃,比 ULOHS 低 27 ℃。此时虽然主回路非能动截止阀没有开启,但是 2200 s 时,DRACS 系统温度逐渐平稳,DRACS 非能动余热排出系统换热量与此时堆芯衰变功率匹配,此时余热排出量为堆芯初始功率的 1.1%。PLOHS 比 ULOHS 系统峰值温度要低,呈现周期性的震荡衰减,温度波动幅度要更加明显,但峰值温度在安全限值以内。

参考文献

[1] STEWART C, WHEELER C, CENA R, et al. COBRA-IV: The Model and the Method[R]. United States: Pacific Northwest Laboratory, 1977.

[2] KAVIANY M. Principles of Heat Transfer in Porous Media[M]. New York: Springer, 1991.

[3] IAEA. Heat Transport and Afterheat Removal for Gas Cooled Reactors under Accident Conditions: IAEA-TECDOC-1163[R]. Vienna: International Atomic Energy Agency, 2000.

[4] BREITBACH G, BARTHELS H. The radiant heat transfer in the high tem-

perature reactor core after failure of the afterheat removal systems [J]. Nuclear Technology,1980,49(3):392-399.

[5] PRASAD V, KLADIAS N, BANDYOPADHAYA A, et al. Evaluation of correlations for stagnant thermal-conductivity of liquid-saturated porous beds of spheres [J]. International Journal of Heat and Mass Transfer,1989, 32(9):1793-1796.

[6] 谢仲生,吴宏春,张少泓. 核反应堆物理分析[M]. 西安:西安交通大学出版社,2005.

[7] 俞冀阳,贾宝山. 反应堆热工水力学[M]. 北京:清华大学出版社,2003.

[8] ZIGRANG D, SYLVESTER N. A review of explicit friction factor equations [J]. Journal of Energy Resources Technology,1985,107(2):280-283.

[9] SCHULTZ R. RELAP5-3D Code Manual Volume I:Code Structure, System Models and Solution Methods:INEEL-EXT-98-00834[R]. United States:Idaho National Laboratory,2012.

[10] DITTUS F, BOELTER L. Heat transfer in automobile radiators of the tubular type [J]. International Communications in Heat and Mass Transfer, 1985,12(1):3-22.

[11] SIEDER E N, TATE G E. Heat transfer and pressure drop of liquids in tubes [J]. Industrial and Engineering Chemistry,1936,28(12):1429-1435.

[12] WAKAO N, KAGUEI S, FUNAZKRI T. Effect of fluid dispersion coefficients on particle-to-fluid heat transfer coefficients in packed beds:correlation of nusselt numbers [J]. Chemical Engineering Science,1979, 34(3): 325-336.

[13] HUDDAR L, PETERSON P, SCARLAT R. Experimental Strategy for the Determination of Heat Transfer Coefficients in Pebble-Beds Cooled by Fluoride Salt [C]// 16th International Topical Meeting on Nuclear Reactor Thermal Hydraulics (NURETH-16): August 30-September 4, Chicago. Berkeley: NURETH, C2015:1659-1675.

[14] FAND R, VARAHASAMY M, GREER L. Empirical correlation equations for heat transfer by forced convection from cylinders embedded in porous media that account for the wall effect and dispersion [J]. International Journal of Heat and Mass transfer,1993, 36(18):4407-4418.

[15] MACDONALD I, EL-SAYED M, MOW K, et al. Flow through porous media-the ergun equation revisited [J]. Industrial and Engineering Chemistry Fundamentals,1979,18(3):199-208.

[16] DES KERNTECHNISCHEN AUSSCHUSSES G. Reactor Core Design of High Temperature Gas-cooled Reactors:KTA 3102. 3[R]. Vienna:International Atomic Energy Agency,1981.

[17] ERGUN S. Fluid flow through packed columns [J]. Journal of Chemical Engineering Progress,1952,48(2):89-94.

[18] BARDET P, AN J, FRANKLIN J, et al. The Pebble Recirculation Experiment(PREX) forthe AHTR [J]. American Nuclear Society-ANS, La Grange Park (United states),2007:9-13.

[19] LAUFER M R. Granular Dynamics in Pebble Bed Reactor Cores [D]. Berkeley:University of California,2013.

[20] WANG Y, GE H W, REITZ R D. Validation of mesh-and timestep-independent spray models for multi-dimensional engine CFD simulation [J]. SAE International Journal of Fuels and Lubricants,2010, 3(1):277-302.

[21] BICKEL J E, ZWEIBAUM N, PETERSON P F, et al. Design, Fabrication and Startup Testing in the Compact Integral Effects Test(CIET 1. 0) Facility in Support of Fluoride-Salt-Cooled, High-Temperature Reactor Technology:UCBTH-14-009[R]. Berkeley:University of California,2014.

[22] ZWEIBAUM N, GUO Z, PETERSON P. Validation of Best Estimate Models for Fluoride-Salt-Cooled, High-Temperature Reactors using Data from the Compact Integral Effects Test Facility[C]// 16th International Topical Meeting on Nuclear Reactor Thermal Hydraulics(NURETH-16): August 30-September 4, Chicago. Berkeley: NURETH, c2015:1704-1715.

[23] BICKEL J, ZWEIBAUM N, PETERSON P. Design, Fabrication and Startup Testing in the Compact Integral Effects Test(CIET 1. 0) Facility in Support of Fluoride-Salt-Cooled, High-Temperature Reactor Technology [C]. USA:Department of Nuclear Engineering,2014.

[24] 江绵恒,徐洪杰,戴志敏. 未来先进核裂变能——TMSR 核能系统[J]. 中国科学院院刊,2012,27(3):366-374.

[25] XIAO Y, HU L W, FORSBERG C, et al. Analysis of the limiting safety system settings of a fluoride salt cooled high-temperature test reactor [J]. Nuclear Technology,2014,187(3):221-234.

[26] XIAO Y, HU L W, QIU S Z, et al. Development of a Thermal-Hydraulic Analysis Code and Transient Analysis for a FHTR[C]// 22nd International Conference on Nuclear Engineering, Prague, Czech Republic, July 7-11, 2014,New York: ASME, 2014:1-10.

[27] XIAO Y, HU L W, CHARLES F, et al. Licensing Considerations of a Fluoride Salt Cooled High Temperature Test Reactor[C]. 21st International Conference on Nuclear Engineering, Chengdu, Sichuan, China, Jul. 29 - Aug. 2,2013.

[28] XIAO Y, HU L W, CHARLES F, et al. Effect of Salt Coolant Selection on FHTR Thermal Hydraulic Performance[C]. 2013 ANS Annual Meeting, Atlanta, GA, USA, Jun. 16 - 20,2013.

[29] SINAP. TMSR Internal Technical Report:XDA02010200-TL-2012-09[R]. Shanghai:Shanghai Institute of Applied Physics,2012.

[30] SCARLAT R O, LAUFER M R, BLANDFORD E D, et al. Design and licensing strategies for the fluoride-salt-cooled, High-Temperature Reactor (FHR)Technology [J]. Progress in Nuclear Energy,2014, 77:406 - 420.

>>> 第 8 章 固体燃料熔盐堆安全审评及不确定性分析

8.1 安全审评热工水力限值

固体燃料钍基熔盐堆按其特性属于非动力堆(Non-power Reactor)的一种,其安全分析和审评与动力堆有不同的管理规范[1]。非动力堆的许可功率一般远低于动力堆,堆内的放射性裂变产物亦较少。特别的,TMSR-SF 使用熔盐作冷却剂,有其独特的安全特性,其热工水力限值(Thermal Hydraulic Limits)与传统压水堆有巨大的不同。本节的热工水力限值、安全限值(Safety Limits,SL)及安全系统整定值(Limiting Safety System Settings,LSSS)均按照美国核管会(Nuclear Regulatory Commission,NRC)给出的相关定义和标准计算。美国核管会规程 50.36[2] 及美国核学会(American Nuclear Society,ANS)ANSI-15.1[3] 标准给出了反应堆 SL 及 LSSS 的定义。SL 用于将反应堆运行过程中的一些重要过程变量限定在规定的范围内,以确保反应堆放射性屏障的完整性,进而避免出现不可控的放射性泄漏事件。如果运行过程中任何一个过程变量超出许可的安全限值,反应堆须立即关闭并告知监管部门。反应堆的 LSSS 则是一组针对自动保护设备设定的触发参数。这些参数所对应的过程变量对反应堆的安全系统高效运行具有重要意义,这组参数需确保当某些过程变量超出其对应整定值时触发自动保护动作,并在反应堆运行状态超出安全限值所规定的范围前,纠正反应堆的运行状态。如反应堆在运行中检测到自动保护系统没有按需求正常动作,业主也需采取适当的应对措施,如关闭反应堆等,并上报监管部门。

图 8-1 给出了安全限值与安全系统整定值的示意,反应堆的当前运行状态由一组可测量的状态参数确定,如堆芯功率、反应堆周期、系统压力、流量、进出口温

度等。图中额定工况点为反应堆正常稳态运行的工况点,其上分别有由停堆信号触发线包络的正常稳态、瞬态运行区间,由安全系统整定值线包络的容许运行区间和由安全限值线包络的安全限值区间。

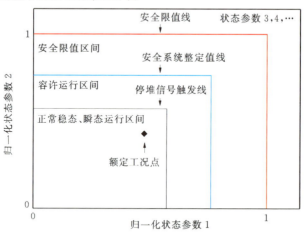

图 8-1 安全限值与安全系统整定值示意图

热工水力设计限值用于限定反应堆的运行工况范围,确保其在正常工况下拥有可靠的安全裕量,在 SL 和 LSSS 的计算中需要考虑到工程因素对热工水力特性带来的不利影响。TMSR-SF 的安全限值应确保一回路放射性屏障的完整性,即保证燃料和一回路边界不受破坏,基于其运行方式与堆芯结构特点,应考虑以下四个温度限值。

(1) TRISO 包覆颗粒燃料运行温度限值。相关研究表明,TRISO 包覆颗粒燃料的温度限值主要受 SiC 包覆层材料的温度性能影响。燃料温度超过 1250 ℃ 时,相关裂变产物就开始对 SiC 包覆层性能造成影响,影响最大的裂变产物为镧系元素及钯。通过合理的设计可以将镧系元素以氧化物的形式固定在 TRISO 裂变核心内,但惰性金属钯在高温下依然会扩散入 SiC 包层使其性能下降,这种现象使得 TRISO 燃料最高长期运行温度被限制在 1300 ℃。当温度超过 1600 ℃ 后,裂变产物将以较快的速率侵蚀 SiC 包覆层;在温度超过 2100 ℃ 后,SiC 材料的热稳定性亦开始下降。因此,国际上均选择 1300 ℃ 为 TRISO 包覆颗粒燃料的稳态工作最高温度限值;选择 1600 ℃ 为 TRISO 包覆颗粒燃料的最高温度限值[4,5],即在任何正常运行和事故工况下,燃料的最高温度不允许超过 1600 ℃,否则视为 TRISO 燃料已被损坏。

(2) FLiBe 熔点温度限值。冷却剂最低温度应高于其熔点(460 ℃),以保证反应堆内热量的有效传递及冷却剂主泵的正常工作。

(3) FLiBe 沸点温度限值。此处保守的假定燃料元件表面最高温度应低于冷却剂沸点温度(1600 ℃),以防止冷却剂发生过冷沸腾对堆芯内的热量传递及流动

第 8 章　固体燃料熔盐堆安全审评及不确定性分析

的稳定性产生影响。

(4)一回路结构材料 Hastelloy N 温度限值。TMSR-SF 参考设计使用 Hastelloy N 镍基合金来制造高温结构组件和一回路压力边界。Hastelloy N 最初是为橡树岭国家实验室熔盐堆项目开发的,基于当前相关规范,其在长期使用条件下最高工作温度为 730 ℃[6]。此外,高温会降低 Hastelloy N 合金对熔盐的抗氧化性,基于 HAYNES 公司给出的 Hastelloy N 合金性能说明[7],当熔盐温度高于 871 ℃,Hastelloy N 合金对熔盐氧化效应的抵抗能力将开始下降。

综上所述,用于推导 SL 的温度限值准则可取为

$$T_{in} > 460\ ℃$$
$$T_{out} < 871\ ℃$$
$$T_{c,m} < 1400\ ℃$$
$$T_{f,m} < 1600\ ℃$$

式中:T_{in} 为堆芯平均入口温度,℃;T_{out} 为堆芯平均出口温度,℃;$T_{c,m}$ 为冷却剂最高温度,由燃料元件表面最高温度确定,℃;$T_{f,m}$ 为燃料元件最高温度,℃。

LSSS 的设定应保证其距离正常运行工况和 SL 均具有足够的裕量,基于 SL 的温度限值给予一定裕量后作为 LSSS 的温度限值准则。LSSS 的入口温度限值取为熔点以上 10 ℃,即 470 ℃;对最大平均出口温度取为 720 ℃,以确保主回路温度不会超过 Hastelloy N 最高稳态工作温度 730 ℃;由于燃料元件表面温度具有更大的不确定性,且在反应堆运行过程中无法直接测量,对其选取 200 ℃ 的温度裕量;燃料最高温度限值选取 TRISO 燃料颗粒最高长期运行温度 1300 ℃。最终可得出下列温度限值准则用于 LSSS 的推导

$$T_{in} > 470\ ℃$$
$$T_{out} < 720\ ℃$$
$$T_{c,m} < 1200\ ℃$$
$$T_{f,m} < 1300\ ℃$$

式中:T_{in} 为堆芯平均入口温度,℃;T_{out} 为堆芯平均出口温度,℃;$T_{c,m}$ 为燃料元件表面最高温度,℃;$T_{f,m}$ 燃料元件最高温度,℃。特别的,LSSS 在强迫循环工况下应对反应堆的如下参数进行设置:

(1)最大堆芯功率;
(2)最大稳态平均出口温度;
(3)最小稳态平均入口温度;
(4)最小体积流量。

在自然循环工况下对以下参数进行设置:

(1)最大堆芯功率;
(2)最大稳态平均出口温度;

(3) 最小稳态平均入口温度。

TMSR-SF 应在这些参数所规定的运行范围内满足前述四个温度限值准则，从而保证燃料元件和一回路压力边界不会被破坏，冷却剂在一回路内也不会发生凝固和沸腾。

8.2 安全限值计算

本节基于前述安全限值温度准则推导 TMSR-SF 在强迫循环和自然循环工况下的安全限值。基于 8.1 节对热工水力限值的讨论，安全限值计算的四个温度准则为

$$T_{in} > 460\ ℃$$
$$T_{out} < 871\ ℃$$
$$T_{c,m} < 1400\ ℃$$
$$T_{f,m} < 1600\ ℃$$

式中：T_{in} 为堆芯平均入口温度，℃；T_{out} 为堆芯平均出口温度，℃；$T_{c,m}$ 为燃料元件表面最高温度，℃；$T_{f,m}$ 为燃料元件最高温度，℃。

8.2.1 强迫循环安全限值计算

基于相关假设，使用 FHR 安全分析程序(FHR Safety Analysis Code, FSAC)对 TMSR-SF 进行大范围的稳态计算，可获取其安全限值区间。在计算过程中，上述四个温度限值均需考虑，以保证在给定的区间内，四个温度限值均被满足，堆内相关材料及燃料的完整性不会受到影响。整个计算过程中通过不断迭代反应堆功率及出口温度来搜索满足上述四个温度限值条件的临界工况点及安全限值区间。此外，还应注意在该迭代过程中，假设热交换器的功率等于堆芯功率，堆芯处于稳态运行状态。

限定堆芯平均出口温度保持为 Hastelloy N 合金极限温度 871 ℃，可得图 8-2。由于主泵在定转速运行时更接近恒定体积输出，一回路流量均以体积流量为单位。图 8-2 中任意一点可给出反应堆在该点所对应的一回路流量、功率及出口温度(871 ℃)，进而可确定与该点唯一对应的稳态运行工况点。基于另外三个安全限值温度准则，可得图 8-2 中所示的三条曲线，分别由最低平均入口温度(T_{in} = 460 ℃)、燃料元件表面最高温度($T_{c,m}$ = 1400 ℃)及燃料元件最高温度($T_{f,m}$ = 1600 ℃)确定。当反应堆运行工况落于对应的曲线上时，说明对应的材料温度达到安全限值的准则温度。图中 A 点为最低平均入口温度(T_{in} = 460 ℃)曲线与燃料元件表面最高温度($T_{c,m}$ = 1400 ℃)曲线的交点；B 点为燃料元件最高温度($T_{f,m}$ = 1600 ℃)曲线与燃料元件表面最高温度($T_{c,m}$ = 1400 ℃)曲线的交点；考虑

到流量测量的不确定性，C 点、D 点的体积流量分别为高功率模式Ⅰ、Ⅱ下额定体积流量的 90%。

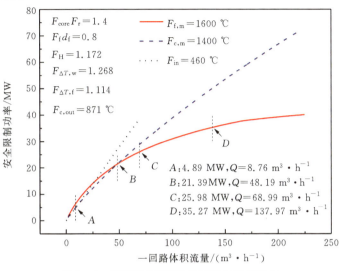

图 8-2　TMSR-SF 强迫循环安全限值区间

表 8-1 给出了 A、B、C、D 四个工况点下的关键运行参数。图 8-3 至图 8-6 给出了四个工况所对应的体积流量下的安全限值区间。图中 a_1、b_1、c_1、d_1 四条线分别由堆芯最低平均入口温度（$T_{in}>460\ ℃$）、堆芯最高平均出口温度（$T_{out}<871\ ℃$）、燃料元件最高温度（$T_{f,m}<1600\ ℃$）及燃料元件表面最高温度（$T_{c,m}<1400\ ℃$）确定。图中被 a_1、b_1、c_1 或 d_1（取较低线）三条线所包络的深灰色区域为对应体积流量下的安全限值区间，在其内四个温度限值条件均被满足。图 8-3 中 a_1、b_1、d_1 交于一点，在此处平均入口温度、平均出口温度及燃料元件表面最高温度同时达到限值，与图 8-2 及表 8-1 中 A 点的工况相对应。图 8-4 中 b_1、c_1、d_1 线交于一点，在该工况点平均出口温度、燃料元件表面最高温度和燃料元件最高温度

表 8-1　四个临界工况下的运行参数

运行参数	工况 A	工况 B	工况 C	工况 D
热功率/MW	4.89	21.39	25.98	35.27
入口温度/℃	460.0	539.1	586.1	673.3
出口温度/℃	871.0	871.0	871.0	871.0
体积流量/(m³·h⁻¹)	8.76	48.19	68.99	137.97
燃料元件表面最高温度/℃	1400.0	1400.0	1354.0	1256.9
燃料元件最高温度/℃	1446.9	1600.0	1600.0	1600.0

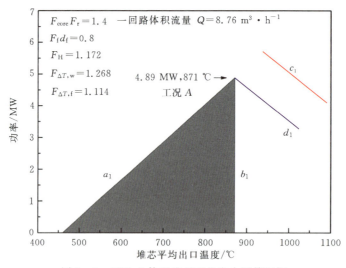

图 8-3 工况 A 体积流量下的安全限值区间

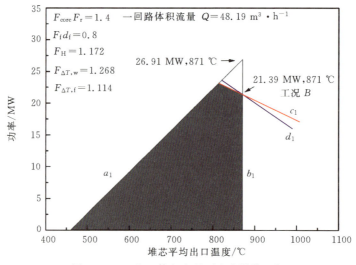

图 8-4 工况 B 体积流量下安全限值区间

同时达到限值,与图 8-2 及表 8-1 中 B 点的工况相对应。结合图 8-2,还可得当反应堆体积流量小于 A 点工况所对应的体积流量时,安全限值区间的最高点将仅由 a_1 线与 b_1 线的交点确定,而与燃料元件最高温度限值线(c_1 线)及燃料元件表面最高温度限值线(d_1 线)无关。当反应堆体积流量位于 A 点工况和 B 点工况所对应的体积流量之间时,安全限值区间的最高点由 b_1 线与 d_1 线的交点确定,与 c_1 线即燃料元件最高温度限值线无关。当反应堆体积流量大于 B 点工况所对应的体积流量时,安全限值区间的最高点由 b_1 线与 c_1 线的交点确定,与 d_1 线即燃料元件

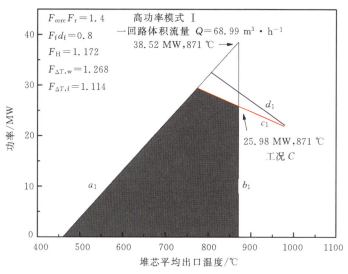

图 8-5　工况 C 体积流量下安全限值区间

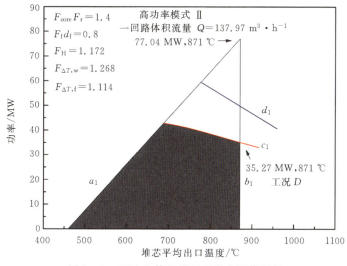

图 8-6　工况 D 体积流量下安全限值区间

表面最高温度限值线无关。高功率模式Ⅰ和高功率模式Ⅱ下的体积流量均大于 B 点工况所对应的体积流量,安全限值区间的最高点都由 b_1 线与 c_1 线的交点确定。

由图 8-2～图 8-6 可以得出如下结论。

(1)在强迫循环工况下,TMSR-SF 安全限值堆芯最高出口温度由结构材料 Hastelloy N 合金温度限值 871 ℃ 确定。

(2)强迫循环工况下对最高功率起主要限定作用的温度准则随流量升高依次为堆芯最低平均入口温度、燃料元件最高表面温度、燃料元件最高温度。表 8-2

给出了其具体对应关系。

表 8 - 2　不同流量下的主要安全限值温度

一回路体积流量区间/(m³·h⁻¹)	主要安全限值温度
Q＜8.76	堆芯最低平均出口温度(460 ℃)
8.76≤Q＜48.19	燃料元件最高表面温度(1400 ℃)
Q≥48.19	燃料元件最高温度(1600 ℃)

(3) 在高功率模式Ⅰ、Ⅱ所对应的强迫循环体积流量下,安全限值范围内的最高功率均由燃料元件最高温度限定。原因是此时 6 cm 直径的燃料元件具有较大的热功率及导热温升。

8.2.2　自然循环安全限值计算

TMSR-SF 在设计上并未考虑带功率运行的自然循环工况,为探讨其在自然循环下带功率运行的可能性,对其自然循环工况也开展了相关计算。自然循环工况下的安全限值与强迫循环类似,通过不断迭代反应堆功率、堆芯出口温度来寻找满足上述四个温度限值准则的区间。自然循环流量由回路总压降为零来确定,并在迭代过程中,总是假定换热器功率等于堆芯热功率,让堆芯处于稳态。图 8 - 7 给出了自然循环工况下 TMSR-SF 的安全限值计算结果。图中 a_1、b_1、c_1、d_1 四条曲线同上节,分别由堆芯最低平均入口温度(T_{in}＞460 ℃)、堆芯最高平均出口温度(T_{out}＜871 ℃)、燃料元件最高温度($T_{f,m}$＜1600 ℃)及燃料元件表面最高温度($T_{c,m}$＜1400 ℃)确定。由于自然循环工况下流量随堆芯功率及进出口温度变化,

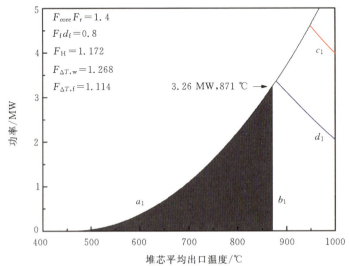

图 8 - 7　TMSR-SF 自然循环工况安全限值区间

第 8 章　固体燃料熔盐堆安全审评及不确定性分析

线 a_1 呈弯曲状。图 8-7 中被 a_1、b_1 两条线所包络的深灰色区域为对应体积流量下的安全限值区间,在其内四个温度限值条件均被满足。

由图 8-7 可以得出如下结论。

(1) 自然循环工况下,结构材料 Hastelloy N 合金温度限值 871 ℃ 是其安全限值区间最大约束。

(2) 自然循环工况下,燃料元件最高温度和燃料元件最高表面温度限值对安全限值区间无影响。

表 8-3 给出了自然循环工况下 TMSR-SF 安全限值的推荐值,以完整的定量描述图 8-7 中自然循环工况下 TMSR-SF 的安全限值区间。

表 8-3　自然循环工况下 TMSR-SF 安全限值推荐值

参数	SL
功率/MW	3.26
平均堆芯入口温度/℃	460(最低)
平均堆芯出口温度/℃	871(最高)

8.3　安全系统整定值计算

本节基于前述安全系统整定值温度准则计算 TMSR-SF 在强迫循环和自然循环工况下的安全系统整定值。基于 8.2 节对热工水力限值的讨论,安全系统整定值计算的四个温度准则为

$$T_{in} > 470\ ℃$$
$$T_{out} < 720\ ℃$$
$$T_{c,m} < 1200\ ℃$$
$$T_{f,m} < 1300\ ℃$$

式中:T_{in} 为堆芯平均入口温度,℃;T_{out} 为堆芯平均出口温度,℃;$T_{c,m}$ 为燃料元件表面最高温度,℃;$T_{f,m}$ 为燃料元件最高温度,℃。

8.3.1　强迫循环安全系统整定值计算

基于安全系统整定值温度限值准则,使用与 8.2.1 节安全限值区间计算相同的方法,可获得 TMSR-SF 在高功率模式 Ⅰ、Ⅱ 下的容许运行区间。图 8-8、图 8-9 分别给出了高功率模式 Ⅰ 下的容许运行区间及其与安全限值区间的对比。图 8-10、图 8-11 分别给出了高功率模式 Ⅱ 下的容许运行区间及其与安全限值区间的对比。图 8-8 至图 8-11 中 a_2、b_2、c_2、d_2 四条线分别由安全系统整定值的四个温度准则确定,即堆芯最低平均入口温度(T_{in} > 470 ℃)、堆芯最高平均出口温度

熔盐堆热工水力及安全分析

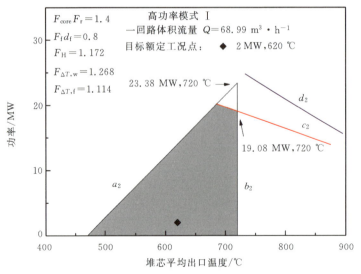

图 8-8 TMSR-SF 高功率模式 I 容许运行区间

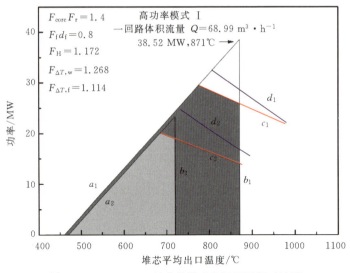

图 8-9 TMSR-SF 高功率模式 I 运行区间对比图

(T_{out}<720℃)、燃料元件最高温度($T_{f,m}$<1300℃)及燃料元件表面最高温度($T_{c,m}$<1200℃)。图 8-9 和图 8-11 中 a_1、b_1、c_1、d_1 四条线分别由安全限值温度准则确定,即堆芯最低平均入口温度(T_{in}>460℃)、堆芯最高平均出口温度(T_{out}<871℃)、燃料元件最高温度($T_{f,m}$<1600℃)及燃料元件表面最高温度($T_{c,m}$<1400℃)确定。图 8-8~图 8-11 中 a_1、b_1、c_1 三条曲线围绕的灰色区域即两种高功率运行模式下的容许运行区间,区域内菱形标记处为目标额定工况点。可见高功率模式 I 下 TMSR-SF 具有很大的安全裕量,高功率模式 II 下安全裕量较为适

第 8 章 固体燃料熔盐堆安全审评及不确定性分析

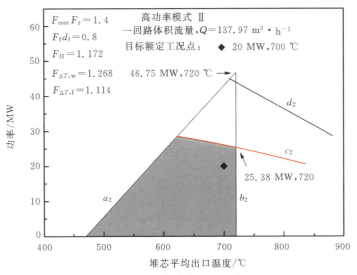

图 8-10　TMSR-SF 高功率模式 Ⅱ 容许运行区间

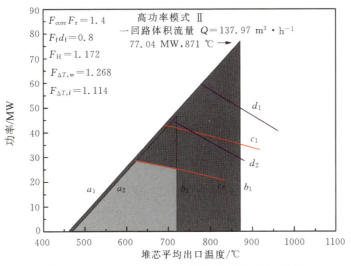

图 8-11　TMSR-SF 高功率模式 Ⅱ 运行区间对比图

中。图 8-9、图 8-11 中深灰色区域为安全限值区间,可见两种功率模式下容许运行区间均距离安全限值区间有足够的距离,符合相关规则的要求[1-3]。

由图 8-8、图 8-10 可得出如下结论。

(1) 结构材料 Hastelloy N 合金的最高长期工作温度限值 730 ℃ 决定了 TMSR-SF 在高功率模式 Ⅰ、Ⅱ 体积流量下容许运行区间的最高出口温度,是 TMSR-SF 稳态设计的最大约束。

(2) 对燃料元件表面最高温度限值取了较大的裕量后,两种高功率模式下最高容许运行功率依然由燃料元件最高温度限值决定。由前述安全限值计算结果可知,原因是高功率模式Ⅰ、Ⅱ下体积流量较高。

(3) 相对传统压水堆,由于熔盐熔点较高,其容许运行区间在低出口温度区域较为狭小。此外,由于熔盐的黏度在接近其熔点时会大幅上升,其对主泵等设备的影响在运行中也需进一步予以考虑。

通常情况下实验堆对出口温度需求更高,基于图 8-8 和图 8-10,选取出口温度 720 ℃ 推导其安全系统整定值,相应的 LSSS 功率分别为 19.08 MW 和 24.83 MW,为目标额定功率的 9.54 倍(2 MW)和 1.27 倍(20 MW),可以满足其要求。表 8-4、表 8-5 分别给出了高功率模式Ⅰ及高功率模式Ⅱ下的安全系统整定值推荐值。需注意相对图 8-8 和图 8-10 中的容许运行区间,LSSS 推荐值表去掉了 c_2 线与 d_2 线交汇点上方的区域。

表 8-4 高功率模式Ⅰ下 LSSS 推荐值

参数	LSSS
功率/MW	19.08
冷却剂流量/(m³·h⁻¹)	68.99(最低)
平均堆芯入口温度/℃	470(最低)
平均堆芯出口温度/℃	720(最高)

表 8-5 高功率模式Ⅱ下 LSSS 推荐值

参数	LSSS
功率/MW	25.38
冷却剂流量/(m³·h⁻¹)	137.97(最低)
平均堆芯入口温度/℃	470(最低)
平均堆芯出口温度/℃	720(最高)

8.3.2 自然循环安全系统整定值计算

基于安全系统整定值计算的温度准则,使用与 8.2.2 节安全限值区间计算相同的方法,可获得 TMSR-SF 在自然循环运行模式下的容许运行区间。图 8-12、图 8-13 分别给出了自然循环模式下的容许运行区间及其与安全限值区间的对比。图 8-12、图 8-13 中 a_2、b_2、c_2、d_2 四条线分别由安全系统整定值温度准则确定,即堆芯最低平均入口温度(T_{in} > 470 ℃)、堆芯最高平均出口温度(T_{out} < 720 ℃)、燃料元件最高温度($T_{f,m}$ < 1300 ℃)及燃料元件表面最高温度($T_{c,m}$ < 1200 ℃)。图 8-13 中 a_1、b_1、c_1、d_1 四条线分别由安全限值温度准则确定,即堆芯

第8章 固体燃料熔盐堆安全审评及不确定性分析

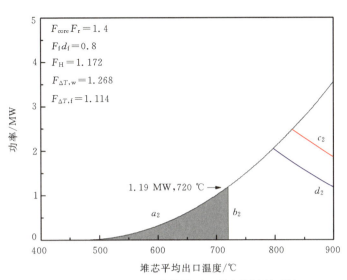

图 8-12 TMSR-SF 自然循环工况容许运行区间

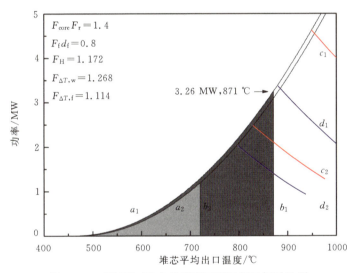

图 8-13 TMSR-SF 自然循环工况运行区间对比图

最低平均入口温度(T_{in}>460 ℃)、堆芯最高平均出口温度(T_{out}<871 ℃)、燃料元件最高温度($T_{f,m}$<1600 ℃)及燃料元件表面最高温度($T_{c,m}$<1400 ℃)。同 8.2.2 节,由于自然循环流量随功率和进出口温度变化,线 a_1、a_2 呈弯曲状。图 8-12、图 8-13 中 a_2、b_2 线所围绕的灰色区域即自然循环工况下的容许运行区间。图 8-13 中深灰色区域为安全限值区间,可见在自然循环工况下,容许运行区间外也拥有足够的安全裕量。

由图 8-12 可得出如下结论。

(1) Hastelloy N 合金结构材料的最高长期工作温度限值 730 ℃决定了 TMSR-SF 在自然循环工况下容许运行区间的最高出口温度和功率。

(2) 自然循环工况下,燃料元件最高温度和燃料元件最高表面温度限值不会对容许运行区间大小造成影响。

对自然循环流量进行了敏感性分析,分析结果同样地肯定了上述结论。表 8-6 给出了自然循环工况下 TMSR-SF 的安全系统整定值推荐值,同强迫循环一样,依然使用 720 ℃来进行推导,相应功率整定值为 1.19 MW。

表 8-6 自然循环工况下 LSSS 推荐值

参数	LSSS
功率/MW	1.19
平均堆芯入口温度/℃	470(最低)
平均堆芯出口温度/℃	720(最高)

8.4 安全系统敏感性分析

本节着重分析相关重要参数对强迫循环与自然循环工况下安全系统整定值计算的影响,具体包括熔盐的热物理性质、流量分配因子、球床换热系数及一回路流动阻力。相关结果可说明安全系统整定值对各类参数的敏感性,对工程设计及实验研究具有一定参考价值。本节中若无特殊说明,容许运行区间图中 a、b、c、d 线分别代表四个安全系统整定值计算温度准则,即堆芯最低平均入口温度(a 线,T_{in}>470 ℃)、堆芯最高平均出口温度(b 线,T_{out}<720 ℃)、燃料元件最高温度(c 线,$T_{f,m}$<1300 ℃)及燃料元件表面最高温度(d 线,$T_{c,m}$<1200 ℃)。

8.4.1 冷却剂热物性

在第 2 章中给出了计算 FLiBe 物性的推荐关系式,其中密度、比热容、热导率分别具有 2.15%、3%、10%的不确定度。黏度关系式由近似组分的 LiF-BeF_4 盐插值计算获得,文献没有给出其不确定度,保守假定其不确定度为 20%。本小节将对各熔盐物性不确定度对 LSSS 功率的影响进行分析。

1. 密度

图 8-14、图 8-15 分别给出了冷却剂密度在±2.15%的不确定度范围内变化时,对强迫循环工况 LSSS 功率的影响。在定体积流量下,更高的冷却剂密度引起质量流量的升高,相同温升下能带走的堆芯热量更多,使得 a_2 线、b 线的交点上移。更高的质量流量带来更高的换热系数,定出口温度下所能支持的 LSSS 功率亦增

第 8 章 固体燃料熔盐堆安全审评及不确定性分析

加。冷却剂密度降低时,各变化趋势相反。在该密度不确定度范围内,LSSS 功率均由燃料元件最高温度决定。LSSS 功率的变化与冷却剂密度的变化基本呈线性关系,低流量工况下,LSSS 功率对密度的变化更为敏感。

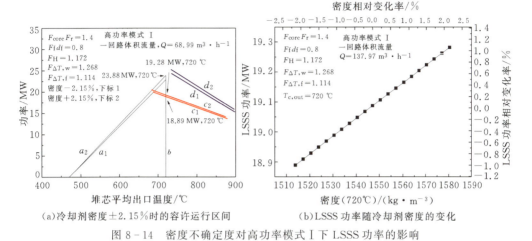

(a) 冷却剂密度±2.15%时的容许运行区间　　(b) LSSS 功率随冷却剂密度的变化

图 8-14　密度不确定度对高功率模式 I 下 LSSS 功率的影响

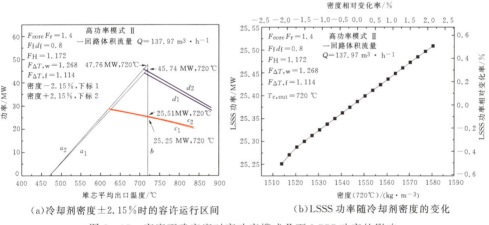

(a) 冷却剂密度±2.15%时的容许运行区间　　(b) LSSS 功率随冷却剂密度的变化

图 8-15　密度不确定度对高功率模式 II 下 LSSS 功率的影响

图 8-16 给出了密度在其不确定度范围内变化时对自然循环 LSSS 功率的影响。在自然循环工况下,流动由冷却剂密度差驱动,相同进出口温差下,更小的密度会导致驱动压头及流量降低,从而可支持的堆芯热功率会减小,反之亦然。在该密度不确定度范围内,自然循环工况下 LSSS 功率由 Hastelloy N 合金材料性能确定。

2. 比热容

由第 2 章的讨论可知,FLiBe 熔盐在液态下比热容可视为常数,在本节中取值为 2380.6 J/(kg·K),不确定度为 3%。图 8-17、图 8-18 分别给出了冷却剂比热

301

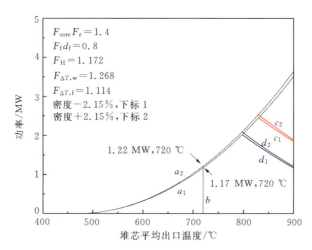

图 8-16 密度不确定度对自然循环工况下 LSSS 功率的影响

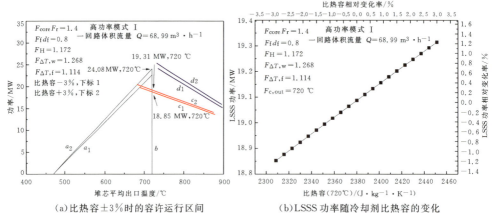

(a) 比热容±3%时的容许运行区间　　(b) LSSS 功率随冷却剂比热容的变化

图 8-17 比热容不确定度对高功率模式 I 下 LSSS 功率的影响

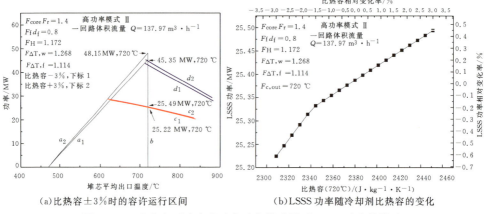

(a) 比热容±3%时的容许运行区间　　(b) LSSS 功率随冷却剂比热容的变化

图 8-18 比热容不确定度对高功率模式 II 下 LSSS 功率的影响

容在±3%范围内变化时,两种运行模式下容许运行区间的变化。同密度变化类似,更高的比热容在相同温升下能带走更多的热量,使得a_2线、b线的交点上移。在固定的冷却剂出口温度及体积流量下,更高的比热容能带走更多的能量,同温度下Pr数上升、换热系数增大,两种因素都使得同体积流量下反应堆能获得的LSSS功率更高。比热容减小时的物理过程与之相反。在比热容不确定度范围内,LSSS功率均由燃料元件最高温度决定。由于比热容对运行区间的影响同密度类似,主要由能量平衡引起,LSSS功率的变化与比热容的变化也呈近似线性关系,低流量工况下,LSSS功率敏感性更高。

图8-19给出了比热容在其不确定度范围内对自然循环LSSS功率的影响。由图可见,在比热容不确定度范围内,自然循环工况下LSSS功率由Hastelloy N合金材料性能确定。固定进出口温度时,比热容的变化对一回路内流动阻力没有影响,进而对自然循环流量无影响。同流量下更高的比热容能带走更多的堆芯功率,使得LSSS功率与比热容呈正比例变化。

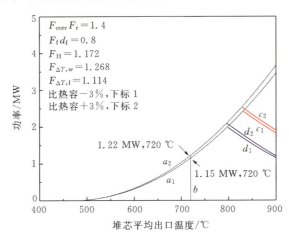

图8-19 比热容不确定度对自然循环工况下LSSS功率的影响

3. 黏度

FLiBe黏度由Benes根据其他比例的LiF-BeF$_4$熔盐黏度实验数据插值而来,没有给出不确定度。保守的以20%不确定度来计算其对LSSS功率的影响。图8-20、图8-21给出了两种运行模式下,黏度在20%不确定度范围内变化时对LSSS功率的影响。黏度对能量平衡无影响,所以不会如密度与比热容一样影响a、b线的交点。球床内换热关系式使用Wakao关系式进行计算,黏度增加时,Re数减小,Pr数上升,因Re数在Wakao关系式中指数更大,Nu数减小,换热系数下降,膜温差上升,使得LSSS功率下降。由图8-20(b)、图8-21(b)可见LSSS功率与黏度呈负相关,两种流量下敏感度相似。

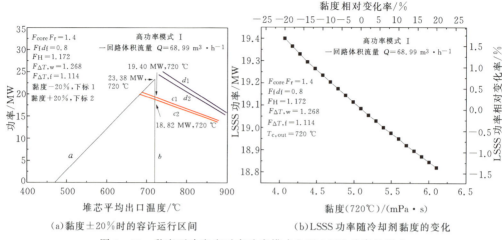

图 8-20　黏度不确定度对高功率模式 I 下 LSSS 功率的影响

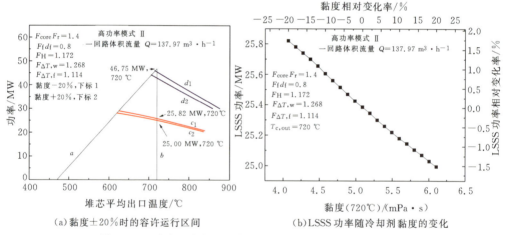

图 8-21　黏度不确定度对高功率模式 II 下 LSSS 功率的影响

图 8-22 给出了黏度变化对自然循环工况的影响。在黏度 20% 的不确定度范围内，自然循环 LSSS 功率仅由 Hastelloy N 合金材料性能确定。恒定进出口温度下，黏度上升引起一回路的流动阻力的增大、循环流量的减小，同时换热系数的下降导致膜温差上升，两种过程都使得自然循环下 LSSS 功率下降，即自然循环工况下 LSSS 功率与黏度呈负相关。

4. 热导率

基于第 2 章的讨论，取 FLiBe 的热导率为常数 $1.1\ \text{W}/(\text{m}\cdot\text{K})$，不确定度为 10%。图 8-23、图 8-24 给出了热导率在其不确定度范围内变化时对两种运行模式下 LSSS 功率的影响。热导率的上升使得同条件下 Pr 数减小，Re 数保持不变，

第 8 章　固体燃料熔盐堆安全审评及不确定性分析

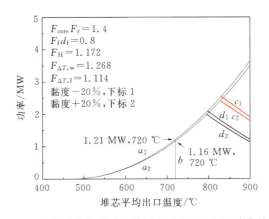

图 8-22　黏度不确定度对自然循环工况下 LSSS 功率的影响

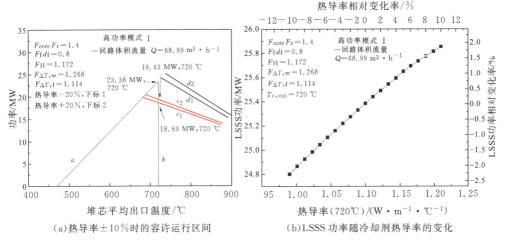

(a) 热导率±10% 时的容许运行区间　　(b) LSSS 功率随冷却剂热导率的变化

图 8-23　热导率不确定度对高功率模式 I 下 LSSS 功率的影响

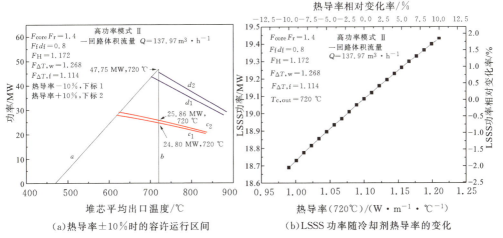

(a) 热导率±10% 时的容许运行区间　　(b) LSSS 功率随冷却剂热导率的变化

图 8-24　热导率不确定度对高功率模式 II 下 LSSS 功率的影响

由 Wakao 公式可知 Nu 数降低。但换热系数与 Nu 数和热导率的乘积正相关,最终效果是对流换热系数上升。由图 8-23(b)、图 8-24(b)可见,LSSS 功率与热导率呈正相关,两种流量下敏感度相似。

图 8-25 给出了热导率变化对自然循环工况的影响。恒定进出口温度下,热导率变化对自然循环驱动压头和流动阻力无影响,自然循环流量不变,仅影响堆芯内燃料元件与冷却剂换热的膜温差。由图 8-25 可见,在不确定度范围内,自然循环 LSSS 功率仅由 Hastelloy N 性能确定。燃料元件中心与表面温度限值准则依然对 LSSS 功率无影响。

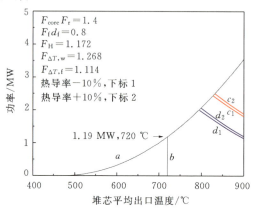

图 8-25　热导率不确定度对自然循环工况下 LSSS 功率的影响

5. 物性敏感性比较

图 8-26(a)、(b)分别给出了各 FLiBe 热物性在其不确定度范围内变化时,对两种运行模式下 LSSS 功率的影响。其中,密度、比热容、热导率分别具有 2.15%、3%、10% 的不确定度。黏度关系式文献没有给出其不确定度,保守假定其不确定度为 20%。由图可见,在两种流量下,LSSS 功率与密度、比热容、热导率呈正相关,与黏度呈负相关关系。低流量模式下,能量平衡对 LSSS 功率影响较大,物性以单位百分比变化时,对密度及比热容变化最为敏感。高流量下燃料元件功率较高,换热系数对膜温差的影响更为显著,物性以单位百分比变化时,LSSS 功率对热导率最为敏感。考虑各热物性不确定度范围后,对 LSSS 功率影响最大的热物性为热导率。热导率 10% 的不确定度分别为高功率模式 Ⅰ、Ⅱ 下的 LSSS 功率带来 2.04% 及 2.28% 的误差范围。需要指出的是该结论受换热系数计算关系式影响较大。

自然循环工况下,各热物性在不确定度范围内变化时,LSSS 功率仅受自然循环流量及出口平均温度限值准则确定。如表 8-7 所示,LSSS 功率对密度、比热容变化呈正相关,对黏度变化呈负相关,影响最大的热物性参数为比热容。热导率不确定度对自然循环工况下 LSSS 功率无影响。

第 8 章　固体燃料熔盐堆安全审评及不确定性分析

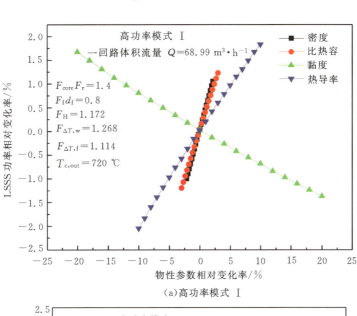

(a) 高功率模式 Ⅰ

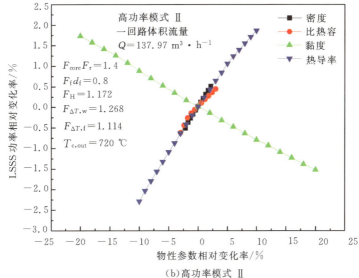

(b) 高功率模式 Ⅱ

图 8-26　冷却剂热物性不确定度对强迫循环工况下 LSSS 功率的影响

表 8-7　冷却剂热物性不确定度对自然循环工况下 LSSS 功率的影响

热物性	物性相对变化率/%	LSSS 功率相对变化率/%	LSSS 功率/ MW
密度	−2.15	−1.68	1.17
	+2.15	2.52	1.22
比热容	−3.0	−3.36	1.15
	+3.0	2.52	1.22

续表

热物性	物性相对变化率/%	LSSS 功率相对变化率/%	LSSS 功率/ MW
黏度	−20.0	1.68	1.21
	+20.0	−2.52	1.16
热导率	−10.0	0.0	1.19
	+10.0	0.0	1.19

8.4.2 流量分配

堆芯冷却剂流量因子(F_f)及堆芯流量分配因子(d_f)在本节分别被定义为通过堆芯的冷却剂流量占总质量流量的比例及最小通道流量相对于平均流量的比值，两者的乘积热通道流量分配因子($F_f d_f$)决定了最小流量通道所获得的流量。在反应堆实际运行中，最热通道内冷却剂温度较高，黏度下降，为达到压降平衡，热通道一般会获得较平均流量高的通道流量，在本节中基于保守计算的考虑，认为热通道获得堆芯最小冷却剂流量。由于 TMSR-SF 的相关设计还未完成，并且缺乏实验数据支持，本节的流量分配参数使用了麻省理工学院研究堆（MIT Research Reactor, MITR）在初始启动试验中的实验测量值[8]。因此，有必要对堆芯流量分配因子进行敏感性分析，以确定其偏差对 TMSR-SF 安全系统整定值计算带来的影响。

图 8-27、图 8-28 分别给出了高功率模式 Ⅰ 和 Ⅱ 下流量分配因子的变化对 LSSS 功率带来的影响。高功率模式 Ⅰ 下流量分配因子下降、上升 20% 时 LSSS 功率的相对变化率分别为 −17.3% 及 16.0%。在同样流量分配因子变化率下，高功率模式 Ⅱ 下 LSSS 功率变化为 −12.4% 至 7.6%。可见，两种模式下的 LSSS

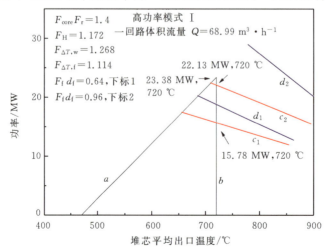

(a) 流量分配因子±20%时的容许运行区间

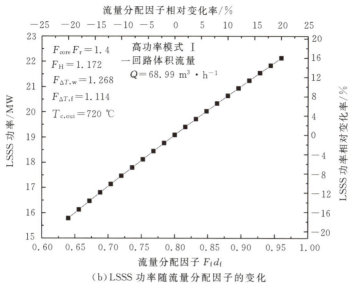

(b) LSSS 功率随流量分配因子的变化

图 8-27　流量分配因子对高功率模式 I 下 LSSS 功率的影响

功率都对流量分配因子的变化较为敏感,在该流量分配因子变化范围内 LSSS 功率依然由燃料最高温度限值确定。高流量下 LSSS 功率对流量分配因子的敏感性较低,流量工况低。

图 8-29 给出了流量分配因子提高和降低 20% 时对自然循环工况下 LSSS 功率的影响。显然,由于流量分配因子只影响堆内传热过程,自然循环工况下其变化对 LSSS 功率无影响。

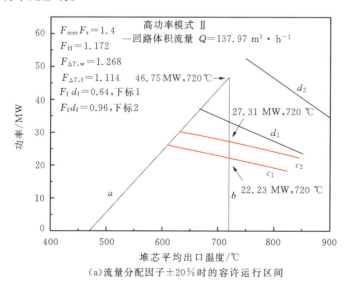

(a) 流量分配因子 ±20% 时的容许运行区间

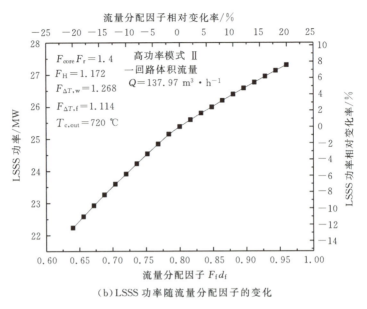

(b) LSSS 功率随流量分配因子的变化

图 8-28　流量分配因子对高功率模式 Ⅱ 下 LSSS 功率的影响

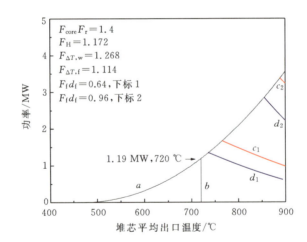

图 8-29　流量分配因子对自然循环工况下 LSSS 功率的影响

8.4.3　换热系数

换热系数的准确度对 LSSS 的计算有较大的影响，其很大程度上决定了膜温差，进而影响到燃料元件表面温度及中心最高温度。使用 Wakao 公式来计算燃料球床与高温熔盐冷却剂的换热系数，在高功率模式 Ⅱ 的额定流量下，熔盐主流温度为 720 ℃ 时计算得到的换热系数约为 2180 W/(m·K)。尽管在工程因子计算中，本节已对 Wakao 关系式计入了 20% 的偏差,但仍有必要对 LSSS 功率相对换热系数的敏感性进行分析。

图 8-30、图 8-31 分别给出了高功率模式 Ⅰ、Ⅱ 下换热系数的变化对 LSSS 功率带来的影响。更高的换热系数带来的更好的传热效果及更低的膜温差,使得 LSSS 功率随换热系数的上升而上升。图 8-30(b) 中高功率模式 Ⅰ 下换热系数在下降、上升 50% 时 LSSS 功率的相对变化率分别为 -22.8% 及 10.4%。图 8-31(b) 中在同样的换热系数变化率下,高功率模式 Ⅱ 时 LSSS 功率变化率分别为

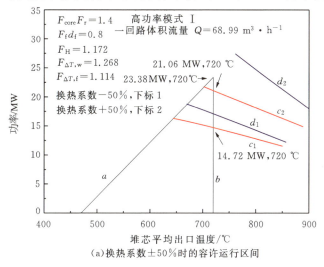

(a) 换热系数 ±50% 时的容许运行区间

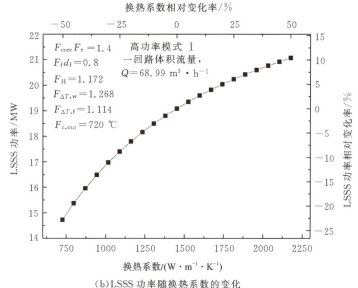

(b) LSSS 功率随换热系数的变化

图 8-30　换热系数对高功率模式 Ⅰ 下 LSSS 功率的影响

−24.8%至9.5%。可见两种运行模式下的LSSS功率都对换热系数较为敏感，高、低流量工况下LSSS功率对换热系数的敏感性没有显著区别。但亦可见，两种运行模式下LSSS功率均由燃料元件最高稳态运行温度限值确定。

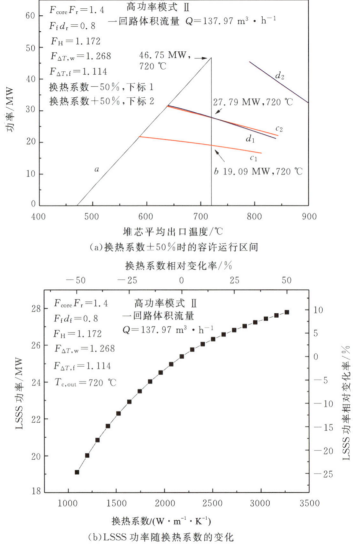

图 8-31 换热系数对高功率模式Ⅱ下LSSS功率的影响

图8-32给出了换热系数提高和降低50%时对自然循环工况下LSSS功率的影响。换热系数的变化影响了堆内的传热过程，但仍不足以对LSSS功率产生影响。这说明即便Wakao公式所计算的换热系数有50%的偏差时，依然可以确定TMSR-SF在自然循环工况下的LSSS功率仅由Hastelloy N材料性能确定。

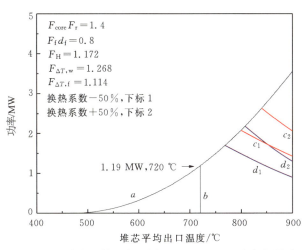

图 8-32　换热系数对自然循环工况下 LSSS 功率的影响

8.4.4　流动阻力

流体上升段和下降段密度的不同造成的驱动压头与回路流动阻力之间的平衡决定了自然循环回路流量大小。由于 TMSR-SF 一回路的管道布置与换热器结构还在设计中,以上海应用物理研究所初期报告给出的流动压降估算值为参考,将相应差值换算为一回路压降局部阻力系数后用于修正流动压降。显然,这种修正方法计算的循环压降结果是非常粗略的,因此有必要对自然循环工况下 LSSS 功率对回路内流动压降的敏感性进行分析。

图 8-33 给出了自然循环工况下回路流动阻力基于基准值分别上升和下降

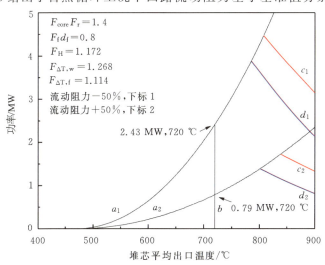

图 8-33　回路流动压降对自然循环工况下 LSSS 功率的影响

50%时对LSSS区间带来的影响。由图可见,回路流动阻力下降时自然循环流量上升,出口温度固定不变时所能支持的最高功率亦上升(a_1线)。更大的循环流量也带来了更好的堆芯换热能力,燃料元件表面最高温度及燃料元件最高温度的限值曲线(c_1、d_1)均上移。流动阻力上升时LSSS区间的变化情况与流动阻力下降时相反。特别的,流动阻力下降50%时LSSS功率由1.19 MW上升到2.43 MW,上升幅度为104%,这说明减小回路流动阻力对提高自然循环工况下LSSS功率具有极大的促进效果。LSSS功率在此流动阻力变化范围内均仅受冷却剂最大平均出口温度限值影响,燃料元件最高表面温度及燃料元件最高温度限值准则对其无影响。

8.5 基于不确定性方法的安全系统整定值计算

8.5.1 不确定性方法

可用工程因子的方法来考虑工程因素对堆芯热工水力特性的影响,该方法类似于传统压水堆热工计算中的标准热工水力设计方法(Standard Thermal Design Procedure,STDP),所有参数在分析中均以保守的方式取值,即用名义值并计入其对热工特性不利的方向的不确定性。而在本节的不确定性方法中,类似于修正的热工水力设计方法(Revised Thermal Design Procedure,RTDP),反应堆的运行参数(流量、功率、温度)、核热工参数、燃料制造参数等不确定性均以统计方法进行综合,来考虑工程不确定性对安全系统整定值计算的影响。由于采用统计学方法处理各参数、关系式的不确定性,相较工程因子的方法,不确定性方法能去除不必要的安全裕量,可以获得更高的LSSS功率,有助于进一步挖掘反应堆的经济潜力。

本节所使用的不确定性传播方法是通过将重要的输入参数按其物理背景设置为相应的概率分布,最后通过概率统计的方法获取一定置信度下的LSSS功率作为最终的安全系统整定值推荐值。输入参数的概率分布期望值一般情况下为其所对应的名义值,分布方式则取决于该对应参数的物理背景。此处将以两种常用的不确定性分析方法——蒙特卡罗法和响应曲面法,对LSSS功率进行计算。下文将对不确定性方法中输入参数分布的确定、随机抽样程序及蒙特卡罗法与响应曲面法的分析结果进行讨论。所有计算以高功率模式Ⅱ下相关参数为基准来体现,LSSS功率以安全概率为95%处进行取值。

8.5.2 输入参数的概率分布

由于目前没有TMSR-SF实验数据可作支撑,根据相关参数的物理背景,假设其概率分布,期望为其名义值,标准差由其来源直接获取,或通过与已知分布参数的联系进行推算获得。在实际应用中,若对相关参数已获取了足够的实验观测值,应基于其观测值对分布进行修正,如考虑其分布的峰度和偏度等特性。本节需要考虑其不确定性的参数有堆芯热功率、一回路流量、堆芯出口温度、热通道流量、换热系数和燃料元件公差。下面分别对其概率分布进行讨论。

1. 堆芯热功率

对于固体燃料钍基熔盐堆工程因子计算,首先应获得相应因素的名义值及标准差,计算变异系数,然后以下式为基础,计算其对应的子工程因子[9]为

$$f = 1.0 + n \cdot \frac{\sigma}{\mu} \tag{8-1}$$

式中:n 为合并入工程因子中的标准差数量;σ 为相应参数的标准差;μ 为相应参数的标称值。本节中保守地假设子工程热管因子均包括三倍 σ 偏差,即 n 取为 3[10]。

TMSR-SF 的工程因子需要考虑工程因素对冷却剂温升的影响、对燃料元件表面温度的影响及对燃料元件中心温度的影响。计算得到各子工程因子后,相应总工程因子可通过混合法由下式汇总[8]:

$$F = 1 + \left[\sum_i (f_i - 1)^2\right]^{1/2} \tag{8-2}$$

堆芯功率期望值为本计算要进行求解的变量。在确定性方法下,LSSS 功率均由在给定的出口温度下,使燃料元件最高温度恰好满足温度限值准则的稳态工况点确定。在不确定性方法下,则需得出以 95% 概率满足 LSSS 温度限值准则的功率名义值。

固体燃料钍基熔盐堆工程因子中关于功率的不确定度包括反应堆功率测量的不确定度及功率密度测量的不确定度,其不确定度的确定均基于 MITR 的安全分析报告。由安全分析报告相关内容可确定该参数为正态分布。为计算其组合效应的标准差,基于式(8-2)对反应堆功率测量及功率密度测量子因子用统计方法进行合并,有

$$\begin{aligned} f_{\text{power}} &= 1 + \left[\sum_i (f_i - 1)^2\right]^{1/2} = 1 + [(1.05 - 1)^2 + (1.1 - 1)^2]^{1/2} \\ &\approx 1.111803 \end{aligned}$$
$$\tag{8-3}$$

可得出功率测量的不确定性给功率带来的变异系数 σ/μ 为 3.73%。功率的期望值由计算的迭代过程决定。

2. 一回路流量

流量与焓升具有直接的正比例关系,可知焓升工程因子中的流量测量子工程因子直接代表了流量测量的不确定度。基于式(8-1)可得出流量测量不确定性带来的流量分布变异系数为

$$\frac{\sigma}{\mu}=(f-1.0)/n=(1.05-1.0)/3\approx 1.67\% \tag{8-4}$$

一回路流量期望值即相应运行模式下额定体积流量的 90%。

3. 出口温度测量

由 8.3 节中的讨论可知,强迫循环下 LSSS 功率是基于出口温度 720 ℃ 来取值的。对出口温度的测量误差会影响对反应堆实际工况的判断,进而影响到 LSSS 功率的确定。MITR 没有给出其冷却剂温度的测量误差,按参考文献[11]商用压水堆的数据进行取值,冷却剂温度测量误差为 ±4.44 ℃,将其视为 3σ 处值,期望为 720 ℃ 时,变异系数为 0.206%。本节对出口温度的限值仍以其名义值进行考虑,以与确定性方法保持一致。

4. 流量分配因子

流量分配因子 ($F_f d_f$) 是堆芯冷却剂流量因子 (F_f) 及堆芯流量分配因子 (d_f) 的乘积,决定了最小流量通道所获得的流量。在计算中,对该数值有影响的工程因素有下腔室流量分配的不均匀性及冷却剂流道公差,这两个子因子的确定均参考了 MITR 的实验测量数值。此处以与堆芯热功率相同的方式进行处理,即

$$f_{F_f d_f} = 1+\left[\sum_i (f_i-1)^2\right]^{1/2} = 1+[(1.08-1)^2+(1.089-1)^2]^{1/2}$$
$$\approx 1.119670$$
$$\tag{8-5}$$

基于式(8-1),可得变异系数 σ/μ 为 3.99%,期望值为 0.8。

5. 换热系数

膜温差与换热系数呈反比例关系,可知膜温差工程因子所包含的换热系数子因子直接代表了换热系数计算的不确定度。同一回路流量,基于式(8-1)可得换热系数变异系数为

$$\frac{\sigma}{\mu}=(f-1.0)/n=(1.2-1.0)/3\approx 6.67\% \tag{8-6}$$

换热系数的期望值由当地流量与冷却剂温度确定。

6. 球形燃料元件

基于 HTR-10 球形燃料元件制造公差及相关假设,可得燃料元件直径为正态分布,期望值为 60 mm,方差为 0.133 mm,变异系数为 0.222%。燃料元件热功率与燃料铀装量呈正比,可知相同中子通量密度下,燃料元件热功率呈正态分布,变异系数为 0.639%。

汇总上述结果,可得表 8-8 作为 7 个输入参数的概率分布。自此,所有工程因素对热工水力计算的影响均由相关变量的不确定度来体现。

第 8 章　固体燃料熔盐堆安全审评及不确定性分析

表 8-8　输入参数概率分布表

输入参数	分布	期望值	变异系数(σ/μ)
功率	正态	由迭代过程决定	3.73%
体积流量	正态	137.97 m³·h⁻¹	1.67%
出口温度	正态	720 ℃	0.206%
热通道流量分配因子($F_f d_f$)	正态	0.8	3.99%
换热系数	正态	由当地换热条件决定	6.67%
燃料元件直径	正态	60 mm	0.222%
单个燃料元件热功率	正态	由当地功率密度决定	0.639%

8.5.3　随机数生成程序与验证

由林德伯格-莱维(Lindeberg-Levi)中心极限定理有:如果随机变量序列 X_1, $X_2, \cdots, X_n, \cdots$ 独立同分布,并且具有有限的数学期望和方差 $E(X_i)=\mu$, $D(X_i)=\sigma^2>0 (i=1,2,\cdots)$,则对一切 $x \in \mathbf{R}$ 有

$$\lim_{n \to \infty} P\left(\frac{1}{\sqrt{n}\sigma}\left(\sum_{i=1}^{n} X_i - n\mu\right) \leqslant x\right) = \int_{-\infty}^{x} \frac{1}{\sqrt{2\pi}} e^{-\frac{t^2}{2}} dt \qquad (8-7)$$

因此,对于服从均匀分布的随机变量 X_i,只要 n 充分大,随机变量 $\frac{1}{\sqrt{n}\sigma}\left(\sum_{i=1}^{n} X_i - n\mu\right)$ 就服从 $N(0,1)$。基于这一方法使用 FORTRAN 语言编写了正态分布生成程序,用于基于输入参数的期望与方差进行随机抽样。均匀分布使用 FORTRAN 自带函数进行生成。参数的期望使用其名义值,标准差可由其来源直接获取或通过与已知分布的参数的联系进行推算获得,如热通道流量的公差可由燃料元件直径的分布获得。

随机数的生成质量会直接影响抽样模拟的可信度,使用具有分析解的正态分布的运算对该正态分布生成程序进行了验证。表 8-9 为用于验证的输入参数,抽样结果与分析解的对比见表 8-10。抽样结果的偏差随次数的增加而减小,在十

表 8-9　用于验证正态分布程序的输入参数

输入参数分布	期望	标准差
A	1.0	0.2
B	2.0	0.5
C	3.0	0.4

表 8 - 10　分析解与正态分布程序抽样结果的对比

模型	$D=A+2B-3C$			
	期望	期望相对误差	标准差	标准差相对误差
分析解	-4	—	1.57480	—
正态分布生成程序(10^4次抽样)	-3.99783	0.054%	1.58662	0.750%
正态分布生成程序(10^5次抽样)	-3.99701	0.075%	1.57621	0.089%
正态分布生成程序(10^6次抽样)	-4.00124	0.031%	1.57433	0.030%

万次抽样时,期望和方差的误差为0.075%及0.089%,已与分析解非常接近,因此在本节中抽样次数取为十万次。更多的抽样次数可以带来更小的误差,但需要消耗更多的计算时间。

8.5.4　蒙特卡罗方法

在模型比较复杂、非线性或是含有数个参数的不确定性的情况下,一般可以使用蒙特卡罗方法来进行模拟。该方法本质上是依据参数的概率分布,进行随机抽样,通过模拟实际状况,再给出一定信度范围内的预测值。通常一个蒙特卡罗模拟需对模型进行大量的重复计算,以确保获取足够多的数据。很多情况下蒙特卡罗模拟还可和一些方差缩减的抽样技术配合使用,以便在不扩大计算量的前提下获得方差更小的预测结果[12]。在本节中,使用蒙特卡罗方法进行简单抽样模拟。

由表8-8可知需进行随机抽样的输入参数共有7组。在计算中首先给出一个假定功率的期望值,基于各相关变量分布进行一次随机抽样作为该次计算的输入参数,由FSAC计算该组输入参数下燃料元件最高温度、燃料元件表面最高温度。大量抽样进行计算(计算10^6次),可知该功率期望值下满足安全系统整定值温度限值准则的概率。重新假定功率期望值,重复上述计算过程,可得功率期望值与该工况下反应堆满足温度限值准则概率的对应关系。

图8-34给出了高功率模式Ⅱ下,堆芯功率名义值与其满足安全系统整定值温度限值准则概率的对应曲线,95%处功率名义值为28.39 MW。其意义为,在体积流量名义值为高功率模式Ⅱ的90%体积流量、出口温度名义值为720℃、功率名义值为28.39 MW时,当前工况有95%的概率满足所有LSSS温度限值准则。图8-35给出了功率名义值为28.39 MW时,堆芯功率与燃料元件最高温度及燃料元件表面最高温度的分布图,燃料元件最高温度分布下侧95%分位数等于燃料最高温度限值准则1300℃。需要指出的是,燃料元件最高温度与表面最高温度的分布与正态分布较为相似,但并不服从严格的正态分布。综上所述,高功率模式Ⅱ下,由蒙特卡罗法计算得到的LSSS功率为28.39 MW。

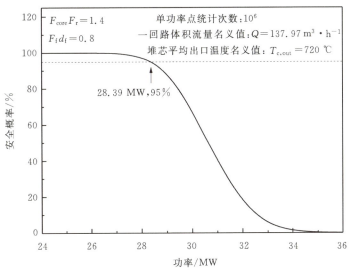

图 8-34 高功率模式Ⅱ下堆芯功率名义值的安全概率

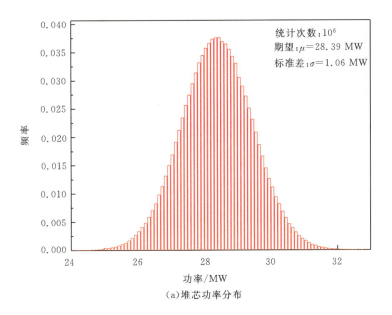

(a) 堆芯功率分布

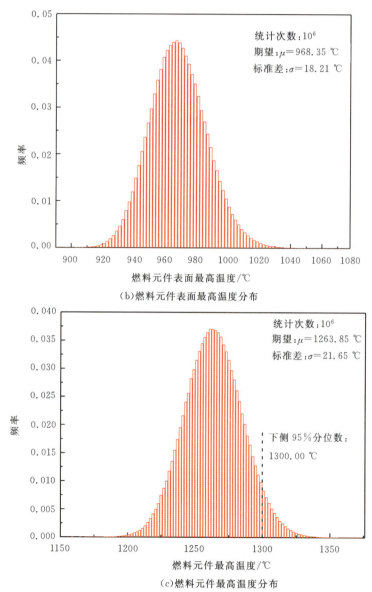

(b)燃料元件表面最高温度分布

(c)燃料元件最高温度分布

图 8-35 高功率模式Ⅱ下 LSSS 临界工况点系统参数分布直方图

8.5.5 响应曲面法

蒙特卡罗方法直接使用 FSAC 来计算输出结果,计算精度较高,但反复运行 FSAC 需消耗大量的计算时间。响应曲面法则是参照输入参数的分布律,安排一定数量的参数抽样组合,由 FSAC 计算输出结果,再根据这一簇输出结果构造出输出响应与输入参数的响应曲面函数,以该函数代替 FSAC 进行模拟计算。该种

第8章 固体燃料熔盐堆安全审评及不确定性分析

近似不可避免的带来一些偏差,但可节约大量计算时间[13]。

目前,有多种模型可用于设计响应曲面,常用模型有中心复合序贯设计、中心复合有界设计及 Box-Benhnken 设计等。文献[14]表明,方差较大时 Box-Benhnken 设计具有更好的稳健性,因此选择该方法,基于 Design-Expert 软件设计响应曲面。因表 8-8 中部分参数期望值由计算过程决定,且与功率的真值具有函数关系,在设计输入参数时,将表 8-8 中参数均先转化为标准正态分布,然后在程序内换算为实际抽样值,以简化响应函数设计,最终的输入参数如表 8-11 所示。根据软件要求,在 8 个输入参数下,需要提供 120 组初始值及 FSAC 计算结果以设计出响应曲面函数。表 8-12 中给出了用于设计响应曲面函数的参数,基于 Design-Expert 软件最终可得 $T_{c,m}$ 及 $T_{f,m}$ 的响应曲面函数为

表 8-11 用于响应曲面生成的输入参数

输入参数	参数说明	分布	期望	标准差
μ_{power}	功率期望	由迭代过程决定	—	—
X_{power}	标准化功率偏差	正态	0	1
X_{flow}	标准化体积流量偏差	正态	0	1
X_{tcout}	标准化出口温度偏差	正态	0	1
X_{ffdf}	标准化热通道流量分配因子($F_f d_f$)偏差	正态	0	1
$X_{h,core}$	标准化换热系数偏差	正态	0	1
$X_{d,fuel}$	标准化燃料元件直径偏差	正态	0	1
$X_{q,fuel}$	标准化单个燃料元件热功率偏差	正态	0	1

表 8-12 响应曲面生成参数表

编号	μ_{power}/MW	X_{power}	X_{flow}	X_{tcout}	X_{ffdf}	$X_{h,core}$	$X_{d,fuel}$	$X_{q,fuel}$	$T_{f,m}$/℃	$T_{c,m}$/℃
1	28	−3	−3	0	−3	0	0	−3	1242.714	986.432
2	27	0	−3	0	0	0	0	−3	1278.996	997.905
3	28	0	−3	−3	3	3	0	0	1213.270	911.652
4	27	0	0	3	0	0	−3	0	1223.777	939.806
5	28	3	0	−3	0	−3	0	3	1342.420	1021.935
6	27	0	−3	0	3	0	3	0	1221.549	929.173
7	28	0	3	0	3	0	0	0	1253.493	958.679
8	27	0	3	0	0	−3	0	3	1268.631	979.693
9	27	−3	0	0	3	3	0	0	1151.033	883.319
10	28	0	0	0	0	0	0	0	1255.979	964.103

续表

编号	μ_{power}/MW	X_{power}	X_{flow}	X_{tcout}	X_{ffdf}	$X_{h,core}$	$X_{d,fuel}$	$X_{q,fuel}$	$T_{f,m}$/℃	$T_{c,m}$/℃
11	28	3	−3	0	0	3	−3	0	1292.323	975.187
12	29	−3	3	−3	0	0	0	0	1211.736	934.083
13	29	0	0	3	0	−3	−3	0	1313.450	1012.565
14	28	−3	0	3	0	3	0	−3	1188.690	922.828
15	28	0	0	0	0	0	0	0	1255.979	964.103
16	28	3	0	3	0	−3	0	−3	1348.111	1029.982
17	28	0	0	0	0	0	0	0	1255.979	964.103
18	28	−3	0	3	3	0	−3	0	1189.289	913.541
19	28	0	3	−3	−3	3	0	0	1258.121	969.405
20	28	−3	0	−3	0	−3	0	−3	1232.569	964.650
21	27	0	−3	0	−3	0	−3	0	1281.997	1008.898
22	28	−3	0	3	−3	0	3	0	1236.881	979.600
23	28	0	−3	−3	−3	−3	0	0	1325.276	1048.992
24	29	3	0	0	0	0	−3	−3	1326.183	999.602
25	28	0	0	0	0	0	0	0	1255.979	964.103
26	27	−3	0	0	−3	−3	0	0	1244.848	998.812
27	28	0	0	0	3	−3	3	−3	1266.876	960.622
28	28	0	0	0	0	0	0	0	1255.979	964.103
29	28	0	0	0	0	0	0	0	1255.979	964.103
30	29	−3	0	0	0	0	3	−3	1217.365	944.595
31	28	3	3	0	0	3	3	0	1276.350	954.986
32	29	0	−3	0	0	3	0	−3	1257.893	957.775
33	29	3	−3	−3	0	0	0	0	1326.587	1003.932
34	29	0	0	3	3	0	0	3	1254.176	941.347
35	29	0	0	−3	3	0	0	−3	1248.195	933.124
36	29	−3	0	0	0	3	0	0	1231.673	963.441
37	27	0	0	−3	0	3	3	0	1214.798	929.066
38	28	0	0	0	3	3	3	3	1212.217	907.771
39	28	3	−3	0	−3	0	0	3	1352.313	1047.389
40	28	0	0	0	3	−3	−3	3	1270.413	964.013

续表

编号	μ_{power}/MW	X_{power}	X_{flow}	X_{tcout}	X_{ffdf}	$X_{h,core}$	$X_{d,fuel}$	$X_{q,fuel}$	$T_{f,m}$/℃	$T_{c,m}$/℃
41	27	0	0	−3	3	0	0	3	1216.329	919.111
42	29	0	0	−3	−3	0	0	3	1302.849	1011.583
43	29	0	3	0	0	−3	0	−3	1303.315	997.413
44	29	0	0	−3	0	3	−3	0	1248.245	946.149
45	28	−3	0	−3	3	0	3	0	1180.487	902.812
46	28	3	0	−3	3	0	−3	0	1283.170	949.441
47	28	−3	−3	0	3	0	0	3	1188.193	914.938
48	28	0	−3	3	0	0	−3	3	1265.880	978.662
49	28	0	3	−3	0	0	−3	3	1250.247	953.135
50	28	−3	0	−3	0	0	0	3	1181.538	914.350
51	28	0	0	0	0	0	0	0	1255.979	964.103
52	28	−3	0	3	0	−3	0	3	1238.702	972.813
53	29	3	0	0	0	0	0	3	1322.855	996.393
54	28	3	−3	0	0	−3	3	0	1349.203	1034.663
55	28	−3	3	0	0	−3	0	0	1226.808	967.783
56	27	3	0	0	3	−3	0	0	1302.534	978.478
57	28	0	3	−3	0	0	3	−3	1247.362	950.360
58	27	0	3	0	0	3	0	−3	1213.549	926.973
59	28	−3	−3	0	0	0	3	0	1190.589	925.076
60	28	0	3	3	3	3	0	0	1213.708	906.706
61	28	3	0	−3	−3	0	3	0	1337.631	1029.814
62	27	0	0	−3	−3	0	0	−3	1268.342	992.774
63	28	3	−3	0	3	0	0	−3	1288.532	960.229
64	27	3	0	0	0	0	−3	3	1290.487	981.841
65	27	0	0	3	3	0	0	−3	1222.447	927.369
66	28	0	−3	3	0	0	3	−3	1263.454	975.768
67	28	0	0	0	−3	3	−3	3	1270.584	984.266
68	28	0	3	−3	3	−3	0	0	1261.339	950.608
69	28	0	0	0	0	0	0	0	1255.979	964.103
70	28	3	3	0	3	0	0	3	1280.837	944.467

熔盐堆热工水力及安全分析

续表

编号	μ_{power}/MW	X_{power}	X_{flow}	X_{tcout}	X_{ffdf}	$X_{h,core}$	$X_{d,fuel}$	$X_{q,fuel}$	$T_{f,m}/℃$	$T_{c,m}/℃$
71	28	0	−3	−3	0	0	3	3	1256.487	967.452
72	29	3	0	0	−3	−3	0	0	1394.897	1085.519
73	29	0	0	3	−3	0	0	−3	1309.904	1019.975
74	28	−3	−3	0	0	−3	−3	0	1242.426	979.220
75	27	0	3	0	3	0	0	−3	1217.423	917.843
76	27	−3	−3	−3	0	0	0	0	1190.250	934.996
77	29	−3	0	0	3	−3	0	0	1230.310	944.154
78	29	0	−3	0	0	−3	0	3	1314.291	1016.754
79	28	0	−3	3	−3	3	0	0	1281.713	997.500
80	28	3	0	3	3	0	3	0	1285.950	954.641
81	28	−3	3	0	3	0	0	−3	1181.803	901.944
82	28	0	0	0	3	3	−3	−3	1214.533	910.031
83	28	0	0	0	−3	3	3	−3	1268.508	981.794
84	29	0	3	0	−3	0	−3	0	1299.094	1007.109
85	28	3	0	3	−3	0	−3	0	1347.341	1041.444
86	28	3	3	0	0	−3	−3	0	1341.685	1018.037
87	27	0	0	3	0	−3	3	0	1274.813	990.790
88	28	3	3	0	−3	0	0	−3	1333.461	1024.812
89	29	0	−3	0	−3	0	3	0	1314.398	1025.314
90	27	0	3	0	−3	0	3	0	1262.624	986.008
91	28	−3	0	−3	−3	0	−3	0	1231.972	973.845
92	27	−3	3	3	0	0	0	0	1188.285	928.346
93	27	−3	0	0	0	0	−3	−3	1190.044	932.589
94	27	0	0	−3	0	−3	−3	0	1272.463	986.096
95	28	0	3	3	0	0	−3	−3	1256.362	961.436
96	27	0	0	3	−3	0	0	3	1275.459	1001.184
97	28	0	0	0	−3	−3	3	3	1317.341	1039.648
98	28	3	0	−3	0	3	0	−3	1280.198	960.461
99	29	3	3	3	0	0	0	0	1322.828	992.856
100	29	−3	0	0	0	0	−3	3	1220.124	947.222

第8章 固体燃料熔盐堆安全审评及不确定性分析

续表

编号	μ_{power}/MW	X_{power}	X_{flow}	X_{tcout}	X_{ffdf}	$X_{h,core}$	$X_{d,fuel}$	$X_{q,fuel}$	$T_{f,m}$/℃	$T_{c,m}$/℃
101	28	3	0	3	0	3	0	3	1287.123	968.878
102	28	0	0	0	−3	−3	−3	−3	1321.031	1043.358
103	27	3	−3	3	0	0	0	0	1297.556	993.953
104	28	0	3	3	−3	−3	0	0	1315.941	1034.926
105	29	0	3	0	0	3	0	3	1244.836	941.204
106	29	3	0	0	3	3	0	0	1276.973	935.399
107	29	0	0	−3	0	−3	3	0	1303.762	1000.827
108	28	−3	3	0	0	−3	3	0	1229.342	959.052
109	27	3	0	0	−3	3	0	0	1302.978	1000.461
110	27	−3	0	0	0	0	3	3	1187.446	930.126
111	27	3	3	−3	0	0	0	0	1281.549	967.466
112	28	0	−3	3	3	−3	0	0	1276.250	974.651
113	29	−3	−3	0	0	0	0	0	1227.403	958.395
114	29	0	−3	0	3	0	−3	0	1256.449	946.410
115	27	0	−3	0	0	0	0	3	1226.078	942.554
116	28	0	−3	−3	0	0	−3	−3	1258.951	970.363
117	27	3	0	0	0	0	3	−3	1287.350	978.828
118	29	0	3	0	3	0	3	0	1246.302	928.768
119	28	−3	3	0	0	3	−3	0	1180.662	912.692
120	29	0	0	3	0	3	3	0	1253.223	952.150

$$T_{c,m}(\mu_{power}) = 717.09996 + 9.43605\mu_{power} + 1.23479X_{power} - 0.43374X_{flow} + $$
$$1.40024X_{tcout} - 1.50663X_{ffdf} - 0.98611X_{h,core} - 0.051559X_{d,fuel} - $$
$$6.72998 \times 10^{-3}X_{q,fuel} + 0.26190\mu_{power}X_{power} - 0.088132\mu_{power}X_{flow} - $$
$$6.22917 \times 10^{-4}\mu_{power}X_{tcout} - 0.40102\mu_{power}X_{ffdf} - $$
$$0.29733\mu_{power}X_{h,core} - 0.015170\mu_{power}X_{d,fuel} + $$
$$4.95069 \times 10^{-4}\mu_{power}X_{q,fuel} - 0.092045X_{power}X_{flow} - $$
$$2.19961 \times 10^{-3}X_{power}X_{tcout} - 0.41896X_{power}X_{ffdf} - $$
$$0.30972X_{power}X_{h,core} - 0.015993X_{power}X_{d,fuel} - $$
$$4.06944 \times 10^{-5}X_{power}X_{q,fuel} - 3.53519 \times 10^{-4}X_{flow}X_{tcout} + $$
$$0.17337X_{flow}X_{ffdf} + 0.074683X_{flow}X_{h,core} + $$
$$3.75574 \times 10^{-3}X_{flow}X_{d,fuel} - 5.11111 \times 10^{-5}X_{flow}X_{q,fuel} - $$

$4.37880 \times 10^{-3} X_{\text{tcout}} X_{\text{ffdf}} + 9.48757 \times 10^{-3} X_{\text{tcout}} X_{\text{h,core}} +$
$8.21667 \times 10^{-4} X_{\text{tcout}} X_{\text{d,fuel}} + 1.11227 \times 10^{-4} X_{\text{tcout}} X_{\text{q,fuel}} +$
$0.14125 X_{\text{ffdf}} X_{\text{h,core}} - 7.54961 \times 10^{-3} X_{\text{ffdf}} X_{\text{d,fuel}} -$
$4.29444 \times 10^{-4} X_{\text{ffdf}} X_{\text{q,fuel}} + 0.032738 X_{\text{h,core}} X_{\text{d,fuel}} +$
$8.03241 \times 10^{-6} X_{\text{h,core}} X_{\text{q,fuel}} - 4.11227 \times 10^{-4} X_{\text{d,fuel}} X_{\text{q,fuel}} -$
$0.021946 \mu_{\text{power}}^2 - 0.022472 X_{\text{power}}^2 + 0.040990 X_{\text{flow}}^2 +$
$1.83011 \times 10^{-4} X_{\text{tcout}}^2 + 0.47024 X_{\text{ffdf}}^2 + 0.62096 X_{\text{h,core}}^2 +$
$1.24690 \times 10^{-3} X_{\text{d,fuel}}^2 - 1.23135 \times 10^{-4} X_{\text{q,fuel}}^2$

(8-8)

$T_{\text{f,m}}(\mu_{\text{power}}) = 831.55141 + 13.78628 \mu_{\text{power}} + 4.76477 X_{\text{power}} - 0.48139 X_{\text{flow}} +$
$0.34746 X_{\text{tcout}} - 3.86597 X_{\text{ffdf}} - 1.18507 X_{\text{h,core}} - 0.96163 X_{\text{d,fuel}} +$
$1.48774 X_{\text{q,fuel}} + 0.44765 \mu_{\text{power}} X_{\text{power}} - 0.049417 \mu_{\text{power}} X_{\text{flow}} +$
$0.027145 \mu_{\text{power}} X_{\text{tcout}} - 0.18211 \mu_{\text{power}} X_{\text{ffdf}} - 0.28209 \mu_{\text{power}} X_{\text{h,core}} +$
$0.017773 \mu_{\text{power}} X_{\text{d,fuel}} - 0.052832 \mu_{\text{power}} X_{\text{q,fuel}} - 0.045609 X_{\text{power}} X_{\text{flow}} -$
$8.10377 \times 10^{-3} X_{\text{power}} X_{\text{tcout}} - 0.23107 X_{\text{power}} X_{\text{ffdf}} -$
$0.29275 X_{\text{power}} X_{\text{h,core}} - 0.031624 X_{\text{power}} X_{\text{d,fuel}} + 0.010113 X_{\text{power}} X_{\text{q,fuel}} -$
$5.87359 \times 10^{-3} X_{\text{flow}} X_{\text{tcout}} + 0.26677 X_{\text{flow}} X_{\text{ffdf}} -$
$0.024727 X_{\text{flow}} X_{\text{h,core}} - 6.35819 \times 10^{-3} X_{\text{flow}} X_{\text{d,fuel}} -$
$9.08519 \times 10^{-4} X_{\text{flow}} X_{\text{q,fuel}} + 6.05500 \times 10^{-3} X_{\text{tcout}} X_{\text{ffdf}} +$
$0.010482 X_{\text{tcout}} X_{\text{h,core}} - 1.34838 \times 10^{-3} X_{\text{tcout}} X_{\text{d,fuel}} -$
$0.011490 X_{\text{tcout}} X_{\text{q,fuel}} - 0.13825 X_{\text{ffdf}} X_{\text{h,core}} -$
$7.54961 \times 10^{-3} X_{\text{ffdf}} X_{\text{d,fuel}} - 9.14306 \times 10^{-3} X_{\text{ffdf}} X_{\text{q,fuel}} +$
$0.041585 X_{\text{h,core}} X_{\text{d,fuel}} + 1.94032 \times 10^{-3} X_{\text{hcore}} X_{\text{q,fuel}} -$
$9.59428 \times 10^{-3} X_{\text{d,fuel}} X_{\text{q,fuel}} + 0.048994 \mu_{\text{power}}^2 - 0.065197 X_{\text{power}}^2 +$
$0.060177 X_{\text{flow}}^2 + 0.024195 X_{\text{tcout}}^2 + 0.61078 X_{\text{ffdf}}^2 + 0.71194 X_{\text{h,core}}^2 +$
$0.013466 X_{\text{d,fuel}}^2 + 0.012209 X_{\text{q,fuel}}^2$

(8-9)

图 8-36 给出了响应曲面函数预测值与 FSAC 计算值的对比,可以看到燃料元件表面最高温度及元件最高温度均具有较好的拟合度。基于式(8-8)、式(8-9),原问题可转化为如下方程

$$P\{T_{\text{f,m}}(\mu_{\text{power}}) < 1300\ ℃,\ T_{\text{c,m}}(\mu_{\text{power}}) < 1200\ ℃\} = 95\% \quad (8-10)$$

使用数值方法直接求解:$\mu_{\text{power}} = 28.31$ MW。即功率为 28.31 MW 时,燃料元件最高温度和燃料元件表面最高温度有 95% 的概率均不超过各自温度限值。该结果较蒙特卡罗方法计算的近似真值偏保守,其偏差是由响应曲面的近似带来的,但可节约大量计算时间。

第 8 章　固体燃料熔盐堆安全审评及不确定性分析

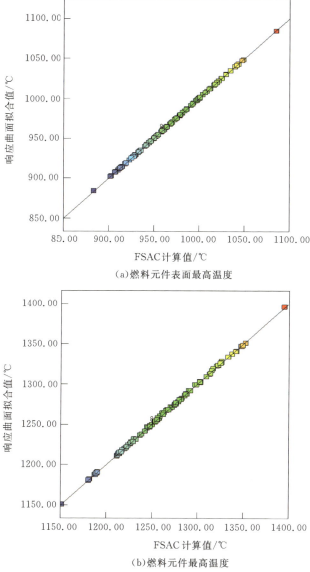

(a) 燃料元件表面最高温度

(b) 燃料元件最高温度

图 8-36　响应曲面拟合值与 FSAC 计算值对比

参考文献

[1] SEYMOUR H. W. Guidelines for Preparing and Reviewing Applications for the Licensing of Non-Power Reactors: NUREG-1537[R]. United States: Nuclear Regulation Commission, 1996.

[2] U. S. NRC. Domestic Licensing of Production and Utilization Facilities [EB/OL]. (2007 – 08 – 28). https://www.nrc.gov/reading-rm/doc-collections/cfr/part050/full-text.html.

[3] ANS. The Development of Technical Specifications for Research Reactors [M]. United States:American Nuclear Society,2007.

[4] MORRIS R N, PETTI D A, POWERS D A, et al. TRISO-Coated Particle Fuel Phenomenon Identification and Ranking Tables(PIRTs) for Fission Product Transport Due to Manufacturing, Operations, and Accidents: NUREG/CR-6844 [R]. United States: Nuclear Regulation Commission,2004.

[5] 吴宗鑫,张作义. 先进核能系统和高温气冷堆[M]:北京:清华大学出版社,2004.

[6] INGERSOLL D T, FORSBERG C W, OTT L J, et al. Status of Preconceptual Design of the Advanced High-Temperature Reactor(AHTR):ORNL/TM-2004/104[R]. United States:Oak Ridge National Laboratory,2004.

[7] HASTELLOY® N alloy [EB/OL]. [2002 – 02 – 03] http://www.haynesintl.com/alloys/alloy-portfolio _/Corrosion-resistant-Alloys/hastelloy-n-alloy/principle-features.

[8] Nuclear Reactor Laboratory. Safety Analysis Report for the MIT Research Reactor: NRL-11-20 [R]. United States: MIT Nuclear reactor laboratory,2011.

[9] CHIANG K, HU L, FORGET B. Thermal Hydraulic Limits Analysis using Statistical Propagation of Parametric Uncertainties[C],2012.

[10] YANG J, OKA Y, LIU J, et al. Development of statistical thermal design procedure to evaluate engineering uncertainty of super LWR [J]. Journal of Nuclear Science and Technology,2006,43(1):32 – 42.

[11] YANG P, JIA H, WANG Z. Preliminary research on RTDP methodology for advanced LPP thermal-hydraulic design [J]. Atomic Energy Science and Technology,2013,47(7):1182 – 1186.

[12] RICHARDS J C, RODGERS T S. Approaches and methods in language teaching [M]. Cambridge, Eng.: Cambridge University Press,2001.

[13] 孙崧青,张忠岳. 不确定度分析方法的改进及实际应用[J]. 原子能科学技术,1996, 30(5):414 – 414.

[14] 方俊涛. 响应曲面方法中试验设计与模型估计的比较研究[D]. 天津:天津大学,2011.

第 9 章　固有安全一体化小型氟盐冷却高温堆 FuSTAR 设计及分析

9.1　FuSTAR 概念设计及应用场景

FuSTAR 根据客户端的需求可以采用不同的设计方案。在要求空间利用率高,且能源利用单一(仅为电能)时,可采用紧凑型方案,如图 9-1 所示。该方案中,采用超临界二氧化碳布雷顿循环作为动力转换系统,实现高效发电,其结构紧凑,便于模块化运输。在客户端能源利用方案需求多元化时,可采用多用途型方案,如图 9-2 所示。在该方案中,设置中间熔盐冷却回路,采用熔盐池作为能量转换枢纽,实现发电、高温工艺热利用、耦合光热发电等功能。

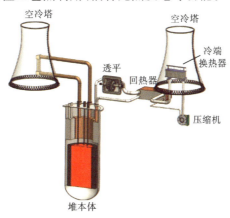

图 9-1　FuSTAR 紧凑型方案

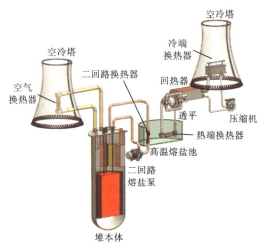

图 9-2 FuSTAR 多用途型方案

9.1.1 概念设计

1. 堆本体设计

FuSTAR 的主回路冷却剂是 FLiBe,冷却剂自堆芯底部流入堆芯,流经堆芯的过程中带走核裂变产生的能量。冷却剂从堆芯顶部流出后在顶部上腔室偏转,向下流入主换热器(Primary Heat Exchanger,PHE)内放热,随后进入主泵加压。在泵出口处,大部分冷却剂沿着下降通道进入堆芯底部,少部分向上回流,进入直接换热器(Direct Heat Exchanger,DHE)放热,之后在上升段出口与来自堆芯的冷却剂主流汇合后,重新进入 PHE,形成局部回流回路。堆芯的冷却参数如表 9-1 所示[1]。

表 9-1 堆芯冷却参数

参数	值
热功率/MW	125
运行压力/MPa	约 0.1
冷却剂入口温度/℃	650
冷却剂出口温度/℃	700
流量/(kg·s^{-1})	1050

FuSTAR 的 PHE 和 DHE 采用冗余配置,在上升段围板周围交替安装 6 个 PHE 和 3 个 DHE,如图 9-3 所示。三个 PHE 即可带走 99% 的堆芯总功率,剩下三个作为备用。经过中子物理和燃耗计算,衰变热占堆芯总功率的 1%,由非能动余热排出系统(Passive Residual Heat Removal System,PRHRS)的三个 DHE 共

第9章　固有安全一体化小型氟盐冷却高温堆 FuSTAR 设计及分析

同排出。所有的热交换器都采用更紧凑、机械强度更好的印刷电路板式热交换器（Printed Circuit Heat Exchanger，PCHE）[2-4]。

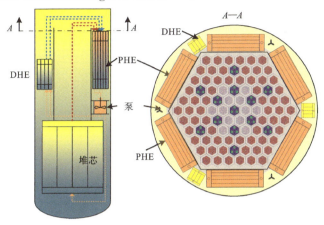

图9-3　堆本体纵向和横向剖面图

FuSTAR 堆芯由 91 盒组件组成，组件与组件间按六角形栅格排列，组件外围布置石墨反射层，堆芯的主要几何参数如表 9-2 所示，堆芯布置如图 9-4 所示。

表 9-2　FuSTAR 堆芯主要几何参数

区域	参数	数值
活性区	高度/mm	3000
	等效直径/mm	3040
	体积/m^3	23
非活性区	径向反射层等效厚度/mm	250
	轴向反射层厚度/mm	200
燃料组件	燃料组件数目/个	78
	燃料组件高度/mm	3400
	石墨盒子厚度/mm	35
	燃料元件圈数	7
	燃料元件总数	127
	元件栅距/mm	15
	组件间距/mm	244
控制组件	控制组件数目/个	13
	正常运行调节控制棒数目/个	3
	备用控制棒数目/个	4

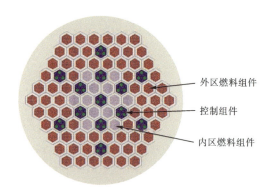

图 9-4 FuSTAR 堆芯布置示意图

堆芯按照富集度不同分为内区三圈和外区三圈两个区域。其中堆芯内部区域 ^{235}U 平均富集度为 15%,堆芯外围区域 ^{235}U 平均富集度为 17.5%,全堆富集度不超过 20%。三种组件详细布置如图 9-5 所示。

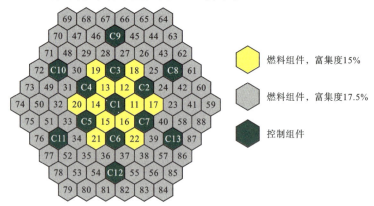

图 9-5 FuSTAR 堆芯组件布置图

2. 燃料组件与控制组件

在燃料组件中,燃料棒与石墨组件盒组成六角形的燃料组件,组件包含了七圈紧凑型布置的棒栅,共计 127 根棒,燃料棒之间依靠螺旋十字形燃料棒的周期性叶瓣点接触固定。燃料组件均为不带控制棒的燃料组件。堆芯的控制组件径向结构如图 9-6(a)所示,燃料组件径向结构如图 9-6(b)所示。控制组件没有燃料棒,均为控制棒,控制棒材料为高富集度的 B_4C。在正常运行工况时,通过调整编号为 3、5 和 7 控制棒的插入深度来控制堆芯的反应性,在事故工况或停堆时,编号为 1、2、4 和 6 的控制棒插入组件中投入使用。

第 9 章 固有安全一体化小型氟盐冷却高温堆 FuSTAR 设计及分析

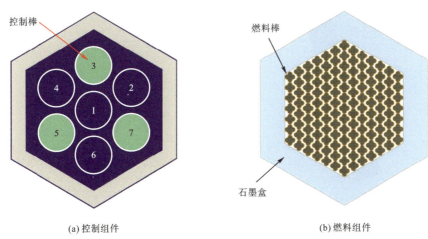

(a) 控制组件　　　　　　　　　　　(b) 燃料组件

图 9-6　堆芯燃料组件径向结构

3. 燃料元件

FuSTAR 燃料元件为弥散型螺旋十字形燃料棒,UO_2 作为核燃料,TRISO 颗粒燃料弥散在螺旋十字形燃料的石墨基体中[5],填充率为 50%。螺旋十字形燃料元件的设计参数如表 9-3 所示,其三维和径向结构如图 9-7 所示。选择碳-碳 (Carbon-Carbon,C-C) 复合材料作为包壳材料[6]。C-C 复合材料直接加工成螺旋形的包壳,TRISO 颗粒和石墨填充至包壳内。

表 9-3　螺旋十字形燃料元件的设计参数

	材料	几何参数	数值
基体	石墨 IG110	螺距 S/mm	300
		叶瓣半径 R_1/mm	3.5
		叶谷半径 R_2/mm	0.5
包壳	C-C 复合材料	厚度 D/mm	0.8
		宽度 H/mm	15
TRSIO 颗粒	UO_2	燃料核心半径/μm	50
	疏松 PyC	Buffer 层厚度/μm	95
	致密 PyC	IPyC 层厚度/μm	40
	SiC	SiC 层厚度/μm	35
	致密 PyC	OPyC 层厚度/μm	40

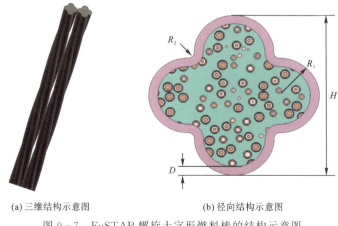

(a) 三维结构示意图　　　　　(b) 径向结构示意图

图 9-7　FuSTAR 螺旋十字形燃料棒的结构示意图

9.1.2　应用场景

FuSTAR 可以实现光-热-核-储综合能源利用,从高温制氢(700 ℃)到集中供热(100 ℃),实现不同温度热量梯级利用,如图 9-8 和图 9-9 所示[7,8]。

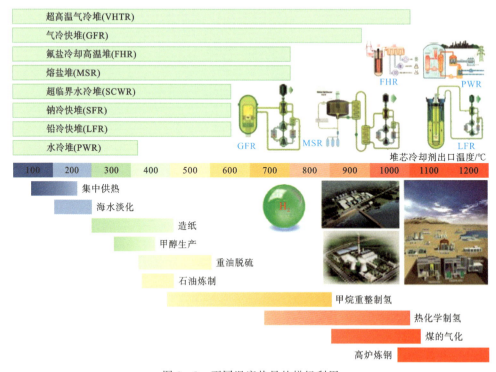

图 9-8　不同温度热量的梯级利用

第9章 固有安全一体化小型氟盐冷却高温堆 FuSTAR 设计及分析

(a) 光热发电　　　　　　(b) 制氢工业　　　　　　(c) 高温工艺热利用

图 9-9　FuSTAR 工业应用场景

FuSTAR 的多用途型方案中设计的熔盐池,作为能量储存的"仓库",可以根据设计需求分配热量。如高温热制氢,需要近 700 ℃ 的高温,可将其置于熔盐储热池高温区。为更充分地利用熔盐储热池中的热量,需要经过详细的设计,在不同温度位置放置不同需求的热接口。该种热利用方案经济性高,但要求各系统间合理分配热量。FuSTAR 系统热利用示意图如图 9-10 所示。

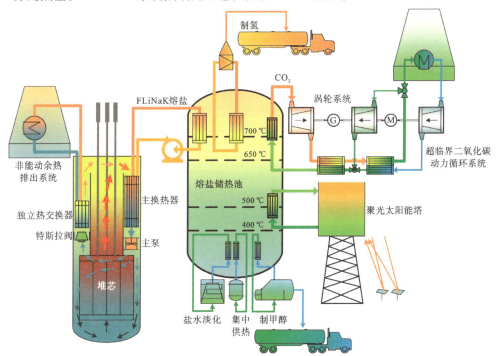

图 9-10　FuSTAR 系统热利用示意图

FuSTAR 具有固有安全性高和经济性潜能高的优势,且其可以小型模块化建造。FuSTAR 可以在多种场景下应用:在资源丰富的地区,FuSTAR 可以支持该地区的资源开发利用;FuSTAR 具有良好的隐蔽性和集约度,其可为偏远的军事基地提供一体化能源解决方案,提高其战略设施的生命力和战斗力;在干旱国家和地区,将 FuSTAR 建造在沿海区域,可以进行核能海水淡化,代替传统的海水淡化工业,降低海水淡化成本。

9.2 FuSTAR 堆本体设计

本研究针对第 9.1 节中提出的 FuSTAR 概念设计与应用场景以及相关的指标参数开展 FuSTAR 堆本体设计,包括堆芯活性区的物理设计、热工水力分析、物理热工耦合计算、螺旋十字形燃料通道内高温熔盐模化工质的热工水力分析、非能动余热排出系统设计及堆芯安全设计准则等。

9.2.1 设计软件及验证

本研究针对物理计算、热工计算、多物理场耦合分析以及非能动余排系统设计分别使用了不同堆芯物理计算程序、热工水力计算程序以及自编程程序。下面对 FuSTAR 设计中使用的计算程序进行简要介绍。

1. 概率论中子物理计算程序

近年来,随着计算机算力的增长,连续能量蒙特卡罗方法[9]被广泛应用于临界安全分析[10]、辐射屏蔽和剂量率计算[11]、探测器建模和确定论输运程序验证[12,13]等工作。蒙特卡罗方法输运程序可以处理复杂的三维几何形状,并在微观层面上对中子相互作用进行模拟,而无需做大量近似。因此,蒙特卡罗方法计算程序的结果往往可以代替实验而作为基准解。当计算对象的堆型规模较大时,确定论程序的一步法需要对全堆芯进行精细建模并采用超精细能群进行计算,这时计算量会大幅增加。当确定论程序计算完毕后,仍需要使用蒙特卡罗方法计算程序对其进行验证。由此可以看到,使用蒙特卡罗方法对反应堆堆芯的计算是现代反应堆物理设计的趋势。

本研究在计算过程中使用的是 SERPENT 程序[14]。SERPENT 是由芬兰 VTT 技术研究中心开发的多用途三维连续能量蒙特卡罗粒子输运程序。SERPENT 程序的开发始于 2004 年,由 OECD/NEA 和 RSICC 于 2009 年公开发布。目前,其应用功能已涵盖传统的反应堆物理应用,包括栅格均匀化、临界计算、燃料循环研究、反应堆建模、确定论程序验证等;同时可以完成辐射剂量计算、屏蔽、核聚变研究和医学物理的中子和光子输运模拟;此外还可以导入非结构化网格,对多种复杂元件进行建模并开展相关中子学计算。

与一般的蒙特卡罗程序类似,SERPENT 的几何建模采用基于重复结构的构造立体几何(Constructive Solid Geometry,CSG)模型,通过该模型可以建立任何二维或三维几何的反应堆或其他试验装置。除了支持传统的方形和六角形栅格排列布置,SERPENT 还为 CANDU 型燃料组件和 TRISO 颗粒燃料提供了特殊的几何建模方式。SERPENT 从 ACE 格式的数据库中读取连续能量截面。粒子相互作用基于经典碰撞理论、ENDF 反应通道和不可分辨共振区的概率表抽样的处理方法。由于数据格式与 MCNP 共享,任何能为 MCNP 生成的连续能量 ACE 格式数据库都可以与 SERPENT 一起使用。数据格式决定了粒子相互作用的规律,因此 SERPENT 的计算结果可以预期在统计学范围内与 MCNP 一致。SERPENT 中的燃耗计算完全基于内置的求解器模块,没有与任何外部程序耦合。SERPENT 对燃耗区域的数量没有限制(当可燃材料的数量很大时,内存的使用可能需要优化)。SERPENT 简化了燃耗计算的输入方法,不需要用户选择裂变和活化产物以及锕系核素进行计算,可燃材料的位置自动划分为燃耗区。辐照过程支持以时间或燃耗为单位来定义。反应率可通过总功率、功率密度、通量、裂变率等开展计算,并可以将辐照过程划分为若干独立的燃耗步。通过重新启动功能可以执行换料/倒料操作或用户自定义过程。SERPENT 可以进行简单几何的体积和质量计算,复杂几何的数据可以利用其他蒙特卡罗体积计算程序或用户手动输入获得。SERPENT 有两种完全不同的方法来求解燃耗方程。第一种方法是嬗变轨迹分析(Transmutation Trajectory Analysis,TTA)方法,基于线性化燃耗链的解析解。第二种方法是切比雪夫有理逼近方法(Chebyshev Rational Approximation Method,CRAM),这是 VTT 为 SERPENT 开发的一种高级指数矩阵求解方法。对大部分例题,这两种方法具有较高的一致性。燃耗算法包括传统的显式欧拉法和预测校正法。

SERPENT 可以在计算机集群和多核工作站中并行运行。并行化采用基于线程的 OpenMP 处理,它的优点是计算节点内的所有 CPU 内核都访问相同的内存空间,不同 CPU 内核之间的数据交互速度为内存速度,这将极大减少 CPU 内核之间的通信时间并大大提高并行效率。通过分布式内存 MPI 进行节点间的指令调用与数据传输,因此可以将计算问题划分到多个不同的计算节点,开展大规模并行计算。除粒子输运模拟外,SERPENT 对于燃耗计算也可以并行化,其将预处理和燃耗过程划分到多个 CPU 之间开展并行运算。SERPENT 也可以为其他堆芯程序提供少群群常数。用户可以通过自定义的探测器来计算各种反应率,其结果可以划分成任意能群,反应率的计算还提供了多种响应函数,可以输出多种物理量结果。燃耗计算的输出包括核素成分、活度、自发裂变率、衰变热和放射性毒性等数据。数据可以为每个燃耗步骤单独计算和输出。所有数值输出均可生成为 MATLAB 输入文件,通过 MATLAB 进行绘图以简化运算结果的后处理。SERPENT 同时也提供了几何和反应速率绘图功能,方便结果的可视化。

此外 SERPENT 使用了《国际临界安全基准实验评估手册》的实验配置和数据对临界安全分析进行系统验证。在辐射屏蔽计算时也进行了类似的验证。目前 SERPENT 生成的群常数已被用于多种节块扩散程序[15],如 PARCS、DYN3D 和

熔盐堆热工水力及安全分析

VTT 开发的其他一些程序。使用 SERPENT 进行铅基堆堆芯物理初步方案分析计算是可行的。本研究计算中使用的程序版本为 SERPENT – 1.1.19。

此外,本研究也采用了 MCNP 进行了中子物理计算校核。MCNP 是由美国洛斯阿拉莫斯国家实验室开发的大型通用三维蒙特卡罗方法计算程序。MCNP 可以用于计算三维复杂几何结构的中子、光子、电子或者耦合中子/光子/电子的输运问题,同时可以对反应堆临界系统开展相关计算。MCNP 以其灵活、通用的特点以及强大的功能被广泛应用于辐射防护与屏蔽优化[16]、反应堆设计[17]、核医学[18]等学科领域。目前 MCNP 针对国际基准装置或大型反应堆的计算结果已经被广泛采纳为解析解,用于检验其他计算程序的计算结果。本研究计算中使用的程序版本为 MCNP5。

2. 确定论中子物理计算程序

本研究使用的确定论中子物理计算程序是 DRAGON,版本为 DRAGON – 5。DRAGON[19]是由加拿大蒙特利尔理工学院基于 ANSI-C 与 FORTRAN 2003 开发的一款功能强大的开源确定论计算分析程序。DRAGON 可以使用多种格式的核数据库,包括 WIMS、MATXS、ENDF 以及适用于 DRAGON 的 Draglib 等格式数据库。DRAGON 还包含了各种丰富的中子输运方程求解模型,包括一维、二维和三维的圆形、方形及六角形的离散纵标法求解器、穿透概率法和碰撞概率法求解器、特征线方法输运求解器等。对于共振自屏模块,DRAGON 中包含基于子群方法、广义 Stamm'ler 方法等共振自屏计算方法。此外,DRAGON 中还可以使用上述输运计算方法为扩散计算方法生成少群均匀化常数。在本研究中,使用开源程序 DRAGON 对 FuSTAR 进行组件输运计算以生成均匀化少群常数,作为参数输入提供给多物理场耦合计算平台进行中子扩散计算。

3. 热工水力计算程序

流体力学中对流体运动的描述主要有欧拉法与拉格朗日法。欧拉法不直接追踪流动质点的运动过程,而是以流场为对象,研究各个时刻质点在流场中的变化规律。拉格朗日法研究每个质点的运动参数随时间的变化规律,综合所有流动质点运动参数的变化后得到整个流场的规律。

目前对于热工水力的计算主要采用欧拉法来求解整体流场,守恒形式的控制方程如下所示:

$$\frac{\partial \rho}{\partial t} + \nabla \cdot (\rho \boldsymbol{U}) = S \quad (9-1)$$

$$\frac{\partial}{\partial t}(\rho \boldsymbol{U}) + \nabla \cdot (\rho \boldsymbol{U}\boldsymbol{U}) = -\nabla p + \nabla \cdot \boldsymbol{T} + \rho \boldsymbol{g} + \boldsymbol{f} \quad (9-2)$$

$$\frac{\partial}{\partial t}(\rho E) + \nabla \cdot (\rho E \boldsymbol{U}) = \boldsymbol{f}_b \cdot \boldsymbol{U} + \nabla \cdot (\boldsymbol{U} \cdot \boldsymbol{\sigma}) - \nabla \cdot \boldsymbol{q} + S_E \quad (9-3)$$

第 9 章　固有安全一体化小型氟盐冷却高温堆 FuSTAR 设计及分析

式中：ρ 为流体密度；∇ 为哈密顿算符；μ 为动力黏度；$\boldsymbol{g}=[0,0,-9.8]$ 为重力加速度；f 为外力场；$\boldsymbol{T}=\mu\left[(\nabla\boldsymbol{U}+\nabla\boldsymbol{U}^{\mathrm{T}})-\dfrac{2}{3}\nabla\cdot\boldsymbol{U}\boldsymbol{I}\right]$ 为黏性应力张量；E 为能量；f_b 为体积力；$\boldsymbol{\sigma}=-p\boldsymbol{I}+\boldsymbol{T}$ 为应力张量，p 为热力学压力；q 为热流密度；S_E 为外能量源项；t 为时间。

  计算时首先需要对计算对象开展网格划分，针对不同的网格划分来选取不同的方程离散格式，离散完毕后得到一组大型差分方程组进而组装稀疏矩阵开展全场求解。使用的离散方法主要有有限体积法、有限差分法、有限元法、边界元法等。有限体积法适合求解含有对流项的微分方程，而有限元法则对结构力学以及导热问题的求解比较适合。其中对于流体力学方程的求解，采用有限体积法对守恒性方程进行离散，计算结果拥有很好的守恒特性；有限差分方法的守恒性较差，但是其通过对微分方程进行高阶泰勒展开可以达到很高的精度。对于工业设计，使用高精度离散格式的有限体积法即可满足精度要求。本研究在计算过程中采用的是 ANSYS Fluent（以下简称 FLUENT）和 SIEMENS STAR-CCM+（以下简称 STAR-CCM+）及 OpenFOAM 开展从反应堆元件、组件到堆芯的三维热工水力计算。

  FLUENT 是国际知名专业机构基于压力基与密度基的 CFD 计算程序，同时包含了丰富的物理模型、先进的数值算法和强大的前后处理功能。FLUENT 使用有限体积方法，可以完成非结构网格、结构化网格、混合网格以及动网格的生成与求解。FLUENT 15.0 开始支持使用 GPU 加速代数多重网格（Algorithm Multi-Grid，AMG）算法对流场矩阵进行加速求解，可以完成 CPU 与 GPU 的异构并行计算。同时 FLUENT 拥有丰富的二次开发用户接口（User Defined Function，UDF），用户可以针对流场计算、方程更改以及结果的后处理来开发相应的接口程序供 FLUENT 调用，完成不同特定功能需要。目前 FLUENT 的湍流模型主要有 Spalart-Allmaras 一方程模型、Standard $k-\varepsilon$ 模型、RNG $k-\varepsilon$ 模型、Realizable $k-\varepsilon$ 模型、Standard $k-\omega$ 模型以及考虑了低雷诺数修正以及壁面剪切应力的 SST $k-\omega$ 模型等。FLUENT 为压力基求解器开发了多种求解策略，包含了 SIMPLE、SIMPLEC、PISO 以及 COUPLE 算法，用户可以依据需要计算的工况选取合适的求解策略。

  STAR-CCM+是由德国工业公司 SIEMENS 开发的高性能 CFD 计算程序，是国际上首个掌握使用多面体核心网格生成与求解技术的软件。多面体核心网格相较于四面体非结构网格可以在保持相同计算精度的前提下，实现计算性能的大幅提高。同时 STAR-CCM+还可以进行流场、力场以及电磁场的多物理场耦合计算，软件集成度高，有利于提高使用效率。目前 STAR-CCM+的湍流模型主要使用雷诺时均的 Navier-Stokes 湍流模型，主要包括 $k-\varepsilon$ 湍流模型、$k-\omega$ 湍流模型、Spalart-Allmaras 一方程模型以及雷诺应力模型。每种湍流模型中又包含了多种对不同问题修正后的湍流模型。此外,STAR-CCM+针对边界层计算中的壁面函数进行了优化,可以依据用户选用的不同湍流模型进行修正的全壁面 Y+壁面函数,使计算获得更好的稳定性和精度。

OpenFOAM 最早是由英国帝国理工大学 Henry Willer 与 Hrvoje Jasak 开发的一款开源的通用网格系统下的有限体积离散求解计算程序。OpenFOAM 中提供了丰富的有限体积离散算子和张量运算算符,用户可以方便地植入自己的物理模型。OpenFOAM 目前已经越来越广泛地应用于工业及相关实践生产环境中。OpenFOAM 中含有丰富的湍流模型,包括针对 $k-\varepsilon$ 和 $k-\omega$ 的二阶和三阶非线性本构关系的湍流模型、v2-f 模型以及雷诺应力输运模型等;同时也提供多种优化求解策略和算法,如用于稳态求解的 SIMPLE 算法,用于瞬态求解的 PISO 算法、PIMPLE 算法等。OpenFOAM 与上述两款软件最大的不同是其源代码是完全开放的,各个研究机构与专家学者均可以在此基础上进行模型的开发、计算和验证。因此基于 OpenFOAM 开发的计算程序可以做到完全地自主可控。

本研究使用的热工水力计算软件和程序版本为 ANSYS Fluent 19.2、SIEMENS STAR-CCM+ 20.0 与 OpenFOAM v2006。

9.2.2 设计要求与材料选型

1. 设计要求

根据第 9.1 节中对 FuSTAR 的概念设计与应用场景分析,需要对 FuSTAR 的堆芯设计开展"自下而上"的底层到顶层设计。燃料作为堆芯内重要的安全屏障,为了确保 FuSTAR 的固有安全性,因此需要进行高安全燃料的方案设计。通常高安全燃料需要满足以下几点要求:

(1)芯块材料能够包容裂变气体;
(2)包壳不易破损;
(3)材料具有辐照稳定性;
(4)材料具有较高的熔点;
(5)材料在氟盐环境下化学性能稳定;
(6)材料不易变形;
(7)燃料热学性能好(温度梯度小);
(8)燃料具有固有安全性(负温度系数)。

因此,在开展材料选型、方案设计的过程中,要尽可能满足高安全燃料设计方案的以上几点要求。同时,FuSTAR 的设计仍然需要满足高出口温度、各类设计基准事故工况下的安全性、与二回路耦合时系统整体的高热效率等要求。

2. 燃料芯块材料

常见的燃料根据材料的不同可分为:金属燃料、陶瓷燃料(包括氧化物燃料、碳化物燃料、氮化物燃料)、弥散型燃料等。不同的燃料,在其力学、热学、中子学、化学等方面的特性存在差异,导致其在应用过程中展现出不同的性能。

目前,被广泛应用于压水堆中的核燃料是二氧化铀(UO$_2$)陶瓷燃料。它是一种黑色的固体,熔点高达 2865 ℃,晶格结构为各向同性的面心立方。UO$_2$ 陶瓷燃料具有辐照稳定性强且与水和包壳材料的相容性较好等特点。但是,由于陶瓷燃料的导热性能差,在反应堆运行时芯块中心温度和边界处的温度差异大,其产生的热应力容易导致芯块开裂,使大规模放射性物质释放的可能性增加。因此,有必要采用新型安全核燃料替代现有的陶瓷燃料。

UZr 燃料[20]作为一种金属燃料,具有较高的密度及较低的中子寄生吸收。具有单位体积的燃料装量大、反应堆的临界体积小的特点,可作为小型紧凑反应堆的燃料方案。UZr 燃料具有较高的热导率,因此中心燃料温度及温度梯度较低,减小了燃料内部的热应力。UZr 燃料的晶格结构可以包容裂变气体,另外通过调整掺杂 Zr 的含量,可以提高合金的固相温度。此外 UZr 燃料具有易加工成型的特性,可通过双金属挤压法去除包壳材料与燃料之间的气隙,降低燃料与包壳表面的温度梯度。但是 UZr 燃料熔点低,在较高的温度下晶相会发生变化,这是 UZr 燃料相较于陶瓷燃料不足的地方。

弥散型燃料通过将包覆颗粒[21](TRISO 燃料)弥散在基体材料中加工得到。包覆颗粒的材料结构如图 9-11 所示。TRISO 燃料的中心为燃料核芯(Kernel),是裂变发生区域,在反应堆运行过程中会产生裂变气体以及 CO 等气体,并为第一包覆层提供沉积基面;第一包覆层为疏松热解碳层(即 Buffer),能够储存裂变气体和 CO,CO$_2$ 的多孔结构,同时也能起到缓冲的作用,防止核裂变碎片侵出对第二包覆层产生损伤;第二包覆层为内致密热解碳层(IPyC),阻止气体进入第三包覆层,同时为第三包覆层提供沉积基面;第三包覆层为碳化硅层(SiC),起到阻挡裂变产物释放以及承受内压保持包覆颗粒完整性的关键作用;第四层为外致密热解碳层(OPyC),在燃料元件制备过程中能够对 SiC 层起到保护作用。弥散型燃料采用石墨作为基体,其热导率高于二氧化铀陶瓷燃料,导热性能更优。另外由于采用了疏松热解碳层能有效的包容裂变气体,无需额外设置气隙,从而可以进一步降低温度梯度。弥散燃料同时也继承了 UO$_2$ 陶瓷燃料的高熔点的特点。但是弥散型燃

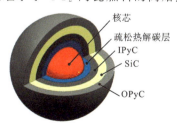

图 9-11 TRISO 包覆颗粒燃料分布结构图

料相较于其他形式的燃料,其燃料的有效密度较低,会增加堆芯的临界尺寸,并且由于采用慢化能力较强的石墨作为基体,因此会使得反应堆能谱较软,从而造成燃耗反应性损失较大。

表 9-4 对比了不同芯块材料性能的优缺点。UZr 燃料和弥散型燃料都有较高的热导率且燃料温度梯度较低,使得正常运行和事故下燃料和包壳的温度满足温度限值的要求,而且两者都能包容裂变气体,从而降低放射性物质大规模释放的可能,可以作为高安全燃料方案的候选材料。

表 9-4 不同芯块材料性能优缺点

	陶瓷燃料	UZr 燃料	弥散型燃料
优点	熔点高	热导率高	熔点高
	辐照稳定性强	有效密度大	热导率高
	化学相容性好	晶格结构可包容裂变气体	缓冲层可包容裂变气体
	技术成熟,造价低	无气隙,温度梯度小,易加工	无气隙,温度梯度小
缺点	热导率低,温差大	熔点低	燃料有效密度低
	放射性包容差	高温下,晶相会发生变化	

3. 包壳材料

包壳[22]作为放射性物质包容的第一道屏障,要求在反应堆运行和事故工况下,能够保证包壳具备足够的力学强度、结构保持完整且材料的温度不超限值。燃料包壳是反应堆内服役条件最为苛刻的部件,燃料包壳受到的辐照剂量最大(>100 DPA)并且需要承受壳壁内侧燃料的肿胀以及裂变气体带来的压力和高温冷却剂的腐蚀作用。对于小型氟盐冷却高温堆,其工作环境为高温、高辐照、强腐蚀的恶劣环境,因此对包壳材料的选取提出了较高的要求。从力学的角度分析,包壳材料需要具有较好的强度、延展性和韧性,这样在恶劣情况下才会降低包壳破损或者结构失效的概率;从化学的角度分析,包壳要与燃料有好的化学相容性,同时具有较好的抗冷却剂腐蚀的性能;从传热学角度分析,要求包壳具有较好的导热性能,从而降低内外温差;从中子学角度分析,要求包壳材料具有较小的中子吸收截面以及辐照损伤截面以提升中子经济性和材料强度。

碳-碳复合材料是一种由碳纤维增强碳基体的新型热结构复合材料,具有重量轻、模量高、比强度大、热膨胀系数低、耐高温、耐热冲击、耐腐蚀、吸震性好、高温下强度保持率高等优异性能。从 20 世纪 60 年代起成为航天航空领域一种重要的热结构复合材料。

Hastelloy N 合金是美国橡树岭国家实验室在二十世纪五六十年代发展熔盐堆过程中,研发的一种高温抗腐蚀结构材料。Hastelloy N 合金是一种固溶强化镍

第9章　固有安全一体化小型氟盐冷却高温堆 FuSTAR 设计及分析

基高温合金。相比 Hastelloy 合金，Hastelloy N 合金具有 Mo 含量高、Cr 含量低的成分特点。高含量的 Mo 用于强化合金，而低含量的 Cr 用于增强合金的抗腐蚀性。表 9-5 给出了 Hastelloy N 主要合金元素的特性。尽管 Hastelloy N 合金，在高温、腐蚀的环境下表现出较好的性能，但是其在中子学方面存在较强的有害吸收，很难作为活性区域内的结构材料，因此常常作为冷却剂管材。

表 9-5　Hastelloy N 主要合金元素特性

合金元素	主要性能	其他性能
Ni	作为基体，与各金属元素相容性好，可改进热稳定性与制造性能	提高在中性、还原性和碱性介质中的耐腐蚀性，改进耐氯化物晶间腐蚀性
Cr	改进氧化性腐蚀介质中的耐腐蚀性	提高耐局部腐蚀的性能
Mo	改进还原性腐蚀介质中的耐腐蚀性	提高耐局部腐蚀和耐氯化物晶间腐蚀的性能，可固溶强化
N	奥氏体组织稳定剂	提高耐局部腐蚀性能和热稳定性，可改善力学性能
Si	提高对氧化性矿物酸、硫酸和硝酸的耐酸性能	在特定的腐蚀环境中有害
Fe	改进合金元素与基体的相容性	置换镍降低成本和提高废料的利用率

HT-9 是比较成熟的铁素体/马氏体不锈钢，具体表现为高辐照剂量下极低的肿胀率、高热导率以及低热膨胀系数。HT-9 具有很高的抗辐照肿胀性能，已广泛应用于快堆燃料包壳设计。美国研发的 HT-9，在 600 ℃辐照剂量约为 200 DPA 时也有足够的抗辐照肿胀能力。在 EBR-Ⅱ和 FFTF 中对 HT-9 进行辐照实验，温度约为 400～420℃，辐照剂量达到 200 DPA，结果显示在 EBR-Ⅱ中肿胀率小于 3%，在 FFTF 中肿胀率小于 2%。

表 9-6 对比了不同包壳材料性能的优缺点，Hastelloy N 合金由于中子经济性差，要作为包壳材料需要高富集度铀，很难满足设计要求，HT-9 和碳-碳复合材料可以作为高安全燃料方案的候选包壳材料。

表 9-6　不同包壳材料性能优缺点

	HT-9	Hastelloy N	碳-碳复合材料
优点	耐高温	耐高温	力学性能好
	辐照稳定性强	耐腐蚀	耐高温
	技术成熟	技术成熟	耐腐蚀
缺点	—	中子经济性差	技术成熟性低

4. 慢化剂材料

反应堆的中子能谱影响反应堆内裂变核素、可燃核素、非可燃核素的裂变截面、吸收截面和散射截面,使得反应堆呈现不同的中子平衡关系,从而影响堆芯整体中子学性能,如临界体积、临界质量、燃耗反应性损失等。慢化剂材料[23]通常选取质量数较低的核素,中子通过与慢化剂的原子核发生散射碰撞,改变能量,进而能够改变反应堆的能谱。因此,慢化剂材料的选取,在反应堆方案设计过程中起着关键的作用。

慢化剂材料的主要要求是:

(1) 相对原子质量低,热中子吸收截面小,散射截面大;
(2) 原子密度高,即单位体积内的原子数目多;
(3) 与冷却剂具有良好的化学相容性;
(4) 良好的热稳定性和辐照稳定性;
(5) 良好的传热性能;
(6) 如果采用固体慢化剂,则需要具有较好的机械强度;
(7) 容易制造获取,成本低廉。

常用的慢化剂有轻水、重水、石墨、铍、氧化铍等。表 9-7 给出了几种常见慢化剂材料的性能表。

表 9-7 不同慢化剂材料慢化性能表

	轻水	重水	石墨	铍
密度 $\rho/(kg \cdot m^{-3})$	1000	1100	1620	1840
微观吸收截面 σ/barn	0.66	0.0026	0.0037	0.010
宏观吸收截面 Σ_a/cm^{-1}	0.022	0.000085	0.00037	0.00123
慢化能力 $\xi\Sigma_s/cm^{-1}$	1.5	0.18	0.065	0.16
慢化比 $\xi\Sigma_s/\Sigma_a$	70	2100	170	130

轻水和重水作为液态慢化剂,虽然具有较强的慢化能力,但在小型氟盐冷却堆的高温环境下工作,需要对慢化剂栅格进行隔热处理或者设计为承压构件,两者都会增加组件结构的复杂程度,降低安全性能。

单质铍或氧化铍的慢化能力优于石墨,用它作慢化剂可缩小堆芯尺寸。铍具有中子增殖反应(γ,n)和$(n,2n)$,有利于提高反应堆的中子经济性。但单质铍或氧化铍的抗腐蚀能力差(高温下溶于氟盐中),其价格高昂且有剧毒,因此在实际的应用中受到了诸多限制。

石墨作为慢化剂已经用于各种类型的反应堆,是目前使用最广泛的固体慢化剂。石墨的吸收截面小、价格便宜并且耐高温。石墨与氟盐冷却剂有很好的相容性,这在 MSRE 实验堆的实际运行中已被证明。但是石墨的散射截面小于其他慢化剂,因此对于减小堆芯尺寸不利。不同慢化剂材料性能优缺点如表 9-8 所示。

表 9-8 不同慢化剂材料性能优缺点

	轻水/重水	单质铍或氧化铍	石墨	无慢化
优点	慢化能力强	慢化能力强	吸收截面小	结构简单
	应用广泛	中子经济性好	与氟盐化学相容	燃耗反应性损失小
缺点	高温下非常压	不耐腐蚀,有毒性	堆芯体积大	燃料装量大

5. 冷却剂材料

氟盐冷却高温堆一回路采用熔融盐作为冷却剂。冷却剂[24]的作用是将燃料中产生的核热传送至热交换器。此外冷却剂在堆内有一定的中子慢化效果,同时还能屏蔽部分伽马射线。因此,可以从化学、传热学、中子学等方面进行考察,筛选得到适用于小型氟盐冷却高温堆的冷却剂材料。

在化学性能方面,主要考虑的是熔盐的腐蚀性能以及高温稳定性。其中腐蚀性是熔盐选择面临的一个重要问题,必须选择合适的结构材料,确保熔盐不会对反应堆容器、堆内构件、包壳、管道材料等造成腐蚀。由于熔盐堆运行温度较高,并且需要在辐照条件下长期运行,因此熔盐必须有稳定的化学性能,不能出现在高温条件下分解等情况。

在传热学方面,熔盐冷却高温堆堆芯入口温度为 650 ℃,考虑 100 ℃防凝结的裕量,熔盐的熔点要低于 550 ℃;在运行和各种事故工况温度环境下,主回路冷却剂的蒸气压要低于一个大气压;各种事故工况下的冷却剂的温度要低于冷却剂的沸点;需要有较低的黏滞系数和较大的热容;冷却剂的密度随温度的变化有较大的改变,使得自然循环能够建立。FLiBe 三元熔盐满足以上传热学的要求,其中当 LiF 与 BeF_2 摩尔比为 2∶1 时,冷却剂具有较低的熔点,同时能够保证具有较低的黏性系数。

在中子学方面,熔盐冷却高温堆需要具有负的空泡效应。在栅格设计时,需要设计成欠慢化栅格;熔盐需要具备辐照稳定性,氟盐是所有盐中在辐照场下与阳离子结合最稳定的化合物,因此冷却剂具有较低的放射性活度,可以简化燃料的在役操作和检查系统,同时可以降低二次屏蔽的要求;熔盐冷却剂核素需要具有较低的中子吸收截面,因此对于 FLiBe 三元熔盐,要减少碱金属元素锂中同位素 ^6Li 的含量,从而降低有害中子吸收,可采用 ^7Li 富集度为 99.99% 的锂。

综上,FLiBe 三元熔盐可以作为熔盐冷却高温堆的冷却剂,其中 LiF 与 BeF_2 的摩尔比为 2∶1,^7Li 富集度为 99.99%。

6. 反射层材料

堆芯反射层[25]不仅可以降低堆芯活性区的中子泄漏,提高中子的利用率,还可以提高燃料利用率。由于反射层的作用使得堆芯活性区的通量分布较裸堆更为平坦,因而也有利于展平堆芯功率分布,提高堆芯的平均功率输出。此外,处于堆芯活性区与反应堆容器之间的反射层也有效地降低了压力壳内壁的快中子(>1 MeV)注量率。

因此,为了充分发挥反射层的作用,作为反射层的材料应当具备以下主要特性:首先,应当具有较大的散射截面或输运截面,这样会增大堆芯边缘的中子返回堆芯的概率,即增大反照率;其次,反射层应当具有较小的吸收截面,以减少反射层对中子的吸收;再者,就是拥有良好的慢化能力,这样不仅可以降低压力壳内壁的快中子(>1 MeV)注量率,而且可以提高热中子的反射比例。因此,良好的慢化剂材料通常也是良好的反射层材料,如轻水、重水、BeO、石墨和 Al_2O_3 等。

轻水和重水虽然都具有较强的慢化能力,但在高温环境下工作,反射层内具有较高的压力,与冷却剂氟盐的常压工作环境不匹配。BeO 作为一种反射层材料,其慢化能力较强,可以减少反射层厚度,但是其价格高昂且有剧毒,同样在实际的应用中受到限制。石墨作为反射层材料,其熔点高,且与氟盐冷却剂有很好的化学相容性。Al_2O_3 作为一种常见的陶瓷材料,具有熔点高、造价低、易加工等特点,目前较为广泛地应用于压水堆中,同样可以作为氟盐冷却堆的反射层材料。

对于小型氟盐冷却高温堆,其反射层分为径向反射层和轴向反射层。径向采用石墨作为反射层材料,它与慢化剂为同一种材料,可以降低径向的内部应力;轴向采用 Al_2O_3 作为反射层材料,易于将 Al_2O_3 加工成芯块并装配于包壳中。

7. 吸收体材料

在核反应堆中,B_4C 材料经常被用作堆芯控制棒材料来控制反应堆反应性[26]。B_4C 材料被广泛地应用在核反应堆中,如欧洲的 BWR 和部分 PWR(包括俄罗斯的 VVER),先进堆型中国快中子增殖反应堆及高温气冷堆也采用 B_4C 材料作为控制材料。

B_4C 材料中的硼有 ^{10}B 和 ^{11}B 两种同位素,天然 B 中 ^{10}B 约占 19.8%(原子百分量),占 80.2% 的 ^{11}B 几乎不吸收中子,^{10}B 吸收中子发生 (n,α) 反应产生锂和氦,它对热中子的吸收截面达到 3837 靶,其吸收截面高,能谱宽,仅次于钆、钐、镉等少数几种元素。B_4C 晶体能够容纳锂原子,且具有较高的持有氦的能力,氦释放率低,材料不易肿胀。另外,B_4C 还具有高熔点(2450 ℃)、高硬度(仅次于金刚石和立方氮化硼)、抗辐照、化学性质稳定、制造成本低的特点。因此,为提高控制棒的价值,小型氟盐冷却高温堆采用 ^{10}B 富集度为 90% 的 B_4C 材料。

9.2.3 中子物理与热工水力计算

1. 燃料栅格与堆芯设计

通过以上的材料选型分析,确定了小型氟盐冷却高温堆的选材范围,还需要在

第9章 固有安全一体化小型氟盐冷却高温堆 FuSTAR 设计及分析

此基础上根据实际的需求制定可行的方案。其中,燃料方案是整套方案中最为重要的一部分,其决定了反应堆的燃料装量、体积、能谱、燃耗深度等一些较为重要的指标参数。

螺旋十字形燃料(Helical Cruciform Fuel,HCF)[27]的几何形式与传统的棒状燃料存在差异,如图 9-12 所示。这样的几何变化带来了传热性能的改善:在径向上,HCF 类似于在棒状燃料的基础上增加了像肋片一样的翼,可以增加润湿周长和换热面积;在轴向上,螺旋十字燃料呈扭转螺旋状,具有更好的横向搅混能力。

图 9-12 螺旋十字形燃料示意图

HCF 伸出的翼使得燃料之间无需通过定位隔架或者绕丝就能实现燃料的整体定位装配。这种定位方式,结构形式上更为简单,可以降低燃料组件的制作加工成本,也从根本上避免了由于定位隔架对燃料磨损而导致包壳破裂的情况发生。此外还可以大幅降低堆芯内由于定位格架而导致的压降,降低泵功,从而增大 FuSTAR 系统整体的循环效率。并且凹谷处的表面为自由表面,可以容纳由于辐射肿胀产生的形变,减小了由于应力集中而导致结构材料失效情况的发生概率。

表 9-9 对比了 HCF 与传统压水堆燃料的性能。HCF 作为一种新型燃料,虽然技术上还不成熟,但是在对流换热、包壳破损、辐照肿胀等指标方面优于传统的压水堆燃料,具有一定的优势和发展前景,可作为新型固有安全一体化小型氟盐冷却高温堆 FuSTAR 的燃料形式。

表 9-9 HCF 与传统燃料性能对照表

	HCF	传统燃料	推荐
对流换热	旋转流道,对流换热能力强	垂直流道,横向流弱	HCF
包壳破损	燃料直接接触,破损率低	定位隔架对包壳有磨损	HCF
辐照肿胀	凹表面容纳肿胀形变,减少应力	较大应力,易疲劳	HCF
制作加工	技术不成熟,成本高	技术成熟,成本低	传统燃料

FuSTAR 的栅格设计采用 TRISO 弥散在石墨基体的燃料形式和石墨慢化剂,并且采用多组件多元件紧凑堆芯设计。这样的设计可以使反应堆的能谱较软、

熔盐堆热工水力及安全分析

更容易达到临界并且燃料装量较小。由于能谱较软,燃耗反应性损失大,需要的初始剩余反应性大,控制棒的数量较多,因此可以采用带有控制棒的燃料组件的形式;弥散型芯块与碳-碳复合材料包壳韧性差,通过旋转的方式制成螺旋十字燃料有一定的难度,可直接加工旋转形的包壳,弥散型芯块则加工成芯块颗粒,将芯块滑入旋转形的包壳内制成。石墨慢化剂的慢化能力不及其他慢化剂,慢化剂装量大,堆芯的径向尺寸会有一定程度的增加,另外弥散型芯块的有效密度较低,也会增加堆芯的临界尺寸,因此需要优化燃料的形状,提高栅格内燃料的有效装载量,降低堆芯尺寸。弥散型芯块和碳-碳复合材料包壳温度限值高,降低了传热性能的压力。碳-碳复合材料包壳对中子有害吸收小,并且与氟盐有较好的化学相容性。FuSTAR 的堆芯设计所采用的材料、燃料棒参数以及组件参数如表 9-10 所示。

表 9-10 FuSTAR 材料选型、燃料棒参数及组件参数

	参数	方案
材料选型	芯块材料	TRISO 弥散在石墨基体中
	包壳材料	碳-碳复合材料
	冷却剂材料	$LiF:BeF_2=1:2$
	慢化剂材料	石墨
	反射层材料	石墨与 Al_2O_3
	吸收体材料	B_4C
	屏蔽材料	含硼不锈钢与混凝土
燃料棒参数	燃料棒形状	螺旋十字形
	螺距	300 mm
	包壳厚度/D	0.8 mm
	轮廓尺寸/H	15 mm
	接触翼半径/R_1	3.5 mm
	凹谷半径/R_2	0.5 mm
组件参数	布置方式	六角布置
	栅距	15 mm
	栅格圈数	7 圈
	栅格盒材料	石墨
	栅格盒厚度	4.0 cm

如图 9-13 所示,常见的螺旋燃料有十字形燃料棒和三叶形燃料棒。当两种燃料棒面积相同时,十字形具有较大的润湿周长,因此具有更高的换热系数,更有利于流动传热。此外,十字形燃料棒栅距更短,有利于减小反应堆径向尺寸。

第9章 固有安全一体化小型氟盐冷却高温堆 FuSTAR 设计及分析

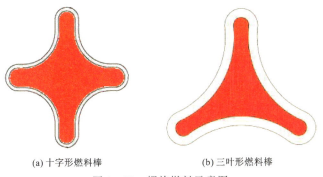

(a) 十字形燃料棒　　　　　(b) 三叶形燃料棒

图 9-13　螺旋燃料示意图

十字形燃料棒及三叶形燃料棒旋转角度 θ 均为 30°时，前后的布置方式如图 9-14 和图 9-15 所示。可以看出，平均每旋转 30°的情况下，十字形燃料棒与其他燃料棒均有四个接触点，而每个三叶形燃料棒与其他燃料棒有三个触点。从总的触点上看十字形燃料棒多于三叶形燃料棒，因此由十字形燃料棒构成的组件其结构上更加稳定。另外，所有十字形燃料棒在每个横截面上呈现的方向是一致的，有利于安装和固定。综上所述，FuSTAR 采用六角形布置下的螺旋十字燃料。

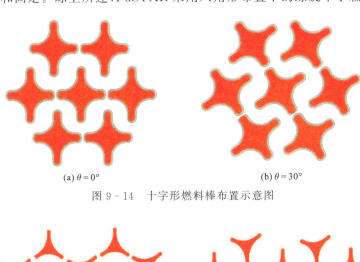

(a) $\theta = 0°$　　　　　　　(b) $\theta = 30°$

图 9-14　十字形燃料棒布置示意图

(a) $\theta = 0°$　　　　　　　(b) $\theta = 30°$

图 9-15　三叶形燃料棒布置示意图

熔盐堆热工水力及安全分析

弥散芯块采用的燃料为 TRISO 颗粒燃料,其材料及结构尺寸参照美国橡树岭国家实验室给出的 TRISO 方案[28],其中燃料核芯采用 UO_2 作为燃料。燃料棒为弥散型螺旋十字燃料棒。TRISO 颗粒燃料弥散在螺旋十字燃料的石墨基体中,体积填充率为 50%,螺距为 300 mm,其结构尺寸见表 9-10,径向结构如图 9-16 所示。要提高燃料有效装量,选择较大的 R_1 值,同时选择较小的 R_2 值。因此,$R_1=3.5$ mm,$R_2=0.5$ mm,从外形上看燃料棒更接近圆胖形。

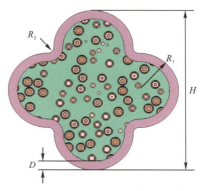

图 9-16　HCF 径向结构示意图

组件采用燃料棒与石墨组件盒组成的六角形组件方案,包含了七圈紧凑型布置的棒栅,共计 127 根棒。燃料棒之间通过突出的接触翼直接接触,栅距等于弥散型螺旋十字燃料棒的轮廓尺寸(1.5 cm),组件盒壁厚为 4 cm,起到加强慢化的作用。组件分为带控制棒的燃料组件和不带控制棒的燃料组件,组件径向结构如图 9-17 所示。控制棒吸收体材料为 ^{10}B 富集的 B_4C。

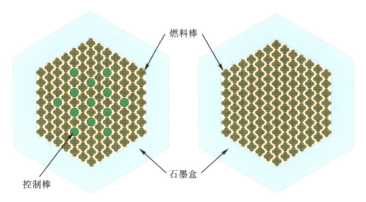

图 9-17　组件径向结构示意图

堆芯布置如图 9-18 所示,由 91 盒燃料组件组成,组件与组件按六角形栅格排列,组件间距 244 mm。在组件外围布置石墨反射层以减少中子泄露,使得整个堆芯形状接近于一个圆柱体。堆芯等效直径为 304 cm,活性区等效直径为 254 cm,径向反射层等效厚度为 25 cm,活性区高度 300 cm,轴向反射层厚度为 20 cm。堆芯总共装载 11076 根燃料棒,按照富集度不同堆芯分为内区三圈和外区三圈两个区域。其中堆芯内部区域 ^{235}U 平均富集度为 15%,堆芯外围区域 ^{235}U 平均富集度为 17.5%,全堆富集度不超过 20%。表 9-11 汇总了 FuSTAR 的关键几何参数与材料等信息,用于堆芯物理设计和计算分析。

第 9 章 固有安全一体化小型氟盐冷却高温堆 FuSTAR 设计及分析

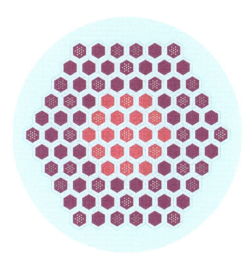

图 9-18 FuSTAR 堆芯布置示意图

表 9-11 FuSTAR 主要设计参数

参数	数值/说明
堆芯热功率/MW	125
冷却剂	LiF：BeF_2（1：2）
燃料形式	螺旋十字燃料
燃料材料	弥散型燃料
燃料有效密度 ρ_{fuel}/(g·cm^{-3})	2.57
^{235}U 平均富集度/%	17.5/15
燃料基体材料	石墨
燃料 TRISO 颗粒填充率	50.0%
燃料包壳材料	碳-碳复合材料
燃料包壳密度 ρ_{clad}/(g·cm^{-3})	1.98
燃料包壳厚度/mm	0.8
燃料轮廓尺寸 D/mm	15.0
燃料接触翼半径 R_1/mm	3.5
燃料凹谷半径 R_2/mm	0.5
燃料螺距/cm	30.0
组件总数	91
组件形状	六角形
不含控制棒燃料组件数量	54

351

续表

参数	数值/说明
含控制棒燃料组件数量	37
调节棒组件	25
应急安全棒组件	12
组件中心距/cm	24.4
组件盒材料	石墨
组件盒厚度/cm	4.0
组件内棒数量	127
组件棒间距/mm	15.0
含控制棒组件控制棒数量	13
控制棒吸收体材料	^{10}B 富集的 B_4C
控制棒吸收体密度 ρ_{absorb}/(g·cm^{-3})	2.5
^{10}B 富集度/%	90.0
控制棒内径/mm	12.4
控制棒包壳厚度/mm	0.5
堆芯直径/cm	304
径向反射层材料	石墨
径向反射层厚度/cm	25
堆芯高度/cm	340
活性区高度/cm	300
轴向反射层材料	Al_2O_3
轴向反射层厚度/cm	20

2. 临界与燃耗计算

应用 SERPENT 程序,对堆芯方案进行了计算,得到寿期初有效增殖因子 k_{eff} 为 1.24624,有效缓发中子份额 β_{eff} 为 0.00667,寿期末有效增殖因子为 1.00464,有效缓发中子份额为 0.00555。图 9-19 给出了干净堆芯(堆芯内无任何控制毒物)情况下 k_{eff} 随时间变化的燃耗曲线。

经过计算,得到各类控制棒的价值,表 9-12 列出了寿期初和寿期末的控制棒价值计算结果,图 9-20 给出了调节棒在寿期初和寿期末随插入深度的积分价值变化曲线。计算结果表明本方案的控制棒系统可以提供足够的反应性控制能力,并且寿期初的控制棒价值略低于寿期末的控制棒价值。

第9章 固有安全一体化小型氟盐冷却高温堆 FuSTAR 设计及分析

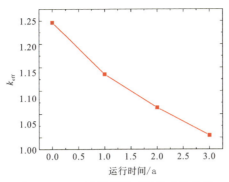

图 9-19 k_{eff} 计算值随时间的变化曲线

表 9-12 控制棒价值

燃耗阶段	参数			
	控制棒类型	数量	总价值/10^{-5}	平均单棒价值/10^{-5}
寿期初	调节棒	25	32229	1289
	安全棒	12	5111	426
寿期末	调节棒	25	36666	1467
	安全棒	12	6674	556

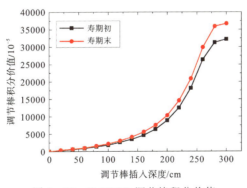

图 9-20 FuSTAR 调节棒积分价值

对于堆芯的近邻界方式,FuSTAR 采用调节棒全部插入堆芯至临界棒位,安全棒全部提出的方式。在寿期初,使用 SERPENT 进行临界搜索计算,可以得到临界棒位为 222 cm。寿期末时,由图 9-21 的燃耗计算结果可以看出,调节棒与安全棒全部提出堆芯即可。结合临界搜索和控制棒价值计算,表 9-13 给出了各类控制棒在寿期初和寿期末能提供的停堆裕量,从结果中可以看到寿期初和寿期末,调节棒提供的停堆裕量分别为 13382×10^{-5} 和 36666×10^{-5},安全棒提供的停堆裕量分别为 5111×10^{-5} 和 6674×10^{-5},两套停堆系统均可以满足停堆深度的要求。

表 9-13 停堆裕量

控制棒类型	寿期初/10^{-5}	寿期末/10^{-5}
调节棒	13382	36666
安全棒	5111	6674

FuSTAR 设计热功率为 125 MW，满功率运行 3 a，每年(365 d)设置 1 个燃耗点开展燃耗反应性差异计算。图 9-21 给出了计算得到燃耗反应性损失及燃耗随时间变化的曲线，由图可知寿期末燃耗达到 5.3×10^4 MW·d/Mt，堆芯采用两批换料，能够满足 1×10^4 MW·d/Mt 的卸料燃耗深度的要求。表 9-14 给出了 FuSTAR 满功率运行 3 a 后，堆内主要锕系核素成分变化与燃耗结果。

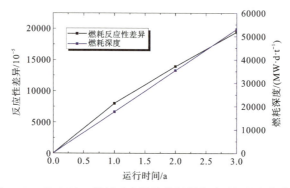

图 9-21 FuSTAR 燃耗反应性及燃耗深度随时间的变化曲线

表 9-14 FuSTAR 堆内主要锕系核素成分变化与运行结果

参数	内堆芯	外堆芯	全堆芯
堆芯重核装载量/t	0.54	2.04	2.58
^{235}U 平均富集度/%	15	17.5	—
可裂变材料装载/kg	81.1	356.8	437.9
^{235}U(寿期初)	81.1	356.8	437.9
^{235}U(寿期末)	36.4	205.6	242.0
钚	14.7	43.8	58.5
平均燃耗/%FIMA	8.75	7.00	7.37

3. 功率分布与热工水力计算

对分区布置方案进行分析计算，得到不同燃耗点的功率分布。如图 9-22 与

图 9-23 所示,组件径向功率峰因子在寿期初和寿期末分别为 1.270 和 1.276。组件轴向功率分布如图 9-24 所示。在寿期初,由于控制棒临界棒位较低,导致整个轴向功率因子呈现下高上低的情况,考虑到堆芯入口处冷却剂温度低,并不会较大幅度地增加冷却剂、燃料和包壳的温度。另外,由于熔盐冷却剂不存在 DNBR,对热流密度没有特别要求,即使轴向峰因子较大也不会产生安全问题。在寿期末,控制棒提出活性区,轴向功率峰因子出现的位置转变为堆芯中部。

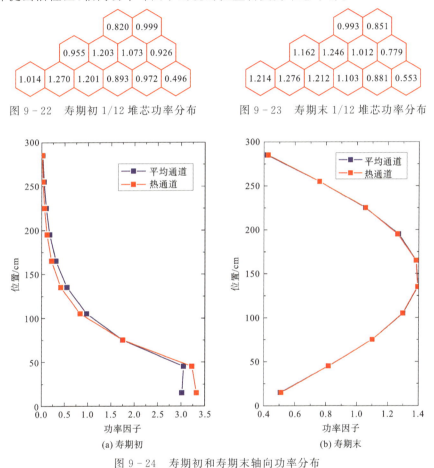

图 9-22 寿期初 1/12 堆芯功率分布　　图 9-23 寿期末 1/12 堆芯功率分布

(a) 寿期初　　(b) 寿期末

图 9-24 寿期初和寿期末轴向功率分布

接下来首先根据已有设计参数,从热工以及力学的角度出发,开展燃料元件最优螺距的选取。并在此基础上,根据已有的堆芯设计以及物理计算得到的功率分布,开展堆芯三维 CFD 仿真模拟分析,包括最热通道和 1/6 堆芯热工水力分析,由此来校核反应堆物理设计方案是否满足热工要求以及得到堆芯整体的热工参数分布。

FuSTAR 堆芯活性区高度为 3000 mm,故备选螺距分别为 100 mm、200 mm、

300 mm、500 mm、600 mm、1000 mm、1500 mm，图 9-25 为不同螺距下热性能系数、轴向变形、表壳表面最大应力以及最大热应力的对比，其中热性能系数为衡量流动换热综合性能的参数，定义如下：

$$热性能系数 = \frac{Nu/Nu_0}{(f/f_0)^{1/3}} \quad (9-4)$$

式中：Nu_0 和 f_0 分别取燃料元件不发生扭转时的努塞特数和摩擦因子。

由图 9-25 可知，随螺距的增加，热性能系数呈下降趋势。在螺距为 600 mm 后，变化较小趋于稳定，包壳表面最大应力呈先下降再上升再下降的趋势。在螺距为 500 mm 处达到最小，螺距为 1000 mm 处达到最大，轴向变形和最大热应力均变化幅度较小。故综合以上四个参数，选取 FuSTAR 所使用的 HCF 螺距为 300 mm。

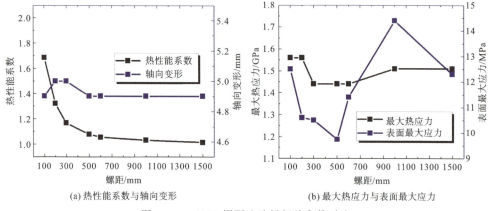

图 9-25 HCF 螺距比选择相关参数对比

接下来使用物理计算得到的堆芯裂变功率分布开展 HCF 单通道分析计算，该计算的保守性和快速性既可以提高反应堆的设计安全性，也可以极大地缩短反应堆设计周期，故在反应堆设计及安全评审中普遍使用。针对 FuSTAR 堆芯的热工水力设计，本研究开展了适用于最热通道热工水力特性的三维数值分析，图 9-26 为 HCF_TRISOC 具有代表性的最热通道几何模型。

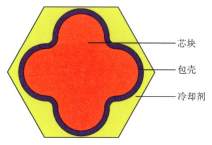

图 9-26 最热通道几何模型

计算得到 FuSTAR 最热通道内 HCF 峰值温度为 1142 K，包壳峰值温度为 1106 K，TRISO 核芯峰值温度为 1145 K。对于固有安全一体化小型氟盐冷却高温堆 FuSTAR，燃料最高温度限值为 1573 K，故最热通道的保守计算结果低于温

第9章 固有安全一体化小型氟盐冷却高温堆 FuSTAR 设计及分析

度限制,因此满足温度安全要求。

图 9-27 展示了最热通道 CFD 计算的不同的场分布。从图 9-27(a) 中可以看出为 FuSTAR 设计的 HCF 燃料的轴向温度场分布比较均匀,且包壳内表面和外表面温差较小,对包壳的力学性能考验较低。HCF 包壳的周向温度具有周期性,在凹谷处温度较高,而花瓣位置温度较低。图 9-27(b) 展示了 HCF 的归一化温度分布,可以看出芯块中心与边缘的温度不均匀性较低,温度梯度较小,可以有效提高安全裕量并降低材料热应力。图 9-27(c) 和 (d) 展示了最热通道流场的计算结果。从计算结果中可以看出,HCF 的特殊结构可以有效引起强迫横向流动交混,最大的横向速度可以占到主流最高速度的 10%,有利于增强燃料的对流换热,提升固有安全性质。

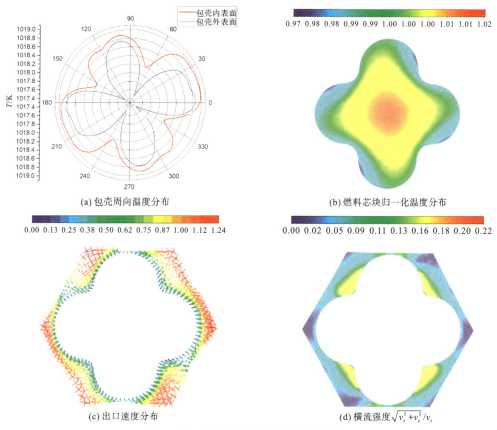

图 9-27 最热通道 CFD 计算的场分布

4. 1/6 堆芯热工水力分析与反应性反馈

根据堆芯的对称性,选取 1/6 堆芯进行 CFD 建模分析,得到堆芯整体热工水力参数分布,并为物理计算提供更为准确的热工参数分布。由于精细建模网格量过于庞大,故采用多孔介质的方法进行计算分析。如图 9-28 所示,1/6 堆芯共包括 18 个组件,每一个组件内部燃料元件和冷却剂区域视为一个多孔介质域,采用单组件精细建模计算得到压降与速度拟合关系式,从而为多孔介质 CFD 计算提供阻力系数输入。采用非热平衡多孔介质模型,考虑固体和流体之间的换热以更加精确地求解燃料温度与冷却剂之间的反馈效应。图 9-29 展示了 FuSTAR 堆芯整体温度分布和 $Y=0$ 平面温度分布,表 9-15 则给出了具体相关的热工水力参数。

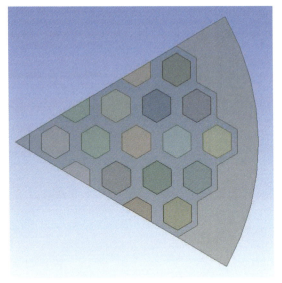

图 9-28 1/6 堆芯多孔介质建模

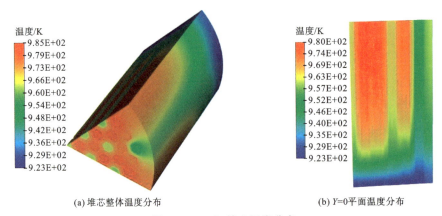

(a) 堆芯整体温度分布   (b) $Y=0$ 平面温度分布

图 9-29 1/6 堆芯温度分布

第 9 章 固有安全一体化小型氟盐冷却高温堆 FuSTAR 设计及分析

表 9-15 堆芯关键部件平均温度

参数	温度/K
燃料	985.41
包壳	985.41
冷却剂	963.73
组件盒	964.23
反射层	960.74
冷却剂入口温度	923.15
冷却剂出口温度	974.75
进出口温差	51.60

反应堆具有负的反应性系数对反应堆安全具有至关重要的作用,通过 SERPENT 程序对 FuSTAR 燃料多普勒系数、冷却剂温度系数、结构径向膨胀系数、燃料轴向膨胀系数、轴向反射层温度系数和冷却剂空泡效应(全排空)进行了计算分析,结果如表 9-16 所示。由计算结果可知燃料多普勒系数、结构径向膨胀系数、冷却剂温度系数数值较大且均为负值,燃料轴向膨胀系数以及轴向反射层温度系数数值较小,因此 FuSTAR 方案具有较高的固有安全性。图 9-30 给出了冷却剂空泡引入的反应性随空泡份额的变化曲线。通过冷却剂空泡效应的计算可以看到,FuSTAR 的冷却剂空泡系数始终为负。

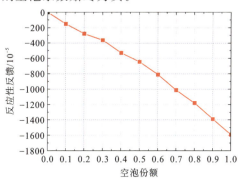

图 9-30 空泡引入反应性反馈随空泡份额的变化曲线

表 9-16 反应性反馈系数

物理量	计算值
燃料多普勒系数/($10^{-5} \cdot K^{-1}$)	-4.76
冷却剂温度系数/($10^{-5} \cdot K^{-1}$)	-0.41
结构径向膨胀系数/($10^{-5} \cdot K^{-1}$)	-1.57

续表

物理量	计算值
燃料轴向膨胀系数/(10^{-5}·K^{-1})	-0.13
轴向反射层温度系数/(10^{-5}·K^{-1})	≈0.00
冷却剂空泡效应(全排空)/10^{-5}	-1590

9.2.4 均匀化少群常数制作与堆芯核热耦合分析

核反应堆多物理场耦合计算是现代反应堆综合分析的重要技术。传统的反应堆分析中,中子物理与热工水力是相互独立开展计算的。因此传统的分析技术无法精确捕捉反应堆热工水力及中子物理耦合的动态反馈特性,得到的结果是偏保守的。这样会使得反应堆工程设计人员为堆芯设计留有较高的安全裕量,使得堆芯的建造成本提高。

本研究为 FuSTAR 开展了基于开源物理计算程序 DRAGON 与开源反应堆多物理场耦合分析计算平台 FUMU 的三维全堆芯核热耦合计算。DRAGON 对 FuSTAR 组件开展二维精细输运计算,并对其进行组件均匀化与并群,计算得到的群常数作为 FUMU 的输入参数,FUMU 开展全堆芯中子物理与热工水力计算分析。

基于 FUMU 的核热耦合计算可以捕捉反应堆内精细的动态反馈特性,为反应堆工程设计提供参考,并节约成本。

1. 核热耦合流程

FuSTAR 三维核热耦合流程如图 9-31(a)所示,首先由 DRAGON 程序开展二维组件均匀化输运计算,对纯燃料组件、含有控制毒物的燃料组件、反射层组件等开展输运计算,使用通量-体积权重法完成生成组件均匀化少群常数。生成的少群常数作为 FUMU 的输入参数。

首先 FUMU 对初始物理场进行初始化,然后首先开展中子物理计算,通过求解三维全堆芯中子扩散方程,得到各个能群的相对中子通量与堆芯的归一化裂变功率分布。将归一化裂变功率作为能量源项赋值给非热平衡多孔介质模块。

FUMU 求解守恒型非热平衡多孔介质方程,得到多孔介质域冷却剂和燃料温度分布,之后通过导热方程反推出各个燃料棒内部与包壳的温度分布。计算完毕后将燃料温度、冷却剂温度、冷却剂密度及相关其他热工参数作为反馈传递给 FUMU 的物理计算模块。由此开展全堆芯核热耦合计算,收敛判据是相邻两次迭代的 k_{eff} 的浮动小于 10^{-3},且全堆芯中子通量浮动小于 10^{-5}。

同时,使用中子学基准设计软件 MCNP 与商业软件 STAR-CCM+ 开展外部弱耦合计算,以此结果作为参考与 FUMU 的耦合计算开展对比研究,具体流程如

图 9-31 所示。

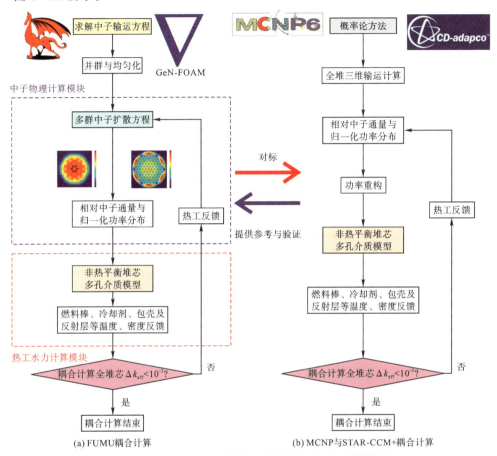

图 9-31　FuSTAR 全堆芯三维核热耦合对比计算流程

2. 均匀化少群常数制作

FuSTAR 的少群常数使用开源程序 DRAGON 完成。DRAGON 是由加拿大蒙特利尔理工学院开发的一款一维、二维、三维多尺度的中子输运计算程序。DRAGON 含有丰富的物理计算模型，包括碰撞概率法、离散纵坐标法、球谐函数法、特征线法等。目前加拿大核管会已经对 DRAGON 开展了验证与确认（V&V，Verification and Validation），证明 DRAGON 对于目前常见堆型均可开展较为精准的物理计算分析。

DRAGON 在生成 FuSTAR 均匀化少群常数时，通过求解积分型中子输运方程获得组件内的精细通量分布，然后利用加权均匀化保证核反应率守恒。积分输运方程与常见的微分-积分输运方程在原理上是等价的，同时积分型中子输运方程在求解反应堆栅元或燃料组件等复杂几何形状的非均匀系统内的中子通量分布及功率分布都要更加方便。其优点是计算简单并能得到相对来说比较高的计算精度。由于对于燃料或者控制栅元等非均匀特性较强、结构较为复杂的问题,应用扩散理论开展求解将会产生较大的误差,如果采用高阶的微分-积分输运方程开展求解则会导致较高的计算量。积分型输运方程虽然计算时间较扩散方程略长一些,但是可以得到比扩散理论高得多并且接近于其他精确输运理论的精度。DRAGON 内包含的输运计算模型有:穿透概率法、碰撞概率法、含有扩散修正加速的离散纵坐标法、球谐函数法、特征线法等。其中,DRAGON 推荐使用最新的基于界面流的碰撞概率法模块:EXCELT 与 NXT,该方法离散并求解积分型中子输运方程,如式(9-5)所示。

$$\phi(r,V_n,\Omega,t) = e^{-\tau(b,V_n)}\phi\left(r-b\Omega,V_n,\Omega,t-\frac{b}{V_n}\right) \\ + \int_0^b \mathrm{d}s e^{-\tau(s,V_n)} Q\left(r-s\Omega,V_n,\Omega,t-\frac{s}{V_n}\right) \tag{9-5}$$

式中:ϕ 为中子角通量密度;Ω 为中子输运方向;r 为位置矢量;V_n 为中子运动速度大小;t 为时间;b 为起始位置;s 为终止位置;Q 为源项,包含散射源项、裂变源项及外源项,稳态情况下,其计算公式如下:

$$Q(r,E,\Omega) = \int_{4\pi} \mathrm{d}\Omega' \int_0^\infty \mathrm{d}E' \Sigma_s(r,E \leftarrow E',\Omega' \leftarrow \Omega)\phi(r,E',\Omega') \\ + \frac{\chi(E)}{4\pi k_{\mathrm{eff}}} \int_0^\infty \mathrm{d}E' \gamma \Sigma_f(r,E')\psi(r,E') \tag{9-6}$$

式中:$\psi(r,E') = \int_{4\pi} \mathrm{d}\Omega \phi(r,E',\Omega)$ 为中子标通量密度;$\chi(E)$ 为中子裂变谱;γ 为每一次裂变平均产生中子数;τ 为光学厚度,其计算公式如下:

$$\tau(s,V_n) = \int_0^s \mathrm{d}s' \Sigma(r-s'\Omega,V_n) \tag{9-7}$$

式中:$\Sigma(r-s'\Omega,V_n)$ 为中子总截面。

本研究使用 DRAGON 需要开展本征值计算以制作群常数,主要使用稳态形式的中子输运方程,即式(9-5)中不含时间 t;若开展瞬态计算,则需要利用逐次迭代法或 Z 变换方法来对式(9-5)进行瞬态计算。

总结来说,积分型输运方程具有以下几点特征:

(1)对复杂几何适应性好,计算量较一般的微分-积分输运方程少,但依旧可以保持较高的计算精度;

(2)由于积分输运方程中没有显式的瞬态项,故其不便于开展瞬态计算,若需要使用积分型输运方程开展瞬态计算需要使用逐次迭代法或 Z 变换方法对原方程开展一定数学变换;因此当需要开展瞬态计算时,建议采用含有瞬态项并且可以直接对时间进行离散的微分-积分输运方程计算。

目前生成均匀化少群常数的主流方法是通量-体积权重方法。本研究使用的数据库为 DRAGON 适用的 315 群 Draglib 微观截面库。通量-体积权重方法的计算基本原理是核反应率守恒：

$$\overline{\Sigma}_x = \frac{\int_{E_g}^{E_{g-1}} \int_{V_{i-1}}^{V_i} \Sigma_x(\boldsymbol{r},E) \cdot \Phi(\boldsymbol{r},E) \mathrm{d}E\mathrm{d}V}{\int_{E_g}^{E_{g-1}} \int_{V_{i-1}}^{V_i} \Phi(\boldsymbol{r},E) \mathrm{d}E\mathrm{d}V} \tag{9-8}$$

此外，DRAGON 中对于扩散方程中所需要的扩散系数不是使用通量-体积权重方法来计算的，而是使用更为精准的中子泄漏模型来进行计算。

图 9-32 展示了 FuSTAR 中含有毒物的燃料组件模型，使用 DRAGON 程序对该组件进行输运计算，输运计算方法为碰撞概率法。

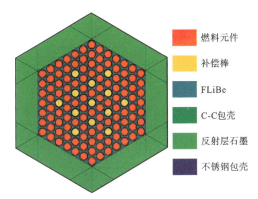

图 9-32　FuSTAR 中含有毒物的二维燃料组件模型

图 9-33 展示了 FuSTAR 需要均匀化的组件模型，其中由于开展均匀化与并群计算时需要中子源，所以在上下反射层与径向反射层的周围布置燃料组件或均匀化的燃料组件以提供裂变源项。

在计算过程中，DRAGON 使用各向同性假设的 B1 中子泄漏模型来生成扩散系数，考虑共振自屏与输运修正，具体的输运计算参数如表 9-17 所示。DRAGON

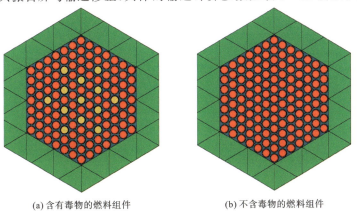

(a) 含有毒物的燃料组件　　　　(b) 不含毒物的燃料组件

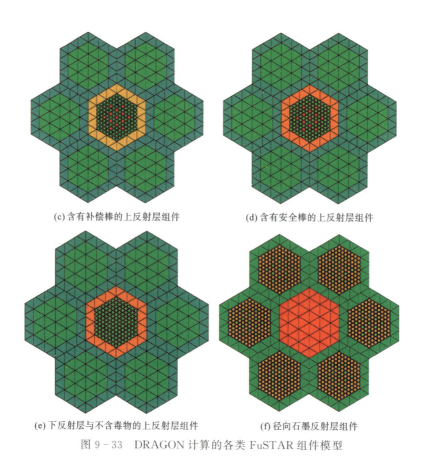

(c) 含有补偿棒的上反射层组件　　(d) 含有安全棒的上反射层组件

(e) 下反射层与不含毒物的上反射层组件　　(f) 径向石墨反射层组件

图 9-33　DRAGON 计算的各类 FuSTAR 组件模型

表 9-17　DRAGON 生成群常数所使用的参数与模型

参数	模型
中子输运方程	积分型中子输运方程
离散求解方法	碰撞概率法
计算类型	稳态本征值计算
少群数目	2
少群能量区间	热群:(0,0.625 eV),快群:(0.625 eV,20 MeV)
群常数生成方法	通量-体积权重法
扩散系数生成方法	各向同性 B1 中子泄漏模型
散射源项计算方法	一阶输运修正
共振区处理方法	广义 Stamm'ler 统计子群方法

第9章 固有安全一体化小型氟盐冷却高温堆 FuSTAR 设计及分析

生成两群常数,热群能量区间为(0,0.625 eV),快群能量区间为(0.625 eV,20 MeV)。DRAGON 生成的两群常数可以直接传递至 FUMU 中开展全堆芯三维扩散计算。

3. 基于 MCNP 与 STAR-CCM+ 的核热耦合分析

本研究使用 STAR-CCM+ 的模拟物理速度的非热平衡多孔介质模型开展 FuSTAR 六分之一堆芯的热工水力计算。STAR-CCM+ 中模拟物理速度的单相不可压缩非热平衡多孔介质方程为

$$\frac{\partial}{\partial t}(\rho \chi) + \nabla \cdot (\rho \chi \boldsymbol{U}) = 0 \tag{9-9}$$

$$\frac{\partial}{\partial t}(\rho \chi \boldsymbol{U}) + \nabla \cdot (\rho \chi \boldsymbol{U} \otimes \boldsymbol{U}) = -\chi \nabla p + \nabla \cdot [\chi \mu (\nabla \boldsymbol{U} + \nabla \boldsymbol{U}^T)]$$
$$- \chi \boldsymbol{P}_V \cdot \boldsymbol{U}_S - \chi \boldsymbol{P}_I \cdot |\boldsymbol{U}_S| \boldsymbol{U}_S + S \tag{9-10}$$

$$\frac{\partial}{\partial t}(\chi \rho_f E_f) + \nabla \cdot (\chi \rho_f H_f UB) = -\chi \nabla \cdot (\chi \boldsymbol{q}_f)$$
$$+ \nabla \cdot [\chi \mu (\nabla \boldsymbol{U} + \nabla \boldsymbol{U}^T) \cdot \boldsymbol{U}]$$
$$+ ah(T_f - T_s) + S_e \tag{9-11}$$

式中: $\boldsymbol{U}$ 为物理速度; χ 为孔隙率; μ 为动力黏度; p 为热力学压力; $\boldsymbol{P}_V$ 为多孔介质黏性阻张量; $\boldsymbol{P}_I$ 为多孔介质惯性阻张量; $\boldsymbol{U}_S = \chi \boldsymbol{U}$ 为表观速度; E_f 为流体能量; H_f 为流体比焓; $\boldsymbol{q}$ 为热流密度; h 为对流换热系数; a 为接触面密度。ρ 为多孔介质密度; ρ_f 为流体密度; T_f 为流体温度; T_s 为表观温度; S_e 为能量源项; S 为动量源项。

多孔介质的动量方程和能量方程中,需要用户额外添加多孔介质孔隙率、多孔介质阻张量、换热系数及接触面密度等参数。本研究中对于多孔介质的惯性阻张量及黏性阻张量需要开展以下近似,由定义可以得到多孔介质阻力张量为

$$\boldsymbol{F}_P = -\boldsymbol{P} \cdot \boldsymbol{U}_S \tag{9-12}$$

式中: $\boldsymbol{F}_P$ 为多孔介质阻力张量; $\boldsymbol{P}$ 为多孔介质阻张量; $\boldsymbol{U}_S$ 为表观速度。多孔介质阻张量包含两部分:黏性阻张量及惯性阻张量,因此可以得到

$$\boldsymbol{P} = \boldsymbol{P}_V + \boldsymbol{P}_I |\boldsymbol{U}_S| \tag{9-13}$$

将上式写为张量分量形式,有

$$F_{P,i} = -(P_{V,ij}U_{S,j} + P_{I,ij}\sqrt{U_{S,k}U_{S,k}}U_{S,j}) \tag{9-14}$$

假设一:本研究认为 FuSTAR 组件内多孔介质为各向同性多孔介质,则上式可以写为

$$F_{P,i} = -(P_V\delta_{ij}U_{S,j} + P_I\delta_{ij}\sqrt{U_{S,k}U_{S,k}}U_{S,j}) \tag{9-15}$$

假设二:本研究近似认为表观速度的模等于其分量大小,即

$$\sqrt{U_{S,k}U_{S,k}} = |U_{S,j}| \tag{9-16}$$

由此即可得到多孔介质阻力与表观速度的关系为

$$F_{P,i} = -(P_V\delta_{ij}U_{S,j} + P_I\delta_{ij}|U_{S,j}|U_{S,j}) + \Delta p_i \quad (9-17)$$

式中：Δp_i 为经过假设二近似后产生的偏差项，其表达式为

$$\Delta p_i = P_I\delta_{ij}|U_{S,j}|U_{S,j} - P_I\delta_{ij}\sqrt{U_{S,k}U_{S,k}}U_{S,j} \leqslant 0 \quad (9-18)$$

由此即可得到多孔介质惯性阻力源项与表观速度的二次关系。由于多孔介质动量方程中并没有关于表观速度的零次方项，所以该二次关系需要过原点，即 Δp_i 要求为 0。通过对 FuSTAR 单个螺距高度的燃料组件开展全流体域精细建模，给出不同的入口表观流速，可以得到单位压降与表观速度的二次关系，如图 9-34 所示。

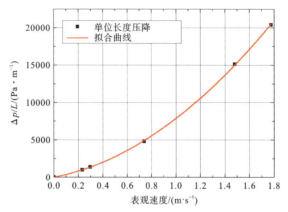

图 9-34 FuSTAR 单个螺距高度单组件精细建模压力梯度

通过单个螺距高度的单组件精细建模计算，得到压力梯度与表观速度的二次关系为

$$\Delta p/L = 31384.60U_s + 47278.84U_s^2 \quad (9-19)$$

由式可以得到 P_V 为 31384.60，P_I 为 47278.84。同样，经过单棒及单组件的精细建模计算，可以得到对流换热系数 h 为 3963.6 W/(m²·K)，接触面密度 a 为 210.4928 m⁻¹。

依据对称性，本研究选用 FuSTAR 六分之一堆芯开展核热耦合计算，如图 9-35 所示。该计算模型与 FuSTAR 全堆芯的计算模型设置相同，唯一区别即选取了全堆芯的六分之一，并设置反射边界，材料布置及组件编号如图 9-35(b)所示。

使用 MCNP 对 FuSTAR 六分之一堆芯开展物理计算，统计得到堆芯初始状态下各个组件的实际裂变功率，如表 9-18 所示。

第 9 章　固有安全一体化小型氟盐冷却高温堆 FuSTAR 设计及分析

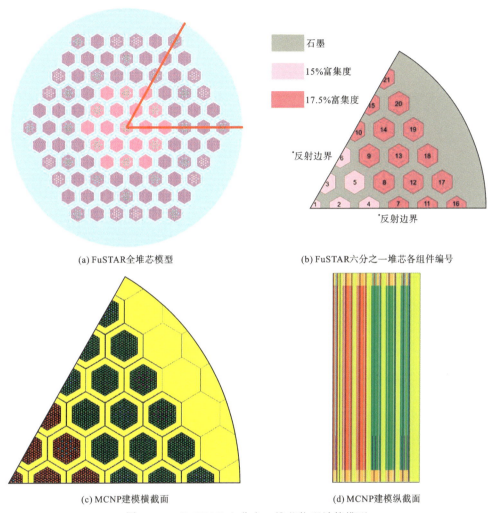

图 9-35　FuSTAR 六分之一堆芯物理计算模型

表 9-18　各组件初始设计工况下实际裂变功率分布

组件号	裂变功率/MW	组件号	裂变功率/MW	组件号	裂变功率/MW
1	2.24E−01	8	1.62E+00	15	6.67E−01
2	8.47E−01	9	1.62E+00	16	3.61E−01
3	8.41E−01	10	6.09E−01	17	1.32E+00
4	7.94E−01	11	6.69E−01	18	1.42E+00
5	1.28E+00	12	1.46E+00	19	1.43E+00
6	7.98E−01	13	1.12E+00	20	1.32E+00
7	6.04E−01	14	1.46E+00	21	3.63E−01

熔盐堆热工水力及安全分析

依据 MCNP 计算得到的各个组件的实际裂变功率分布,计算每个组件内冷却剂的质量流量分布以作为 CFD 计算的入口边界条件,计算得到的冷却剂质量流量分布,如表 9-19 所示。

表 9-19 各组件初始设计工况下冷却剂质量流量分布

组件号	质量流量/(kg·s^{-1})	组件号	质量流量/(kg·s^{-1})	组件号	质量流量/(kg·s^{-1})
1	1.878264	8	13.641042	15	5.608394
2	7.112834	9	13.626490	16	3.035479
3	7.069084	10	5.119631	17	11.060544
4	6.673585	11	5.623158	18	11.937270
5	10.745766	12	12.251670	19	11.976531
6	6.706303	13	9.438319	20	11.070064
7	5.071133	14	12.304232	21	3.050315

STAR-CCM+开展热工水力分析计算时的几何模型与 CFD 计算模型如图 9-36 所示。开展 CFD 计算时,将每个六边形组件内部的冷却剂与燃料和包壳设置为多孔介质区域,组件石墨盒及径向石墨反射层设置为固体。为了保证温度分

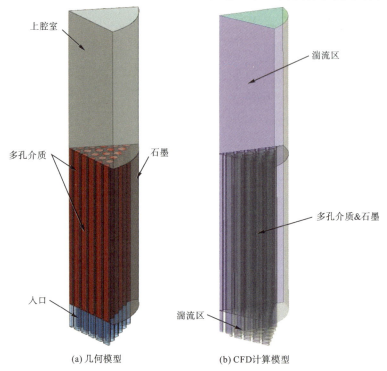

(a) 几何模型　　(b) CFD计算模型

图 9-36　FuSTAR 六分之一堆芯热工水力计算模型

第 9 章　固有安全一体化小型氟盐冷却高温堆 FuSTAR 设计及分析

布的正确性及多孔介质区域流场计算的稳定性,本研究在堆芯活性区的基础上重新添加了入口段与出口段。即在堆芯活性区上方设置 300 cm 高度的 FLiBe 腔室,每个组件的多孔介质域向下延伸 50 cm 作为入口段。图 9-36(b)显示了开展热工水力计算时的 CFD 计算模型,FuSTAR 六分之一堆芯总体含有三个区域:组件内多孔介质区域;组件石墨盒及径向石墨反射层作为固体区域;上腔室和入口段作为湍流区,用于保证多孔介质计算稳定性及温度分布的正确性。

对于边界条件设置,入口边界为质量流量入口,使用表 9-19 计算得到冷却剂质量流量分布;出口边界条件为压力出口;侧面两个平面为对称边界条件;入口段中侧平面与多孔介质区域侧平面所平行的平面亦为对称边界条件;其余面均为无滑移壁面边界条件。

湍流模型选用 k-ω SST 模型,该模型可以较好地模拟低湍流 Re 数下的边界层流动。该湍流模型的设置与开展 FuSTAR 棒束 CFD 计算时选用的湍流模型保持一致。

图 9-37 为 MCNP 计算的 FuSTAR 六分之一堆芯中两区五类组件的轴向相

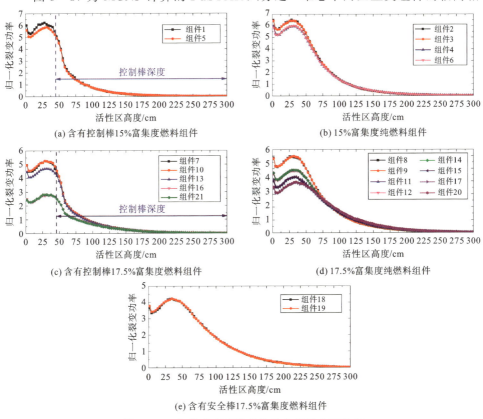

图 9-37　初始状态下各组件轴向相对功率分布

对裂变功率分布。活性区含燃料部分的高度为 300 cm,对该高度进行轴向划分,划分为 100 段,统计每一段的裂变功率。从图中可以看出由于轴向反射层的作用,使得所有组件在活性区含燃料部分的 25 cm 高度内有一定功率波动,在活性区含燃料部分的高度 10 cm 内有一定的功率上扬。

MCNP 统计得到的轴向相对裂变功率分布配合表 9-18 可以得到每段燃料的真实功率,由此作为能量源项传递给 STAR-CCM+开展热工计算。

初始状态下 CFD 计算的流场分布如图 9-38 所示,从图中可以看出,冷却剂平均温升 50 K,并且由于依据裂变功率来分配冷却剂质量流量作为入口边界条件,故冷却剂的出口温度分布较为均匀。堆芯活性区部分压降为 0.0996 MPa,该计算结果与设计值和 FUSY 的计算结果相近,证明了多孔介质阻力源项被正确模拟。

仍然需要注意的是,在多孔介质计算的物理速度分布中,在活性区与上腔室交界面上的物理速度有一定阶跃,这是因为 STAR-CCM+在物理速度模拟的多孔介质模型中,交界面的物理速度是不连续的。

由上腔室的计算结果可以看到,FuSTAR 在多孔介质域的出口处速度较快,并且由于径向石墨反射层较窄,故上腔室回流不明显,但是仍有旋涡产生。回流的旋涡是逆压梯度的一种表现,而逆压梯度会增加形阻压降,因此该计算过程可以为后续的 FuSTAR 上腔室设计提供一定参考,即在堆芯活性区出口,布置一定的挡

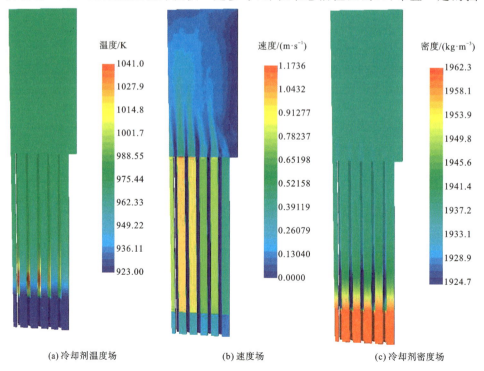

(a) 冷却剂温度场　　　　　(b) 速度场　　　　　(c) 冷却剂密度场

第 9 章　固有安全一体化小型氟盐冷却高温堆 FuSTAR 设计及分析

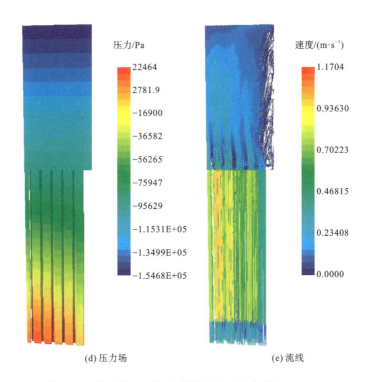

(d) 压力场　　　　　　　　(e) 流线

图 9-38　初始状态下各组件轴向相对功率分布

板使得冷却剂直接向上流动而不向侧面流动,以防止旋涡产生,减小形阻压降。

图 9-39 为初始近邻界状态下活性区燃料温度分布及冷却剂和石墨温度分布。通过计算结果可以看到,燃料最高温度为 1044.9 K,最高温度在堆芯下部;控制棒插入区域由于裂变功率较小,故该区域温度分布较为均匀。

由图 9-40 可以看出,堆芯活性区下半部分的石墨固体热量较为集中,可能仍然重点关注此处的石墨受热膨胀而产生的应力是否会超过限值,后续仍然需要对此处开展膨胀应变计算。

图 9-41 给出了初始状态下 FuSTAR 六分之一堆芯的两区五类组件中利用非热平衡多孔介质计算得到的燃料轴向温度定量分布。

燃料最高温度为 1044.9 K,且燃料温度最高的位置在活性区含燃料部分的 40 cm 处,较功率最高点向上偏移 10 cm。由于统计点的选取规则,在活性区含燃料部分 3 cm 高度处,可以看到温度有一定阶跃,这是因为活性区含燃料部分下端为轴向反射层。反射层没有裂变能量释放,故活性区含燃料部分 3 cm 高度处的热量需要向轴向反射层进行热传导,因此造成该处温度较低。

接下来需要将 STAR-CCM+ 中计算的热工参数传递给物理计算中,考虑热工的反馈,将该反馈效应考虑进 MCNP 的物理计算中,得到反馈后的轴向功率分布,如图 9-42 所示。

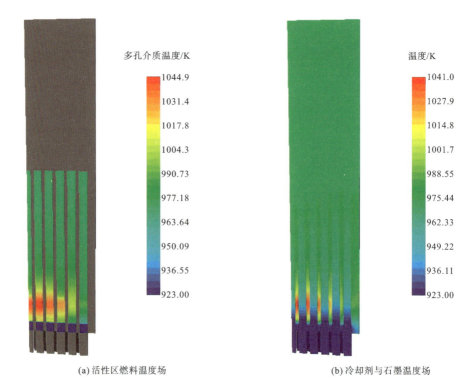

(a) 活性区燃料温度场　　　　　(b) 冷却剂与石墨温度场

图 9-39　初始状态下燃料与冷却剂温度分布

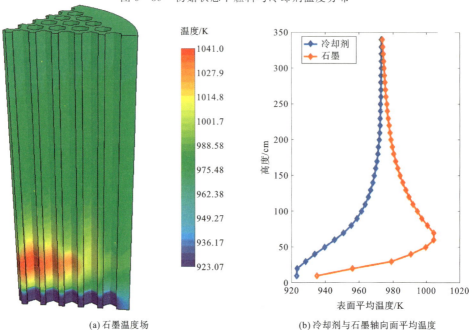

(a) 石墨温度场　　　　　(b) 冷却剂与石墨轴向面平均温度

图 9-40　初始状态下石墨温度分布

第 9 章 固有安全一体化小型氟盐冷却高温堆 FuSTAR 设计及分析

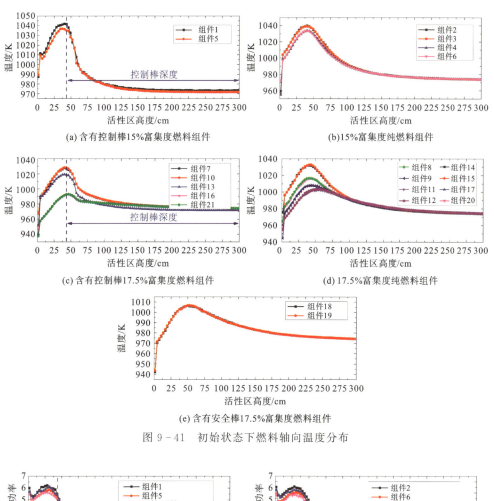

图 9-41 初始状态下燃料轴向温度分布

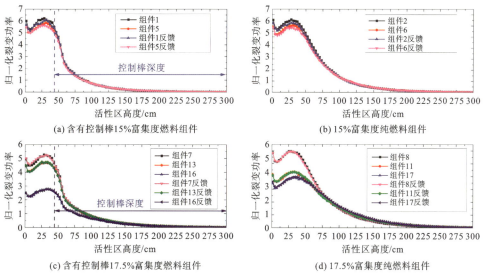

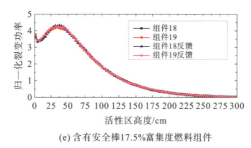

(e) 含有安全棒17.5%富集度燃料组件

图9-42 耦合后考虑反馈状态下燃料轴向相对裂变功率分布

耦合前后反馈状态下的热工水力计算结果如图9-43所示；考虑热工反馈以后，燃料温度最高为1041.2 K，燃料多普勒效应导致燃料最高温度下降3.7 K；这是由于燃料多普勒效应，轴向功率峰有稍微的展平，因此最高功率要较初始状态下的低，导致燃料最高温度降低。由图9-41与图9-42可以看出，FuSTAR的热工反馈不明显；初始状态$k_{eff}=0.99945$，耦合后考虑反馈状态的$k_{eff}=0.99408$，较初始近邻界状态下降537×10^{-5}。

石墨的轴向平均温度最高点上移但不明显，最高点温度较耦合前的石墨初始状态最高温度下降3.3 K。

4. 基于DRAGON与FUMU的核热耦合分析

GeN-Foam是由瑞士PSI开发的一款基于开源有限体积求解器OpenFOAM的现代三维多物理场耦合计算分析程序。GeN-Foam对MSR、ESFR及FFTF等先进堆型均开展了相关计算和验证，其内部拥有强大的基于有限体积方法的并行计算求解器，可以开展三维全堆芯核-热-力耦合。

FUMU程序在GeN-Foam的基础上开展二次开发以适用于MSR及FHR的全堆芯三维物理热工耦合计算分析。FUMU配合DRAGON生成的FuSTAR两群常数，开展了近邻界状态下三维全堆芯k_{eff}计算，并将计算结果与MCNP计算结果对比，如表9-20所示。

表9-20 近临界状态k_{eff}FUMU与MCNP计算对比

参数	计算程序	堆芯状态	k_{eff}	$1-\sigma$不确定性/10^{-5}
结果	MCNP	近邻界	0.99950	±18
	FUMU	近邻界	1.00468	—

由表中可以看出，DRAGON生成的两群常数与FUMU的三维全堆芯扩散计算k_{eff}与MCNP计算结果的绝对偏差为$+518\times10^{-5}$，相对偏差为0.52%，满足一般设计要求的k_{eff}偏差小于1%的要求。证明了DRAGON与FUMU开展FuSTAR的相关耦合计算与设计是可行并准确的。

第9章 固有安全一体化小型氟盐冷却高温堆 FuSTAR 设计及分析

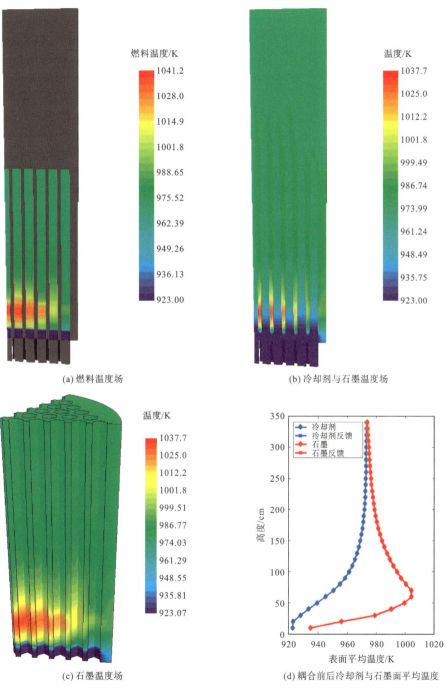

图 9-43 耦合后考虑反馈状态下热工计算物理场分布

熔盐堆热工水力及安全分析

FUMU 是以求解全堆芯或整个一回路系统为目标而开发的。对于全堆芯级别的求解,采用标准的湍流模型所需求的计算资源太高,显然是不可行的。一种可行的方法是将堆芯视为多孔介质,采用多孔介质模型来模拟流体与亚尺度结构。为适应全堆芯的求解,热工部分采用了基于多孔介质模型简化的 CFD 方法求解流体域,并引入假想的亚尺度固体模型求解燃料棒等固体结构的温度,而物理部分采用了多群中子扩散方程。

$$\frac{\partial \alpha \rho}{\partial t} + \nabla \cdot (\alpha \rho \boldsymbol{U}) = 0 \tag{9-20}$$

$$\frac{\partial (\alpha \rho \boldsymbol{U})}{\partial t} + \nabla \cdot (\alpha \rho \boldsymbol{U}\boldsymbol{U}) = \nabla \cdot (\mu_{\mathrm{T}} \nabla \boldsymbol{U}) - \nabla \alpha p + \alpha \boldsymbol{F}_{\mathrm{g}} + \alpha \boldsymbol{F}_{\mathrm{s}} \tag{9-21}$$

$$\frac{\partial (\alpha \rho e)}{\partial t} + \nabla \cdot \left(\alpha \rho \boldsymbol{U} \left(e + \frac{p}{\rho} \right) \right) = \nabla \cdot (\alpha k_{\mathrm{T}} \nabla T) + \boldsymbol{F}_{\mathrm{s}} \boldsymbol{U} + \alpha Q \tag{9-22}$$

式中:$\boldsymbol{U}$ 为物理速度;ρ 为密度;p 为热力学压力;α 为孔隙率;μ_{T} 为湍流黏度;k_{T} 为湍流扩散系数;$\boldsymbol{F}_{\mathrm{g}}$ 为体积力;$\boldsymbol{F}_{\mathrm{s}}$ 为由结构材料与流体相互作用导致的曳力,即多孔介质阻力源项;Q 为热源,表征从燃料棒传递给流体的热量或者用户自定义的热量;e 为内能。其中,多孔介质阻力源项的定义为

$$\boldsymbol{F}_{\mathrm{s}} = \kappa \cdot \boldsymbol{U}_{\mathrm{D}} \tag{9-23}$$

式中:κ 为多孔介质压降模型中的系数,是二阶阻张量;$\boldsymbol{U}_{\mathrm{D}}$ 为表观速度。本研究仅考虑法向方向的多孔介质阻力,而不考虑切向方向的多孔介质阻力,因此该二阶张量简化为只有对角线元素,主对角线上的各分量为

$$F_{\mathrm{s},i} = (\nabla p)_i = \frac{f_{\mathrm{D},i} \rho U_{\mathrm{D},i}^2}{2 D_{\mathrm{h}} \alpha^2} \quad (i = 1, 2, 3) \tag{9-24}$$

$$\kappa_{ii} = \frac{f_{\mathrm{D},i} \rho U_{\mathrm{D},i}}{2 D_{\mathrm{h}} \alpha^2} \quad (i = 1, 2, 3) \tag{9-25}$$

式中:D_{h} 为水力直径;$f_{\mathrm{D},i}$ 为摩擦阻力系数,可选择各类经验关系式进行封闭,本研究采用的形式为

$$f_{\mathrm{D},i} = A_{f_{\mathrm{D},i}} Re^{B_{f_{\mathrm{D},i}}} \quad (i = 1, 2, 3) \tag{9-26}$$

式中:$A_{f_{\mathrm{D},i}}$ 和 $B_{f_{\mathrm{D},i}}$ 可由用户输入指定;Re 为雷诺数。式(9-22)中的 Q 可由下式进行求解,有

$$Q = A_{\mathrm{V}} h (T_{\mathrm{s}} - T_{\mathrm{f}}) \tag{9-27}$$

$$h = \frac{Nu k_{\mathrm{f}}}{D_{\mathrm{h}}} \tag{9-28}$$

式中:A_{V} 为换热面积;h 为换热系数;Nu 为努塞特数,可选择各类经验关系进行封闭;T_{s} 为结构材料外表面温度,其由下一节中的亚尺度固体模型给出;T_{f} 为式(9-22)求出的流体温度。

由于本研究中采用了多孔介质模型,并且大量采用了压降和传热关系式。因

第 9 章　固有安全一体化小型氟盐冷却高温堆 FuSTAR 设计及分析

此 FUMU 并未求解标准 k-ε 模型,而是采用简化的湍流模型,如式(9-25)和式(9-26)强制湍流动能 k 和湍流耗散率 ε 趋近于用户指定的值:

$$\rho \frac{\partial k}{\partial t} + \nabla \cdot (\rho U k) = \rho \lambda_{\varepsilon/k}(k_0 - k) \tag{9-29}$$

$$\rho \frac{\partial \varepsilon}{\partial t} + \nabla \cdot (\rho U \varepsilon) = \rho \lambda_{\varepsilon/k}(\varepsilon_0 - \varepsilon) \tag{9-30}$$

式中:$\lambda_{\varepsilon/k}$ 为用户自定义的收敛速率;k_0 和 ε_0 分别为用户自定义的湍流耗散率及湍动能,可采用多孔介质计算域出口区域的实验值或预估值。

由于在进行经验关系式的简化中,忽略了燃料棒等结构而将其的影响作为多孔介质进行处理。因此为了获得燃料棒的温度,在模型开发过程中引入了亚尺度固体模型,以求解燃料温度以及包壳温度等。方程如下所示。

包壳:

$$\rho_{\text{clad}} C_{p,\text{clad}} \frac{\partial T_{\text{clad}}}{\partial t} = \frac{1}{r} \frac{\partial}{\partial r}\left(k_{\text{clad}} r \frac{\partial T_{\text{clad}}}{\partial r}\right) \tag{9-31}$$

$$-k_{\text{clad}} \frac{\partial T_{\text{clad}}}{\partial n} = h(T_s - T_f) \tag{9-32}$$

$$-k_{\text{clad}} \frac{\partial T_{\text{clad}}}{\partial n} = h_{\text{gap}}(T_{\text{clad,inner}} - T_{\text{fuel,outer}}) \tag{9-33}$$

燃料棒:

$$\rho_{\text{fuel}} C_{p,\text{fuel}} \frac{\partial T_{\text{fuel}}}{\partial t} = \frac{1}{r} \frac{\partial}{\partial r}\left(k_{\text{fuel}} r \frac{\partial T_{\text{fuel}}}{\partial r}\right) + Q_{\text{fuel}} \tag{9-34}$$

裂变功率:

$$Q_{\text{fuel}} = \sum_{g=1}^{G} E_{f,g} \Sigma_{f,g} \psi_g \tag{9-35}$$

为适应全堆芯的求解并且有一定的通用性,物理部分采用稳态多组缓发中子的多群中子时空动力学方程:

$$-\nabla \cdot (D_g \nabla \psi_g) + \Sigma_{r,g} \psi_g = \sum_{g' \neq g} \Sigma_{g' \to g} \psi_{g'} + \frac{(1-\beta_t)\chi_{p,g}}{k_{\text{eff}}} \sum_{g'=1}^{G} \nu \Sigma_{f,g'} \psi_{g'} +$$

$$\chi_{d,g} \sum_k \lambda_k C_k \tag{9-36}$$

$$\nabla \cdot (U C_k) = \frac{\beta_k \nu \Sigma_{f,g'} \psi_{g'}}{k_{\text{eff}}} - \lambda_k C_k \tag{9-37}$$

对于热工反馈,采用一阶扰动模型,中子反应截面由热工水力参数冷却剂密度、冷却剂温度、燃料温度和包壳温度决定,群常数可由 DRAGON 生成。

$$\Sigma_{t,p} = \Sigma_{t,\text{ref}} + \frac{\partial \Sigma_{t,\text{coolant}}}{\partial \rho_{\text{coolant}}}(\rho_{\text{coolant}} - \rho_{\text{coolant,ref}}) +$$

$$\frac{\partial \Sigma_{t,\text{coolant}}}{\partial T_{\text{coolant}}}(T_{\text{coolant}} - T_{\text{coolant,ref}}) +$$

$$\frac{\partial \Sigma_{\text{t,clad}}}{\partial T_{\text{clad}}}(T_{\text{clad}} - T_{\text{clad,ref}}) +$$

$$\frac{\partial \Sigma_{\text{t,fuel}}}{\partial T_{\text{fuel}}}\{(T_{\text{fuel}} - T_{\text{fuel,ref}}) | (\lg T_{\text{fuel}} - \lg T_{\text{fuel,ref}})\} \quad (9-38)$$

对于 FUMU 而言，中子物理部分向热工水力传递燃料的功率分布；热工水力向中子物理传递冷却剂密度、冷却剂温度、包壳温度、燃料温度和影响各材料的群常数，进而影响中子物理求解。耦合关系如图 9-44 所示，耦合流程如图 9-45 所示。

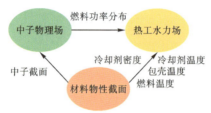

图 9-44 FUMU 耦合关系与数据传递

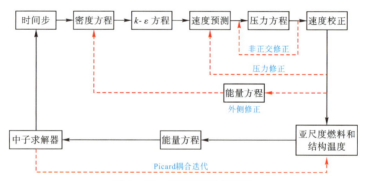

图 9-45 FUMU 耦合流程

应用 FUMU 进行三维多物理场耦合计算时，中子物理场与热工水力场需要建立各自的计算区域，为此分别建立了用于物理计算以及用于热工水力计算的几何区域如图 9-46 所示，二者的唯一区别为是否存在反射层。

基于 FUMU 开展了两种计算模型，分别是基于 SERPENT 三维群常数热态堆芯尺寸下的核热耦合计算和基于 DRAGON 二维群常数冷态堆芯尺寸下的核热耦合计算。第一种计算模型是考虑到 FUMU 物理部分的验证开发工作是基于 SERPENT 软件，二者有更好的兼容性。第二种计算模型是考虑到 DRAGON 程序作为一款开源软件，其使用不会受到限制。冷态和热态堆芯尺寸如表 9-21 所示，MCNP 的堆芯几何参数使用的是冷态堆芯尺寸。

上述两种计算模型，除了群常数生成软件及堆芯尺寸不同，其他的设置完全相同。计算模型的边界条件采用 OpenFOAM 中的边界条件。其中，入口速度是在

第9章　固有安全一体化小型氟盐冷却高温堆 FuSTAR 设计及分析

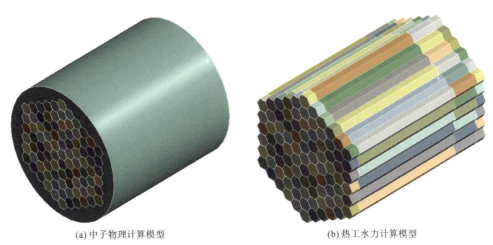

(a) 中子物理计算模型　　　　　　(b) 热工水力计算模型

图 9-46　耦合后考虑反馈状态下热工计算物理场分布

表 9-21　堆芯几何参数

参数	热态参数数值	冷态参数数值
堆芯直径/cm	310.53	304
堆芯活性区高度/cm	306.25	300
轴向上反射层厚度/cm	20	20
轴向下反射层厚度/cm	20	20
堆芯临界棒位/cm	242	245
组件中心距/cm	25.6	24.4
基准 k_{eff}	1.01062	0.99945

考虑多孔介质的孔隙率基础上,将全堆芯总流量 1050 kg/s 换算成真实流体速度得来的。计算模型还忽略了不同组件间孔隙率的差异,以全燃料组件的孔隙率为基准开展计算。通过网格敏感性分析,发现对于物理计算和热工计算的网格模型所引起的差异主要在于径向石墨反射层网格,选取最优网格开展计算。

首先开展热态堆芯尺寸下的核热耦合计算,其中群常数采用 SERPENT 程序进行生成。堆芯未进行核热耦合计算时,FUMU 计算得到有效增殖系数 k_{eff} 为 1.01429,与 MCNP 计算得到的 k_{eff} 相比,相对偏差为 0.36%。全堆芯中子通量分布及功率密度分布如图 9-47 所示。从中子通量分布可以看出,中子通量及功率密度在堆芯中下部明显偏高,径向石墨反射层和轴向下反射层内存在明显的热中子慢化效果,符合预期分布。从功率密度分布图可以看出,功率密度的分布与快中子通量分布相近,并且峰值出现在组件 2 中,虽然从中子通量分布看组件 1 比组件 2 更高,但从群常数数据可知组件 2 的平均裂变截面比组件 1 更大,二者的综合结

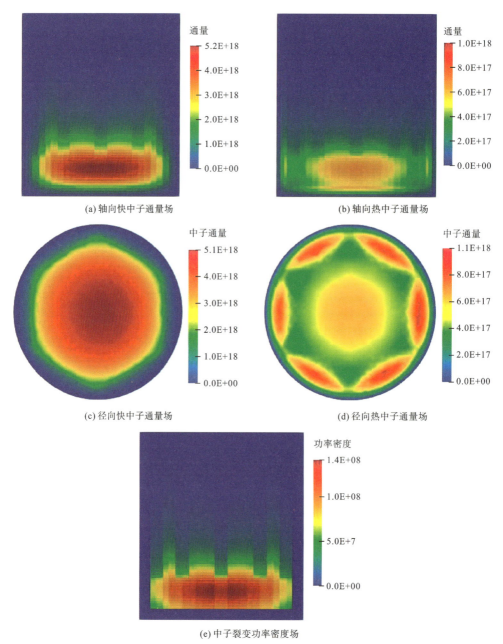

图 9-47 热态尺寸下堆芯物理参数分布图

果导致了功率密度的分布情况。

堆芯进行耦合计算后,有效增殖系数 k_{eff} 为 1.00732,与未进行耦合时计算的 k_{eff} 相比,相对偏差为 0.33%。有效增殖系数减小的原因是 FuSTAR 具有负的反应性温度系数。当耦合计算时燃料温度升高,燃料的多普勒效应展宽共振吸收截面,以及冷却剂的温度和密度的负反馈等综合效应,导致反应性下降。图 9-48 是耦合前后堆芯各组件的轴向归一化功率分布,可以明显看出耦合前后分布曲线基本不变,说明 FuSTAR 的耦合效应并不明显。

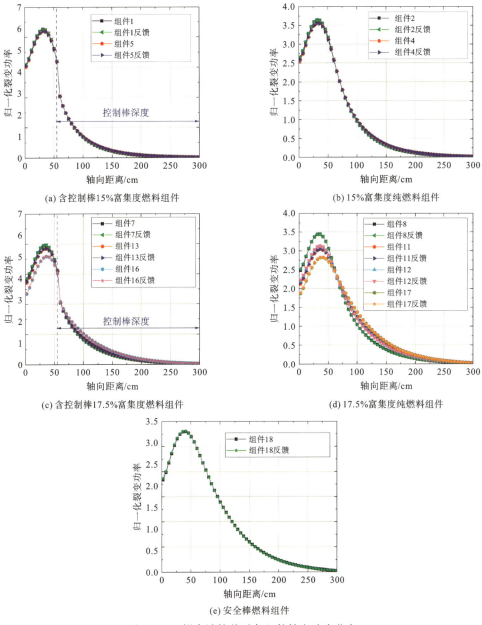

图 9-48 耦合计算前后各组件轴向功率分布

图 9-49 展示了耦合计算后热态堆芯尺寸下各个热工水力参数云图。对于堆芯活性区,整体压降约为 0.085 MPa。堆芯的整体速度较为均匀,这源于采用多孔介质模型。从堆芯活性区的温度场来看,燃料温度与包壳温度的分布同图 9-47(e)的功率密度分布相符,计算结果表明,燃料的峰值温度为 1102.9 K,包壳的峰

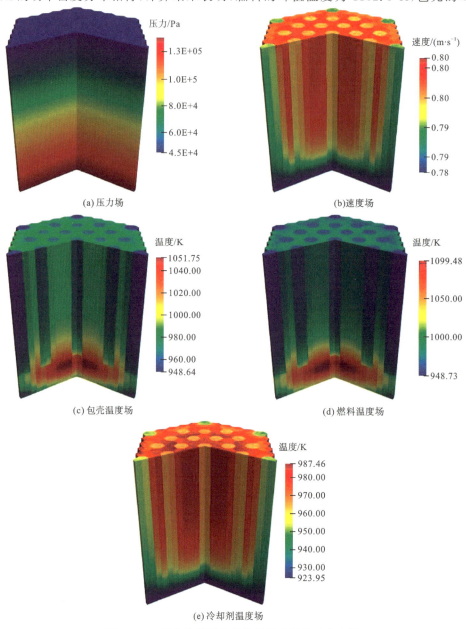

图 9-49 耦合计算后热态堆芯尺寸下热工水力场

第 9 章 固有安全一体化小型氟盐冷却高温堆 FuSTAR 设计及分析

值温度为 1052.6 K。冷却剂的峰值温度则是 989.3 K,堆芯的冷却剂整体温升经计算为 50 K 左右。

上述讨论了基于热态堆芯尺寸下,使用 SERPENT 生成的均匀化少群常数开展的 FUMU 核热耦合计算研究。对冷态堆芯尺寸的分析与热态堆芯尺寸分析类似,此次采用 DRAGON 生成的均匀化少群常数开展计算。堆芯未进行核热耦合计算时,有效增殖系数 k_eff 为 1.00293,与基准状态的 k_eff 相比,相对偏差为 0.35%。耦合计算前全堆芯中子通量分布及功率密度分布如图 9-50 所示。从中子通量分布可以看出,快中子通量及功率密度的分布与热态堆芯尺寸下的分布基本相同。对于热中子通量分布存在一定的差别,DRAGON 生成的群常数在进行冷态堆芯尺寸计算时堆芯中间部分热中子通量更高。

图 9-51 展示了耦合计算后冷态堆芯尺寸下各个热工水力参数云图。对于堆芯活性区,整体压降约为 0.089 MPa。堆芯的整体速度同样较为均匀。从堆芯活性区的温度场来看,燃料温度与包壳温度的分布同图 9-51(e)的功率密度分布相符。计算结果表明,燃料的峰值温度为 1151.7 K,包壳的峰值温度为 1084.4 K,冷却剂的峰值温度则为 986.7 K。堆芯的整体温升经计算约为 50 K。与前一小节相比,燃料及包壳的峰值温度均有明显升高。

5. FUMU 与 MCNP/STAR-CCM+核热耦合计算对比

MCNP/STAR-CCM+的计算模型是基于冷态堆芯尺寸的,因此与 FUMU 的对比采用 DRAGON 生成均匀少群常数的冷态堆芯尺寸耦合计算的结果。图 9-55 展示了两种计算模型下部分组件的轴向功率分布图。之前通过对比有效增殖系数表明两种计算模型的准确性,但通过对比功率分布发现,基于 DRAGON 群常数的 FUMU 程序的物理计算结果与 MCNP 的物理计算结果还是存在一定的差异性。一方面,在堆芯活性区底部,未能模拟出局部峰值,如图 9-52(a)所示;另一方面,计算得到的组件轴向功率在堆芯底部的功率密度峰值普遍偏高,而在毒物部分普遍偏低,这种效果在含控制棒的组件中更为明显,如图 9-52(c)所示。对于第一种情况,采用 SERPENT 生成群常数的计算结果也存在同样的问题,这与采用多群扩散方程有一定的关系。对于第二种情况,由于 DRAGON 在生成群常数时采用的是二维的中子输运计算,不能很好地考虑轴向中子泄漏等效应。并且 FuSTAR 控制毒物设计的吸收效应较强,因此在临界棒位附近中子通量存在较大的梯度,导致三维效应更为突出。DRAGON 生成的群常数会高估毒物的吸收效应,转而将临界棒位以上的裂变功率曲线压低,进而使功率峰值升高。

图 9-53 展示了在堆芯活性区 20~30 cm 高度范围内,沿堆芯径向特征线统计的快中子与热中子通量分布。可以看出,FUMU 与 MCNP 二者计算的通量分布趋势基本一致。说明 FUMU 的计算结果在二维的径向方向上较为准确,主要是 DRAGON 生成的群常数无法很好地模拟轴向方向的各向异性。

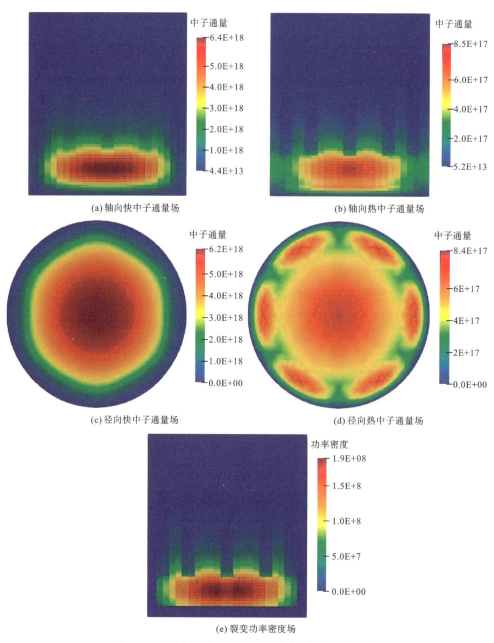

图 9-50 耦合计算前冷态堆芯尺寸下的中子物理场

第 9 章 固有安全一体化小型氟盐冷却高温堆 FuSTAR 设计及分析

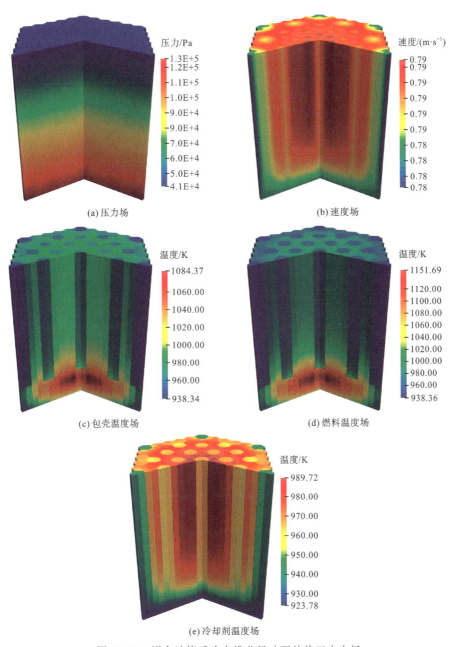

(a) 压力场　　(b) 速度场　　(c) 包壳温度场　　(d) 燃料温度场　　(e) 冷却剂温度场

图 9-51　耦合计算后冷态堆芯尺寸下的热工水力场

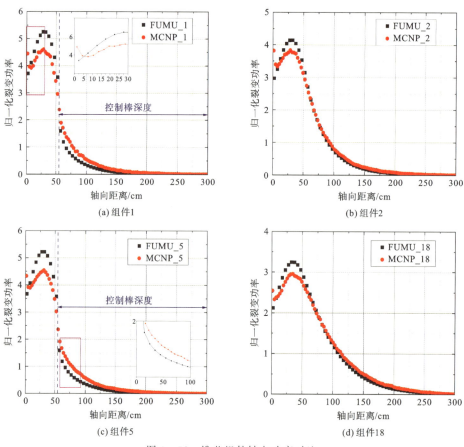

图 9-52 堆芯组件轴向功率对比

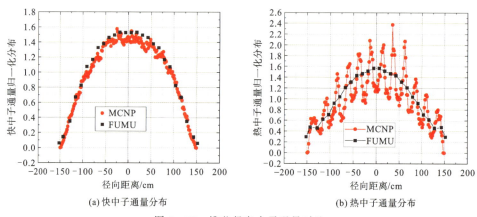

图 9-53 堆芯径向中子通量对比

第 9 章 固有安全一体化小型氟盐冷却高温堆 FuSTAR 设计及分析

为了对比分析结果,进一步统计了两种计算模型下 1/12 堆芯的各组件功率分布,如图 9-54 所示。图 9-54(c)表明,各组件功率分布总体趋势相同,最大相对误差出现在组件 16,为 10.39%。这是因为组件 16 本身含有控制棒,同时紧邻径向石墨反射层,导致中子通量梯度较大,因此计算结果偏差较大。计算结果偏差最小的组件为组件 17,相对偏差为 0.63%。除了组件 16,其余组件的相对偏差都能保证在 6%以下。

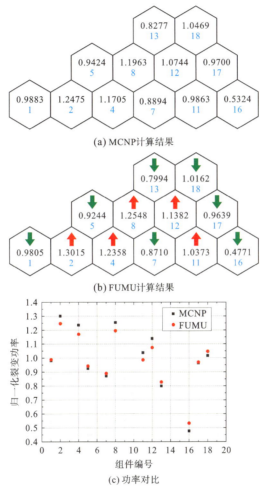

图 9-54 1/12 堆芯裂变功率对比

图 9-55 为堆芯功率密度及温度分布图。结合图 9-54 可以发现,不论从云图来看还是从数值上来看,组件 2 具有最大的功率占比,可将其视为堆芯的最热通道。为此,监测了组件 2 轴向的热工水力参数变化,如图 9-56 所示。可以看出,燃料最高温度在堆芯下部,控制棒插入区域温度分布较为均匀,冷却剂在堆芯活性

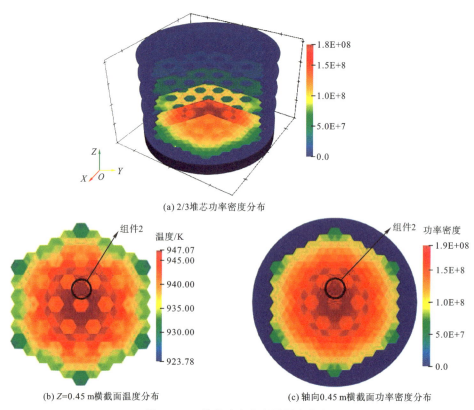

(a) 2/3 堆芯功率密度分布

(b) Z=0.45 m 横截面温度分布

(c) 轴向 0.45 m 横截面功率密度分布

图 9-55 堆芯功率密度及温度分布

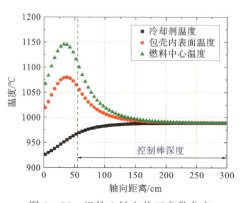

图 9-56 组件 2 轴向热工参数分布

区高度 20～120 cm 温度增长较快，130 cm 高度后由于燃料裂变功率较低，故温度增长不明显。计算结果表明最热通道燃料最高温度为 1150 K，低于最高温度限制 1573 K。

针对 FuSTAR 开展了堆芯核热耦合计算，包含两条路线和三种计算模型。一条路线是基于 MCNP/STAR-CCM+ 的 1/6 堆芯耦合计算;另一条路线是在不同群常数下基于 FUMU 的全堆芯耦合计算,对比分析了不同核热耦合路线的计算结果。对比分析表明,总体趋势符合良好,DRAGON 群常数下 FUMU 的计算结果较为保守,这一点与群常数生成软件有关。FuSTAR 本身设计的毒物效果较强,导致控制棒与燃料相邻区域存在较大的通量梯度,而 DRAGON 生成的二维群常数不可避免地忽略了部分三维效应,从而导致部分组件轴向功率分布存在偏差。

虽然基于 DRAGON/FUMU 的计算结果存在一定的偏差,但是相比 MCNP/STAR-CCM+ 和 SERPENT/FUMU,DRAGON/FUMU 的路线不论是群常数的生成还是三维核热耦合计算都是通过开源软件实现的,这对于实现软件自主化,突破国外禁运限制有重要意义。其次,不论是 MCNP 还是 SERPENT,在进行物理计算时,都需要开展堆芯的三维精细蒙特卡罗物理输运计算,相比之下 DRAGON 开展二维的群常数计算可以大大提高计算效率。此外,MCNP/STAR-CCM+ 采用的是外耦合计算,而 FUMU 的耦合计算是内耦合计算,对于后续针对 FuSTAR 集成全堆的计算程序,FUMU 具有明显优势。

9.2.5 屏蔽计算

依据 FuSTAR 上述结构与设计参数,采用 MCNP 对 FuSTAR 开展冷态尺寸近邻界状态下 FuSTAR 的辐射场和屏蔽设计初步计算。

1. 源强归一化计算

MCNP 的中子输运计算模拟单个中子行为,所以 MCNP 计数卡输出的数据需要经过归一化因子的转换才能成为真正的计数。在 MCNP 中可以使用 FM 乘子卡完成该计算。归一化因子 m 采用下式计算:

$$m = \left(\frac{1_{J/s}}{1_W}\right)\left(\frac{1_{MeV}}{1.602 \times 10^{-13}_J}\right)\left(\frac{1}{180_{MeV}}\right) \cdot \frac{N}{k_{eff}} \cdot W \qquad (9-39)$$

式中:$N=2.46$ 为平均一次裂变产生的中子数;$W=125$ MW 为 FuSTAR 热功率,由于热中子反应堆中 ^{235}U 每次裂变释放约 202 MeV 能量,但只有 180 MeV 能够转换为热量留在堆中;归一化因子 m 计算式中除以了 k_{eff},这是考虑在非近邻界计算中,如果保证稳定则需要对裂变中子数目进行调整,因此需要与本征值计算的裂变中子数目物理意义一致,从而开展非近邻界堆芯的辐射场计算。

经过计算得到归一化源强因子为 $m=1.053 \times 10^{19}$ n/s。由此可以计算得到,冷态尺寸 FuSTAR 在近邻界状态下的总中子通量密度:

$$\sum_{g=1}^{G} \phi_g = m \cdot \frac{\sum_{g=1}^{G} \phi_{g,MCNP}}{V_{FuSTAR}} = 1.053 \times 10^{19} \frac{n}{s} \cdot \frac{2.36586 \times 10^2}{23135100.46} \qquad (9-40)$$

$$= 1.0768 \times 10^{14} \frac{n}{cm^2 \cdot s}$$

2. FuSTAR 屏蔽材料选型

辐射屏蔽是反应堆设计中重要的一环,通过在辐射源周围设置合适厚度的屏蔽材料,可以有效地对 γ 射线、β 射线以及中子进行屏蔽,从而延长设备寿命,并保护工作人员的健康。表 9-22 给出了几座不同类型反应堆所使用的屏蔽结构和屏蔽材料的情况。可以看出,由于反应堆运行温度较高,反应堆的屏蔽通常由热屏蔽层和主屏蔽层构成,一般选择不锈钢和各类合金以及混凝土等。

表 9-22　反应堆屏蔽结构和屏蔽材料选用情况

屏蔽结构	屏蔽材料				
	秦山二期	AP1000	HTR-10	CEFR	MSRE
堆芯围板	SS-304	300系列奥氏体不锈钢	无	无	无
反射层	含硼水	含硼水	石墨	SS-316(Ti)	石墨
吊篮	SS-304	300系列奥氏体不锈钢	无	无	无
热屏蔽	SS-304	300系列奥氏体不锈钢	含硼碳砖	SS-316(Ti)、B_4C	碳钢、水
堆芯壳（主容器）	无	无	15CrMo 钢	SS-316(Ti)	Hastelloy N
压力容器（保护容器）	A508-Ⅲ	A508-Ⅲ	SA516-70 钢	SS-304	Hastelloy N
主屏蔽	混凝土	混凝土	混凝土	蛇纹石混凝土、普通混凝土、碳钢、不锈钢	混凝土、重晶石混凝土

将小型氟盐堆进行屏蔽划分,根据以往的经验主要将其划分为热屏蔽层和主屏蔽层,热屏蔽区域包含堆芯、堆芯容器、反应堆容器等;热屏蔽层与主屏蔽层之间包含熔盐泵、换热器等部件。热屏蔽层选用含硼不锈钢作为结构材料,主屏蔽层选用混凝土作为屏蔽材料。

3. FuSTAR 含硼不锈钢热屏蔽计算

表 9-23 为四种工业上常用的含硼不锈钢,本研究选用第 4 号含硼不锈钢作为热屏蔽。图 9-57 展示了冷态近邻界棒位 FuSTAR 含热屏蔽堆芯的横截面图。

图 9-58 给出了堆芯中热中子及快中子通量分布,从图中可以看出添加热屏蔽后,通量分布的基本形式还是没有变化,即燃料区由于裂变使得该区域快中子通

表 9-23 含硼不锈钢类型

钢号	元素含量/%					
	C	B	Si	Mn	Cr	Ni
1	0.028	0.44	0.57	1.33	18.81	13.45
2	0.028	0.91	0.61	1.45	18.86	13.47
3	0.017	1.44	0.64	1.44	18.81	13.52
4	0.020	1.94	0.64	1.50	18.75	13.67

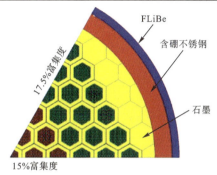

图 9-57 冷态初始近邻界棒位 FuSTAR 含热屏蔽堆芯横截面

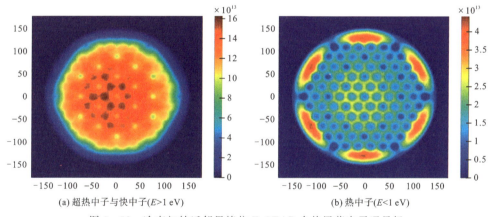

(a) 超热中子与快中子($E>1$ eV)　　(b) 热中子($E<1$ eV)

图 9-58 冷态初始近邻界棒位 FuSTAR 含热屏蔽中子通量场

量较高,而热中子主要集中在组件石墨盒及堆芯径向石墨反射层中。

从图 9-59 中可以看出设置了约 18 cm 厚度的含硼不锈钢作为热屏蔽后,对热中子的屏蔽效果非常好,使得热中子在 FLiBe 隔层中的通量基本为 0;其对快中子的屏蔽也较好,直接使得快中子通量降低一个量级。

图 9-60 展示了 FuSTAR 中是否含有热屏蔽时轴向中子通量对比,可以看到布置热屏蔽后,FLiBe 隔层中的中子通量会大幅降低。

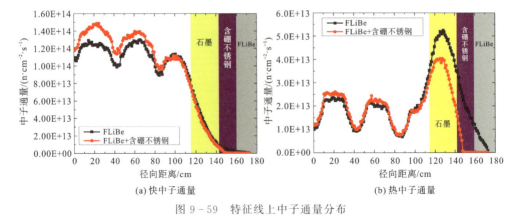

(a) 快中子通量　　　　　(b) 热中子通量

图 9-59　特征线上中子通量分布

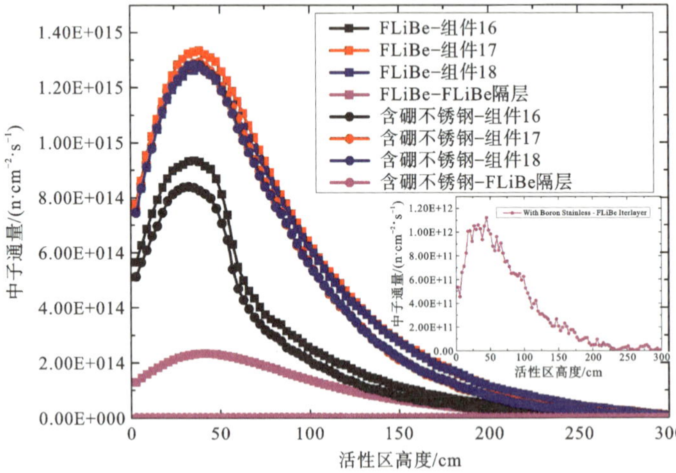

图 9-60　是否布置热屏蔽时轴向中子通量对比

由此,对 FuSTAR 开展保守工况下的中子辐射场评估可以得到 FLiBe 最外层的最大快中子注量率为 1.6×10^{10} n/(cm²·s),FuSTAR 设计寿期 50 a,以负荷因子 100% 计算,寿期内最保守快中子注量为 7.56×10^{19} n/cm²;若以运行时间 40 a,负荷因子 80% 计算,则保守快中子注量为 4.84×10^{19} n/cm²。作为对比,秦山二期工程设计反应堆寿期为 40 a,负荷因子 80%,要求整个反应堆寿期内压力容器内表面快中子注量低于 5×10^{19} n/cm²。

由此来看,FuSTAR 的保守计算是基本满足要求的,同时这里仅仅考虑了单一的含硼不锈钢的热屏蔽,并且径向冗余空间还有很多,可以进行更多的辐射屏蔽设计以获取更好的辐射屏蔽效果。为此,后续对于辐射屏蔽中热屏蔽依旧选用含硼不锈钢,但是可以将多层不锈钢层叠排布,冷却剂在板层之间流动冷却,这样可以有效降低由于中子或者 γ 射线照射而引起的热量沉积。其中,对于含硼不锈钢

第 9 章　固有安全一体化小型氟盐冷却高温堆 FuSTAR 设计及分析

可以选取 HT-9 与碳化硼的混合物,这样的组合既有耐高温、耐腐蚀、强度高的性能,同时又可以有效吸收中子进而降低中子注量率。其中具体的成分配比仍需开展进一步研究。

4. FuSTAR 堆芯整体屏蔽设计

上文对 FuSTAR 反应堆堆芯开展了精细建模,并计算了含热屏蔽的六分之一堆芯中子辐射场计算。接下来对 FuSTAR 堆芯模型进行合理简化,开展全堆三维包含热屏蔽与混凝土的中子-光子辐射屏蔽综合计算。

通过小型氟盐冷却高温堆屏蔽材料选型研究,初步选取不锈钢作为热屏蔽层屏蔽材料,采用混凝土作为主屏蔽层屏蔽材料。熔盐堆堆芯区域维持在高温环境,需要设置有效的热屏蔽维持堆芯高温;同时在热屏蔽内外形成较大温差,有效降低外围温度,为相关设备和屏蔽材料提供合适的工作环境。此外,热屏蔽还需要有效降低中子通量水平和 γ 注量率,缓解热屏蔽与主屏蔽之间设备的辐照损伤和活化以及防止事故工况下熔盐泄漏。热屏蔽材料在反应堆容器内使用,需要承担部分支撑作用。因此不仅应具有优异的综合屏蔽效果,还应兼具良好的结构力学性能、抗辐照性能、耐热性能及环境友好性等工程应用性能。不锈钢属于金属合金类材料,其具有化学稳定性好、密度稳定性好、耐腐蚀、耐辐照,且不可燃、熔点较高、耐高温、高温不易变形、热稳定性好和热老化性能好等优点。从力学性能上看,不锈钢结构强度好、膨胀收缩率小、抗拉抗压抗扭性较好、易加工并且加工工艺简单。对于小型氟盐冷却高温堆,热屏蔽材料必须承受 600~700 ℃ 的高温,并且要具备耐腐蚀和耐辐照能力。不锈钢作为燃料包壳的候选材料,可以满足以上要求,且加工制造较为便利,同时也具备较好的力学性能和经济性。

经过热屏蔽层的防护,热屏蔽外的中子通量水平可以降低到较低的水平,但仍属于禁止工作区域,需要在外围设置主屏蔽层降低辐射剂量。主屏蔽层是核反应堆的重要组成部分,用来有效降低反应堆运行时屏蔽体外的辐射剂量水平,满足辐射安全的要求及反应堆部件材料对辐射限制的要求,同时也为工作人员创造安全的工作环境。屏蔽混凝土是现代反应堆中最常用的屏蔽材料之一,其价格相对便宜、可就地取材,且加工工艺简单,成分具有可调性。对各能量段辐射均有较好的屏蔽作用,且可通过增加厚度的方法来加强辐射防护性能。此外,混凝土含有较多的轻元素,能够对中子起到很好的慢化效果,相对于不锈钢产生更少的次级 γ 射线。基于以上因素,小型氟盐冷却高温堆的主屏蔽层屏蔽材料采用混凝土,混凝土中既含有水,适用于中子屏蔽;又含有重物质,适用于 γ 射线的屏蔽。

小型氟盐冷却高温堆堆芯区域主要由燃料组件和冷却剂组成,此区域半径 152 cm;堆芯区域外布置了不锈钢围筒,围筒厚度 5 cm;围筒外是冷却剂下降段,此区域内径 314 cm,外径 346 cm;下降段外侧为反应堆容器,小型氟盐冷却高温堆的反应堆容器不承压,壁厚 2 cm,材料也采用不锈钢,整个反应堆容器外径

350 cm。反应堆容器外表面到混凝土屏蔽内表面设置 10 cm 空气隔热层,以降低混凝土运行温度,混凝土屏蔽厚度 30 cm。图 9-61 给出了屏蔽分析模型的横剖面及纵剖面图。

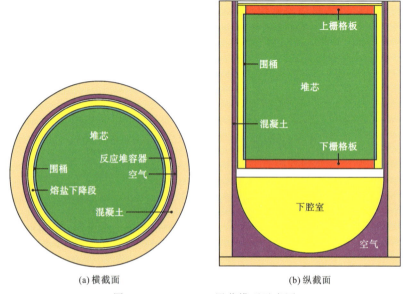

图 9-61 FuSTAR 屏蔽模型示意图

表 9-24 至表 9-27 给出了反应堆寿期为 30 有效满功率年(Effective Full Power Year,EFPY)工况下反应堆容器内表面的中子注量率和中子注量计算结果。从结果中可以看到,反应堆容器内表面侧面的中子注量率最高,该处快中子注量率为 $9.6×10^3$ n/(cm²·s),到寿期末,该处的累积快中子注量率为 $9.1×10^{12}$ n/(cm²·s)。

表 9-24 反应堆容器侧面内表面的中子注量率

能量上限/MeV	中子注量率/(cm^{-2}·s^{-1})
0.1	4.6348×10⁶
1.0	4.2529×10⁴
20	9.5807×10³

表 9-25 反应堆容器顶部内表面的中子注量率

能量上限/MeV	中子注量率/(cm^{-2}·s^{-1})
0.1	1.6708×10⁶
1.0	1.0181×10⁵
20	5.6245×10³

第9章 固有安全一体化小型氟盐冷却高温堆 FuSTAR 设计及分析

表 9-26 反应堆容器底部内表面的中子注量率

能量上限/MeV	中子注量率/$(cm^{-2} \cdot s^{-1})$
0.1	2.6557×10^4
1.0	3.0886×10^2
20	1.1613×10

表 9-27 反应堆容器内表面累积快中子注量

能量上限/MeV	中子注量/(cm^{-2})
0.1	9.0641×10^{12}
1.0	5.3212×10^{12}
20	1.0986×10^{10}

图 9-62 分别给出了侧面混凝土屏蔽外表面外 30 cm 处的中子和 γ 剂量率计算结果。图 9-63 分别给出了顶部混凝土屏蔽外表面外 30 cm 处的中子和 γ 剂量

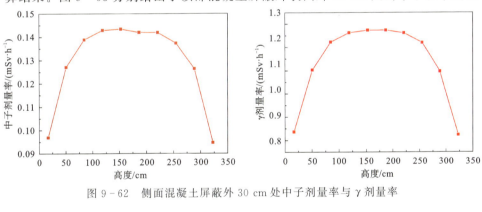

图 9-62 侧面混凝土屏蔽外 30 cm 处中子剂量率与 γ 剂量率

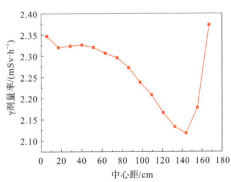

图 9-63 顶部混凝土屏蔽外 30 cm 处中子剂量率与 γ 剂量率

率计算结果。可以看到,混凝土屏蔽外 30 cm 处最大中子剂量率为 37.7 mSv/h,位于顶部中心位置;混凝土屏蔽外 30 cm 处最大 γ 剂量率为 2.37 mSv/h,位于顶部距中心 167 cm 处。

通过开展小型氟盐冷却高温堆屏蔽方案研究,获得了功率运行期间反应堆容器内表面快中子注量率和混凝土屏蔽外剂量率的初步计算结果,主要结论如下:

(1) 反应堆容器内表面侧面的中子注量率最高,到寿期末,该处的累积快中子注量为 9.1×10^{12} n/cm^2,低于压水堆压力容器快中子注量水平要求;

(2) 侧面混凝土屏蔽外表面外 30 cm 处最大辐射剂量率为 1.42 mSv/h,低于压水堆核电厂高辐射区辐射屏蔽目标值。

通过以上研究,掌握了熔盐高温堆屏蔽分析方法,为后续小型氟盐冷却高温堆工作提供了支持。

9.2.6 热工水力分析及实验

1. 实验系统

如图 9-64 所示,螺旋十字形棒束通道热工水力特性实验回路包括主回路系统、冷却系统、充排油系统、排气系统和数据采集控制系统。现场实物图如图 9-65 所示。

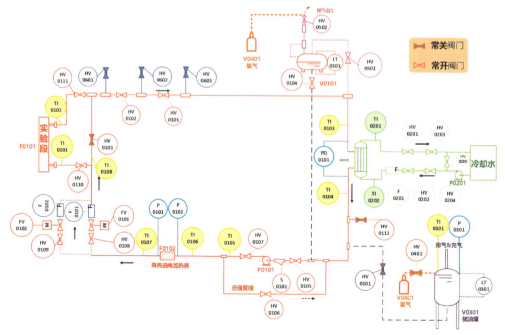

图 9-64 螺旋十字形燃料组件热工水力特性实验回路二维示意图

第 9 章　固有安全一体化小型氟盐冷却高温堆 FuSTAR 设计及分析

图 9-65　螺旋十字形棒束通道热工水力特性实验回路实物图

主回路系统利用泵 P0101 为导热油流动提供驱动压头,导热油经泵增压,流经电加热系统加热,一部分导热油经旁通管线流回泵的入口,另一部分导热油经调节阀 FV0101 或 FV0102 调节流量;导热油经实验段 F0101 的螺旋十字形加热棒加热后进入换热器 E0101 的导热油入口端;导热油经过换热器的冷却从出口端流出;从换热器 E0101 流出的导热油与旁通管线的导热油汇合后经过滤器 S0101 过滤流回至泵的入口,完成主回路循环。

主回路系统中,在清除过滤器杂质时,阀门 HV0105 和 HV0107 用于隔离泵与回路,实验正常运行时处于常闭状态;球阀 HV0101 所在管路为实验段的旁通,可以实现回路前期调试,此时需要关闭阀门 HV0110 和 HV0111;正式实验时,需要关闭阀门 HV0101,常开阀门 HV0110 和 HV0111;阀门 HV0106 作为旁通管线的阀门,可以调节旁通流量;阀门 HV0601、HV0602、HV0603 作为与余排回路预留的接口,均处于常闭状态;阀门 HV0108 和 HV0109 分别位于调节阀门 FV0101 和 FV0102 前,保证完全隔断其中之一的管线;膨胀罐 V0101 位于循环回路之上,高度差大于 1 m,吸收回路导热油温度变化产生的体积变化,作为回路压力边界,维持系统压力,且实现系统排气;阀门 HV0112 作为低点泄放阀门,在完成实验时,排出回路中的导热油。

2. 实验模化分析

开展实验时,需要对实验系统进行模化分析,包含两条基本假设:
(1) 系统处于稳定运行状态;
(2) 低流速流体忽略黏性作用机械能转换为热能的部分。
基于以上两条基本假设,开展方程的无量纲化并推导准则数,有:

$$\frac{\partial(\rho u_i)}{\partial x_i} = 0 \qquad (9-41)$$

$$\frac{\partial(\rho u_i u_j)}{\partial x_j} = -\frac{\partial p}{\partial x_j} + \mu\frac{\partial^2 u_i}{\partial x_j^2} + \frac{\partial}{\partial x_j}\left(\mu\frac{\partial u_j}{\partial x_i}\right) - \frac{2}{3}\frac{\partial}{\partial x_i}\left(\mu\frac{\partial u_j}{\partial x_j}\right) + \rho f_i \qquad (9-42)$$

$$\frac{\partial(\rho c_p u_j T)}{\partial x_j} = \frac{\partial}{\partial x_j}\left(\lambda\frac{\partial T}{\partial x_j}\right) + q_v \qquad (9-43)$$

$$\rho = f(p, T) \qquad (9-44)$$

为获得相似准则数,首先对上式进行无量纲化,引入以下无量纲参数:
$x_j^* = x_j/d, x_i^* = x_i/d, u_j^* = u_j/u, u_i^* = u_i/u, f_i^* = f_i/g, p^* = p/\Delta p, T^* = T/\Delta T$。将上述无量纲量代入守恒方程中,可以得到无量纲化的守恒方程:

$$\frac{\partial(u_i^*)}{\partial x_i^*} = 0 \qquad (9-45)$$

$$\frac{\partial(u_i^* u_j^*)}{\partial x_j^*} = -\frac{\Delta p}{u^2 \rho}\frac{\partial p^*}{\partial x_j^*} + \frac{\mu}{\rho u d}\frac{\partial^2 u_i^*}{\partial x_j^{*2}} + \frac{\partial}{\partial x_j^*}\left(\frac{\mu}{\rho u d}\frac{\partial u_j^*}{\partial x_i^*}\right) - \frac{2}{3}\frac{\partial}{\partial x_i^*}\left(\frac{\mu}{\rho u d}\frac{\partial u_j^*}{\partial x_j^*}\right) + \frac{dg}{u^2}f_i^*$$

$$(9-46)$$

$$\frac{\partial(u_j^* T^*)}{\partial x_j^*} = \frac{\partial}{\partial x_j^*}\left(\frac{\lambda}{\rho d c_p u}\frac{\partial T^*}{\partial x_j^*}\right) + \frac{q_v d}{\rho c_p u \Delta T} \qquad (9-47)$$

$$\rho = f(\rho^*, T^*) \qquad (9-48)$$

若要保证模型和实物中的物理现象相似,要求运动条件下两者下列无量纲数相同:

$$\pi_1 = \frac{\Delta p}{u^2 \rho} = Eu \qquad (9-49)$$

$$\pi_2 = \frac{\mu}{u \rho d} = \frac{1}{Re} \qquad (9-50)$$

$$\pi_3 = \frac{dg}{u^2} = \frac{1}{Fr^2} \qquad (9-51)$$

$$\pi_4 = \frac{\lambda}{\rho d c_p u} = \frac{a}{ud} = \frac{1}{Pe} = \frac{1}{RePr} \qquad (9-52)$$

$$\pi_5 = \frac{q_v d}{\rho c_p u \Delta T} \qquad (9-53)$$

物理条件相似的基础是满足几何相似,无量纲数 π_1、π_2、π_3、π_4 中包含常见无量纲参数 Re、Fr、Eu、Pe、Pr。π_5 为包含功率密度的无量纲数。由于比例制约关系的限制,难以同时满足弗劳德准则和雷诺准则相等,因而一般模化实验难以实现全面的力学相似。欧拉准则与上述两个准则并无矛盾,因此如果放弃弗劳德准则和雷诺准则,或者放弃其一,那么选择基本比例尺就不会遇到困难。本实验通道中的有压流动是在压差作用下克服管道摩擦产生的流动,黏性力决定压差的大小,也决定通道内流动的性质,此时重力是次要因素,满足雷诺准则,即

第9章 固有安全一体化小型氟盐冷却高温堆 FuSTAR 设计及分析

$$Re_m = Re_p \tag{9-54}$$

$$\frac{(\rho u d)_m}{\mu_m} = \frac{(\rho u d)_p}{\mu_p} \tag{9-55}$$

$$\frac{u_m}{u_p} = \frac{\rho_p}{\rho_m} \frac{\mu_m d_p}{\mu_p d_m} \tag{9-56}$$

大量实验表明,欧拉相似准则数 Eu 常不是决定性的,在大多数情况下,在满足雷诺相似准则的同时,自动满足欧拉相似准则。

此外,需要满足相似条件:

$$Pr_m = Pr_p \tag{9-57}$$

为满足 Pr 相同,参见第6章的分析,本实验仍采用 Dowtherm A 作为实验的模化工质。

$$\left(\frac{q_v d}{\rho c_p u \Delta T}\right)_m = \left(\frac{q_v d}{\rho c_p u \Delta T}\right)_p \tag{9-58}$$

$$\frac{q_{vm}}{q_{vp}} = \frac{\rho_m u_m \Delta T_m c_{pm} d_p}{\rho_p u_p \Delta T_p c_{pp} d_m} \tag{9-59}$$

$$\frac{P_m}{P_p} = \frac{\rho_m u_m \Delta T_m c_{pm} d_m^2}{\rho_p u_p \Delta T_p c_{pp} d_p^2} \tag{9-60}$$

表 9-28 所示为等比缩放后模型几何尺寸。较小的尺寸不易开展实验的加热和测量,因此选择螺旋十字形加热棒的原型尺寸开展实验设计。

表 9-28 几何尺寸缩放

缩放比例 k	原型					模型					Re
	h_p /m	D_p /mm	$D_{h,p}$ /mm	S_p /mm	ΔT /℃	h_m /m	$D_{h,m}$ /mm	D_m /mm	S_m /mm	ΔT /℃	
1	3	15	5.76	300	650~700	3	5.760	15	300	95~105	1398
0.8						2.4	4.608	12	240		1398
0.6						1.8	3.456	9	180		1398
0.4						1.2	2.304	6	120		1398
0.3						0.9	1.728	4.5	90		1398

注:k 为缩放比例;h 为通道长度;D 为螺旋十字形棒径向宽度;D_h 为水力直径;S 为螺距;ΔT 为进出口温差;下标 p 表示原型参数,下标 m 表示模型参数。

然而,根据实验目的,并没必要研究整个原型长度。在进行模化实验时,只要在模型入口设计一段几何相似的稳定段,就能保证速度分布相似。同样,出口速度分布的相似也不用专门考虑,只要保证出口通道几何相似即可。利用黏性流体的稳定性可以实现近似模化。大量实验表明,黏性流体在管道中流动时,无论入口速度分布如何,流经一段距离后,速度分布就趋于稳定。在螺旋十字形棒束通道中,棒的螺旋使得通道比圆柱棒束通道更为复杂,因此过渡段更短[29,30]。

如图 9-66 所示,由 19 棒束通道流动传热数值模拟分析可知,低 Re 数和高 Re 数工况时局部传热系数随着轴向高度变化,入口段长度为 0.6 m,出口段长度小于0.1 m。在 0.6 m<z<2.9 m 时,平均传热系数大小基本不变,该区域为充分发展段,为合理的实验研究区域。因此,本实验可采用长度为 1.5 m 的螺旋十字形棒开展实验。

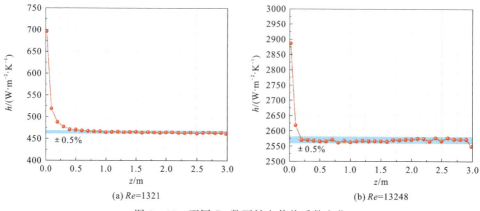

图 9-66 不同 Re 数下轴向传热系数变化

考虑将 Dowtherm A 运行温度远离闪点,但也要保证高温 FLiBe 与 Dowtherm A 的 Pr 匹配误差尽可能小。从表 9-29 可知,平均温度为 100 ℃时,相对误差最小,选择此时的温差较为合适。然而较大的温差有利于实验测量,因此选择 90~110 ℃作为实验研究的温度范围。

表 9-29 Pr 数匹配相对误差

原型 ΔT/℃	模型 ΔT/℃	Pr 数匹配相对误差/%
650~700	90~110	1.21
	95~105	
	85~105	5.16
	90~100	
	80~100	10.10
	85~95	
	75~95	15.41
	80~90	

依据式(9-56)计算模型的速度,已知 $u_p = 0.7581$ m/s,求得模型入口速度

第9章 固有安全一体化小型氟盐冷却高温堆 FuSTAR 设计及分析

u_m,从而求得质量流量。不同棒束的流通面积不同,流量也不相同。棒的个数越多,总功率越大,流量也越大。为选择合理的棒束,需要对其进行预分析。FuSTAR堆芯燃料组件有127根呈三角形排布的螺旋十字形燃料棒。如果实验采用127根加热棒,将面临实验台搭建困难的问题。为此需要进行棒数模化,其目的是利用尽可能少的棒数精确地得到原始条件下的阻力和传热关联式。以氟盐FLiBe为计算工质,采用CFD软件对堆芯单组件原型选取7棒束、19棒束和37棒束分别进行数值计算,建模区域为流体区域,堆芯活性区高度3 m,螺旋十字形棒壁面的边界条件为恒定热流密度,该热流密度取堆芯燃料棒平均值,速度范围为0.5~6 m/s。

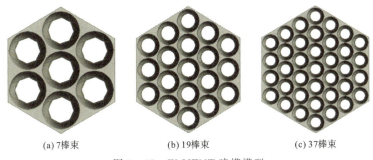

(a) 7棒束　　　　　(b) 19棒束　　　　　(c) 37棒束

图 9-67　FLUENT 建模模型

如图 9-68 所示,以 37 棒束计算结果为依据:对于努塞特数 Nu,7 棒束相对偏差在 10% 左右,19 棒束相对偏差在 5% 左右;对于 f,7 棒束相对偏差在 20% 左右,19 棒束的相对偏差在 5% 左右,因此选择 19 棒束开展实验较为合适。但考虑到实验段的加工成本和测量精度,本研究采用 7 棒束获得实验结果,通过 CFD 软件进行验证后,采用相同的物理模型可以分析 127 棒束的流动传热特性。本节介绍并分析了单根螺旋十字形加热棒的实验结果,该实验结果可以部分反应螺旋十

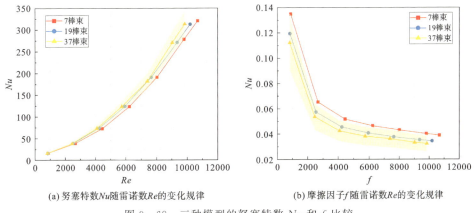

(a) 努塞特数Nu随雷诺数Re的变化规律　　　(b) 摩擦因子f随雷诺数Re的变化规律

图 9-68　三种模型的努塞特数 Nu 和 f 比较

字形燃料组件的热工水力特性。

3. 实验段设计

实验的螺旋十字形加热棒采用直流电源加热,加热棒本身具有一定的热电阻,设定不同大小的电流可以产生不同功率的焦耳热,模型如图 9-69 所示。加热棒采用工业 316L 不锈钢管材切削而成。管内侧用引出测量壁面和流体温度的热电偶引线。在加热棒顶端和底端焊接铜电极,起到固定和连接铜排的作用。螺旋十字形加热棒尺寸标注如图 9-70 所示,尺寸详细参数值如表 9-30 所示。

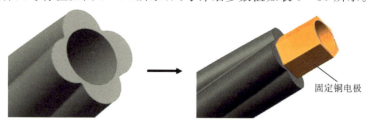

图 9-69 螺旋十字形加热棒模型图

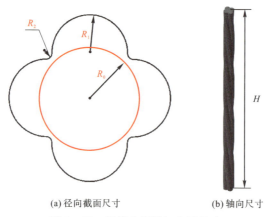

(a) 径向截面尺寸　　　　(b) 轴向尺寸

图 9-70 螺旋十字形加热棒尺寸

表 9-30 螺旋十字形加热棒尺寸参数值

参数	值
孔半径(R_0)/mm	4
叶瓣半径(R_1)/mm	3.5
叶谷半径(R_2)/mm	0.5
径向宽度(D)/mm	15
高度(H)/mm	1500
螺距(S)/mm	300

工质经下部入口管进入，从上部出口管流出，中间测量截面存在热电偶插入口和引压口。实验段的上下端采用密封组件密封，并不直接焊接，这种安装方式有利于后面的拆装维修。单棒实验段的实物如图 9-71 所示。

图 9-71　单棒实验段实物图

FuSTAR 燃料组件为正六边形组件，因此单棒实验段的外部通道也应为正六边形形状。但鉴于单棒实验段尺寸小，若加工为正六边形，加工难度大且成本高。因此，实验段采用圆形通道代替了正六边形通道。利用圆形通道的实验结果，仍可以初步反映出流体在螺旋十字形棒束通道内的流动传热特性；另一方面，也可以与棒束实验结果进行对比分析。

实验段在加热条件下需要通直流电，这需要保证加热棒与通道外壁间的绝缘，消除螺旋十字形加热棒烧毁的隐患。

4. 实验结果分析

达西摩擦阻力系数 f 定义如下：

$$f = \frac{2D_h \Delta p}{\rho l u^2} \tag{9-61}$$

式中：D_h 为水力直径，m；u 为流体在螺旋十字形单棒通道内的平均速度，m/s；Δp 为测量段压差，Pa；l 为压降测量段长度，m；ρ 为定性温度下的流体密度，kg/m³。

在入口温度分别为 30 ℃、60 ℃ 和 100 ℃ 时，实验获得了导热油流经螺旋十字形单棒通道的阻力系数 f 与 Re 的变化关系。如图 9-72 所示，在相同 Re 数时，f 的值相同，可见阻力系数 f 与流体入口温度无关。在对数坐标系上，根据阻力系数 f 与 Re 的变化规律，可将导热油在螺旋十字形单棒通道内划分为三种流动状态：层流、过渡流和湍流，并在不同的流态内拟合阻力系数 f 与 Re 的实验关系式。

层流（$400 < Re < 2000$）：

$$f_L = 27.6662 Re^{-0.8106} \tag{9-62}$$

过渡流（$2000 < Re < 7000$）：

$$f_{Tra} = 0.7564 Re^{-0.3409} \tag{9-63}$$

湍流（$7000 < Re < 20000$）：

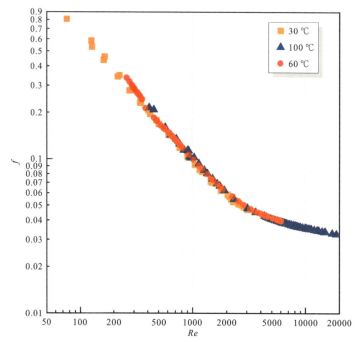

图 9-72 在不同入口温度条件下，阻力系数 f 与 Re 数的变化规律

$$f_{\text{Tur}} = 0.1438 Re^{-0.1511} \tag{9-64}$$

绕丝棒与螺旋十字形棒结构相似，部分螺旋十字形棒束和绕丝棒束的阻力实验关系式如表 9-31 所示，将本实验所得的关系式与表 9-31 中的阻力关系式进行对比。在对比时，需要计算螺旋十字形棒的等效直径，采用式(9-61)计算。

$$D_{\text{eq}} = \sqrt{\frac{4A_s}{\pi}} \tag{9-65}$$

式中：D_{eq} 为螺旋十字形棒等效直径，m；A_s 为螺旋十字形棒横截面积，m^2。

表 9-31 螺旋十字形棒束和绕丝棒束通道摩擦阻力关系式

作者	经验关系式
Cheng 和 Todreas[31]	层流：$f_2 = \dfrac{150}{Re_{\text{dh}}} + 1.75$ 过渡流：$f = (72.95/Re)\left(1 - \dfrac{\lg(Re/485)}{\lg(12188/455)}\right)1/3$ $\quad\quad + (0.1668/Re^{0.18})\left(\dfrac{\lg(Re/485)}{\lg(12188/455)}\right)^{1/3}$ $Re_L = 300(10^{1.7(P/D-1.0)}) = 485$ $Re_L = 10000(10^{0.7(P/D-1.0)}) = 12188$ 过渡流：$f = 0.1668/Re^{0.18}$

续表

作者	经验关系式
Engel[31]	层流: $f=110/Re$ 过渡流: $f=(110/Re)\left(1-\dfrac{Re-400}{4600}\right)^{1/3}$ $+(0.1668/Re^{0.18})\left(\dfrac{Re-5000}{4600}\right)^{1/3}$ 过渡流: $f=0.55/Re^{0.25}$
Reheme[31]	$f=((64/Re)F^{0.5}+(0.0816/Re^{0.133})F^{0.9335})S_b/S_t$ $F=(P/D)^{0.5}+(7.6(P/D)^2(D+D_w)/H)^{2.16}=3.479$
Zhang[32]	$f=F\dfrac{64}{Re}+\dfrac{0.21}{Re^{0.22}}\quad F=0.348$
Conboy[33]	$f=1.055\cdot 0.11\left(\dfrac{\Delta}{D_h}+\dfrac{68}{Re}\right)^{0.25}$

图 9-73 表明，本实验的关系式与 Cheng 公式[31]在层流、过渡流和湍流流态下均符合较好，相对误差小于 20%。在湍流流态下，Zhang 和 Conboy 实验关系式与本实验关系式的相对误差在 20%以内。

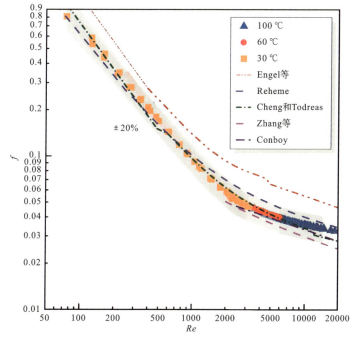

图 9-73 在不同入口温度条件下，达西摩擦因子 f 与 Re 数的变化规律

图 9-74 比较了不同入口温度条件下，导热油在螺旋十字形单棒通道内单位

长度压降随 Re 数的变化规律。导热油的黏度随温度增加而降低,而流动阻力与黏度大小呈正相关。在相同 Re 数下,入口温度为 30 ℃ 的导热油单位长度压降最大,其次是 60 ℃,最小为 100 ℃。

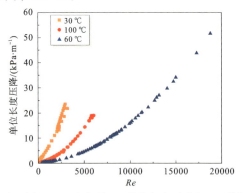

图 9-74　在不同入口温度条件下,单位长度压降与 Re 数的变化规律

接下来分析螺旋十字形单棒通道的对流传热特性结果,定义平均传热系数 h_f:

$$h_f = \frac{q_A}{(T_w - T_f)} \quad (9-66)$$

式中:q_A 为平均热流密度,W/m^2;T_w 为研究区域螺旋十字形棒的平均壁面温度,℃;T_f 为研究区域螺旋十字形棒的平均流体温度,℃。

无量纲 Nu_f 数定义如下:

$$Nu_f = \frac{h_f D_h}{\lambda} \quad (9-67)$$

式中:λ 导热油的导热率,W/(K·m)。

无量纲 Gr 数定义如下:

$$Gr = \frac{g \alpha_V (T_w - T_f) D_h^3}{\nu^2} \quad (9-68)$$

式中:ν 为导热油的运动黏度,W/(K·m);α_V 为体涨系数,1/K;g 为重力加速度,m/s^2。

实验获得了导热油在不同入口温度的对流传热数据,如图 9-75 所示。入口温度分别为 90 ℃、80 ℃ 和 70 ℃ 时,相同 Re 数的实验段加热功率基本一致。在层流区,对流传热系数的大小与入口温度无关。随着 Re 数的增加,在过渡流区和湍流区,对流传热系数出现差异。相同 Re 数的对流传热系数随着入口温度而减小。70 ℃ 入口温度时的平均对流传热系数较大,其后分别是 80 ℃ 和 90 ℃ 入口温度,但是入口温度对对流传热系数影响有限。

在对流传热研究中,常采用已定准则的幂函数形式整理实验数据,如式

第 9 章　固有安全一体化小型氟盐冷却高温堆 FuSTAR 设计及分析

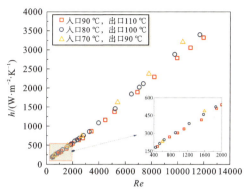

图 9-75　不同入口温度下，h 与 Re 数的变化规律

(9-69)和(9-70)。图 9-76(a)给出 Nu 数与 Re 数在对数坐标下的曲线。在湍流区，相同 Re 数时不同入口温度下的 Nu 数略有差别。图 9-76(b)中，纵坐标引入 Pr 数，即采用式(9-70)的形式，相同 Re 数时不同入口温度下的 $Nu/Pr^{1/3}$ 相同。因此式(9-70)更能反映本实验的对流传热规律。

$$Nu = CRe^n \tag{9-69}$$

$$Nu = CRe^n Pr^m \tag{9-70}$$

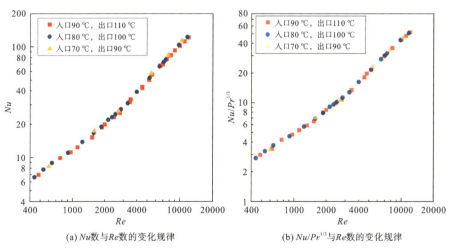

(a) Nu 数与 Re 数的变化规律　　　　(b) $Nu/Pr^{1/3}$ 与 Re 数的变化规律

图 9-76　在不同入口温度下，对流传热实验结果

实验获得了导热油在相同入口温度、不同出口温度下的对流传热数据，如图 9-77 所示。在相同 Re 数时，95 ℃、105 ℃和 110 ℃的出口温度意味着不同的加热功率，出口温度随着加热功率的增加而增加。在层流区、过渡流区和湍流区，相同 Re 数的对流传热系数随着入口温度而减小。100 ℃出口温度时的平均对流传热系数最大。因此，出口温度对对流传热系数影响较为显著。

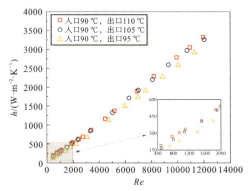

图9-77 相同入口温度、不同出口温度下 h 与 Re 数的变化规律

图9-78(a)给出 Nu 数与 Re 数在对数坐标下的曲线。在层流区,相同 Re 数时不同出口温度下的 Nu 数差别显著。在过渡流区和湍流区,相同 Re 数时不同出口温度下的 Nu 数差别并不显著。在引入了 Pr 数后,这种差异仍然存在,如图9-78(b)所示。对于层流流态,在相同进出口温差下,$Nu/Pr^{1/3}$ 与实验段入口温度无关。但在不同进出口温差下,$Nu/Pr^{1/3}$ 与 Re 数的变化规律并不相同。因此,需要在式(9-70)的基础上引入其他参数对结果进行校正。如图9-81和图9-82所示,在不同的进出口温差下,平均壁面温度与平均流体温度之差不同。进出口温差越大,平均壁面温度与平均流体温度之差越大。引入包含壁面温度和流体温度的参数 $(T_w/T_f)^a$,如式(9-71)。

$$Nu = C\left(\frac{T_w}{T_f}\right)^a Re^n Pr^m \tag{9-71}$$

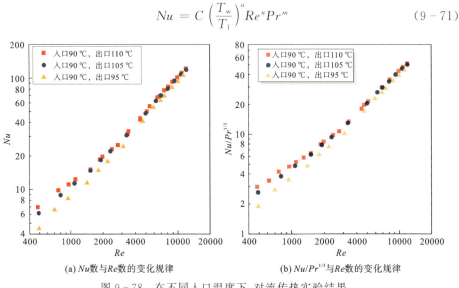

(a) Nu 数与 Re 数的变化规律 (b) $Nu/Pr^{1/3}$ 与 Re 数的变化规律

图9-78 在不同入口温度下,对流传热实验结果

第9章 固有安全一体化小型氟盐冷却高温堆 FuSTAR 设计及分析

在低 Re 数流动状态下,自然对流相对强迫对流不可忽略,自然对流的强度与壁面温度和流体温度之差呈正相关。在相同 Re 数下,进出口温差越小,$Nu/Pr^{1/3}$ 越小。由于此时壁面温度和流体温度之差较小,自然对流并不显著,如图 9-81 所示。综合所有对流传热实验数据,拟合对流传热关系式,如图 9-79 所示。本实验

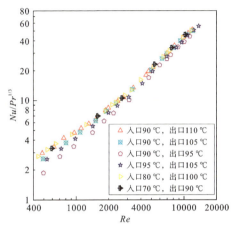

图 9-79 在不同进口和出口温度条件下,$Nu/Pr^{1/3}$ 与 Re 数的变化规律

拟合的层流流态(400<Re<2000)关系式如下:

$$Nu = 0.023 Re^{0.714} Pr^{1/3} \left(\frac{T_\mathrm{w}}{T_\mathrm{f}}\right)^{1.192} \quad (9-72)$$

在过渡流和湍流流态下,自然对流传热相对于强迫对流传热可以忽略不记。在不同进出口温差下,相同 Re 数时 $Nu/Pr^{1/3}$ 基本相同。因此,拟合关系式中并不考虑 $T_\mathrm{w}/T_\mathrm{f}$,过渡流(2000<$Re$<7000)和湍流(7000<$Re$<12000)流态下的拟合关系式如下:

$$Nu = 0.00256 Re^{1.051} Pr^{1/3} \quad (9-73)$$

$$Nu = 0.00387 Re^{1.008} Pr^{1/3} \quad (9-74)$$

图 9-80 给出了本实验不同流态下,$Nu/Pr^{1/3}$ 实验值和预测值之间的误差。在层流流态下,61% 的预测值与实验值相对误差小于 5%,87% 的预测值与实验值相对误差小于 10%;在过渡流流态下,57% 的预测值与实验值相对误差小于 5%,87% 的预测值与实验值相对误差小于 10%;在湍流流态下,77% 的预测值与实验值相对误差小于 5%,100% 的预测值与实验值相对误差小于 10%。

图 9-81 给出了不同进出口温度工况下,壁面温度与流体温度之差随 Re 数的变化规律。在同一进出口温度条件下,层流流态的壁面温度和流体温度之差小于过渡流和湍流流态,且在湍流流态下,壁面温度与流体温度之差基本不随 Re 数变化。

采用式(9-75)评估自然对流的影响程度,Gr^* 越大表明自然对流影响程度越

熔盐堆热工水力及安全分析

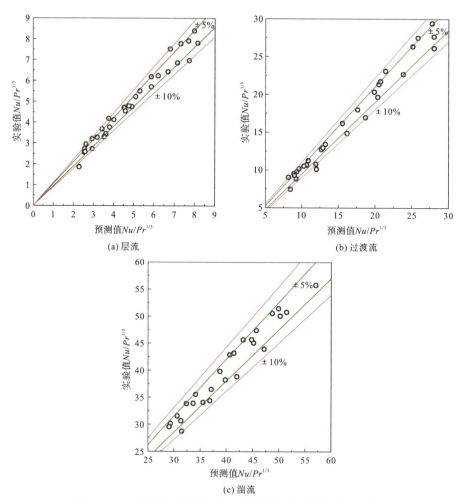

图 9-80 不同流动状态下,$Nu/Pr^{1/3}$ 实验值与预测值对比分析

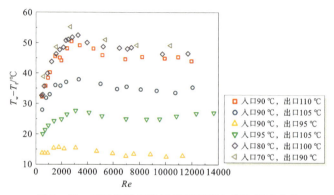

图 9-81 不同实验工况下壁面温度与流体温度之差

大。由式(9-68)可知,Gr 数与壁面温度和流体温度之差呈正相关,因此在壁面温度和流体温度之差较大时,其自然对流更为显著。如图 9-82 所示,在层流流态下,Gr^* 为 0.01~0.1,此时并不能忽略自然对流的影响。在 $Gr^*<0.01$ 时,可以忽略自然对流的影响。

$$Gr^* = \frac{Gr}{Re^2} \tag{9-75}$$

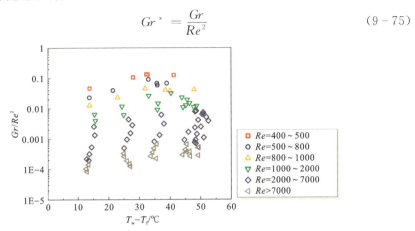

图 9-82 不同 Re 数范围内 Gr^* 与壁面温度与流体温度之差的关系

9.2.7 非能动余热排出系统设计优化

1. 主热和余热排出系统介绍

考虑到 FuSTAR 的紧凑性和一体化设计要求,选择了反应堆直接辅助冷却系统(Direct Reactor Auxiliary Cooling System,DRACS)[34]作为非能动余热排出系统(Passive Residual Heat Removal System,PRHRS),总体配置如图 9-83(a)所示。冷却剂的流动方向如图 9-83 所示。

在正常工况下,冷却剂通过堆芯加热,沿着上升段流动。离开上升段后在顶部上腔室偏转,向下流入主换热器(Primary Heat Exchanger,PHE)放热,随后进入主泵加压。在泵出口处,大部分冷却剂沿下降通道进入堆芯,少部分向上回流,进入直接热交换器(Direct heat Exchanger,DHE)放热,之后在上升段出口与来自堆芯的冷却剂主流汇合后,重新进入 PHE,形成局部回流回路。

在自然循环工况下,由于泵停转,主要热阱来自 DHE 和 PHE,同时产生主要的重位驱动压头,原 DHE 内部的熔盐会发生倒流,与 PHE 内部熔盐一并向下流动,汇合后进入堆芯吸热并流出上升段,完成自然循环。根据计算流体力学(Computational Fluid Dynamics,CFD)方法计算的结果,泵出口的最大直径约为 300 mm,经过专业的叶轮及蜗壳设计软件 CFTurbo[35]计算,只能使用转速为 3600 r/min、转动惯量较低的高速轴流泵。

FuSTAR 的 PHE 和 DHE 采用冗余配置,在上升段围板周围交替安装六个

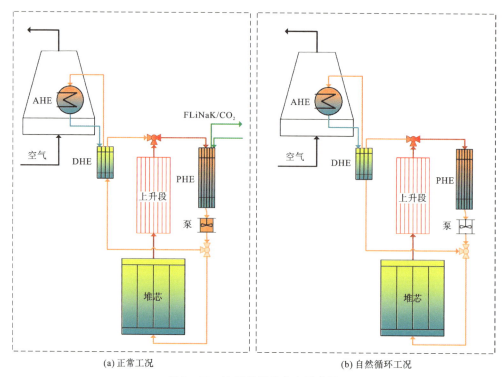

图 9-83 冷却剂流动方向示意图

PHE 和三个 DHE,如图 9-84 所示。三个 PHE 即可带走消除 99% 的堆芯总功率,剩下三个可作为冗余,也可均投入使用。

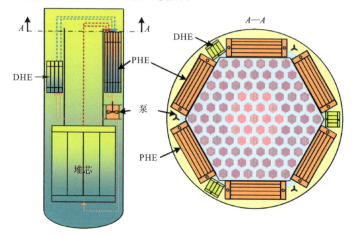

图 9-84 PHE 和 DHE 的布置(A—A 表示横截面)

经过中子物理和燃耗计算[36],衰变热占堆芯总功率的 1%,由 PRHRS 的三个 DHE 共同排出。所有的热交换器都采用更紧凑、机械强度更好的印刷电路热交换

第 9 章　固有安全一体化小型氟盐冷却高温堆 FuSTAR 设计及分析

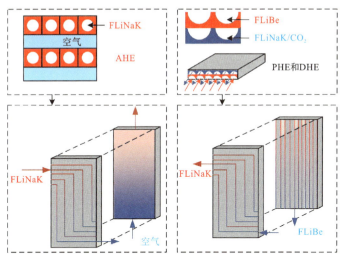

图 9-85　PCHE 内的通道截面及流向配置

器(Printed Circuit Heat Exchanger,PCHE)的设计[37-39]。图 9-85 显示了 PCHE 通道的横截面和流向配置。在 PHE 和 DHE 中,熔盐侧的截面为半圆形。PHE 的通道直径为 2 mm,以强化传热,DHE 温度较低,其通道直径为 4 mm,以防止堵塞。在 AHE 中,熔盐侧的截面为圆形,空气侧为低阻力板式换热通道,以促进自然对流。

通过目标图像论证得到了总体需求参数,包括热力学参数和材料参数,以及一些关键的尺寸,如表 9-32、表 9-33、表 9-34 所示。

表 9-32　FuSTAR 的基本热力学参数

热力学位置	参数	值	单位
堆芯	热功率	125	MW
堆芯入口	温度	923.15	K
堆芯出口	温度	973.15	K
换热器	最小温差	10	K

表 9-33　FuSTAR 的材料参数

结构	材料	参考文献
燃料芯块	TRISO	[41-43]
包壳	C-C	[34]
慢化剂	石墨	[34,44]
换热器	Hastelloy N	[34,44]
堆芯冷却剂	FLiBe	[45]

续表

结构	材料	参考文献
二回路输热工质	FLiNaK/CO_2	[44,46]
PRHRS 工质	FLiNaK	[45]
环境冷却工质	空气	[44,46]

表 9-34 FuSTAR 的尺寸参数

尺寸参数	设计值	最大限制
堆芯直径	3040 mm	
堆芯高度	3000 mm	
PHE 宽度		1000 mm
DHE 宽度		300 mm
PHE 厚度		400 mm
DHE 厚度		300 mm

2. 方法论与设计流程

对于 FuSTAR 的反应堆主热系统和 PRHRS 结构设计及优化,本研究提出了多层非线性规划(Multi-Layer Nonlinear Programming,MLNP)方法论。MLNP 方法论旨在仅利用反应堆的几个全局参数,对整个主热系统和 PRHRS 的热工水力参数、结构尺寸和瞬态响应进行完整描述和计算,并最终得到最优方案,为实验验证提供模化原型。

MLNP 方法借鉴了非线性方程组求解中的皮卡分层迭代思路,由四部分组成:热输运规划(Heat Transport Programming,HTP)、设备设计规划(Equipment Design Programming,EDP)、管路规划(Routing Programming,RP)和瞬态规划(Transient Programming,TP)。每个部分中都应用了非线性规划的思想,图 9-86 展示了 MLNP 的主要过程。

热输运规划(HTP):在此阶段,由于换热器等设备的尺寸尚未确定,系统的压力是未知的。但熔盐的可压缩性较弱,可以将其温度与压力分开计算,即可以先用焓守恒原理设计出各设备进口和出口的质量流量和温度。热输运非线性规划模型的约束条件如式(9-76)所示,流向节点图如图 9-87 所示。

$$\begin{aligned}
&h_i = h(T_i) \rightarrow \text{FLiBe、FLiNaK 物性} \\
&h_i = h(T_i, p_i) \rightarrow \text{空气物性} \\
&\sum (W_i h_i)_{\text{in}} = \sum (W_i h_i)_{\text{out}} + S \rightarrow \text{焓守恒} \\
&\Delta T_{\min}^{\text{Exchanger}} \geqslant 10 \rightarrow \text{最小温差}
\end{aligned} \quad (9-76)$$

第 9 章　固有安全一体化小型氟盐冷却高温堆 FuSTAR 设计及分析

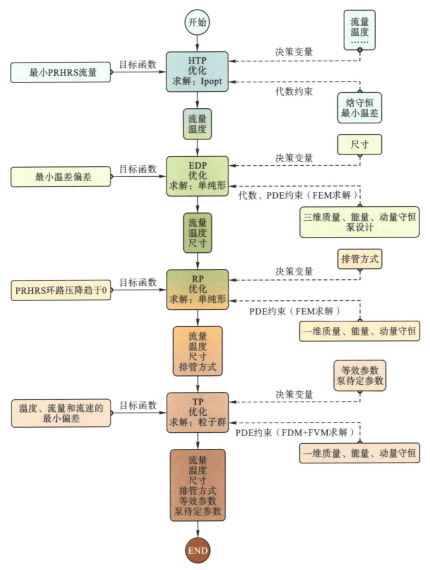

图 9-86　MLNP 的主要流程

HTP 中的决策变量为各节点的温度和质量流量，目标函数为 DHE 一次侧和 PRHRS 侧的最小质量流量，以确保尽量低的自然循环高度和压降，详见式 (9-77)。

$$\min f(T_i, W_i) \\ f(T_i, W_i) = W_5^{\text{Core}} + W_2^{\text{PRHRS}} \qquad (9-77)$$

基于开源 JuMP 平台采用内点法求解式 (9-77)[47,48]。经过 HTP 后，由于各点的进出口温度和质量流量都已经确定，因此可以据此设计相应的设备，得到具体

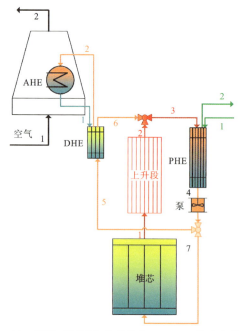

图 9-87 正常工况下主热系统和 PRHRS 的流向节点图

尺寸。

设备设计规划(EDP)：根据 HTP 的质量流量和温度，可以对各热交换器和轴流泵的设计进行约束，以满足传热、流量和尺寸要求[49]：包括换热器的连续性方程、弱可压缩 N-S 方程、非等温流动能量方程和固体导热方程；泵的 CFTurbo 几何可自动生成功能与转动惯量计算，以及泵出口的尺寸限制。

换热器的连续性方程：

$$\nabla \cdot (\rho u) = 0 \qquad (9-78)$$

式中：ρ 为密度；u 为速度向量。

经初步计算，换热器内的流体均处于层流流动，有较低的压降。考虑到熔盐压缩性小，故忽略对流项中的速度散度，用弱可压缩 N-S 方程来描述动量守恒：

$$\rho(u \cdot \nabla)u = \nabla \cdot \left\{ -pI + \mu[\nabla u + (\nabla u)^{\mathrm{T}}] - \frac{2}{3}\mu(\nabla \cdot u)I \right\} \qquad (9-79)$$

式中：p 为热力学压力；I 为二阶单位张量；μ 为动力黏度。

考虑到熔盐压缩性小，同理用弱可压缩非守恒型式的能量方程来描述非等温流动，以简化计算：

$$\rho c_p u \cdot \nabla T = \nabla \cdot (\lambda_f \nabla T) + \tau : \nabla u \qquad (9-80)$$

式中：c_p 为定压比热；T 为流体温度；λ_f 为流体热导率；τ 为黏性应力张量。

用固体导热方程来描述 PCHE 中的传热：

第9章 固有安全一体化小型氟盐冷却高温堆 FuSTAR 设计及分析

$$\nabla \cdot (\lambda_s \nabla T_s) = 0 \qquad (9-81)$$

式中:λ_s 为固体热导率;T_s 为固体温度。

在 CFturbo 中,输入额定扬程、流量、转速和工作温度就能得出经验性的泵轮和外壳几何形状,依据此几何参数能够计算泵轮的转动惯量:

$$I = \rho^{\text{Hastelloy}} \iiint r^2 \mathrm{d}V(W, H, \omega_r, p_r) \qquad (9-82)$$

式中:I 为转动惯量;$\rho^{\text{Hastelloy}}$ 为用作泵轮的哈斯特洛伊合金材料密度;$\iiint r^2 \mathrm{d}V(W, H, \omega_r, p_r)$ 表示单位密度下的转动惯量积分。

通过下降段 CFD 优化设计,得出泵出口的最大直径约为 300 mm,表示为

$$D_{\text{Impeller}}^{\text{Pump}} \leqslant 300 \text{ mm} \qquad (9-83)$$

使用 COMSOL 软件中成熟的有限元分析(Finite Element Analysis,FEA)模块,采用连续有限元法(Finite Element Method,FEM)中的二阶单元对三维空间进行离散[50]。线性方程组采用 PARDISO 求解器[51-53],非线性方程组采用分离式牛顿法求解。根据初步分析,流动状态为层流,计算结果通过了网格独立性检验。

在 EDP 中,PCHE 的宽度和厚度已经被限制,因此只需要优化 PCHE 长度,故将其作为决策变量,目标函数是计算的出口温度与设计值之间的偏差。采用单纯形法(Nelder-Mead)求解此优化问题[54],当偏差最小化且趋于零时,PCHE 的长度是最优的,如式(9-84)所示。

$$\begin{gathered} \min f(L^{\text{PCHE}}) \\ f(L^{\text{PCHE}}) = \left| T_{\text{out}}^{\text{design}} - T_{\text{out}}^{\text{calculate}} \right| \end{gathered} \qquad (9-84)$$

在 CFTurbo 的工作流程中限制了泵叶轮的直径,并获得泵轮的三维模型用于后续计算转动惯量等参数。EDP 完成后,换热器和泵所有必要的几何参数已经确定,随后开展管路规划(RP)。

管路规划(RP):在已知换热器尺寸的基础上对 PRHRS 进行 RP,以得到循环压降为零、空间配置合理且能带走堆芯热功率 1% 的管路布局。图 9-88 为 PRHRS 的简化回路。

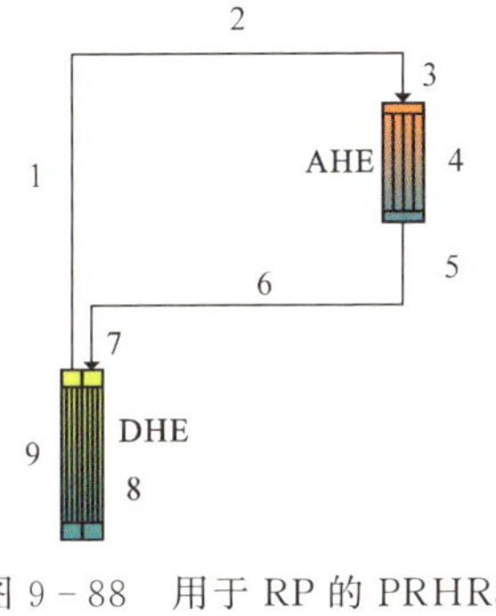

熔盐管道的连续性方程:

$$\nabla \cdot (A\rho u e) = 0 \qquad (9-85)$$

图 9-88 用于 RP 的 PRHRS 简化回路

式中:A 是管道流通横截面积;ρ 是流体密度;u 是流体合速度;e 是流动方向向量。

由于弱可压缩,可以忽略对流项,得到熔盐管道的一维动量方程:

$$\nabla p \cdot e + f_D \frac{l\rho |u| u}{2D_e} + \rho \mathbf{g} \cdot \mathbf{e} = 0 \qquad (9-86)$$

式中:f_D 是达西阻力系数;l 是单位流动长度;D_e 是水力直径;g 是重力加速度。

其中,达西阻力系数采用 Churchill 关系式[55]:

$$\begin{cases} f_D = 8\left[\left(\dfrac{8}{Re}\right)^{12} + (f_A + f_B)^{-1.5}\right]^{\frac{1}{12}}, f_A = \left(\dfrac{37530}{Re}\right)^{16} \\ f_B = \left\{-2.457\ln\left[\left(\dfrac{7}{Re}\right)^{0.9} + 0.27\left(\dfrac{e}{D_e}\right)\right]\right\}^{16} \end{cases} \quad (9-87)$$

局部阻力系数采用如下公式:

$$\Delta p = \dfrac{1}{2}K_f \rho u^2, K_f = \begin{cases} 0.9 \to \text{直角弯头} \\ 0.5[1-(A_{\text{small}}/A_{\text{large}})^2] \to \text{突缩} \\ [1-(A_{\text{small}}/A_{\text{large}})^2]^2 \to \text{突扩} \end{cases} \quad (9-88)$$

式中:u 表示来流速度;A_{small} 是小的流通横截面积;A_{large} 是大的流通横截面积。

弱可压缩一维能量方程:

$$\begin{cases} \rho A c_p u e \cdot \nabla T = Q_t + Q_f + Q_p + Q_{\text{wall}} \\ Q_t = \nabla \cdot (A\lambda_f \nabla T) \to \text{流向传热} \\ Q_f = f_D \dfrac{l\rho A |u| u^2}{2D_e} \to \text{阻力功} \\ Q_p = \dfrac{AT}{\rho}\left(\dfrac{\partial \rho}{\partial T}\right)\bigg|_p (ue \cdot \nabla p) \to \text{压力功} \\ Q_{\text{wall}} \to \text{壁面传热} \end{cases} \quad (9-89)$$

采用连续一维线性有限元对空间进行离散[50],并使用线性求解器 PARDISO 和牛顿法全耦合求解[51-53]。非线性规划模型如式(9-90)所示[55]:已知衰变热功率和稳态温度,决策变量为每根管道的长度和直径,目标函数为环路任意点的压差。采用了单纯形法优化[54],当压差极小化趋于零时,建立稳定的自然循环。

$$\begin{aligned} &\min f(D_e, L^{\text{Pipes}}) \\ &f(D_e, L^{\text{Pipes}}) = \oint \dfrac{\partial p}{\partial s}\mathrm{d}s = |p_{\text{out}}^{\text{Anypoint}} - p_{\text{in}}^{\text{Anypoint}}| \end{aligned} \quad (9-90)$$

瞬态规划(TP):经过 HTP、EDP 和 RP 确定了瞬态模拟所需的参数,包括质量流量、温度、换热器尺寸,以及泵的转速、扬程和转动惯量。随后为了确保 HTP、EDP、RP 的精度和 PRHRS 的有效性,用 TP 验证计算稳定后的系统各参数与设计值的一致性。建立中子动力学和一维瞬态可压缩非守恒热工水力偏微分方程[56-58]以提高计算速度,并作为 TP 的一部分约束条件。

连续性方程:

$$A\dfrac{\partial \rho}{\partial t} + \nabla \cdot (A\rho u) = 0 \quad (9-91)$$

动量方程:

$$\rho\dfrac{\partial u}{\partial t} + \dfrac{\rho}{2}\nabla \cdot (u^2) + \nabla p \cdot e + f_D \dfrac{l\rho|u|u}{2D_e} + \rho g \cdot e = 0 \quad (9-92)$$

第 9 章　固有安全一体化小型氟盐冷却高温堆 FuSTAR 设计及分析

泵特性曲线：
$$\Delta p^{\text{Pump}} = f(W, W_r, H, H_r, \eta) \tag{9-93}$$

能量方程：
$$A\frac{\partial(\rho U)}{\partial t} + \nabla \cdot (A\rho U u) + p\nabla \cdot (Au) = Q_t + Q_f + Q_p + Q_{\text{wall}} \tag{9-94}$$

式中：U 是流体的比内能。

泵能量方程：
$$T_\text{o} = I\frac{\text{d}\omega}{\text{d}t}, Q^{\text{Pump}} = \omega T_\text{o} \tag{9-95}$$

式中：T_o 是转矩；I 是转动惯量；ω 是转速。

传热方程：
$$Q_{\text{wall}} = hZ(T_\text{w} - T), \frac{1}{hZ} = \frac{1}{h_{\text{in}}Z_{\text{in}}} + \frac{1}{h_{\text{out}}Z_{\text{out}}} + \frac{\ln(r_{\text{out}}/r_{\text{in}})}{2\pi\lambda_{\text{wall}}} \tag{9-96}$$

传热关联式：
$$h = Nu\frac{\lambda}{D_\text{e}}, Nu = \max\left[4.36, \frac{\frac{f_\text{D}}{8}(Re-1000)Pr}{1+12.7\sqrt{\frac{f_\text{D}}{8}}(Pr^{\frac{2}{3}}-1)}\right] \tag{9-97}$$

中子动力学方程：
$$\frac{\partial n(t)}{\partial t} = \frac{\rho_n(t,T) - \beta}{\Lambda}n(t) + \sum_{i=1}^{N}\kappa_i C_i(t)$$
$$\frac{\text{d}C_i(t)}{\text{d}t} = \frac{\beta_i}{\Lambda}n(t) - \kappa_i C_i(t) \tag{9-98}$$

基于改进的 Relap5 程序开发了第一版 FuSTAR 动态仿真程序 FUSY。为了提高计算效率和稳定性，采用混合有限差分法(Finite Difference Method, FDM)和有限体积法(Finite Volume Method, FVM)的交错网格空间离散方式，使用半隐式算法进行时间离散并采用牛顿法求解。程序的计算准确度已经通过了基本的热工水力实验验证[58-61]。图 9-89 为瞬态仿真的流动节点图。

堆芯建立平均通道以实现主热量输运，同时建立了热通道来计算反应堆内的热点信息。为确保计算的保守性，热通道的线功率为最高的径向功率峰加权得到，其设计流量为堆芯单通道平均流量，尺寸为单通道尺寸。利用热通道可以得到保守的燃料芯块最高温度、包壳最高温度和冷却剂出口最高温度[62]。

对三对 PHE 进行建模，其导出的主热量至二回路。PRHRS 回路由三个 DHE 和三组 AHE 构成。在空气冷却塔出入口设置大气压力边界来模拟自然对流。上升段和下降段的等效结构和阻力系数由 CFD 方法确定。

在瞬态 DSA 前，必须先用时间步进法计算系统的稳定参数。式(9-99)描述了 TP 中的非线性规划模型，并引入一系列等效参数：为了保证热通道的保守温

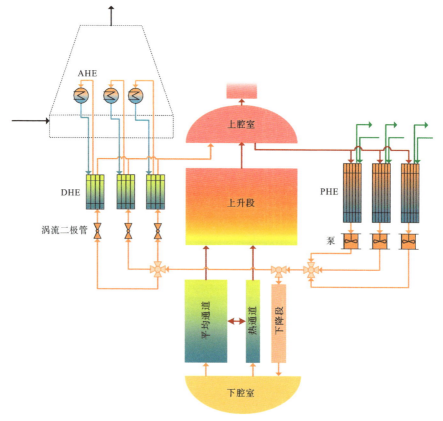

图 9-89 瞬态仿真的流动节点图

度,需要调整局部阻力系数,使热通道冷却剂的流速与 CFD 计算的流速一致;为使 DHE 的 FLiBe 侧的流量与设计值相匹配,需要调整涡流二极管(特斯拉阀)的局部阻力系数;此外需要微调泵的扬程和扭矩,使下降段和 PRHRS 的流量和温度与设计值相匹配。考虑到目标函数的非凸性,且最优值为所有偏差之和(应趋于零),采用并行粒子群优化(Particle Swarm Optimization,PSO)算法进行参数调整和优化[63,64],当总偏差小于 0.2 时终止。

$$\min f(f^{\text{Diode}}, f^{\text{Hot}}, H_r, T_{\text{or}}) \leqslant 0.2$$
$$f(f^{\text{Diode}}, f^{\text{Hot}}, H_r, T_{\text{or}}) = |W_{\text{calculate}}^{\text{DHE}} - W_{\text{design}}^{\text{DHE}}| + |W_{\text{calculate}}^{\text{Downcomer}} - W_{\text{design}}^{\text{Downcomer}}|$$
$$+ |T_{\text{calculate}}^{\text{Downcomer}} - T_{\text{design}}^{\text{Downcomer}}| + |u_{\text{calculate}}^{\text{Hot}} - u_{\text{design}}^{\text{Hot}}|$$

(9-99)

TP 完成后,全系统及其设备的最佳质量流量、温度、尺寸、管路布局、等效系数和泵的参数都已确定,随后基于 DSA 进行瞬态分析,以验证 PRHRS 的有效性[65]。

DSA 与安全限值:由于 FuSTAR 的低压运行和一体化设计,反应堆容器侧面

第9章 固有安全一体化小型氟盐冷却高温堆 FuSTAR 设计及分析

不开孔,冷却剂丧失事故(Loss Of Coolant Accidents,LOCA)概率极低,不作为设计基准事故[66]。因此只考虑温度安全极限作为 DSA 中的安全限值[67],将 FLiBe 和 FLiNaK 的熔点、哈斯特洛伊合金的最大抗氧化温度、碳-碳复合包壳材料的最大稳定温度和 TRISO 的最大稳定温度作为安全限值,详见表9-35。

表9-35 DSA 中的安全限值

参数	最小值	最大值	参考文献
堆芯出口冷却剂温度/K	731	1144	[45,68]
包壳温度/K		1673	[69,70]
TRISO 温度/K		1873	[69,70]
PRHRS 冷却剂温度/K	727	1144	[45,68]

3. 非能动余热排出系统设计优化结果

图9-90 显示了 HTP 的最优参数,包括正常工况下的温度和流量分布。DHE 一次侧最低质量流量为 7.23 kg/s,二次侧最低质量流量为 9.84 kg/s。对于自然循环,质量流量越小,压降越小,有利于在较短的管道中进行。

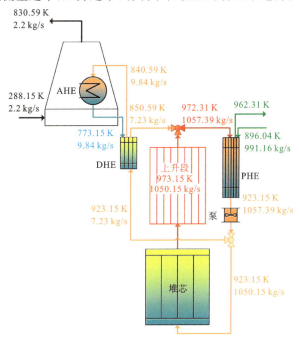

图9-90 FuSTAR 主热系统和 PRHRS 正常工况下的最佳温度和流量参数

在 EDP 中,以图9-90 的参数作为设计值来确定换热器尺寸和泵参数。考虑到加工的便捷性和技术成熟度,只调整 PCHE 的长度以找到满足传热要求的结构。图 9-91 总结了 PCHE 的截面形状和尺寸，图 9-92 总结了长度和传热板数量优化结果。

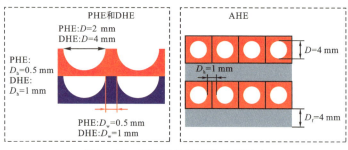

图 9-91 PCHE 的截面形状和尺寸

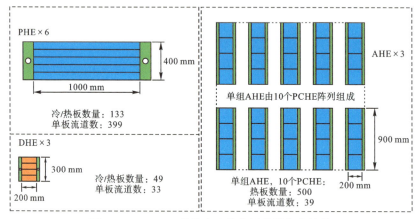

图 9-92 PCHE 的长度和传热板数量优化结果

计算误差和流道数如表 9-36 所示。EDP 结果表明，弱可压缩熔盐温度的最大优化误差在 6 K 以内，而可压缩流体空气温度的误差在 41 K 左右。这是因为在 HTP 中，只考虑了焓守恒来计算换热量，而没有考虑动能的变化。但空气在吸热过程中，会有一部分热量转化为动能，使流动速度加快，温升降低。由于 AHE 的空气回路是开放式可调的，而熔盐侧温度仍满足要求，所以这个结果是可以接受的。

表 9-36 PCHE 尺寸优化结果与偏差

参数	PHE	DHE	AHE
热侧出口温度设计值/K	923.15	850.59	773.15
热侧出口温度优化值/K	924.38	850.59	772.7
冷侧出口温度设计值/K	962.31	840.59	830.59
冷侧出口温度优化值/K	956.98	841.3	788.73

续表

参数	PHE	DHE	AHE
热侧温度偏差/K	1.23	0	−0.45
冷侧温度偏差/K	−5.33	0.71	−41.86
PCHE 最优长度/m	3	0.5	0.4

泵轮、轴、子午面及初步三维模型如图 9-93 所示。泵轮和轴采用哈斯特洛伊合金制造，轴的末端安装铅制的圆柱体飞轮以增加转动惯量。该转动惯量用有限元法积分计算，其变化范围取决于飞轮的半径。图 9-94 给出了转子的几何模型和用于计算转动惯量的网格。

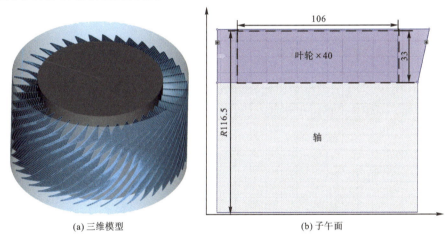

(a) 三维模型　　　　　　　　(b) 子午面

图 9-93　泵轮、轴和子午线的初步模型（单位：mm）

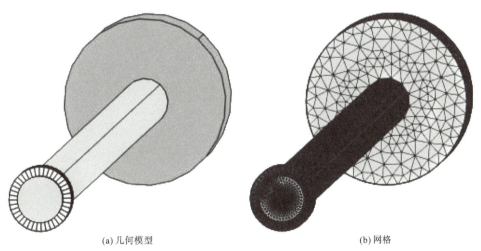

(a) 几何模型　　　　　　　　(b) 网格

图 9-94　转子的几何模型和用于计算转动惯量的网格

泵的设计结果如表 9-37 所示。由于 EDP 只提供瞬态计算需要的转速和转动惯量,故泵轮尚未进行末端流线型设计和导叶设计。未来将对该轴流泵进行详细的优化设计和 CFD 模拟或实验,以拟合特征曲线。

表 9-37 轴流泵的初步设计参数

参数	值
质量流量/(kg·s^{-1})	352.5
额定扬程/MPa	0.5
额定转速/(r·min^{-1})	3600
入口压力/MPa	0.65
入口温度/K	923.2
飞轮半径/cm	8.5~30
转动惯量/(kg·m^2)	4.53~46.28

在得到所有 PCHE 尺寸后,选择管路的内径并依次进行 RP。图 9-95 显示了 RP 后的 PRHRS 管路最优布局,此时回路压差为 0,能建立自然循环。

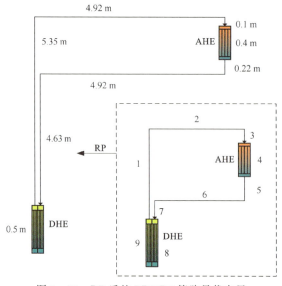

图 9-95 RP 后的 PRHRS 管路最优布局

优化结果如表 9-38 所示,只有当内径大于 80 mm 时才能建立自然循环。考虑到管道高度较低、总长度较短,PRHRS 选择直径 150 mm 的管道,保留较大余量。

经过 HTP、EDP 和 RP,得到了所有的尺寸参数和泵参数,可以进行整个系统

第9章 固有安全一体化小型氟盐冷却高温堆 FuSTAR 设计及分析

表 9-38 RP 后的 PRHRS 不同内径管路优化结果

参数	数值								
内径/mm	32	40	50	65	80	90	100	125	150
回路压差/Pa	33979.27	14674.95	7032.5	1368.72	7.34E−07	2.69E−05	4.27E−05	9.18E−06	3.17E−06
回路总高/m	—	—	—	—	8.04	6.93	6.31	5.55	5.35
回路总长/m	—	—	—	—	18.41	20.07	21.9	20.65	20.14

的瞬态仿真。在此之前,需要系统回路的其他的等效参数进行优化,使稳态各参数均符合设计值。TP 中 PSO 的优化过程如图 9-96 所示,最优参数如表 9-39 所示。当所有偏差之和小于 0.1 时,终止 PSO。

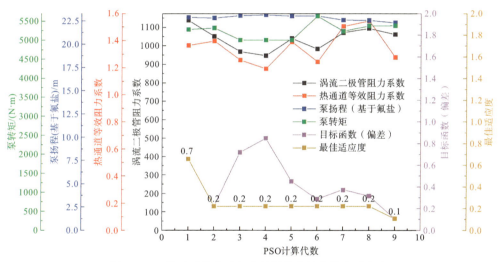

图 9-96 粒子群优化过程中的最优等效参数和适应度

表 9-39 最小偏差对应的最优等效参数

等效参数	值
涡流二极管阻力系数	1060.66
热通道等效阻力系数	1.276
泵扬程(基于氟盐)/m	22.3
泵转矩/(N·m)	5382.8

稳态值与 HTP 设计值的比较如表 9-40 所示。经过 EDP、RP 和 TP 后,稳态参数与 HTP 设计值之间的偏差显著减小:温度最大偏差不超过 4 K,质量流量最大偏差在 6% 以内。这表明,使用 MLNP 方法,FuSTAR 的主热系统和 PRHRS 能够满足 PRHRS 质量流量最小、设备尺寸符合约束及管道高度最小化的原则。

表 9 - 40 稳态计算值与 HTP 设计值的比较

参数	HTP 设计值	TP 后的稳态计算值	偏差
堆芯质量流量/(kg·s^{-1})	1050.15	1050.2	0.01%
DHE 热侧流量/(kg·s^{-1})	7.23	7.16	−0.99%
DHE 冷侧流量(PRHRS 流量)/(kg·s^{-1})	9.84	10.31	4.77%
空冷塔空气质量流量/(kg·s^{-1})	2.2	2.08	−5.32%
堆芯入口温度/K	923.15	923.28	0.13
堆芯出口温度/K	973.15	973.17	0.02
PHE 入口温度/K	972.31	972.34	0.03
PHE 出口温度/K	962.31	965.74	3.43
DHE 热侧出口温度/K	850.59	852.13	1.54
PRHRS 热管段温度/K	840.59	839.56	−1.03
PRHRS 冷管段温度/K	773.15	777.01	3.86

此外,几乎所有弱可压缩流体管道系统都可以根据 MLNP 方法进行设计和优化,并通过瞬态模拟验证其可行性。这将大大减少设计过程中的工作量,同时设备参数在每一步设计中都是较优的。

接下来对设计的余排系统开展 DSA 验证分析。不同泵转动惯量下无保护失流(Unprotected Loss of Flow,ULOF)事故分析采用 ULOF 事故和全厂断电(Station Blackout,SBO)事故检验 PRHRS 的有效性和 FuSTAR 事故工况下的安全性。

在 ULOF 中,假定所有 3 个泵都失去动力并惰转,反应堆不进行其他操作。选取飞轮直径分别为 10 cm、20 cm、30 cm,对应转动惯量分别为 4.531 kg·m^2、12.359 kg·m^2、46.282 kg·m^2 三种泵的参数进行计算,以观测不同转动惯量对事故进程的影响。

图 9 - 97 展示了在 3000 s 事故发生后,不同泵转动惯量下的反应堆功率和质量流量的时变趋势,以及对应的燃料最高温度(T_{fuelmax})、包壳峰值温度(Peak Cladding Temperature,PCT)和堆芯出口温度(T_{coreout})的响应。

由于轴流泵转子本身的体积和半径较小,即使飞轮半径最大为 30 cm,堆芯流量仍然在不到 1 s 的时间内减半,在 5 s 内降低到额定值的 4% 左右。然而,在事故发生 40 s 后,热功率仍然保持在额定功率的 25% 左右。这表明在 FuSTAR 堆本体的紧凑空间内,很难依靠小体积、高转速的轴流泵的惰转来维持自然循环流量,它只能起到一个阻力件的作用。但由于反应堆本体具有足够的高差和密度差,以及较少的堆内部件,能够稳定地建立自然循环。所有的温度都在安全限值内且有

100 ℃以上的余量。为保守起见,在后面的安全分析中,采用最小转动惯量的泵进行计算。

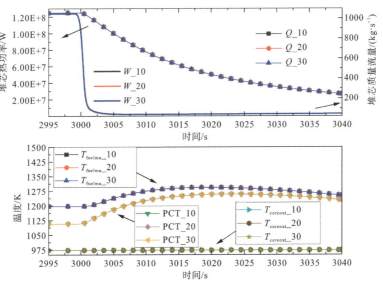

图 9-97　ULOF 事故中,反应堆功率、质量流量和温度在不同转动惯量下的响应

最小泵转动惯量下 ULOF 事故分析采用最小转动惯量泵进行 ULOF 事故计算,泵的进出口压力、系统关键部位温度和质量流量响应如图 9-98 所示。ULOF 事故发生时引起的局部温升引入了大量的负反应性,直接导致反应堆功率、燃料和冷却剂温度的持续下降,以致在自然循环中各类温度都不超过安全限值。

事故初期,热功率随反应性体现延迟波动的特性,冷却剂、包壳和燃料的温升持续约 20 s,说明在此期间流量衰减速度快于热功率。随着事故进行,自然循环建立,温度稳定下降。自然循环使泵的质量流量降低,并在流体的驱动下作为流动阻力件继续旋转,其进口表压超过了出口压力,由 0 MPa 增加到 0.4 MPa。

ULOF 发生时,DHE 热侧的流量迅速反转,然后在 RHRS 的冷热管段建立自然循环,热侧流量在 4500 s 后稳定在 10 kg/s。空气质量流量在整个事故进程中变化不大,说明了冷却塔通道的流动稳定性。整个 ULOF 事故进程中,堆芯出口最高温度低于哈斯特洛伊合金的上限,包壳峰值温度和燃料最高温度均低于 1673 K 的限值,保证了反应堆内部的结构安全。此外,PRHRS 的冷热管段的熔盐温度介于哈斯特洛伊合金的熔化温度和 FLiNaK 的凝固温度之间,保证了结构安全和流动的稳定性。

最小转动惯量下 SBO 事故分析通过在 3000 s 引入 SBO 事故,所有泵断电惰转且二回路热阱切断,2 s 后安全棒落入堆芯。图 9-99 显示了压力、温度和质量流量重要响应。

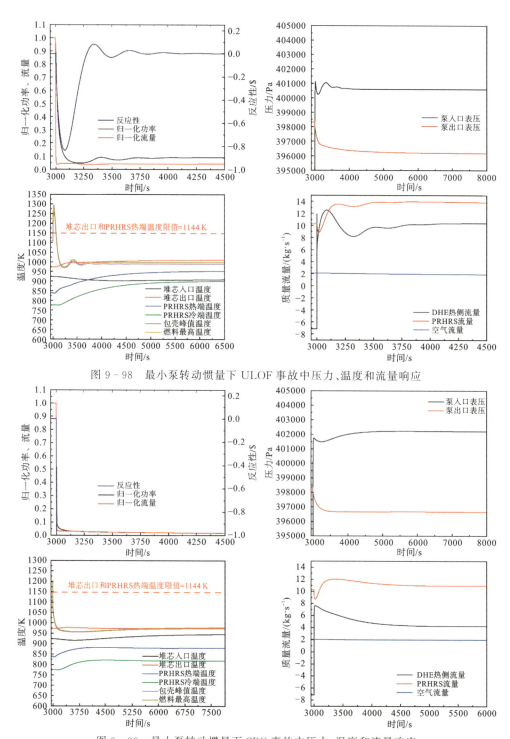

图 9-98　最小泵转动惯量下 ULOF 事故中压力、温度和流量响应

图 9-99　最小泵转动惯量下 SBO 事故中压力、温度和流量响应

第9章 固有安全一体化小型氟盐冷却高温堆 FuSTAR 设计及分析

事故发生时,由于流量降低速度快于控制棒下落速度,冷却剂温度略有上升,随后控制棒插入堆芯,引入巨大的负反应性,使得燃料最高温度和包壳峰值温度立即下降。与 ULOF 事故相比,堆芯温度的升高幅度要低得多。约 6000 s 后,PRHRS 的质量流量趋于稳定,空气质量流量仍保持在 2 kg/s 左右。PRHRS 回路中的熔盐温度略高于稳态值,但均在安全范围内。由于 SBO 事故中堆芯出口温度较低,熔盐的黏性值较大,使得熔盐通过泵的压力损失高于 ULOF 事故。

综上所述,在 ULOF 和 SBO 事故中,温度上限和下限距离安全限值的余量均大于 100 ℃,证明了 PRHRS 管道的布局能够及时地将衰变热释放到空气中,也表明 MLNP 方法得到的主热系统和 PRHRS 方案的有效性。

4. 小结

本研究提出了一种基于非线性规划的 MLNP 设计方法,获得了适合 FuSTAR 主热系统和余热排出系统的最优方案。该方法主要包括四个步骤:热输运规划、设备设计规划、管路规划和瞬态规划。

通过 HTP,确定了在满足 PRHRS 最小质量流量的情况下,各设备的出入口温度和质量流量参数,在热力学设计层面实现 PRHRS 的阻力和管道高度极小化。在此基础上,通过 EDP 确定了满足传热要求和空间限制的热交换器和泵的尺寸和几何结构。随后通过 RP 获得了能够建立自然循环的 PRHRS 管路布置。之后在 HTP、EDP 和 RP 的基础上,通过 TP 证明了 PRHRS 在稳态下能够成功导出 1% 的衰变热,并自动优化了其他等效参数。利用 MLNP 方法,可以一次性获得所有的几何、热工和结构参数,避免了繁琐的迭代修正。

最后,对 ULOF 和 SBO 事故进行了瞬态仿真。结果表明,在 ULOF 和 SBO 中 PRHRS 可以及时地导出衰变热,证明了基于 MLNP 方法设计出的主热系统和 PRHRS 的有效性,进而增强了 FuSTAR 的固有安全性。本节的数据将用于后续 FuSTAR 的详细设备优化、瞬态仿真和安全分析。

9.3 FuSTAR 动力转换系统设计

反应堆设计任务就是要设计一个既安全可靠又经济的堆芯输热系统,其涉及面很广,不仅包括一回路的相关内容,反应堆的动力转换系统的设计也必须能够配合堆芯实现热电转换,并满足安全可靠且经济的要求。

动力转换系统设计所需要解决的具体问题,就是在堆芯一回路热工设计所必须的条件已定的前提下,通过一系列的计算分析和关键参数优化选择,确定在额定功率下,为满足反应堆换热需求所必需的动力转换系统结构及运行参数。

FuSTAR 将高达 700 ℃ 的堆芯出口温度优势与小体积的优势结合,传统压水堆采用的朗肯循环无法同时满足较高热效率和结构紧凑的要求。布雷顿动力转换系统被认为是最有前景的发电技术之一[71],它在中等涡轮进口温度(500~700 ℃)范围内可以实现优秀的经济性、理想的热效率和紧凑的结构,并能够有效减少水资源的消耗,是 FuSTAR 合适的动力转换系统方案。本研究首先介绍了适用于 FuSTAR 布雷顿动力转换系统的热力学设计优化方法,以获取最优的循环构型及系统运行参数;之后基于优化得到的超临界二氧化碳循环系统运行参数和运行环境,开展了超临界二氧化碳换热器设备选型、尺寸设计和性能分析研究;最后基于超临界二氧化碳设备变工况计算模型,开展了循环系统变工况计算。

9.3.1 热力学设计

1. 系统边界条件

FuSTAR 堆芯额定热功率约为 125 MW,堆芯入口温度约为 650 ℃,出口温度约为 700 ℃。基于上述参数并考虑超临界 CO_2 动力转换系统中工质参数要求:①防止压缩机损坏,尽可能在流体超临界温度和压力下压缩;②系统最高压力不应超过 25 MPa,确定 FuSTAR 动力转换系统边界参数(表 9-41),其中堆芯进出口氟盐温度和热功率不可更改。

表 9-41 FuSTAR 动力转换系统边界参数

参数/变量	符号	值
热功率/MW	Q_A	125
循环最低压力/MPa	P_{min}	$>P_{cr}$
循环最高压力/MPa	P_{max}	<25
环境压力/MPa	P_0	0.1013
压缩机等熵效率[72]	η_C	0.83
透平等熵效率[73]	η_B	0.87
循环最低温度/K	T_{min}	$>T_{cr}$
回热器夹点温差[74]/K	ΔT_{min}^R	>10
空气冷却器夹点温差[74]/K	ΔT_{min}^{CD}	>10
堆芯出口温度/K	T_{out}^{core}	973.15
堆芯入口温度/K	T_{in}^{core}	923.15
环境温度/K	T_0	288.15
换热设备压降[75]/MPa	ΔP_i	0.1
空气冷却器空气侧压降[75]/MPa	ΔP_{air}	0.1

2. 数学物理模型

在热力学设计中,通常不考虑具体设备的几何因素,而是首先进行基于热力学

第9章 固有安全一体化小型氟盐冷却高温堆 FuSTAR 设计及分析

第一定律(能量守恒)的核算,确保各设备出口、入口的热力学参数能够在整个循环内匹配。能量转换系统的设计计算采用集总参数法,并有如下假设:

(1)忽略界面压力梯度源项,人工设置设备压降,作为设备设计要求参数;

(2)忽略流通切向能量梯度源项和流体内源项,不计算传热和动能输运,设备只遵循焓方程和夹点温差传热,将此数值作为换热器设计要求参数;

(3)忽略管道摩擦压降,二回路侧换热设备摩擦压降设置为 0.1 MPa,空气侧换热通道摩擦压降设置为 0.1 kPa。

基于热力学系统边界和循环构型建立布雷顿动力转换系统热力学模型,所有循环构型均由热源、透平、回热器、冷却器、压缩机等主要设备构成。联立所有设备的热平衡、换热器夹点温差、状态方程、透平和压缩机不可逆定压方程,求解热效率和各设备热力学参数。各设备的热平衡方程、物性方程如表 9-42 所示,工质物性查询本书使用 Coolprop[76] 物性库。

表 9-42 各设备能量守恒方程和状态方程

设备/状态方程	方程
中间换热器	$m(h_{\text{out}} - h_{\text{in}}) + Q_A = 0$
透平	$m(h_{\text{in}} - h_{s,\text{out}})\eta_B - w_B = 0$
回热器	$m_H(h_{\text{in}}^H - h_{H\text{out}}) + m_L(h_{\text{in}}^L - h_{L\text{out}}) = 0$
空气冷却器	$m^{CO_2}(h_{\text{in}}^{CO_2} - h_{\text{out}2}^{CO_2}) - m^{\text{air}}(h_{\text{out}}^{\text{air}} - h_{\text{in}}^{\text{air}}) = 0$
压缩机	$m(h_{s,\text{out}} - h_{\text{in}})/\eta_C + w_C = 0$
分流阀	$h_{\text{in}} = h_{\text{out}1} = h_{\text{out}2}$
合流阀	$m_{\text{in}1}h_{\text{in}1} + m_{\text{in}2}h_{\text{in}2} - m_{\text{out}}h_{\text{out}} = 0$
状态方程	$h = f(T, P)$

对于在近临界区工作的超临界流体,其物性会剧烈变化。以二氧化碳为例,它在近临界区的定压比热容如图 9-100 所示。动力转换系统的回热器一般是高温低压流体加热低温高压流体,低温侧流体处于近临界区时会导致低温侧定压比热容远高于高温侧。因此回热器高温侧温降将大于低温侧温升,且最小温差可能出现位置将处于回热器内部,如图 9-101 所示。定性描述比热和温度-传热斜率的关系如下

$$\begin{cases} \delta Q = -c_{pH}m_H\delta T_H = c_{pL}m_L\delta T_L \\ k_h = -\delta T_H/\delta Q = 1/(c_{pH}m_H) \\ k_c = \delta T_L/\delta Q = 1/(c_{pL}m_L) \end{cases} \quad (9-100)$$

式中:k_h、k_c 分别为图 9-101 中放热和吸热线斜率;c_{pH} 为高温侧定压比热容;c_{pL} 为低温侧定压比热容。

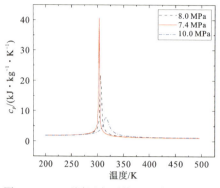

图 9-100　不同压力下的 CO_2 定压比热容

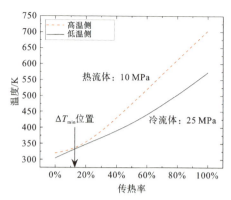

图 9-101　夹点温度示意图

换热器内部温差最小的位置为夹点。为避免夹点温差过低导致换热器无法设计,需要进行夹点检查。如果直接给定回热器的冷端温差,则对于换热器内部的夹点情况未进行验证和判断,故本书采用新的夹点温差检查方法。回热器和冷却器约束方程如式(9-101)和式(9-102)。将整个换热器热侧基于传热量(焓场)分为 n 个小单元,$n+1$ 个节点,各节点使用热侧进口、出口压力分别计算温度,形成两条高温侧温度曲线,冷侧做相同处理。夹点位置包含在四条曲线中间,最小温差为保守夹点温差。各闭式换热设备夹点温差本研究取为 10 ℃。

$$f(T_{in}^H, T_{in}^L, T_{out}^H, T_{out}^L, P_{in}^H, P_{in}^L, P_{out}^H, P_{out}^L) - \Delta T_{min}^R = 0 \quad (9-101)$$

$$f(T_{in}^H, T_{in}^L, T_{out}^H, T_{out}^L, P_{in}^H, P_{in}^L, P_{out}^H, P_{out}^L) - \Delta T_{min}^{CD} = 0 \quad (9-102)$$

将整个系统设备的热平衡方程、物性方程与换热器夹点等约束条件联立,随后通过牛顿法和弦割法等通用的非线性方程组算法来直接求解。给定一组较好的初值后可计算出预设热力学参数下的系统各节点参数,并由此计算得到循环热效率。

3. 参数优化

选定循环构型和参数的主要优化目标是循环热效率,即使得式(9-103)表示的热效率最大化。

$$\eta_{max} = (w_B - w_C)/Q_A \quad (9-103)$$

式中:w_B 为透平净功率;w_C 为压缩机压缩功率;Q_A 为堆芯向动力转换系统传递的热功率。在堆芯功率一定的情况下,优化循环热效率即寻找合适的循环构型和参数组合使透平和压缩机的功率差尽可能大。

各类设备压降及压缩机绝热效率、透平等熵效率取决于设备的设计水平,换热器夹点温差与循环热效率成单调函数,故它们均作为可调参数;循环最低压力、最高压力、最低温度、最高温度是关于最优热效率的决策变量。由于循环热效率是一个多元非线性函数,受循环压力、温度和设备参数影响较大,使用基于传统优化算法的求解器解决此类问题容易陷入局部最优,从而很难获得令人满意的最优解。

第 9 章 固有安全一体化小型氟盐冷却高温堆 FuSTAR 设计及分析

而使用元启发式优化算法求解混合整数非线性规划类问题则可以跳出局部最优点,实现全局优化,获得满意的优化结果,故使用 PSO 优化算法获得能使得循环达到最高效率的参数组合。

4. 构型设计

布雷顿循环最基础的构型是简单循环,其只由定压加热—绝热膨胀—定压放热—绝热压缩组成。简单循环结构简单,仅由加热器、透平、压缩机、冷凝器构成,但效率低下。在简单循环回路中添加回热器可以提高循环的热效率。简单回热循环结构简单紧凑,易于分析。

简单回热循环虽然结构简单,但仍有巨大的改进空间,考虑对循环结构进行分析改进。对每个设备均使用黑箱模型建立㶲平衡方程,即:

$$E_{x,\text{sup}} + E_{x,\text{br}} = E_{x,\text{ef}} + E_{x,\text{inef}} + E_{x,\text{irr}} \tag{9-104}$$

式中:$E_{x,\text{sup}}$ 为供给㶲;$E_{x,\text{br}}$ 为带入㶲;$E_{x,\text{ef}}$ 为有效㶲;$E_{x,\text{inef}}$ 为无效㶲;$E_{x,\text{irr}}$ 为耗散㶲。死态参数取环境温度和环境压力。

使用㶲效率可以统一地评价不同配置、不同工况的系统和设备对能量的利用效果,表征了当前系统状态下对能量的实际有效利用程度。对每个设备定义㶲效率[77]:

$$\eta_{e,x} = \frac{E_{x,\text{gain}}}{E_{x,\text{pay}}} \tag{9-105}$$

通常来讲,系统的㶲损耗越大,循环的效率越低。通过㶲分析可以判断各个设备的㶲损耗,并依此改进循环构型。如图 9-102 所示,对类似于 CO_2 等近临界的流体,简单回热循环回热器两侧热容不匹配,这是由于低温侧温升远低于高温侧温降导致。为避免由此产生的循环平均吸热温度降低,在冷端引入分流,使得一部分

图 9-102 超临界 CO_2 简单回热循环各设备㶲损失

流量不参与冷却,降低回热器两侧的热容不匹配。考虑到提升循环热效率的核心是提升平均吸放热温差,增加再热器以提高平均吸热温度,添加主压缩机级间冷却器以获得更低的平均冷却温度。

包括简单回热循环在内的后续各种改进构型均可归纳分类为冷端构型和热端构型,热端主要过程是定压加热—绝热膨胀;冷端主要过程是定压放热—绝热压缩;冷热两侧由回热器连接。冷端构型的优化是为了对冷端换热器的热侧和冷侧进行换热匹配,另一方面是对压缩超临界流体的过程进行调整,降低压缩机耗功,同时也为更好地适配超临界流体的密度等属性大幅度变化的特性,降低压缩机制造成本。热端构型的优化是为了使循环工况能够更好的同热端的氟盐堆进出口温度匹配,在保证发电功率的同时降低吸热量,提升循环热效率。图 9 - 103、图 9 - 104 给出了 6 种热端构型和 4 种冷端构型方案,两种组合涵盖了大多数学者的推荐构型。

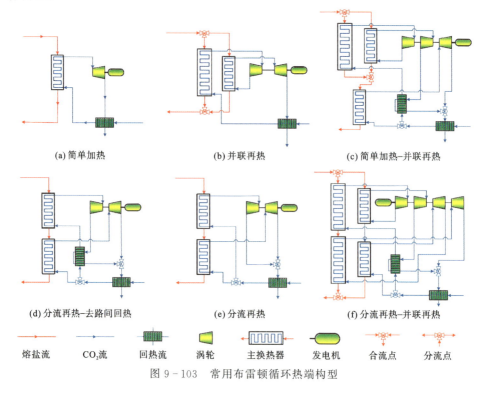

(a) 简单加热　　(b) 并联再热　　(c) 简单加热-并联再热

(d) 分流再热-去路间回热　　(e) 分流再热　　(f) 分流再热-并联再热

熔盐流　　CO_2 流　　回热流　　涡轮　　主换热器　　发电机　　合流点　　分流点

图 9 - 103　常用布雷顿循环热端构型

5. 工质选择

除超临界 CO_2 布雷顿循环外,其他常见气体也可用作动力转换系统工质。循环工质直接影响了系统整体的效率与热力学特性,本书同时分析了除 CO_2 外一些常用作超临界布雷顿循环的工质。布雷顿循环工质的选择一般依据如下。一方面

第9章　固有安全一体化小型氟盐冷却高温堆 FuSTAR 设计及分析

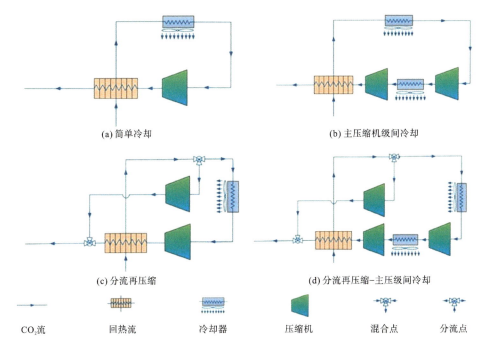

图 9-104　常用布雷顿循环冷端构型

考虑到公开发表文献中较为常见的循环工质,选取了工作温度远超临界温度的流体,即远临界流体:空气、氮(N_2)、氦(He)和氩(Ar)[76]。另一方面,考虑到在近临界区,在 P-T 图上流体热物性的定焓线与定熵线夹角较小(甚至几乎平行),对降低绝热压缩焓升十分有利,因此也选取了临界温度较接近环境温度的流体,即近临界流体:二氧化碳(CO_2)、六氟化硫(SF_6)和丙烷(C_3H_8)和氙(Xe)[78],但 Xe 价格过于昂贵,动力转换系统对工质需求量大且存在少量漏气,故 Xe 不适合作为布雷顿动力转换系统工质。

图 9-105 给出了采用不同工质的简单回热循环热效率、流量和压比计算结果。在热效率方面,SF_6 循环效率最高,达到了 46.03%,对应压比为 5.053,即压缩机入口压力为 4.947 MPa。而普遍认为具有热效率优势的 CO_2 循环热效率只有 43.32%,排在第二位,对应压比为 3.381,即压缩机入口压力为 7.395 MPa。对于两种远临界的常规流体:空气和 N_2,循环热效率分别为 42.73% 和 42.58%,对应的压比为 1.647 和 1.642,远超常规布雷顿循环的压缩机入口参数[75]。对于 He 和 Ar 循环,在热效率和压力方面的情况与空气和 N_2 循环类似。

在循环流量方面,Ar 循环流量超过 1600 kg/s,在统一压降水平下,对设备体积要求较大;SF_6、Air、N_2 循环次之,但也超过了 900 kg/s。He、C_3H_8 和 CO_2 循环流量处于最低水平,均低于 500 kg/s,在统一压降水平下对减小设备体积十分有利。

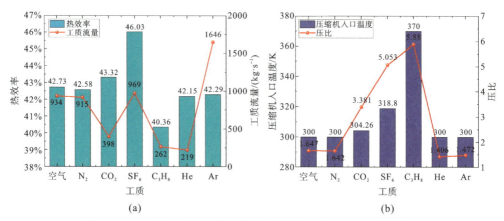

图 9-105 不同工质的简单回热循环热效率、流量和压比计算结果

SF_6 与 C_3H_8 在 FuSTAR 运行温度下会分解,故不能作为动力转换系统的工质。对于临界温度接近环境温度的流体,循环回热器两侧近临界流体的比热容差距较大,回热器不可逆损失严重,影响循环热效率,可以通过增加分流提高循环效率。而远临界流体在回热器两侧的热容差距不大,回热器不可逆损失占比相对较小,分流再压缩并不能提高整体热效率。经计算,采用 CO_2 的再压缩回热循环具有最高的热效率,可达 49.99%。

6. 动力转换系统优化计算程序 FUNENG 简介

在上述模型基础上西安交通大学热工水力研究室基于超结构设计的优化方法自主开发了 FuSTAR 能量转换系统设计优化软件(FUNENG),实现了高效准确的能量转换系统设计优化。FUNENG 涵盖了目前大部分布雷顿动力转换系统的 24 种构型,实现了 6 种工质对应不同热源条件的整体优化,能够出色地完成 FuSTAR 动力转换系统的设计。程序的运算过程如下:确定系统热力学边界条件以及设备参数,将初始参数传递给冷端、热端、耦合模块。冷端、热端计算全系统压力场和已知节点温度场、焓场,通过耦合模块整体计算出各节点数据。之后根据优化目标计算出最优冷、热端组合及系统运行参数。计算流程图如图 9-106 所示。

程序可以实现构型组合与运行参数的全局优化,针对各个循环构型组合和连续变量以及其他循环中的待优化参数进行了协同优化,以确定最优循环构型与相应的最优设计参数。待优化变量如表 9-43 所示。

经计算,超临界 CO_2 一次再热主压缩机级间冷却再压缩循环具有最佳热效率,可达 51.64%,但考虑到相比于再压缩循环系统变得相对复杂且体积庞大,所以还需要后续分析确定最佳动力转换系统。

第9章 固有安全一体化小型氟盐冷却高温堆 FuSTAR 设计及分析

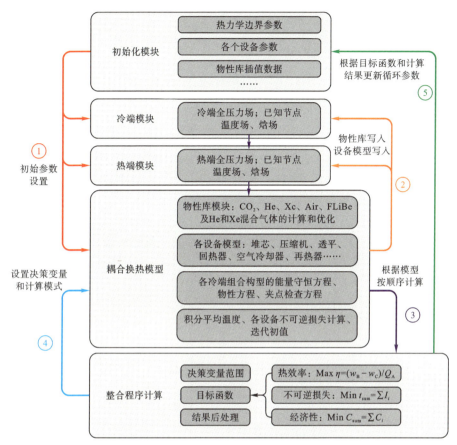

图 9-106 FUNENG 程序计算流程

表 9-43 全局优化中的待优化变量

参数	优化范围	参数	优化范围
热端构型编号	1~6	循环最高压力/MPa	15~25
冷端构型编号	1~4	级间冷却分压比	0~0.7
循环最低温度/K	304.26~320	低温透平分压比	0.3~0.7
分流比	0~0.5	高温透平分压比	0.3~0.7
工质编号	1~6		

7. 系统运行参数对不同构型下的循环性能影响

以简单回热循环、再压缩循环、一次再热再压缩循环、主压缩机间冷再压缩循环、一次再热主压缩机间冷再压缩循环五种构型为代表,在最优热效率下,对关键参数进行敏感性分析,为 FuSTAR 设计提供参考。首先分析主压缩机分流比对循环热效率的影响,如图 9-107 所示。分流的目的是提高平均吸热温度,进而提高热效率,但是分流过大会导致辅压缩机做功过大,反而使热效率降低。四种构型主流占比均在 0.62 附近取得峰值。

循环最低温度对四种改进构型的热效率影响较大(图 9-108)。值得注意的是,添加主压缩机级间冷却器后,能降低临界温度附近敏感度,可能有利于 FuSTAR 的变工况运行。四种改进构型的循环最高温度与热效率均成线性关系。

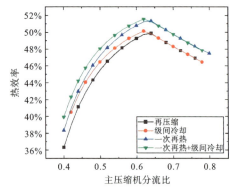

图 9-107 主压缩机分流比对热效率的影响

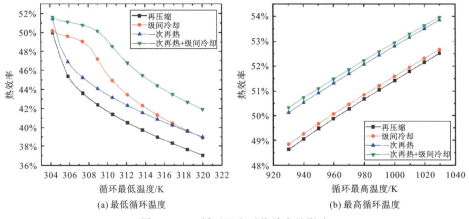

(a) 最低循环温度 (b) 最高循环温度

图 9-108 循环温度对热效率的影响

四种改进构型的循环最低压力对热效率的影响如图 9-109 所示。添加级间冷却可以有效降低临界区附近压力的敏感度。再热器和级间冷却器均不影响循环最高压力的敏感度。

四种改进构型的压缩机透平效率对热效率的影响如图 9-110 所示。透平等熵效率敏感度最大,辅压缩机其次,最后是主压缩机。这是由于 CO_2 在临界温度附近时,等熵线和等焓线近似平行(图 9-110(a)),近似沿定熵线的绝热压缩耗功比远临界区(图 9-110(b))小。主压缩机入口 CO_2 在近临界区(图 9-111(a)),定熵压缩焓升较小,辅压缩机入口 CO_2 处于远临界区(图 9-111(b)),定熵压缩焓升较大,而透平的定熵压缩焓升最大。当涡轮效率升高时,透平的损失增长率要高于压缩机。

第9章 固有安全一体化小型氟盐冷却高温堆 FuSTAR 设计及分析

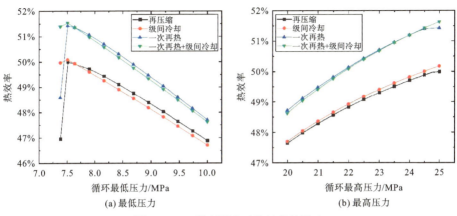

图 9-109 循环压力对热效率的影响

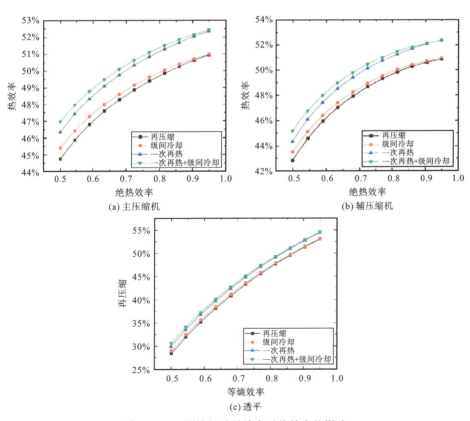

图 9-110 压缩机透平效率对热效率的影响

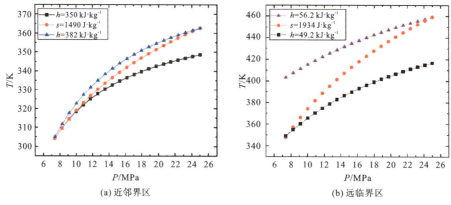

(a) 近邻界区　　(b) 远临界区

图 9-111　二氧化碳定熵压缩曲线

8. 经济技术分析

通过以上分析可以发现，在优化的构型下，循环系统性能都能得到较大地提升，但是在优化构型下，系统设备增多，系统复杂性也随之增加。进一步对比发现，几种典型基础循环系统的循环热效率已经能够实现循环效率的需求，而增加设备也会使得设备成本升高，综合经济性指标来看并不是最优方案。在堆芯热功率、堆芯进口温度 700 ℃（循环最高温度 680 ℃）条件下，对比简单回热循环、再压缩循环、主压一级间冷循环以及再热再压缩一级间冷却循环的热效率、㶲损分布，如图 9-112 和图 9-113 所示。

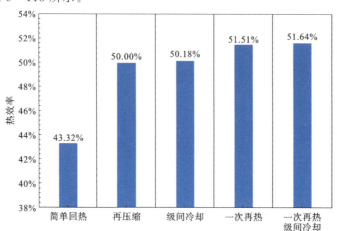

图 9-112　各类超临界 CO_2 布雷顿循环构型热效率

总的来说，随着间冷、再热结构的引入，循环热电转换效率有所提升，但提升幅度不大，且会带来循环体积的大幅度增加，考虑到小型氟盐冷却高温堆的高紧凑型和经济适应性的要求，循环结构复杂化不利于小型化的要求，且效率增益提升不大，故选择紧凑度更高、循环效率及㶲效率较高的再压缩循环更匹配小型氟盐冷却

第9章 固有安全一体化小型氟盐冷却高温堆 FuSTAR 设计及分析

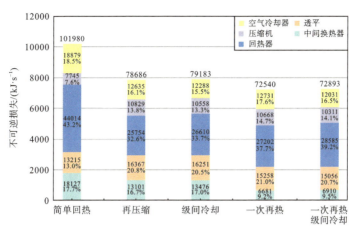

图 9-113 各类超临界 CO_2 布雷顿循环㶲损失

高温堆。

在超临界二氧化碳布雷顿循环系统中,我们不仅需要考虑循环系统的热经济性,还要考虑循环系统技术经济性,通过技术经济性与热经济性的综合考虑可为小型氟盐高温堆的能量转换系统提供较为合理的构型。在本项目的初期计算中,并不考虑投资回收期以及平准化发电效益等参数,只关心在初次投资所需的成本。

在技术经济性分析过程中,核心是掌握超临界 CO_2 布雷顿循环系统中各关键设备的价格,但是不同功率、不同体积下的设备价格存在明显差异,因此一般采用单位参数下的设备价格来表示。例如,参考 Brun 和 Friedman 给出的不同设备单位功率或换热器单位导纳下的价格,如表 9-44 所示。采用这些参数对上述的几种布雷顿循环系统经济性进行分析和评价,计算结果如表 9-45 所示。

表 9-44 超临界 CO_2 布雷顿循环系统关键部件价格参考表

部件	价格
PCHE(热功率)	2500 \$/(kW·K^{-1})
翅片管空冷器(热功率)	5000 \$/(kW·K^{-1})
旋转机械(电功率)	1000 \$/kW

表 9-45 超临界 CO_2 四种布雷顿循环技术经济性计算

循环结构	参考热效率/%	价格/亿元
简单回热循环	43.32	6.77
再压缩循环	49.99	10.43
再压缩一级间冷	50.18	10.04
再压缩再热一级间冷	51.64	11.33

该部分经济性研究只是对初次投资的粗略分析,后续将开展较为细化的研究和优化。

9. 小结

综合来看,采用再压缩循环,相较于简单回热循环能提升7%左右的热效率,成本上升了3.7亿元左右。再压缩一级间冷循环的成本比再压缩循环略低,这是因为一级间冷将辅压缩机的入口参数拉低到近临界区附近,压缩机耗功减少。再压缩再热一级间冷循环相比再压缩循环要增加超过1.5亿的初次投资,但热效率提升了不到2%,且透平和换热器总体积会变大。分流压缩一次再热加级间冷却循环虽然循环热效率最高可达51.6%,但构型相对复杂,额外添加的透平再热器和多级压缩机会使系统变得庞大复杂,结合实际堆结构尺寸和设备限制,FuSTAR选用结构紧凑、热效率高的再压缩循环。

9.3.2 设备设计

动力转换系统的设计是一个繁琐的迭代和优化过程,为确保各设备和系统的参数匹配,需要基于优化得到的超临界二氧化碳循环系统运行参数和运行环境,提出循环系统关键设备运行需求并开展超临界二氧化碳换热器设备选型、尺寸设计和性能分析研究。基于稳态功率的动力转换系统设计方法以获得管道和换热设备的尺寸和管线排布方式展开。FuSTAR动力转换系统的单个设备的状态变化将导致整个回路的温度、质量流量和压力的连锁响应,故各个设备也必须与动力转换系统耦合计算分析,以确保其整体的有效性。

1. 换热器设备设计

PCHE作为一种高效紧凑的换热器,具有耐高温、高压以及换热性能好等特点。大量研究表明,PCHE可以满足超临界CO_2布雷顿动力循环冷端系统对换热器设备尺寸和换热能力的要求。FuSTAR动力转换系统所有的热交换器都采用更紧凑、机械强度更好的PCHE形式。图9-114显示了PCHE通道的横截面和流向配置。

PCHE设计过程主要由热输运规划、设备设计规划、迭代优化三部分组成。在热输运阶段中,由于换热器等设备的尺寸尚未确定,系统的压力是未知的。可以预先设定换热器压降,将温度与压力分开计算,即可以先用焓守恒原理设计出各设备进口和出口的质量流量和温度。根据热输运规划的质量流量和温度,可以对各热交换器和轴流泵的设计进行约束,以满足传热、流量和尺寸要求:包括换热器的连续性方程、可压缩 N-S 方程、非等温流动能量方程和固体导热方程。

由于CO_2物性变化剧烈,尤其在近临界区,经计算验证不可压缩假设会引入较大误差,需使用完整控制方程对PCHE进行计算。PCHE交错流占比较低,主要换热过程是逆流换热。

第9章 固有安全一体化小型氟盐冷却高温堆 FuSTAR 设计及分析

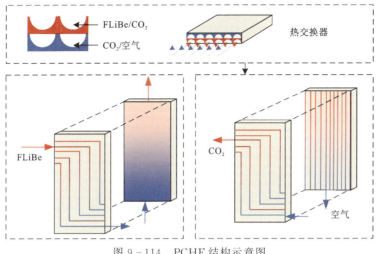

图 9-114　PCHE 结构示意图

三维设计耗费大量计算资源，二维设计计算能大大加速计算过程，经计算对比验证，二维计算不会影响其精度。以下是 PCHE 的流道控制方程：

$$\begin{cases} \dfrac{\partial(\rho v A)}{\partial r} = 0 \\ \dfrac{\partial(\rho v^2 A)}{\partial r} = -\dfrac{\partial(pA)}{\partial r} + \rho g \cos\theta_{g,r} A - f\dfrac{\rho v \mid v \mid}{2D_e} A \\ \dfrac{\partial\left(\rho v \left(h + \dfrac{v^2}{2}\right) A\right)}{\partial r} = \rho g v \cos\theta_{a,v} A + \dfrac{4h_f}{D_e}(T_w - T)A + f\dfrac{\rho v^2 \mid v \mid}{2D_e} A \end{cases}$$

(9-106)

式中：ρ、v、h、p 依次为密度、流体速度、比焓、流体压力；T_w、T 依次为壁面温度、流体温度；h_f、f 依次为对流换热系数和摩擦系数；A 为流道横截面积；g 为重力加速度；D_e 为流道水力学直径。其中，摩擦系数采用式(9-87)。

传热关联式，努塞特数采用 Gnielinski 公式计算：

$$\begin{cases} Nu_{\text{lam}} = 3.66 \\ Nu_{\text{turb}} = \dfrac{(f_D/8)(Re - 1000)Pr}{1 + 12.7\sqrt{f_D/8}(Pr^{2/3} - 1)} \end{cases}$$

(9-107)

用固体导热方程来描述 PCHE 中的传热：

$$\nabla \cdot (\lambda_s \nabla T_s) = 0$$

(9-108)

式中：λ_s 为固体热导率；T_s 为固体温度。

使用 COMSOL 软件中成熟的有限元分析(FEA)模板，采用连续有限元法(FEM)对二维空间进行离散。线性方程组采用 PARDISO 求解器，非线性方程组采用分离式牛顿法求解，计算结果通过了网格独立性检验。

熔盐堆热工水力及安全分析

在设备设计规划中,先预设 PCHE 的宽度和厚度、流道尺寸,因此只需要优化 PCHE 长度,故将其作为决策变量,目标函数是计算的出口温度与设计值之间的偏差。采用单纯形法(Nelder-Mead)求解此优化问题[79],当偏差最小化且趋于零时,PCHE 的长度是最优的。上述结果是基于预设的换热器压降的优化设计,实际的换热器压降是将尺寸确定之后计算得出的。将设计后的各个换热器形成回路计算,若误差过大,则需要更新换热器压降,迭代优化计算。流程如图 9-115 所示。

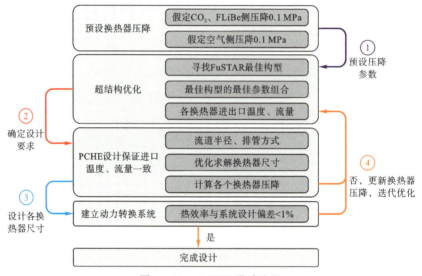

图 9-115 PCHE 设计流程

考虑到加工的便捷性和技术成熟度,所有 PCHE 流道设计为相同尺寸,仅调整整体尺寸以找到满足传热要求的结构。图 9-116 总结了 PCHE 的截面形状和尺寸,表 9-46 总结了超临界 CO_2 回路各个换热器的总体尺寸。

图 9-116 PCHE 设计尺寸

第 9 章　固有安全一体化小型氟盐冷却高温堆 FuSTAR 设计及分析

表 9-46　SCO_2 布雷顿循环 PCHE 尺寸

换热器	厚度/m	宽度/m	长度/m
中间换热器	2	1	1.088
高温回热器	3	2	2.2344
低温回热器	2	2	1.5265
空气冷却器	6	6	2

2. 压缩机和透平

压缩机和透平的选型一般是根据输出电功率等级确定,国外学者通过总结提出了表 9-47 的透平、压缩机、轴承、密封以及压缩机、透平、发电机等布置方式的初步选型依据。

表 9-47　压缩机和透平构型选取表[80]

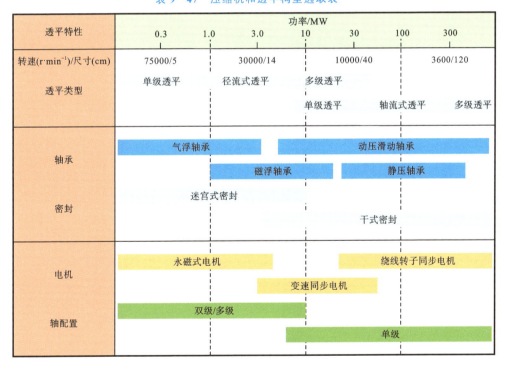

根据表中循环功率等级可知,电功率 10 MW 等级以下的压缩机和透平一般采用径流式压缩机和透平,转速为 30000 r/min,最大尺寸 14 cm。制造厂一般推荐 3 级的径流式主压缩机,径流式压缩机在适应超临界 CO_2 在近临界点附近密度的剧烈变化的能力上要更优秀。

现有的超临界 CO_2 循环系统功率等级较低,最大电功率不超过 10 MW,因而现有的循环系统中主压缩机和再压缩机均选用单级离心式压缩机,且目前美国 Baber-Nichols 公司和 GE 公司,日本、韩国都已经掌握了该种高转速的单级超临界 CO_2 离心式压缩机设计和制造技术。根据文献调研结果发现,轴流式压缩机虽然效率较高,但是运行区间较窄,且性能曲线变化比较陡峭,而离心式压缩机虽然效率低于轴流式压缩机的效率,但是运行范围更宽,性能曲线变化较为平缓,因而对于存在大负荷变化的系统,选取离心式压缩机有利于系统的稳定运行。故本项目压缩机采取离心式压缩机;透平功率接近 100 MW 级,根据压缩机和透平选型表可知,透平可采用轴流式透平结构。超临界 CO_2 压缩机、透平特性曲线如图 9-117 所示。叶轮和轴采用哈斯特洛伊合金制造。未来将对上述压缩机、透平进行详细的优化设计和 CFD 模拟或实验,以拟合特征曲线。

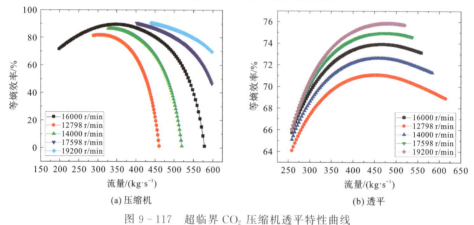

图 9-117 超临界 CO_2 压缩机透平特性曲线

9.3.3 变工况特性研究

基于以上压缩机、透平和换热器模型,分别开展系统变负荷计算,获得 100% 输出功率、90% 输出功率、80% 输出功率、70% 输出功率、60% 输出功率、50% 输出功率、40% 输出功率的系统热平衡图。控制方式为节流控制,热负荷随输出功率的变化结果如图 9-118 所示,随着输出功率的降低,循环效率呈现出指数级的下降趋势。

CO_2 质量流量随输出功率的变化结果如图 9-119 所示,随着输出功率的降低,CO_2 质量流量同输出功率几乎呈正比关系变化。

压缩机效率随输出功率的变化结果如图 9-120 所示,随着输出功率的降低,主压缩机和再压缩机效率均大幅下降。

压缩机耗功随输出功率的变化结果如图 9-121 所示,随着输出功率的降低,两台压缩机的耗功均减小,同输出功率呈正比关系,主要受工质质量流量的影响。

第9章 固有安全一体化小型氟盐冷却高温堆 FuSTAR 设计及分析

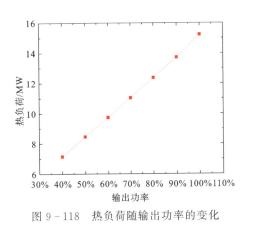

图 9-118 热负荷随输出功率的变化

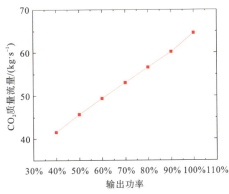

图 9-119 CO_2 质量流量随输出功率的变化

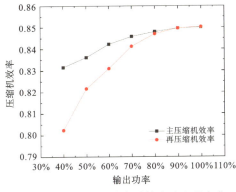

图 9-120 压缩机效率随输出功率的变化

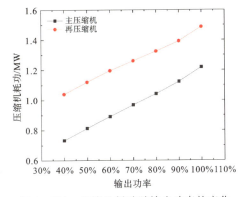

图 9-121 压缩机耗功随输出功率的变化

循环最高压力随输出功率的变化结果如图 9-122 所示,随着输出功率的降低,循环最高压力下降,这是因为 CO_2 流量下降导致的,所以和流量的变化趋势非常一致。

循环最低压力随输出功率的变化结果如图 9-123 所示,随着输出功率的降低,循环最低压力下降,但下降速率逐渐减小。

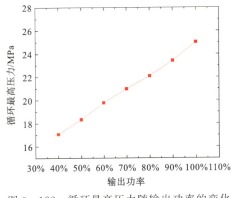

图 9-122 循环最高压力随输出功率的变化

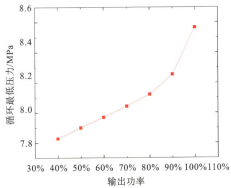

图 9-123 循环最低压力随输出功率的变化

9.4 FuSTAR 系统热工安全分析

FuSTAR 有机融合了高温气冷堆的高温高燃耗燃料技术、熔盐堆的高温低压熔盐冷却技术和液态金属反应堆的非能动安全技术等第四代核反应堆的先进技术,具有高温低压运行、防核扩散、固有安全性等优点[1]。要保证所设计的 FuSTAR 反应堆系统能够在各类设计基准工况下安全运行,有必要对其进行热工安全分析,了解清楚堆内温度、压力和流量等关键热工水力参数的变化规律,验证当前设计方案的合理性。

9.4.1 运行工况与事故分类

FuSTAR 的堆本体结构如图 9-124 所示,堆芯由 91 盒燃料组件组成,它们排列在六边形栅格中,组件外围布置石墨反射层以减少中子泄漏,堆芯上方的热池内放置了 6 个主换热器和 3 个余排换热器用来带走堆芯产生的热量。主换热器的设计是冗余的,3 个主换热器就能带走堆芯 99% 的热量。

同时,FuSTAR 配备一套非能动余热排出系统,用于带走事故工况下的堆芯衰变热,非能动余热排出系统在正常运行工况下,会带走堆芯余下的 1% 热量,以保证余排回路的熔盐不会发生凝固。堆本

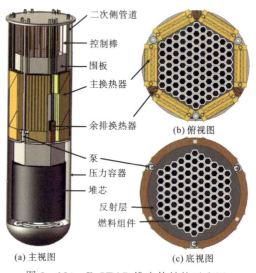

图 9-124 FuSTAR 堆本体结构示意图

体中的熔盐冷却剂在正常运行工况和自然循环条件下的流动过程如图 9-125 所示。在正常运行工况下,FLiBe 熔盐冷却剂被堆芯加热后进入堆芯上方热池。然后冷却剂向下折流进入主换热器进行换热,流出主换热器的冷却剂分流为两条路径:一部分冷却剂向上偏转流入余排换热器并与热池中的冷却剂混合,流入主换热器;另一部分冷却剂沿着堆芯外围的下降通道流入堆芯下方冷池,冷池中的冷却剂回流到堆芯形成循环。当堆本体中发生设计到主泵失效的事故时,堆本体会形成自然循环回路。此时从堆芯流出的冷却剂分别流入主换热器和余排换热器,经主换热器和余排换热器换热之后沿下降通道流入冷池并流回堆芯,形成一个自然循环,以保证带走主泵失效事故下的堆芯衰变热。

第 9 章　固有安全一体化小型氟盐冷却高温堆 FuSTAR 设计及分析

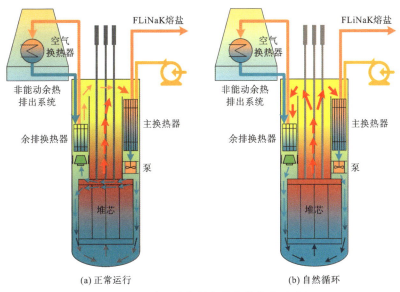

图 9-125　熔盐冷却剂在堆本体的流动过程

在新型反应堆设计的安全分析过程中,尤其是在概念设计阶段的堆型,通常按照功能进行反应堆拆分并定义可能发生的事故。结合我国关于研究堆的主要法规《研究堆安全设计规定》和 IAEA 关于研究堆的主要规范 *Safety Assessment of Research Reactors and Preparation of the Safety Analysis Report*,对 FuSTAR 进行拆分并归类假想始发事件,得到其始发事件清单,如表 9-48 所示,并分析了为 FuSTAR 瞬态安全分析而开发的系统分析程序 FUSY 对这些始发事件的适用性,可以看出 FUSY 可以对大多数事故进行安全计算分析。为验证 FuSTAR 的固有安全性,我们对后果最为严重的未能紧急停堆预期瞬态进行分析,从而评估 FuSTAR 在事故下的稳定性和安全性。

表 9-48　FuSTAR 瞬态事故归纳

事故类型	始发事件	FUSY 适用性
反应性事故	控制棒失控提出	可以
	控制棒误操作	可以
	控制棒落入堆芯	可以
堆芯排热减少事故	熔盐泵故障	可以
	热交换器故障	可以
	丧失场外电源	可以
	热阱丧失	可以

续表

事故类型	始发事件	FUSY 适用性
堆芯排热增加事故	二回路流量增加	可以
	二回路温度降低	可以
	二回路管道破口	未开发
未能紧急停堆预期瞬态	控制棒误抽出未能紧急停堆	可以
	熔盐泵故障未能紧急停堆	可以
	热阱丧失未能紧急停堆	可以
	二回路冷却能力增强未能紧急停堆	可以
	失去场外电源紧急停堆	可以
自然灾害	地震、水淹、强风、爆炸、火灾	未开发

9.4.2 瞬态热工水力限值

小型氟盐冷却高温堆 FuSTAR 与传统压水堆具有较大不同。FuSTAR 采用液态熔盐 FLiBe 和 FLiNaK 作为回路中的冷却剂,弥散在石墨基体中的 TRISO 颗粒作为燃料,堆芯具有较大的负温度反应性反馈系数。FuSTAR 安全限值需要能确保反应堆一回路不发生放射性泄漏,即保证放射性屏障(放射性屏障包括燃料棒以及一回路压力边界)的完整性,故安全限值的确定需要考虑燃料棒、一回路容器以及管道的热工水力限制。此外,还需要考虑熔盐冷却剂 FLiBe 和 FLiNaK 的运行温度限制。

FuSTAR 采用的燃料元件为弥散到石墨基体的 TRISO 燃料颗粒。其中 TRISO 燃料颗粒由内至外分别为燃料核、缓冲层、内层热解碳、碳化硅及外部热解碳等。虽然与高温气冷堆的燃料元件设计上存在差别,但燃料元件热工水力限制受 TRISO 燃料颗粒的运行温度制约。研究表明,受裂变产物对碳化硅包覆层的影响,TRISO 长期运行温度限值为 1573 K,最高温度限值为 1873 K。即在正常运行情况下,燃料最高温度不能超过 1573 K,而事故工况下,TRISO 燃料颗粒的最高温度不能超过 1873 K。

FuSTAR 采用 FLiBe 熔盐作为一回路冷却剂。FLiNaK 熔盐作为余排回路和二回路的冷却剂。FLiBe 熔盐的熔点为 732 K,沸点为 1703 K,FLiNaK 熔盐的熔点为 728 K。反应堆正常运行以及事故工况中,应该避免氟盐凝固或者沸腾,以保证反应堆设备正常运转和堆芯热量传递,即熔盐温度应高于熔点并低于其沸点。为保证熔盐温度低于沸点,堆芯燃料球的表面温度也应该低于 1703 K。

此外,一回路结构材料的温度限制也会对 FuSTAR 安全限值的确定造成影响。FuSTAR 中换热器及一回路结构材料采用哈斯特洛伊合金。该材料在长期

第 9 章　固有安全一体化小型氟盐冷却高温堆 FuSTAR 设计及分析

使用下最高工作温度为 1003 K,在熔盐温度高于 1144 K 时,其抗氧化能力开始显著下降,因而瞬态工况下堆芯出口温度不能高于 1144 K。

综合考虑燃料的温度限制、冷却剂的温度限制以及结构材料的温度限制,对于氟盐冷却高温堆 FuSTAR 的安全限值进行了确定,如表 9-49 所示。

表 9-49　FuSTAR 瞬态工况下的温度限值

温度限值	数值	受限原因
一回路温度	>732 K	FLiBe 熔点
余排回路和二回路温度	>728 K	FLiNaK 熔点
一回路温度	<1144 K	哈斯特洛伊合金
包壳表面温度	<1703 K	FLiBe 沸点
燃料峰值温度	<1873 K	TRISO 燃料

9.4.3　系统回路建模

FuSTAR 属于第四代先进反应堆,与压水堆相比,其系统安全分析程序较少。因此,在已有丰富应用经验的水堆程序基础上,通过建立适用于氟盐堆系统热工水力和瞬态安全分析的数学物理模型,加入适用于氟盐冷却高温堆的换热特性分析的流体物性模型、流动传热模型等,开发了可应用于小型氟盐冷却高温堆 FuSTAR 系统的热工水力瞬态分析程序 FUSY,实现对 FuSTAR 瞬态计算和安全分析。

通过采用 FUSY 程序对 FuSTAR 系统进行建模,如图 9-126 所示,主要包括堆本体一回路和非能动余热排出系统。

堆本体一回路系统包括堆芯部件、上腔室、顶部腔室、主换热器、直接热交换器、熔盐泵、下降段和下腔室。非能动余热排出二、三回路系统包括氟盐-氟盐直接热交换器、熔盐管道、氟盐-空气直接热交换器、空气管道、冷却塔等。反应堆功率计算采用点堆模型,将堆芯划分为平均通道和热通道两种。平均通道模拟整个堆芯的平均状态,最热通道模拟堆芯的最热棒的状态,流量根据功率分布进行分配。此外,对螺旋十字结构的燃料棒采用等效芯块半径和等效包壳半径的方法,将其等效为圆柱形燃料棒进行计算。本研究使用 FLUENT 对螺旋十字形燃料棒进行精细化计算,并将计算结果与使用等效圆柱形燃料棒的 FUSY 计算结果进行对比,计算结果如图 9-127 所示。从图中可以看出,FUSY 计算结果与 FLUENT 计算结果吻合较好。此外 FUSY 计算结果较为保守,可用于安全分析。

反应堆的反应性系数要求考虑瞬态条件下的反应性系数,这对反应堆的安全至关重要。利用 SERPENT 程序对 FuSTAR 的燃料温度系数、冷却剂温度系数和反射器温度系数进行了分析计算,结果如表 9-50 所示。FUSY 进行安全分析与计算时将采用表 9-50 所示的温度反馈系数。

熔盐堆热工水力及安全分析

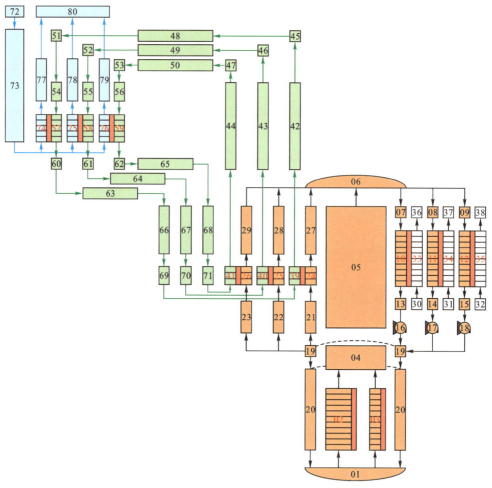

图 9-126 FuSTAR 系统节点图

表 9-50 FuSTAR 堆芯温度反馈系数

材料	温度反馈系数/$(10^{-5} \cdot K^{-1})$
燃料	-4.76
冷却剂	-0.41
石墨	≈0.00

第 9 章　固有安全一体化小型氟盐冷却高温堆 FuSTAR 设计及分析

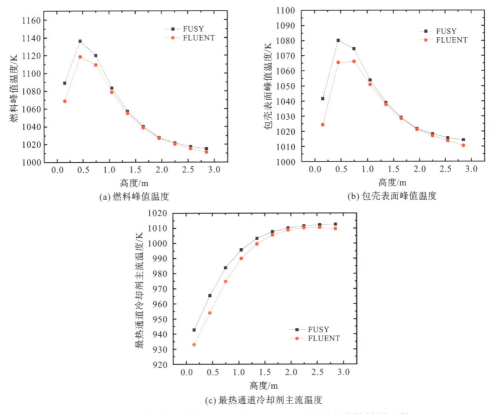

图 9-127　最热通道中 FUSY 和 FLUENT 的温度计算结果比较

9.4.4　瞬态安全特性分析

本研究将针对上述设计基准事故展开热工水力安全分析,包括反应性引入事故、落棒事故、失流事故和热阱丧失事故,从而验证 FuSTAR 设计的安全性。此外对可能影响反应堆瞬态行为的一些关键参数进行了敏感性分析。

1. 反应性引入事故

反应堆运行过程中,当控制棒失控提出时会发生反应性引入事故。其会导致反应堆功率和温度的急剧升高,从而威胁反应堆的安全。出于固有安全标准的目的,要求 FuSTAR 在没有反应堆停堆保护系统的情况下,在反应性插入事故后仍能安全稳定运行。为此对 FuSTAR 无保护反应性插入事故(Unprotected Reactivity Insertion Accident,URIA)进行了研究。

如图 9-128 所示,在反应堆稳定运行过程中,堆芯功率保持在 125 MW,堆芯质量流量保持在 1050 kg/s,堆芯进口温度稳定在 923 K,堆芯冷却剂温升 50 K,燃料最高温度稳定在 1136 K。假设在 2000 s 时突然阶跃引入 0.4×10^{-10} 的反应性。

从图 9-128(a)可以看出,堆芯总反应性迅速上升到 0.4×10^{-10}。这导致功率急剧增加,功率比最大值达到 1.98。功率增加导致燃料、包壳和熔盐冷却剂温度上升,如图 9-128(b)所示,这个过程中,燃料最高温度达到 1193 K,低于 TRISO 燃料失效温度 1873 K。包壳表面最高温度达到 1085 K,低于 FLiBe 冷却剂沸点温度 1673 K。这意味着它们在瞬态安全极限内,并且留有一定的安全裕度。燃料和冷却剂温度升高带来的负反应性反馈导致总反应性和功率开始下降,燃料和包壳表面的最高温度也逐渐下降并趋于稳定。由于响应较慢,冷却剂进口和出口温度不断上升,最终分别稳定在 937 K 和 1013 K。同时,由于一回路冷却剂温度的升高,使得熔盐的黏度降低,从而使回路中的摩擦压降降低。为了匹配泵的扬程,堆芯质量流量提高了 3.2%。反应堆系统稳定后,反应堆功率为 195 MW,堆芯冷却剂温升为 76 K。因此,确定了 FuSTAR 反应堆在 0.4×10^{-10} 反应性阶跃引入事故中仍然可以保持固有安全性。

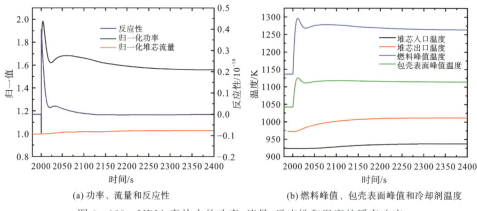

(a) 功率、流量和反应性　　(b) 燃料峰值、包壳表面峰值和冷却剂温度

图 9-128　URIA 事故中的功率、流量、反应性和温度的瞬态响应

分别阶跃引入 0.2×10^{-10}、0.4×10^{-10}、0.6×10^{-10} 和 0.8×10^{-10} 的反应性,以研究引入不同反应性时 FuSTAR 系统的响应特性。图 9-129 为在不同反应性引入时的功率和温度的瞬态响应。从图中可以看出,反应性引入值越大,反应堆功率和温度峰值越高。当阶跃引入的反应性为 0.8×10^{-10} 时,反应堆最大功率可达 654 MW,燃料最高温度可达 1535 K,包壳表面最高温度可达 1252 K,堆芯出口冷却剂最高温度可达 1052 K,但是均低于瞬态安全限值。通过负反应性反馈机制,FuSTAR 的功率和温度最终都达到平衡状态。结果表明,所设计的 FuSTAR 能够很好地应对无保护反应性阶跃引入事故。

2. 失流事故

当反应堆中的轴流泵发生电源故障或机械故障时,一回路中冷却剂的质量流量会急剧下降,堆芯传热下降,燃料和冷却剂温度迅速上升,导致失流事故的发生。失流事故可分为流量部分丧失、流量完全丧失和轴断裂几种情况,本节研究了在事

第9章 固有安全一体化小型氟盐冷却高温堆 FuSTAR 设计及分析

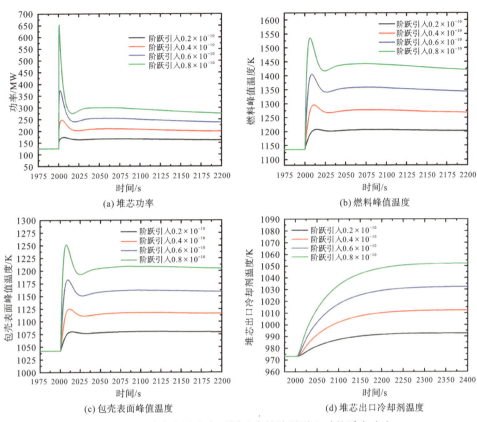

图 9-129 功率和温度在不同反应性阶跃引入时的瞬态响应

故发生过程中没有触发堆芯保护系统的 ULOF 事故。假设一回路 3 台轴流泵在 2000 s 时失去动力开始惰转，堆芯质量流量和流速急剧下降，如图 9-130(a)和(d)所示。换热系数的降低，使得堆芯换热能力变差，导致燃料温度迅速升高。负的温度反应性反馈机制将大量的负反应性引入堆芯，使堆芯功率迅速下降。如图 9-130(a)和(b)所示，由于质量流量比下降速度快于功率比，堆芯出口处熔盐冷却剂温度开始上升。一回路质量流量降低，而 PHE 二次侧冷却能力保持稳定，因此堆芯进口处冷却剂温度降低了。随后，随着堆芯功率的降低，反应堆逐渐建立起一个自然循环，燃料和包壳的温度开始下降。流经 DHE 一次侧的冷却剂流量由 −2.39 kg/s 变为 3.26 kg/s，如图 9-130(c)所示，而 DHE 二次侧的冷却剂流量也略有增加。此外，由于反应堆功率的降低，燃料和包壳之间的温差几乎消失。同时，由于堆芯进口冷却剂温度的降低和堆芯出口冷却剂温度的升高，堆芯和包壳的峰值温度点移至堆芯出口段区域，图 9-130(b)可见其峰值温度的转变点。一旦自然循环达到平衡，负反应性反馈就不会引入堆芯，反应堆的功率和温度就会趋于稳定。ULOF 事故中燃料峰值温度为 1168 K，包壳表面峰值温度为 1120 K，堆芯出口冷却剂温度峰值为1006 K,均低于安全限值。堆芯入口冷却剂温度最小值为908 K,远高于FLiBe冷却液凝固温度732 K。结果表明,FuSTAR在ULOF事故中是安全的。

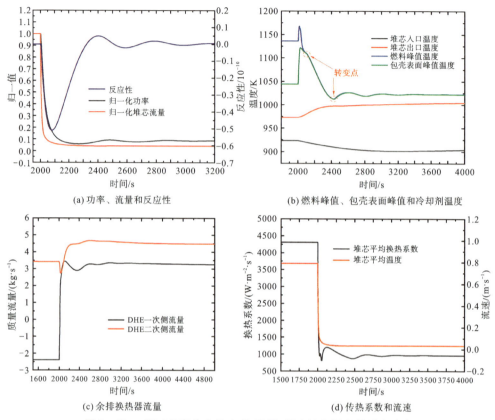

图9-130 ULOF事故中的功率、流量、反应性和温度的瞬态响应

泵的惰转能力会影响ULOF事故中流量的下降速度,进而影响燃料和冷却剂的峰值温度。在假定泵的衰半时,即泵流量下降一半时间为0.1 s、1 s、5 s和10 s的基础上,研究了ULOF事故中堆芯质量流量、功率和温度的瞬态响应。由图9-131可以看出,泵惰转时间越短,燃料峰值温度越高。当泵衰半时为0.1 s时,燃料峰值温度可达1237 K,但也远低于TRISO燃料颗粒的失效温度1873K。此外,稳定后的反应堆功率和堆芯出口冷却剂温度与泵衰半时无关。结果表明,即使在极短的泵惰转时间内,关键温度参数也保持在安全范围内,证明了FuSTAR在ULOF事故中具有良好的安全性。

3. 热阱丧失事故

当反应堆二回路发生故障时,主换热器二次侧流量丧失从而导致热阱丧失事故,进而导致堆芯热量无法有效导出。规定在发生热阱丧失事故时,反应堆停堆保

第 9 章 固有安全一体化小型氟盐冷却高温堆 FuSTAR 设计及分析

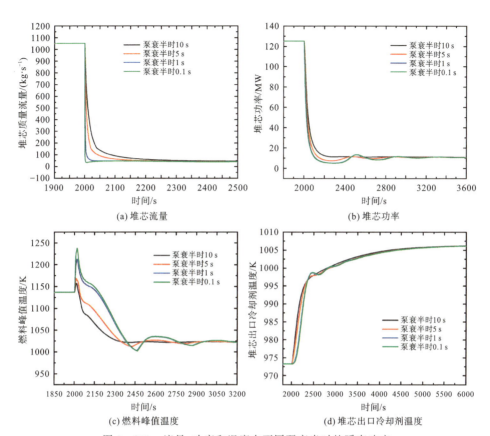

图 9-131 流量、功率和温度在不同泵衰半时的瞬态响应

护系统不启用,研究了设计的 FuSTAR 在无保护热阱丧失(ULOHS)事故中的瞬态特性。基于保守考虑,假设在 2000 s 时,三个主换热器二次侧的质量流量在 1 s 内从 100% 下降到 2.5%,如图 9-132 所示。当主换热器突然失去导热能力时,燃料峰值温度、包壳表面峰值温度和冷却剂温度迅速升高。在负反应性反馈机制的作用下,堆芯内被注入大量负反应性,导致堆芯功率急剧下降。同时,由于一回路冷却剂温度的升高,熔盐的黏度降低导致回路中的摩擦压降降低。为了匹配泵扬程,堆芯质量流量提高了 8.7%,稳定后的堆芯功率仅为 1.4 MW。由于堆芯功率的急剧下降,燃料峰值温度、包壳表面峰值温度和冷却剂温度开始下降,同时燃料与包壳、堆芯进出口的温差减小。此时影响反应堆安全的最关键因素是堆芯出口冷却剂温度。稳定的堆芯出口冷却剂温度为 1024 K,低于结构材料 1144 K 的运行极限,因此不会威胁反应堆的安全。

为了进一步探索 FuSTAR 对 ULOHS 事故的响应能力,研究了主换热器二次侧流量损失的持续时间和流量损失量大小对堆芯出口冷却剂温度的影响。图 9-133(a)是主换热器二次侧流量在 1 s、5 s、10 s、50 s、200 s、500 s 内降低到 2.5%

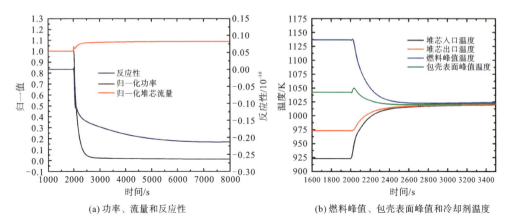

(a) 功率、流量和反应性

(b) 燃料峰值、包壳表面峰值和冷却剂温度

图 9-132 ULOHS 事故中的功率、流量、反应性和温度的瞬态响应

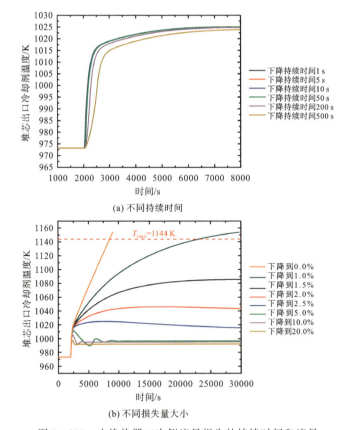

(a) 不同持续时间

(b) 不同损失量大小

图 9-133 主换热器二次侧流量损失的持续时间和流量损失量大小对堆芯出口冷却剂温度的影响

时,堆芯出口冷却剂温度的响应结果,图 9-133(b)为 1 s 内主换热器二次侧质量流量降至 0%、1.0%、1.5%、2.0%、2.5%、5.0%、10.0%、20.0%时堆芯出口冷却剂温度的响应结果。从图中可以看出,质量流量损失的持续时间对堆芯出口冷却剂温度值的最终结果几乎没有影响。但是,当主换热器二次侧损失后的质量流量低于 1.5%时,稳定后的堆芯出口冷却剂温度将超过结构材料的温度限值 1144 K,此时,其抗氧化能力开始显著下降,这将会影响反应堆的安全。因此,在这种情况下,需要启动停堆系统。此外,后续的反应堆和非能动余热排出系统优化过程中需要关注热阱丧失后主换热器二次侧剩余流量低于 1.5%的情况。

4. 过冷事故

当反应堆二回路冷却能力增加时,可能会导致反应堆内熔盐温度过低而发生凝固,因此研究了无保护过冷(UOC)事故对 FuSTAR 的影响。假设三个主换热器二次侧的入口温度在 1 s 内下降 40 K,此时反应堆的停堆系统不投入使用,只考虑反应堆的温度负反馈作用和非能动余热排出系统。如图 9-134 所示,主换热器

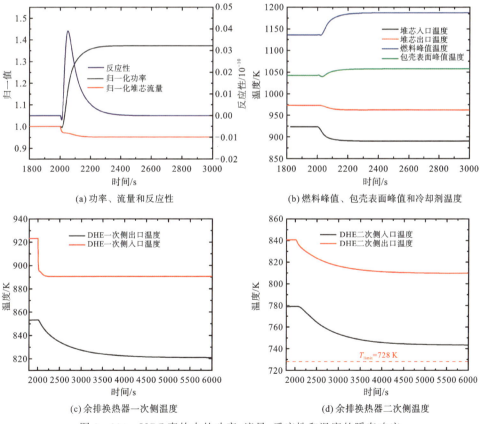

图 9-134 UOC 事故中的功率、流量、反应性和温度的瞬态响应

熔盐堆热工水力及安全分析

二次侧冷却能力的增强导致堆芯进口冷却剂温度更低,通过负的反应性反馈机制,将正反应性引入堆芯,从而使堆芯功率上升。同时,由于一回路冷却剂温度的降低,熔盐的黏度增大,一回路内的摩擦压降增大,为了匹配泵扬程,堆芯的流量降低。燃料和包壳温度随功率的增加而升高,但升高量很小,且都在安全范围内,反应堆在 300 s 后再次稳定。与此同时,余排换热器的一、二次侧出入口温度均有所下降,如图 9 - 134(c) 和 (d) 所示。

图 9 - 134(d) 表明,余排换热器(DHE)的二次侧出口冷却剂温度接近 FLiNaK 的凝固点,因此对引起过冷的参数进行敏感性分析。图 9 - 135(a) 给出了在 1 s、10 s、50 s、200 s 内,三个主换热器(PHE)二次侧入口温度分别下降 40 K 时 DHE 二次侧出口冷却剂温度的响应结果。图 9 - 135(b) 为三个 PHE 二次侧入口温度在 1 s 内分别下降 10 K、20 K、30 K、40 K、50 K、60 K 时 DHE 二次侧出口冷却剂温度的响应结果。图 9 - 136(a) 是 PHE 二次侧流量在 1 s、10 s、50 s、200 s 内增加到原来的 2 倍时 DHE 二次侧出口冷却剂温度的响应结果,图 9 - 136(b) 给出

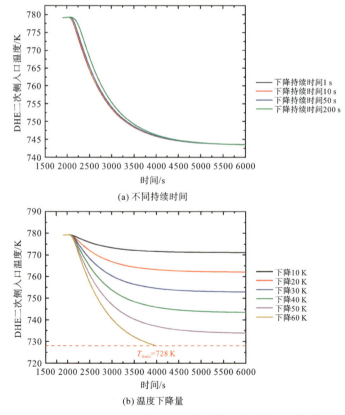

图 9 - 135　PHE 二次侧入口温度下降持续时间和下降量大小对 DHE 二次侧出口温度影响

了当 PHE 二次侧流量在 1 s 内增加到原来的 1.2、1.5、1.8、2.0、4.0 倍时，DHE 二次侧出口冷却剂温度的响应结果。从图中可以看出，PHE 二次侧温度下降持续时间和质量流量上升持续时间对 DHE 二次侧出口冷却剂的最终温度几乎没有影响。而当三个 PHE 二次侧入口温度降至 50 K 以上时，DHE 二次侧出口冷却剂温度将低于 FLiNaK 凝固点，它将导致余排回路的损坏，尽管对反应堆一回路没有影响，因为主换热器功能完整。当 PHE 二次侧流量增加时，即使流量变为原来的 4 倍，DHE 二次侧出口冷却剂温度也在安全范围内。

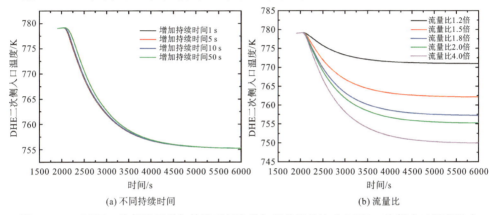

图 9-136 PHE 二次侧流量增加持续时间和增加后的流量比对 DHE 二次侧出口温度影响

5. 失流和热阱丧失合并事故

当反应堆失去场外电源时，反应堆的一、二回路的泵都将发生惰转，从而失去流量，这可能会威胁到反应堆的安全。假设失流事故和热阱丧失事故同时发生，并且不触发停堆系统，以分析 FuSTAR 的固有安全性。采用 ULOF 和 ULOHS 的极限条件，假设一回路 3 台轴流泵故障，其中泵的衰半时为 0.1 s，同时 1 s 内 3 个主换热器二次侧流量由 100% 下降到 1.5%。计算结果如图 9-137 所示，由于一

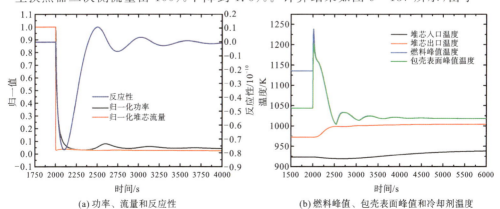

图 9-137 ULOF 和 ULOHS 合并事故中的功率、流量、反应性和温度的瞬态响应

回路和二回路中流量的降低,燃料温度、包壳表面温度和冷却剂温度升高。负反应性反馈机制将大量的负反应性引入堆芯,使得堆芯功率迅速下降,功率降低导致燃料峰值温度和包壳表面峰值温度下降,燃料和包壳间的温差几乎消失。最终,随着自然循环的建立,反应堆再次达到稳定状态。ULOF 和 ULOHS 同时发生时,燃料峰值温度为 1239 K,包壳表面峰值温度为 1202 K,堆芯出口冷却剂温度最高为 1005 K,均低于安全限值。结果表明,FuSTAR 在 ULOF 和 ULOHS 同时发生的事故中是可以保证安全运行的。

参考文献

[1] 张大林,秦浩,王式保,等.固有安全一体化小型氟盐冷却高温堆初步概念设计研究[J].中国基础科学,2021,23(4):15-20.

[2] KIM I H, ZHANG X, CHRISTENSEN R, et al. Design study and cost assessment of straight, zigzag, S-shape, and OSF PCHEs for a FLiNaK - SCO_2 Secondary Heat Exchanger in FHRs[J]. Annals of Nuclear Energy, 2016, 94: 129-137.

[3] LIU G, HUANG Y, WANG J, et al. A Review on the Thermal-hydraulic performance and optimization of printed circuit heat exchangers for supercritical CO_2 in advanced nuclear power systems[J]. Renewable and Sustainable Energy Reviews, 2020, 133: 110290.

[4] MA T, LI L, XU X Y, et al. Study on local thermal - hydraulic performance and optimization of zigzag-type printed circuit heat exchanger at high temperature[J]. Energy Conversion and Management, 2015, 104: 55-66.

[5] REED K L, RAHNEMA F, ZHANG D, et al. A Stylized 3 - D benchmark problem set based on the pin-fueled smAHTR[J]. Nuclear Technology, 2020, 206(11): 1686-1697.

[6] OHLHORST C W, VAUGHN W L, RANSPME P O, et al. Thermal Conductivity Database of Various Structural Carbon-Carbon Composite Materials [R]. NASA Technical Memorandum 4787, Virginia: National Aeronautics and Space Administration, 1997.

[7] REITSMA F, SUBKI M H, LUQUE-GUTIERREZ J C. Advances in Small Modular Reactor Technology Developments [M]. Austria: International Atomic Energy Agency, 2020.

[8] LIU Z, WANG C, ZHANG D, et al. Thermal-hydraulic analysis of a lead - bismuth small modular reactor under moving conditions[J]. Annals of

Nuclear Energy,2021,154:107222.

[9] TOHJOH M,WATANABE M,YAMAMOTO A. Application of coutinuous-energy monte carlo code as a cross-section generator of BWR core calculations [J]. Annals of Nuclear Energy,2005,32:857-875.

[10] DUAN Z M,ZHANG J,HAN Z C,et al. Nuclear thermal coupling optimization of baffled NTP reactor [J]. Annals of Nuclear Energy,2023,180:109496.

[11] FERRARO D,FERRARI I,HERGENREDER D,et al. Safety-related parameters calculation for OPAL reactor using MCNP v6.1.0 and ENDF/B-VII.1[J]. Annals of Nuclear Energy,2022,178:109370.

[12] PECCHIA M,FERROUKHI H,VASILIEV A,et al. Studies of intra-pin power distributions in operated BWR fuel assemblies using MCNP with a cycle check-up methodology[J]. Annals of Nuclear Energy,2019,129:67-78.

[13] JEONG J,WHITE N E,LOYALKA K. Three-dimensional transport theory:evaluation of analytical expressions of williams and verication of MCNP [J]. Annals of Nuclear Energy,2015,86:80-87.

[14] LEPANEN J,PUSA M,VIITANEN T,et al. The serpent monte carlo code:status development and applications in 2013 [J]. Annals of Nuclear Energy,2015,82:142-150.

[15] BILODID Y,KOTLYAR D,SHWAGERAUS E,et al. Hybrid microscopic depletion model in nodel code DYN3D[J]. Annals of Nuclear Energy,2016,92:397-406.

[16] JAZBEC A,PUNGERCIC A,KOS B,et al. Delayed gamma radiation smulation in case of loss of water event using monte carlo method[J]. Nuclear Engineeering and Design,2021,378:111170.

[17] NOVAK O,SKLENKA L,HUML O,et al. Bechmark evaluation of zero-power critical parameters for the temelin VVER nuclear reactor using SERPENT & NESTLE and MCNP[J]. Nuclear Engineering and Design,2019,353:110243.

[18] CHAO N,LIU Y,XIA H,et al. The simulation method based on skeleton animation model and organ-monitoring-points for exposure dose assessment to workers in radioactive enviroments[J]. Nuclear Engineering and Design,2017,320:427-436.

[19] MARLEAU G. HEBERT A,ROY R. DRAGON Programmer's Manual

[R]. Ecole Polytechonique, 2002.

[20] 郭奇勋,李宁. 快堆燃料循环与金属燃料[J]. 厦门大学学报, 2015, 54(5): 1-10.

[21] 唐春和. HTR-10 燃料元件的制造和发展趋势[J]. 核标准计量与质量, 2006, (3): 2-12.

[22] 蒋有荣. 超临界压水堆候选包壳材料评价[C]. 中国核学会核材料分会 2007 年度学术交流会, 2007.

[23] 刘思佳. 小型模块化氟盐冷却高温堆的物理设计与研究[D]. 北京: 中国科学院大学(中国科学院上海应用物理研究所), 2020.

[24] ZHANG D, LIU L, LIU M, et al. Review of conceptual design and fundamental research of molten salt reactors in china[J]. International Journal of Energy Research, 2018, 42(5): 1834-1848.

[25] 司胜义. 压水堆堆芯反射层的截面参数化及优化设计[C]. 中国核学会计算物理学会第十届反应堆数值计算和粒子输运学术会议暨 2004 年反应堆物理会议, 2004.

[26] 苏喜平,杜爱兵,韩晓辉,等. 快堆控制棒组件用高富集度碳化硼芯块的热物理性能研究[J]. 山东陶瓷, 2015, 38(4): 3-5.

[27] SHIRVAN K, KAZIMI M S. Three dimensional considerations in thermal-hydraulics of helical cruciform fuel rods for LWR power uprates[J]. Nuclear Engineering and Design, 2014, 270: 359-272.

[28] PETTI D A, BUONGIORNO J, MAKI J T, et al. Key differneces in the fabrication, irradiation and high temperature accident testing of US and german TRISO-coated particle fuel, and their implications on fuel performance[J]. Nuclear Engineering and Design, 2003, 222: 281-297.

[29] 西安交通大学金属学及热处理教研组. 热处理炉[M]. 西安: 西安交通大学出版社, 1961.

[30] 周俐. 冶金传输原理[M]. 北京: 化学工业出版社, 2009.

[31] CHEN S K, TODREAS N E, NGUYEN N T. Evaluation of existing correlations for the prediction of pressure drop in wire-wrapped hexagonal array pin bundles[J]. Nuclear Engineering and Design, 2014, 267: 109-131.

[32] 张琦,顾汉洋,肖瑶,等. 5x5 螺旋十字形棒束组件阻力与交混特性实验研究[J]. 原子能科学技术, 2021, 55(6): 1060-1066.

[33] CONBOY T M. Assessment of Helical-Cruciform Fuel Rods for High Power Density LWRs[D]. Massachusetts: Massachusetts Institute of Technology, 2010.

[34] GREENE S R, GEHIN J C, HOLCOMB D E, et al. Pre-conceptual design of a fluoride-salt-cooled small modular advanced high-temperature reactor (SmAHTR)[M]. Washington D. C.: Dept. of Energy, 2010: 125.

[35] AZIMIAN M, BART H J. Computational analysis of erosion in a radial inflow steam turbine[J]. Engineering Failure Analysis, 2016, 64: 26 - 43.

[36] ZHOU X, ZHANG D, WANG X, et al. A Coupling Analysis Method of the Thermal Hydraulics and Neutronics Based on Inverse Distance Weighted Method[C]. 19th International Topical Meeting on Nuclear Reactor Thermal Hydraulics (NURETH - 19).

[37] KIM I H, ZHANG X, CHRISTENSEN R, et al. Design study and cost assessment of straight, zigzag, S-shape, and OSF PCHEs for a FLiNaK - SCO_2 Secondary Heat Exchanger in FHRs[J]. Annals of Nuclear Energy, 2016, 94: 129 - 137.

[38] LIU G, HUANG Y, WANG J, et al. A review on the thermal-hydraulic performance and optimization of printed circuit heat exchangers for supercritical CO_2 in advanced nuclear power systems[J]. Renewable and Sustainable Energy Reviews, 2020, 133: 110290.

[39] MA T, LI L, XU X Y, et al. Study on local thermal - hydraulic performance and optimization of zigzag-type printed circuit heat exchanger at high temperature[J]. Energy Conversion and Management, 2015, 104: 55 - 66.

[40] LIU M, ZENG C, LUO Z, et al. Optimization of the TRISO fuel particle distribution based on octahedral and icosahedral-based segmentation methods in the pebble-bed nuclear core[J]. International Journal of Advanced Nuclear Reactor Design and Technology, 2020, 2: 103 - 110.

[41] SCARLAT R O. Design and licensing strategies for the fluoride-salt-cooled, high-temperature reactor (FHR) technology[J]. Progress in Nuclear Energy, 2014, 77(15): 406 - 420.

[42] SNEAD L L, NOZAWA T, KATOH Y, et al. Handbook of SiC properties for fuel performance modeling[J]. Journal of Nuclear Materials, 2007, 371(1 - 3): 329 - 377.

[43] JIANG D, ZHANG D, LI X, et al. Fluoride-salt-cooled high-temperature reactors: Review of historical milestones, research status, challenges, and outlook[J]. Renewable and Sustainable Energy Reviews, 2022, 161: 112345.

[44] RICHARD J, WANG D, YODER G, et al. Implementation of Liquid Salt Working Fluids Into TRACE[C]. International Congress on Advances in

Nuclear Poert Plants(ICAPP),2014.

[45] BELL I H,WRONSKI J,QUOILIN S,et al. Pure and pseudo-pure fluid thermophysical property evaluation and the open-source thermophysical property library coolProp[J]. Industrial & Engineering Chemistry Research,2014,53(6):2498-2508.

[46] WÄCHTER A,BIEGLER L T. On the implementation of an interior-point filter line-search algorithm for large-scale nonlinear programming[J]. Mathematical Programming,2006,106(1):25-57.

[47] DUNNING I,HUCHETTE J,LUBIN M. JuMP:A modeling language for mathematical optimization[J]. SIAM Review,2017,59(2):295-320.

[48] PANTON R L. Incompressible flow[J]. Journal of Applied Mechanics,1985,52(2):500-501.

[49] HUGHES T J R,MALLET M. A new finite element formulation for computational fluid dynamics:III. The generalized streamline operator for multi-dimensional advective-diffusive systems[J]. Computer Methods in Applied Mechanics and Engineering,1986,58(3):305-328.

[50] ALAPPAT C,BASERMANN A,BISHOP A R,et al. A Recursive Algebraic Coloring Technique for Hardware-efficient Symmetric Sparse Matrix-vector Multiplication[J]. ACM Transactions on Parallel Computing,2020,7(3):1-37. DOI:10.1145/3399732.

[51] BOLLHÖFER M,SCHENK O,JANALIK R,et al. State-of-the-Art Sparse Direct Solvers[M/OL]//GRAMA A,SAMEH A H. Parallel Algorithms in Computational Science and Engineering. Cham:Springer International Publishing,2020:3-33[2022-03-29]. http://link.springer.com/10.1007/978-3-030-43736-7_1. DOI:10.1007/978-3-030-43736-7_1.

[52] BOLLHÖFER M,EFTEKHARI A,SCHEIDEGGER S,et al. Large-scale sparse inverse covariance matrix estimation[J]. SIAM Journal on Scientific Computing,2019,41(1):A380-A401.

[53] CONN A R,SCHEINBERG K,VICENTE L N. Introduction to derivative-free optimization [M]. Philadelphia:Society for Industrial and Applied Mathematics/Mathematical Programming Society,2009.

[54] CHURCHILL S W. Friction-Factor Equation Spans all Fluid-Flow Regimes [J/OL]. 1977,84(24):91-92[2022-03-29]. http://www.researchgate.net/publication/279898130_Friction-Factor_Equation_Spans_all_Fluid-Flow_Regimes.

[55] GNIELINSKI V. New Equations for Heat and Mass Transfer in Turbulent Pipe and Channel Flows[J/OL]. Int. chem. eng,1976[2022-03-29]. http://www.researchgate.net/publication/302928301_New_equation_for_heat_and_mass_transfer_in_turbulent_pipe_and_channel_flow.

[56] SAHA RAY S,PATRA A. An explicit finite difference scheme for numerical solution of fractional neutron point kinetic equation[J]. Annals of Nuclear Energy,2012,41:61-66.

[57] THERMAL HYDRAULICS GROUP. Relap5/mod3 code manual volume i:code structure,system models,and solution methods[M]. SCIENTECH,Inc. Rockville,Maryland Idaho Falls,Idaho,1998.

[58] ZAHRADDEEN A,CHEN J,CHENG K,et al. Preliminary experimental validation of multi-loop natural circulation model based on RELAP5/SCDAPSIM/MOD 4.0[J]. International Journal of Advanced Nuclear Reactor Design and Technology,2020,2:25-33.

[59] CHANG Y,WANG M,ZHANG J,et al. Best estimate plus uncertainty analysis of the China advanced large-scale PWR during LBLOCA scenarios [J]. International Journal of Advanced Nuclear Reactor Design and Technology,2020,2:34-42.

[60] LIU L,ZHANG D,SONG J,et al. Modification and application of Relap5 Mod3 code to several types of nonwater-cooled advanced nuclear reactors[J/OL]. International Journal of Energy Research,2018,42.

[61] ARNSBERGER P L,MAZUMDAR M. The hot channel factor as determined by the permissible number of hot channels in the core[J]. Nuclear Science and Engineering,1972,47(1):140-149.

[62] CLERC M,KENNEDY J. The particle swarm-explosion,stability,and convergence in a multidimensional complex space[J]. IEEE Transactions on Evolutionary Computation,2002,6(1):58-73.

[63] GUOFEI9987. Scikit-opt:Genetic Algorithm,Particle Swarm Optimization,Simulated Annealing,Ant Colony Optimization Algorithm,Immune Algorithm,Artificial Fish Swarm Algorithm,Differential Evolution and TSP(Traveling salesman)[EB/OL]. [2022-03-29]. https://github.com/guofei9987/scikit-opt.

[64] DAUER L T. Preparedness and response for a nuclear or radiological emergency:[J]. Health Physics,2005,88(2):175-176.

[65] YAMANOUCHI A. Effect of Core Spray Cooling in Transient State after

Loss of Coolant Accident[J]. Journal of Nuclear Science and Technology, 1968,5(11):547-558.

[66] U. S. A E C. Regulatory Guide 2.2, Development of Technical Specifications for Experiments in Research Reactors. [R]. U. S. Department of Energy, office of Scientific and Technical Information, OSTID:4310798,1974.

[67] HAYNES. Principal Features[EB/OL]. [2022-03-30]. https://www.haynesintl.com/alloys/alloy-portfolio_/Corrosion-resistant-Alloys/hastelloy-n-alloy.

[68] MORRIS R N, PETTI D A, POWERS D A, et al. TRISO-coated particle fuel phenomenon identification and ranking tables (PIRTS) for fission product transport due to manufacturing, operations and accidents[J]. Water, 2004, 1:undefined-undefined.

[69] PETTI D A, DEMKOWICZ P A, MAKI J T, et al. 3.07 – TRISO-Coated Particle Fuel Performance[M/OL]//KONINGS R J M. Comprehensive Nuclear Materials. Oxford:Elsevier,2012:151-213[2022-03-30]. https://www.sciencedirect.com/science/article/pii/B9780080560335000550. DOI:10.1016/B978-0-08-056033-5.00055-0.

[70] OKU T. Carbon Alloys[M]. Amsterdam:Elsevier,2003.

[71] ANGELINO G. Carbon dioxide dondensation cycles for power production [J]. Journal of Engineering for Power,1968,90(3):287-295.

[72] 曾涛,秦婧,方华伟,等. 核反应堆超临界二氧化碳布雷顿循环中的压缩机[J]. 科学技术创新,2021(13):176-7.

[73] 王春阳. 70MW级超临界二氧化碳闭式布雷顿循环向心透平设计分析[D]. 哈尔滨:哈尔滨工业大学,2020.

[74] LADISLAV V, VACLAV D, ONDREJ B, et al. Pinch Point Analysis of Heat Exchangers for Supercritical Carbon Dioxide with Gaseous Admixtures in CCS Systems[C]. Proceedings of the 8th Trondheim Conference on CO_2 Capture, Transport and Storage (TCCS), Trondheim, NORWAY, F Jun 16-18,2015.

[75] BRUN K F P, DENNIS R. Fundamentals and Applications of Supercritical Carbon Dioxide (SCO_2) Based Power Cycles[M]. Joe Hayton,2017.

[76] TEAM B A T C. Welcome to CoolProp[Z]. www.coolprop.org.

[77] 傅秦生. 能量系统的热力学分析方法[M]. 西安:西安交通大学出版社,2005.

[78] GREENE S R, GEHIN J C, HOLCOMB D E, et al. Pre-conceptual design of a fluoride-salt-cooled small modular advanced high-temperature reactor

(SmAHTR)[R]. Oak Ridge,Tennessee:OAK RIDGE NATIONAL LABORATORY,2010.

[79] CONN A R,SCHEINBERG K,VICENTE L N. Introduction to derivative-free optimization[M]. Philadelphia:Society for Industrial and Applied Mathematics/Mathematical Programming Society,2009.

[80] SIENICKI J J,MOISSEYTSEV A,FULLER R L. Scale Dependencies of Supercritical Carbon Dioxide Brayton Cycle Technologies and the Optimal Size for a Next-Step Supercritical CO_2 Cycle Demonstration,Boulder,Colorado,2011[C].

>>> 索 引

A
安全系统整定值	287
安全限值	287

B
泵停转事故	099
壁面效应	185
标准热工水力设计方法	314
不确定性传播方法	314
布雷顿动力转换系统	429

C
长期效应	060

D
单回路自然循环	255
导热油	184
电磁感应加热技术	188
顶盖驱动流	081
动力转换系统	429
短期效应	059
堆外滞留时间	093
堆芯热传输模型	114
对流传热	216
多层非线性规划	414
多孔介质通道	184

F
反应堆直接辅助冷却系统	411
反应性升高事故	096
反应性系数	057
飞行器核动力	008
非能动余热排出系统	411
氟盐冷却高温堆	016
氟盐自然对流换热	144
辐射换热	242
辐射屏蔽	390

G
概率论中子物理计算程序	336
共轭方程	112
固体燃料熔盐堆	016
固体燃料钍基熔盐堆	025

H
核废料嬗变	027
核热耦合	360
化学特性	062
缓发中子先驱核浓度模型	079

索引

J
简单回热循环	433
简单循环	433
接触导热热阻	242
精确点堆动力学模型	107
静态热物性模型	037

K
孔隙率	201

L
冷端构型	434
流量分配	308
流量分配因子	316
流体动力学模型	238
螺旋十字形燃料	347
螺旋十字形燃料元件	333

M
蒙特卡罗方法	318
弥散型燃料	341
模块化球床高温堆	023
摩擦阻力系数	207

Q
启泵基准题	121
强迫循环	290
权重函数	112
确定论中子物理计算程序	338

R
燃耗曲线	352
热端构型	434
热工水力限值	287
热构件模型	239
热管	129
热管工质传输因子	141
热管型非能动余排实验系统	130
热阱丧失(LOHS)事故	273
热物理性质	044
熔盐堆	002
熔盐快堆	015
熔盐实验堆	010
熔盐体系	037
熔盐增殖堆	010
入口速度效应	090
入口温度效应	087

S
三叶型燃料棒	348
三元熔盐体系	041
少群常数	361
实验模化	397
双回路耦合自然循环	257

T
碳碳复合材料	342
停泵基准题	121
停堆裕量	353
通量幅函数方程	108
透平	445
钍基熔盐堆核能协作系统	011
钍燃料循环	007
湍流模型	369

W
无保护堆芯入口过冷事故	121
无保护反应性引入事故	122
无保护热阱丧失(ULOHS)事故	273

X
先进高温堆	017
先进嬗变熔盐堆	012
显式耦合方法	080
相图行为	063
响应曲面法	320

Y

压缩机	445
氧化状态	064
液体燃料熔盐	003
液体钍基熔盐堆	025
逸度系数方法	039
隐式耦合方法	080
印刷电路板式热交换器	331
㶲分析	433
有保护热阱丧失（PLOHS）事故	278
有效缓发中子份额	118
有效缓发中子先驱核方程	110
有效缓发中子先驱核份额	115
余函数方法	039

Z

整体性能实验	255
直接换热器	330
中子俘获	056
中子价值	112
中子通量密度模型	077
主换热器	330
自然循环	294
阻力系数	206